国家出版基金资助项目
“十一五”国家重点图书规划项目
《生态文明与绿色低碳经济发展论丛》
刘思华　主编

生态文明视角下的水资源配置论

沈满洪　魏楚　高登奎　等著

中国财政经济出版社

图书在版编目（CIP）数据

生态文明视角下的水资源配置论/沈满洪等著．—北京：中国财政经济出版社，2011.11

（生态文明与绿色低碳经济发展论丛/刘思华主编）

国家出版基金资助项目“十一五”国家重点图书规划项目

ISBN 978－7－5095－2549－4

Ⅰ.①生…　Ⅱ.①沈…　Ⅲ.①水资源管理－研究－中国　Ⅳ.①TV213.4

中国版本图书馆CIP数据核字（2010）第200375号

责任编辑：周桂元　　　　责任校对：黄亚青

封面设计：朱　江　　　　版式设计：董生萍

中国财政经济出版社出版

URL：http：//www.cfeph.cn

E－mail：cfeph @ cfeph.cn

社址：北京市海淀区阜成路甲28号　邮政编码：100142

发行处电话：88190406　财经书店电话：64033436

北京富生印刷厂印刷　　各地新华书店经销

787×1092毫米　16开　29印张　395 000字

2011年12月第1版　2011年12月北京第1次印刷

定价：58.00元

ISBN 978－7－5095－2549－4/F·2169

（图书出现印装问题，本社负责调换）

本社质量投诉电话：010－88190744

国家出版基金资助项目

“十一五”国家重点图书规划项目

《生态文明与绿色低碳经济发展论丛》编委会

总　序

建设生态文明·发展绿色经济·构建和谐社会

——论发展中国特色社会主义"三大法宝"

党的十六大以后，以胡锦涛为总书记的党中央，科学分析我国全面参与经济全球化的新机遇、新挑战，全面认识工业化、信息化、生态化、市场化、国际化深入发展的新形势、新任务，正确把握当今世界和当代中国发展的面临的新课题、新矛盾；不仅认真总结发展中国特色社会主义的实践经验，而且高度重视世界各国发展的实践经验，从而提出科学发展观、构建和谐社会、建设生态文明、发展绿色经济[①]等一系列崭新发展理念和重大战略思想，集中体现了新世纪新阶段我们党、国家、政府在中国特色社会主义发展与经济发展问题上重大理论与实践的双重创新。因此，用科学发展观统领建设生态文明、发展绿色经济、构建和谐社会，这是以胡锦涛为总书记的中央领导集

① 本书所说的发展绿色经济是广义的，不仅是指广义的绿色产业，而且包括低碳经济、循环经济、清洁能源与可再生能源经济、碳汇经济以及其他节约能源资源与保护环境生态的经济等。

体的伟大创造。从理论层面上说，这三大重要战略思想，是中国特色社会主义发展理论与经济发展理论的基本观点，是胡锦涛为总书记的中央领导集体对中国特色社会主义理论的丰富和发展，所作出的特有的重大理论贡献，开辟了马克思主义发展理论在当代中国创新与发展的新境界，谱写了马克思主义中国化、时代化、大众化的新篇章。从实践层面上看，我们按照科学发展观的客观要求，建设生态文明、发展绿色经济、构建和谐社会的伟大实践，是中国特色社会主义实践的基本形式，应该说是21世纪中国发展的主旋律；甚至可以说，它们是21世纪发展中国特色社会主义的“三大法宝”，必将展现出中华文明发展所追求的中国生态经济社会有机整体绿色、和谐、协调、可持续发展的最高境界。“十一五”国家重点图书规划项目《生态文明与绿色低碳经济发展论丛》（以下简称《论丛》），是新中国成立以来最大的生态经济学哲学社会学出版工程，它力图从新兴交叉学科视角反映中国特色社会主义发展与经济发展的理论和实践双重创新。因此，本论丛的每部著作，都是选择发展中国特色社会主义的某个重大理论与实践问题进行双重探索，都有所创新。这就涉及发展中国特色社会主义的理论与实践问题很多，在此，仅把其中10个重大问题特意推出并加以简论，是为序。

一

科学发展观是建设生态文明、发展绿色经济、构建和谐社会的理论前提和生命线。党的十七大最终确立了社会主义生态文明观，这是把科学社会主义同中国基本国情与具体实践相结合得出来的马克思主义论断。建设生态文明，是中国特色社会主义的应有之义和重要内涵。它必然成为科学发展观的重要内涵与组成部分，是科学发展观的新发展的重要标志，使我们党的发展理论和文明理论由原来局限于

"社会的世界"扩展到"自然的世界",反映了当今世界和人类文明的最新发展理念。它不仅是对人类经济社会发展的经验,而且是对生态自然发展的经验的深刻总结与高度概括。这是科学发展观具有划时代意义的根本含义。因此,以人为本的科学发展观的完整内涵和精神实质具有两层含义:一是在经济社会领域里,处理人与人的社会关系是以人为本;二是在生态自然领域里,处理人与自然的生态关系是以生态为本。在此,广义的"生态",既是科学发展、和谐发展的核心要义,也是衡量科学发展、和谐发展的根本标志。因此,我们完全可以说,科学发展观是以人为本和以生态为本的双重价值取向的内在统一,是经济社会发展观和生态自然发展观的有机统一观。这就是科学发展观的核心内涵与基本要求的内在统一。因为,在21世纪建设生态文明、发展绿色经济、构建和谐社会的世纪,无论是全面发展,还是协调发展,尤其是可持续发展,都是与自然生态环境良性循环不可须臾分离的绿色发展,离开了人与自然和谐统一的生态发展即绿色发展就没有全面、协调、可持续发展可言。当然,也就没有科学发展可言。由此,我们必然得出一个合乎逻辑的结论:科学发展是以绿色发展、和谐发展为核心的全面、协调、可持续发展。这充分体现了科学发展观的绿色发展属性和特征。

科学发展观作为发展着的科学理论,它的理论内涵,不仅涵盖了建设生态文明的思想观念,而且涵盖了发展绿色经济的思想观念。如果说,生态文明与和谐发展是科学发展观和中国特色社会主义的应有之义与重要内涵,那么完全可以说绿色经济与绿色发展也是科学发展观和中国特色社会主义的应有之义与重要内涵。尤其是人与自然和谐协调发展,是生态文明的核心理念,也是生态自然发展观的核心理念;绿色经济的实质是经济生态和谐协调发展;和谐社会的本质是社会生态和谐协调发展。正是从"生态—经济—社会"有机整体的生态和谐协调发展意义上说,生态和谐协调已经成为当今中国和谐协调发展的根本基础。它是科学发展观在生态经济社会有机整体发展现实中的具体体现，也是社会主义和谐社会的一个最基本特征。正是在这个意义上说，在哲学层面上，科学发展观是中国特色社会主义生态文明观；在经济学层面上，是生态自然发展观和经济社会发展观有机统一的绿色经济发展观；在社会学层面上，则是中国特色社会主义和谐社会发展观。

二

发展是我们党执政兴国的第一要务。那么，发展的终极目的与价值尺度又是什么呢？尤其“三大法宝”实践选择的终极目的与价值尺度是什么呢？这是新世纪新阶段发展中国特色社会主义要解决的首要的重大理论与实践问题。党的十七大以后，传统或纯哲学社会科学理论，当然也包括传统或纯马克思主义经济学理论在内，都仍然认为，发展尤其是经济发展的终极目的与价值尺度，只是为了人的生存与发展的需要和利益，把非人类生命物种生存与发展的需要与利益，排斥在人的经济社会实践的终极目的和价值尺度之外。国际国内学术界都是如此。西方学者有句名言：“人类保护自然是出于保护自己的目的。”近几年来，学术界在阐明以人为本的科学发展观，纠正了过去把人作为工具和手段来实现经济增长的目的的错误观念，认为科学发展观的以人为本是指发展的出发点和落脚点，是为了人的生存与发展的需要和利益，人的发展是目的，即坚持把人民群众作为发展的终极目的和价值尺度。这是理论上一大进步。一些著名学者和权威刊物发表文章说：“建设生态文明，归根结底是为了人类自身的利益，也正是我们建设生态文明的归宿”。“注重生态价值和呵护好生态利益，归根到底为了人类利益，是为了更好坚持以人为本”。这种解说实际上是沿着极端人类中心主义和工业文明的思路来诠释建设生态文明，仍然没有摆脱工业文明发展的窠臼；把自然作为工具和手段来实现经济增长和最大限度地占有物质财富的目的。“三大法宝”的伟大实践，就向这种单一的终极目的和价值尺度发出了挑战。理论与实践都充分表明，工业文明是反人性（社会）和反自然（生态）的文明形态，工业文明时代的黑色经济是反人性（社会）和反自然（生态）的现代经济，资本主义工业社会是反人性（社会）和反自然（生态）的现代社会。当今我们建设社会主义生态文明、和谐社会和发展绿色经济，是人性化和生态化的崭新的现代文明、现代社会和现代经济，既要保证满足全体人民可持续生存与全面发展的需要和利益；又要保证满足非人类生命物种的生存健康与安全发展的需要和利益。这就是“三大法宝”实践选择的两重终极目的和价值尺度，这是自然、人、社会有机整体和谐协调为导向的生态文明、绿色经济、和谐社会的理论与实践的基本价值取向，更是我们探索中国特色社会主义发展与经济发展道路的理论与实践宗旨。因此，我们重构马克思主义经济学双重价值取向理论，寻找马克思主义经济学与当代人与人的发展问题和自然与生态发展问题之间的有机联系，使两者回归马克思主义经济学视野，确立它们在马克思主义经济学基本价值维度的地位。于是，我们把人和自然都是发展的终极目的的双重价值取向理论，运用到建设生态文明，发展绿色经济，构建和谐社会中来，不仅是经济智慧的升华，而且是生态智慧的升华；不仅是生存智慧的升华，而且是发展智慧的升华，必将引起包括新兴、交叉科学在内的哲学社会科学尤其会给马克思主义经济学研究带来革命性变革。

三

建设生态文明，构建和谐社会，都必须也应当大力发展绿色经济，形成生态和谐、社会和谐和经济和谐一体化的绿色经济形态。这是因为，绿色经济既是生态文明时代全新的经济形态与发展模式，又是和谐社会的最佳经济形态与发展模式。

马克思主义生态文明观认为，生态文明作为一种后工业文明，是社会形态和经济形态内在统一的全新的文明形态。从文明形态对人与自然发展关系的影响来说，工业文明是人与自然分裂与冲突的不和谐发展，可以称之为“黑色文明”，生态文明是人与自然内在统一与和谐共生的和谐发展，可以称之为“绿色文明”。因而，从生态与经济的发展关系而言，工业文明的经济形态是“黑色经济”，生态文明的经济形态是绿色经济。21世纪是建设生态文明、发展绿色经济、构建和谐社会的世纪。这个新世纪的社会形态的主导形态是生态文明或绿色文明，它们也是和谐社会的主导社会形态，这个新世纪的经济形态的主导形态是生态经济或绿色经济，它们在本质上是可持续发展经济，也是和谐社会的主导经济形态。首先，从绿色经济本质属性来看，我曾作过这样的概括：“绿色经济是可持续经济的实现形态和形象概括。它的本质是以生态经济协调发展为核心的可持续发展经济。”[①] 这就确认了绿色经济的生态经济属性，揭示了它的可持续经济的本质内涵。正是从这个意义上说，绿色经济作为生态文明时代的经济形态，是生态经济形态的现实象征与生动概括。其次，从现时代的经济发展实践来看，绿色经济正在朝着成为人类社会文明发展继农业文明的农业经济、工业文明的工业经济与知识经济之后的崭新经济形态的方向发展，并且现实已成为建设生态文明、构建和谐社会的重要经济发展模式。再次，从人类社会的经济形态演变的客观进程来看，生态文明是一种后工业文明形态，绿色经济是一种后工业经济形态；而包括信息经济在内的知识经济，既是工业文明高度发达的突出表现，又是在此基础上发展起来的一种后工业经济，是从工业文明的黑色经济向生态文明的绿色经济转型的经济形态，必然充当了工业文明

① 刘思华主编：《绿色经济论》，中国财政经济出版社2001年版，第3页。

和生态文明、黑色经济和绿色经济的中介。正是这个意义上，我们对绿色经济重新界定为：以生态文明为价值取向，以生态、知识、智力资本为基本要素，以人与自然和谐发展和生态与经济协调发展为根本目标，实现生态资本增殖的可持续经济。正因如此，2009 年 11 月，欧盟正式提出了新的战略构想，其核心要素就是发展绿色经济，要在未来的 10 年内，将欧盟打造成为一个“绿色知识经济体”。

社会主义和谐社会是一个自然生态和社会经济有机整体可持续发展的社会，这就决定了和谐社会的经济形态与发展模式，必然也应当是绿色经济。我曾在一些论著中提出“社会主义和谐社会是生态经济可持续性发展的社会”的新论点，此论准确地反映了和谐社会的生态经济属性和可持续发展经济的经济特征。因此，现在，我们完全可以说，发展绿色经济，铸造绿色经济形态，是对社会主义和谐社会生态经济属性和可持续经济特征的最充分体现。首先，社会主义和谐社会的科学命题，是对中国特色社会主义社会的生态与生态经济本质的最充分表达。因为社会和谐是中国特色社会主义的本质属性；生态和谐是构建社会主义和谐社会的生态基础，也是中国特色社会主义的本质属性；经济和谐是构建社会主义和谐社会的经济基础，当然是中国特色社会主义的本质属性。尤其是对于生态文明时代的现代社会主义社会，是自然生态关系和社会经济关系内在统一与和谐共生的生态经济社会有机整体。正是自然生态属性和社会经济属性的内在统一与和谐共生，才构成中国特色社会主义的本质。这种本质集中体现在人、社会、自然之间形成和谐、协调、可持续发展的关系。因此，社会主义和谐社会是一个生态经济可持续本质的社会。其次，建设生态文明、构建和谐社会，是对工业文明社会的人与自然相分裂、个人与社会相脱离、自然与社会互损而付出双重代价的基本特征的否定，是要真正实现人与自然双盛、个人与社会双强、社会与自然双赢，达到人、社会、自然和谐共生，共同繁荣与可持续发展的至高境界，最终创造一个自然生态和社会经济有机整体和谐协调可持续发展的社会。这是建设生态文明的真谛，也是构建和谐社会的要旨。再次，能够满足上述要求的只能是也应该是符合建设生态文明与构建和谐社会要求的绿色经济；只有发展绿色经济，才能建设生态和谐与经济和谐相统一的和谐经济。从自然生态意义上说，大力发展绿色经济是为和谐社会发展提供生态基础；从社会经济意义上说，大力发展绿色经济是为和谐社会发展提供经济基础。因此，大力发展绿色经济已成为当今世界经济社会发展和人类文明进步的一大趋势；绿色发展与绿色崛起更是当代中国经济社会发展、中华文明进步的势不可挡的大趋势。

四

建设生态文明、发展绿色经济、构建和谐社会，必须实施生态主导型的发展战略。这是发展中国特色社会主义的新战略，也是21世纪中国现代化发展的基本战略。这是建设生态文明和构建和谐社会的客观要求。(1) 生态文明是21世纪人类社会文明的主导文明形态，它是人与自然、人与人、人与社会、人自身四大和谐协调发展的现代文明。生态文明的这种总体特征，也是构建和谐社会的基本内容与根本目标，将成为21世纪现代经济发展和人类文明进步的主旋律和大趋势。而社会主义和谐社会的科学内涵内含着“四大和谐协调发展”，因此，建设社会主义生态文明的主旨，同构建社会主义和谐社会的主旨完全一致，这种一致性要求实施生态主导型的现代化发展战略。(2) 从我国实践来看，进入21世纪以来，我国一些地区大力提倡生态优先的发展理念，实施“生态立市（省）、环境优先”的发展战略，使一些城市、地区在走中国特色的新型工业化道路过程中，不仅在克服工业文明的弊端，而且超越工业文明，正在朝着建设生态文明社会方面前进，这实质上体现了“生态主导型的现代化发展”的基本战略。(3) 当然，从当今中国的总体上看，生态危机还在加深，它在本质上不仅是当代中国的发展危机，而且是当代中国的生存危机，是中华民族的生存方式的危机，真正缓解和克服生态危机的根本出路就在于从根本上改变现行的现代化的基本战略，实施生态主导型的现代化发展战略。(4) 全面贯彻落实科学发展观，必须把不断追求和递进实现“四大和谐协调发展”作为建设生态文明、发展绿色经济、构建和谐社会的价值原则、根本目标和运作航标，就必须要求实施自然生态、社会生态、人体生态一体化的生态文明发展战略，它在本质上是生态主导型的现代化发展战略。这种绿色发展与绿色崛起应当视为胡锦涛为总书记的中央领导集体实施科学发展战略的核心。因此，用绿色崛起带动和平崛起，走绿色和平发展道路，这是中华文明伟大复兴的必由之路。(5) 实施生态主导型的现代化发展战略，在经济领域内，就是实施绿色经济与绿色发展战略。这是21世纪可持续发展战略的集中体现。实现绿色经济发展战略，是加快转变经济发展方式、大力调整经济结构，走生态文明发展道路，从根本上促进中国生态经济社会有机整体和谐协调发展的根本大计，是具有全局性和战略性的重大战略。

五

建设生态文明、发展绿色经济、构建和谐社会的战略目标，就是把我国建设成为富强民主文明和谐的社会主义现代化国家，在发展中国家率先跨入生态文明社会，即可称之为生态社会或绿色社会。人类文明发展到今天，随着工业文明高度发达，人类社会生产与生活过程和自然界的生态过程已经完全相互交织与相互融合而浑然一体。当今维系人类生命和非生命形式的这个濒临失衡的球体上，客观存在的只是自然生态系统和社会经济系统互相依存、互相制约、互相作用、互相转化的生态经济社会有机整体。当今社会主义也是这样的有机整体，应该是人与自然、人与人、人与社会、人自身和谐共生共荣的社会有机整体发展形态。这就决定了“三大法宝”的战略目标和根本任务在实质上是完全一致的，甚至可以说，建设社会主义生态文明和构建社会主义和谐社会的目标和任务，是同一个问题的两个方面。

首先，不管是狭义还是广义的生态文明之说，建设社会主义生态文明，都必须是牢固地建立在马克思主义人、社会、自然有机整体和谐协调发展理论的基础上，推进人与自然、人与人、人与社会、人与自身和谐共生共荣、生态自然和经济社会的全面协调发展，实现生态经济社会有机整体的科学发展、和谐发展、绿色发展。只有这样，才能把中华文明建设成为人与自然、人与人、人与社会、人自身和谐协调发展的现代文明形态。这是建设社会主义生态文明的主旨，是实践马克思主义人、社会、自然有机整体和谐协调发展理论的生动体现。

其次，生态文明时代的绿色经济同工业文明时代的黑色经济的本质区别，就在于后者是建立在人与自然相分裂、社会与自然相互损的基础上；前者是建立在人与自然内在统一、社会与自然和谐共生的基础上。因此，绿色经济发展是以人与自然和谐发展、生态与经济协调发展为根本目标，是人、社会、自然和谐共生共荣的现代经济，是把中国特色社会主义经济发展的生态环境代价和社会经济成本减少到最低限度的可持续性的和谐经济。

再次，社会主义和谐社会必须是经济、政治、思想文化、生态环境等社会领域，各种要素及各个关系之间互相协调、相互融合的和谐发展状态。笔者曾把这种发展状态概括为：是“以人为主体的社会和谐发展状态，它包括人与人之间的和谐、人与自然之间的和谐、人与社会之间的和谐、人自身关系和谐四个方面的基本内涵”[①]。因此，构建和谐社会，实际上是人们不断追求和递进实现人与自然、人与人、

① 刘思华：《生态马克思主义经济学原理》，人民出版社2006年版，第484页。

人与社会之间关系的和谐发展，并最终达到人自身关系和谐发展，实现人、社会、自然有机整体和谐协调发展。正如胡锦涛同志所指出的："我们要构建的社会主义和谐社会，是经济建设、政治建设、文化建设、社会建设协调发展的社会，是人与人、人与社会、人与自然整体和谐的社会，要贯穿于建设中国特色社会主义的整个历史过程。"①

由上可知，在科学发展观的统领下，建设生态文明，就是建设生态和谐、经济和谐、社会和谐相统一的现代文明；发展循环经济，就是发展生态效率、经济效率、社会效率相统一的现代经济；构建和谐社会，就是构建生态公平、经济公平、社会公平相统一的现代社会。这样的现代文明形态和经济社会状态，就标志现代中国跨入了生态文明社会。从国内外学术界对后工业社会的研究，生态文明社会可以概括为生态社会或绿色社会。

在1994年出版的《当代中国的绿色道路》一书中，笔者明确提出："生态社会是现代经济社会发展的远景"，"农业社会——工业社会——生态社会并列为人类社会文明递进的发展序列"。在2006年出版的《生态马克思主义经济学原理》一书中，进一步指出："生态社会是和谐社会的理想模式"，揭示了绿色社会模式同和谐社会、生态文明的内在统一性。在国际上，许多学科学者的后工业社会或后现代社会的主张同笔者的主张基本相同。自20世纪90年代以来，先是西方生态学家试图以系统整体观和生态中心主义思想为基础，来构造全盘改造工业文明社会的方案，提出了"最终建立一种无等级差别的理想的生态社会"的主张。生态自治主义者对后现代社会的设想是一个在人与自然和人与社会关系上都消灭了统治、征服与压抑的绿色社会，是一个合作和谐的社会。英国学者伊恩·莫法特在《可持续发展》一书中，描述了可持续发展社会的景象，并称之为绿色社会模

① 引自《科学发展观重要论述摘编》，中央文献出版社2008年版，第72页。

式。日本经济学家在1999年提出了生态发展的共生与社会发展的共生相统一的“生态社会发展理论”。尤其是美国社会生态学者和生态社会主义学者，都设想了未来的生态社会的总体轮廓，提出了他们的生态社会观。生态社会主义理论对未来社会主义或共产主义社会发展模式的构想，就是构建一种超越资本主义和现实社会主义模式，按照生态可持续性原则，形成的人与自然、人与社会（人）、人自身和谐发展的新型社会主义社会，在这个总目标下，未来生态社会主义发展蓝图，也就是绿色社会模式。这同笔者所说的绿色社会模式，不仅是生态社会模式的形象概括，而且是“四大和谐有机整体”的生态社会的绿色概括，是完全一致的。在此，我还要特别强调的是，美国生态后现代主义的奠基人查伦·斯普瑞特克在2006年作了“生态社会的分析和展望”的演讲，指出“生态社会的选择正在高涨，并且正在成功地融入主流”，他用现实事实说明转向“生态社会的紧迫性”，还对中国给予厚望：“参与到生态社会的世界观中去，中国的社区和地区就可能在种种超越现代性的意识形态，走向绿色未来的道路上成为典范。”①

综上所述，在当代中国建设生态文明、发展绿色经济、构建和谐社会的终极目标，就是努力探索一个当今农业、工业、生态文明并存的“三元文明结构”的社会主义大国，实现中国特色社会主义文明形态超越发展，建设成为绿色经济强国、生态文明富国，在发展中国家率先把十几亿人口带进生态社会或绿色社会，即是生态（绿色）社会主义的和谐社会。这是在21世纪把我国建设成为富强民主文明和谐社会主义现代化国家的最高层次含义。

---

① ［美］查伦·斯普瑞特克著，张妮妮译：《生态后现代主义对中国现代化的意义》，《马克思主义与现实》2007年第2期。

六

建设生态文明、发展绿色经济、构建和谐社会的双重战略任务，这是中国的基本国情和21世纪中国特色社会主义发展的特殊规律所决定的。在人类文明发展史上，西方发达国家用了近300年时间，才实现工业化，使10亿人口进入工业社会。而我国仅用了60年就阔步进入工业化中后期，把13亿人口带进工业社会。但工业化的任务还没有最终完成，要继续进行工业文明建设。就在此进程中，我们又提出了建设生态文明的重大战略任务。这就是说，我们要遵循当今世界文明发展的普遍规律和共同思想，即人类文明发展正在进入生态时代，必须按照生态文明的要求进行工业文明建设，完成工业化的任务；发达国家是实现了工业化、建成高度发达的工业文明之后，才提出建设后工业文明，而中国特色社会主义则在建设工业文明的过程中就要正视建设生态文明问题。这如实反映了21世纪中国特色社会主义文明发展的特殊规律。社会主义中国作为世界上最大的发展中国家，必须坚持把发展作为党执政兴国的第一要务。因此，我们背负着建设工业文明、实现工业化和建设生态文明、实现生态现代化的双重战略任务；既面临着克服、消除工业文明的黑色经济形态与发展模式的黑色弊端，将其改造成为绿色经济形态，又面临着构建与生态文明发展相适应的绿色经济形态与发展模式的双重压力与双重应对。这是21世纪中国发展与经济发展的最根本的特殊性。根据这种特殊性来探索中国特色社会主义发展道路，使我们找到了“三大法宝”，它们充分体现了中国特色社会主义发展与经济发展应对双重压力和完成双重任务的时代步伐和客观进程。

正确认识和理解“三大法宝”尤其是建设生态文明与发展绿色经济同新型工业化的辩证关系，赋予新工业文明理论特质与新的实践导向，这是把中国经济切实转移到科学发展轨道上来所要解决的一个重大理论与实践问题。因为，(1) 党的十六大确定的新型工业化道路，只是赋予了新工业文明的信息化内涵与信息经济的特征。新工业文明只有信息维度。这种工业化与信息化融合，只是表明工业化由大机器生产力发展到信息生产力，这是工业文明发展的新阶段。由于它缺乏生态内涵，使新型工业化在本质上仍然属于工业文明形态。(2) 工业化和信息化融合难以克服传统工业化的弊端。这种弊端在人与自然的生态关系方面，是资源短缺、环境污染、生态恶化；在人与人的社会经济关系方面，是贫富悬殊、缺乏经济社会公平。我们探索新型工业化道路以来的7年间，不仅环境污染和生态破坏日益严重，而且为富不仁、劳资对立、贫富差距也变得越来越严重。从学理上说，信息化是应当获得资源消耗低的效果，但是这7年间资源高消耗没有得到缓解。对此，不少学者认为，我国探索新型工业化道路并没改变我们在传统工业文明发展老路上前行的步伐，没有达到新型工业化和建设生态文明的一致性。(3) 只有信息维度的新型工业化的主旨，主要是对传统工业文明的弊端加以限制，不会改变工业文明整体的反人性、反生态性质和不可持续性，是不能使新型工业化直接成长为生态文明的。因此，新型工业化道路在本质上是建设工业文明的发展道路；建设生态文明，是生态文明发展道路，不能把两者混为一谈。因此，在实践中推进新工业文明同生态文明有机结合与融合发展，这必须将走新型工业化道路综合为生态文明发展道路的内在环节，使建设新工业文明纳入建设生态文明之中，使它成为中华文明由工业文明向生态文明转型的过渡性文明形态。为此，我们必须对新型工业化的理论特质与实践导向重新界定。(4) 按照“三大法宝”尤其建设生态文明的新要求，赋予新型工业化生态内涵，确立新工业文明信息化维度和生态化维度的有机统一，开启新工业文明的生态视阈，为我国现代工业体系和产业结构的知识化（包括信息化）与生态化的相互协调与融合发展提供理论前提。（5）笔者曾在《生态马克思主义经济学原理》一书中提出：探索新型工业化道路，应当从一个基本点升华为两个基本点，“以信息化带动工业化，以工业化促进信息化：以生态化优化工业化，以工业化推动生态化，走出一条科技含量高、经济效益好、资源消耗低、环境污染少、人力资源优势得到充分发展的新型工业化路子。”[①] 因此，新工业文明不仅要大量推进信息化与工业化融合，而且要大力推进生态化与工业化融合。它不仅是实现工业化，建设高度发达工业文明的过程；而且是这种过程同信息化与生态化并行不悖且相互融合，从而推进工业文明向生态文明转型的跃迁过程。

七

加快转变经济发展方式，形成与建设生态文明、构建和谐社会相适应的绿色经济发展模式，这是21世纪现代经济发展模式的伟大革命，是生态文明与可持续经济发展理论研究的一个历史性课题，也是中国特色社会主义经济发展理论研究的一场攻坚战。首先，党的十七大明确指出，“经济增长的资源环境代价过大”，“建设生态文明；基本形成节约能源资源和保护生态环境的产业结构、增长方式、消费模式。”这表明我们建设生态文明需要由高昂代价的黑色经济发展方式向最低代价的绿色经济发展方式转变，形成最低代价的可持续的绿色经济发展模式。长期以来，我国学界对我国经济发展的创新理论模式的研究，显得十分薄弱，尤其是近年来，对建设生态文明、构建和谐社会的经济发展“模式化”问题研究，可以说还没有破题。大家知道，党的十四届五中全会制定了经济体制和增长方式两个根本转变的战略方针，时至今日，经济体制的根本转变基本实现而增长方式的转变没有实现，并且粗放型增长方式更加强化，使在工业文明发展过程

① 刘思华：《生态马克思主义经济学原理》，人民出版社2006年版，第541页。

中形成的缺乏生态内涵的经济增长方式与经济发展模式仍然处于主导地位。因此，彻底改变、超越工业文明发展的经济模式，形成生态文明发展的经济模式，这是中国特色社会主义道路的战略重点和发展思路，也是建设生态文明与构建和谐社会的极其重大的难题。我们可以说，中国现代化建设和改革开放能否取得最终成功，将取决于我们能否成功地实现工业文明发展的经济模式向生态文明发展的经济模式转变。

其次，可持续发展经济学及它的马克思主义形态的生态马克思主义经济学，全方位论证了生态是21世纪现代经济运行和经济发展中的内生变量，探讨了生态发展规律及其对经济发展和运行效率的影响，构建了最低代价生态内生经济发展模式的基本框架。绿色经济发展模式，就是这种模式的现实形态，也就是说，绿色经济发展在本质上是最低代价生态内生经济发展模式。历史与现实都表明，工业文明发展的经济模式，是“大量生产、大量消耗、大量消费、大量废弃”的不可持续的黑色经济发展模式。这种经济模式在我国工业文明发展中，形成“高开采、高投入、高消耗、高污染、低利用、低产出、低质量”的粗放型经济增长方式，这是目前我国最高代价生态外生经济发展模式的基本实现形态。因此，改革开放30年来，我国经济快速高速增长，可以说是完全被工业文明的经济发展模式所浸透。这就迫切要求我们必须创造一种与自然生态相和谐协调的科学发展模式，这已成为当今中国现代化建设的当务之急。党的十七大标志着中华文明中一个建设社会主义生态文明的新时代正在到来，建设生态文明与构建和谐社会的经济发展“模式化”，就是要形成与社会主义生态文明、和谐社会发展相适应的绿色经济模式。这就是中国特色的绿色经济发展模式，应该是超越资本主义经济模式，其本质内涵应当是最低代价的、生态内生的生态经济和谐协调可持续发展模式，即是生态自然和经济社会和谐协调可持续发展双赢发展模式。

再次，从学理上说，绿色经济是生态文明时代的崭新经济形态，从实践层面上说绿色经济是生态文明发展的全新经济模式，无论是前者还是后者，其现实的具体的实现形式，都具有多样性，其中最基本的形态，或者说主要经济技术模式，就是以低能耗、低污染、低排放为基础的低碳经济和减量化、再利用、资源化为特征的循环经济，它们都属于绿色经济范畴，都是绿色经济模式的现实体现。

八

深化经济体制改革，建立社会主义生态市场经济体制，为建设生态文明、发展绿色经济、构建和谐社会提供制度基础和体制环境。这是中国经济体制的第二次革命，即经济体制的生态革命。我国经济改革与发展，实行两个具有全局意义的根本性转变之所以呈现逆向运动，其中一个根本原因就在于，我国初步建立起的社会主义市场经济体制，未能摆脱传统计划经济体制的窠臼，仍然保留着生态与经济相脱离、人与自然不和谐的基本特征，甚至可以说，还是一个以牺牲生态环境和以牺牲大多数平民百姓的利益（包括人的生命安全与心身健康）为代价而使一部分人富起来的经济体制，它实质上是建设工业文明的经济体制。正是从这个意义上说，改革开放30年来，我国经济体制改革，基本上是沿着工业文明发展“体制化”的方向前行。所以，现行的社会主义市场经济体制克服工业文明发展那种牺牲生态环境和大多数平民百姓利益的制度与机制，显得勉为其难和无能为力。

在当今世界，无论是发达国家还是发展中国家，各国市场经济体制及运行机制，基本上是以人与自然、生态与经济相分裂与对立为特征的，使现代经济运行与发展往往不能反映生态学真理。正如一位德国学者所指出的：“迄今为止，还没有一个国家拥有围绕关注环境而组织的市场经济，德国也不例外。”① 因此，当今世界各国的现代市场经济体制尤其是发达国家的自由市场经济体制，不仅是当今有效需求不足的国际金融危机与全球资本主义经济危机的体制原因，而且更是生态资本有效供给不足的全球生态危机的体制原因。在改革开放30年间，我国坚持资源配置市场化的改革方向，从根本上改变了高度集中的计划经济体制，建立了社会主义市场经济体制，带来了空前的经济繁荣，创造了世界经济发展的奇迹，使我国物的世界大大发展，初步实现由贫穷向富裕的根本转变。但是，初步建立起的现代市场经济体制即没有克服当今世界各国的现代市场经济体制的根本缺陷，这就是没有超越人与自然、生态与经济相分裂与对立的根本特征，仍然是一种生态外生的非持续发展经济体制。这是我国现行的社会主义市场经济体制还很不完善的一个根本方面。它还存在着排斥市场经济体制与运行机制的生态要素，以及市场主体的厂商追求效用最大化、利润最大化与环境保护、生态建设与发展的尖锐矛盾；从而经济运行不能反映生态学真理，在创造物质生产力、使我国经济发展、日益富裕的同时，消灭了生态生产力，使我国生态资本有效供给不足、生态贫困越来越严重。国内外现代市场经济运行与发展正反两方面事实充分表明，中国特色的社会主义市场经济体制，应该是市场对资源配置的基础性调节作用同国家宏观调控与政府监督对经济社会的主导性调控作用相结合的政府主导型市场经济，这是一方面；另一方面，建立和完善社会主义市场经济必须内在地具有可持续发展的生态机制，使生态环境真正成为现代经济良性运行与可持续发展的内生要素与内在机制，就能表现出超越发达资本主义市场经济的制度优势。这是完善社会主义市场经济市场体制即现代市场经济体制创新的一个根本方向。

因此，符合生态文明发展的绿色经济发展、和谐社会发展要求的

① 吴晓东等译：《人类需要多大的世界 MIPS——生态经济的有效尺度》，清华大学出版社 2003 年版，第 146 页。

经济体制，是生态与经济一体化的生态内生经济体制，这就是以生态可持续性为核心的可持续发展经济体制。它要求我们必须推进生态掠夺型的工业文明经济体制向生态发展型的生态文明经济体制转变。唯有如此，才能使我国社会主义市场经济既能反映经济学的真理，又能反映生态学真理。这是建设生态文明和构建和谐社会尤其是发展绿色经济“体制化”的正确方向和重大任务，更是完善社会主义市场经济体制的正确方向与重大任务。

早在10多年前，我在《可持续发展经济学》一书中批判了传统经济体制的根本缺陷与主要弊端，深刻论述了可持续发展经济体制的本质内涵与基本特征，提出了我国经济体制改革的本身应当实现两个根本转变：一是从传统计划经济体制向现代市场经济体制的根本转变，即建立社会主义市场经济体制；二是从现代市场经济体制向可持续发展经济体制的根本转变。这种体制的要义应是基于生态关怀和人文关怀的生态可持续性，在此基础上构建全新的生态内在现代市场经济体制，即中国特色的社会主义可持续发展经济体制，它实质上是中国特色的社会主义生态市场经济体制，是对现行的现代市场经济的现实超越与理论超越。因此，实践“三大法宝”都内在要求现行市场经济体制和运行机制，克服自身的根本缺陷，使之具有生态向度和人文向度及其统一性，真正建立起生态与经济一体化的、生态内在的可持续发展经济体制。这种经济体制才是符合生态文明发展、绿色经济发展、和谐社会发展的崭新的经济体制。这是一个新的历史跨越、新的伟大实践。在理论上，尤其在实践上，这是个21世纪中国改革与发展的难题。

九

建设生态文明、发展绿色经济、构建和谐社会，都需要一场彻底的生态革命，形成整个社会主义社会运行与发展机制的全面生态化即全面绿化。20世纪下半叶以来，发达国家的工业文明高度发达，把现代人类逼进了生态危机的深渊，现今全人类还处于大规模的生态灾难之中。它不仅吞噬着自然生态（即人身外的自然），而且毁坏着人体生态（即人自身的自然），使现存的人类生存方式具有毁灭性。这是资本主义工业文明和自由市场经济的反生态和反人性的集中表现。这种人类生存方式危机的深刻根源，就是人们经济社会活动的价值观念、行为方式、社会经济、政治文化、科学技术机制的反生态化和人性化。因此，当今人类可持续生存与全面发展，需要一场深刻的生态革命，推进人类生存与发展的生产方式和生活方式的生态化转型，实现人类生存方式的全面绿化；其关键又在于现代经济领域里必须进行一场彻底的生态革命，实现现代经济运行与发展的全面绿化。生态革命要求现代经济社会活动必须按照反映自然生态规律的自然生态原则去实现世界系统运行的生态合理性，也就内在要求经济、科技、文教、政治、社会活动等经济社会运行与发展的全面绿化，当代中国的生态革命的根本目标，就是追求生态经济社会有机整体内部机制的生态化，形成社会主义生态市场经济体制机制，使中国特色的社会主义经济社会体系运行朝着人性化与生态化的方向发展，这是科学发展观和社会主义生态文明对工业文明的时代性扬弃和实践超越。生态文明、绿色经济、和谐社会是生态化和人性化内在统一的现代文明、现代经济、现代社会。因此，实践“三大法宝”，都内在要求现代经济社会运行与发展机制的人性化与生态化，实现自然生态、社会生态和人体生态的和谐协调发展。

进行经济社会的彻底生态革命，不仅要用生态理性绿化现代经济和现代社会，更重要的是而且首先是用生态理性绿化思想观念，进行彻底的思想观念的生态革命。近年来，世界各国应对国际金融危机和气候变化的过程，正如李克强同志所说：“是人们思想革故鼎新的过程，也是世界经济创新发展的过程。”在今日之中国，实践“三大法宝”的过程，确实是中国特色社会主义创新发展的过程，是推动中国特色社会主义经济发展从要素驱动向创新驱动转变的过程，这是首先要创新思想观念。从根本上说，应当是革工业文明思想观念之故，鼎生态文明思想观念之新。然而，不要说包括当代中国在内的发展中国家，就是当代发达国家已经发展到后工业社会，进入“后工业文明时代”，但人们的价值观、财富观、发展观、实现观还停留在工业文明社会，基本处于工业文明时代。正如美国学者H. 梅多斯所说的：“生活在今天的人们是很难理解工业革命是如何深刻改变人类思想的，因为我们自己一直都在运用工业革命的思维模式进行思考。”① 因而需要一场彻底的思想观念生态革命。建设生态文明、发展绿色经济、构建和谐社会，当务之急就是进行新一轮的思想解放，其主旨是思维模式的生态革命。这就是从建设工业文明观念、思想、理论的禁锢下解放出来，树立和践行建设社会主义生态文明的价值观、财富观、发展观、实现观和政绩观，才能保证中国特色社会主义经济社会运行与发展朝着生态化与人性化方向发展。

十

建设生态文明、发展循环经济、构建和谐社会的最大难题和严峻挑战，就是今日之中国“资本的逻辑”已差不多成为支配社会生活一切的逻辑。“资本的逻辑”是同“三大法宝”的“劳动的逻辑”相对立的，尤其是与生态和谐、经济和谐、社会和谐不相容。因此，如何克服、摆脱“资本的逻辑”的束缚，构建和谐生态、和谐经济、和谐社会，并推进当代中国生态经济社会有机整体和谐协调发展，这是发

① ［美］唐标勒·H. 梅多斯等著，赵旭等译：《超越极限》，上海译文出版社2001年版，第231页。

展中国特色社会主义的“歌德巴赫”猜想。

首先，马克思主义对资本主义社会的批判，就是对资本逻辑的批判。在资本主义私有制下，建设工业文明是通过发展市场经济（从总体上看，主要表现为自由市场经济）来创建资本主义工业文明。于是“资本霸权逻辑”就成为资本主义工业文明和市场经济的内在性的社会经济属性。它们就完全被资本主义制度的反人性和反自然的本质特征所浸透，使反人性和反自然成为它们的内在特质。马克思曾经强调指出，资本家是“人格化的资本”，贪婪和惟利是图是他们的本性，在他们看来，世界上没有一样东西不是为了金钱而存在，他们活着就是为了赚钱。因此，资本[①]的惟一价值取向，就是要使自身不断增殖，以赚钱为本，追求资本利益最大化，最大限度地获取经济利益，实现赚钱发财的目的。这种资本的本性支配着企业乃至整个社会生活，它们就围绕利润最大化这一核心运转，在这种“资本霸权逻辑”支配下，资本主义工业文明与市场经济发展，就必然以牺牲精神道德为代价，以牺牲生态环境为代价，以牺牲人的生命安全与心身健康为代价，尤其是掠夺自然，破坏环境，蹂躏生态，成为“资本霸权逻辑”支配、主宰自然的必然逻辑。当今发达国家资本主义文明在“资本霸权逻辑”的支配下，不仅发生金融危机与经济危机；而且是生态经济社会极不公平、不和谐、极度片面发展的现代文明。可见，资本逻辑确实是与生态文明、绿色经济、社会和谐相对立的，资本的价值取向和生态的价值取向是相对抗的。

其次，当今之中国，处于社会主义初级阶段，改革开放初步建立起社会主义市场经济，已从排斥资本变为接纳资本，甚至允许资本扩张。在我国是以公有制为主体的多种所有制并存，个体经济、民营经济、外资经济等私人资本在数量可能超过国有资产；加之私营企业家也可以入党，以赚钱为主旨的人们无疑已成为中国社会的中坚。这样

① 这里所说的资本，是指物质资本，即是马克思《资本论》中所说的资本概念。

"资本的逻辑"已差不多成为支配中国经济社会运行的主导逻辑。从我国前段时期利用资本所带来的负效应来看，出现了许多企业见利忘义、惟利是图，道德滑坡，不择手段牟取非法暴利，官商勾结，权钱交易，腐败现象日益严重。贫富差距日益扩大，生态环境日益恶化，制造出癌症村越来越多等破坏经济和谐、生态和谐、社会和谐，使我国发展陷入了"挤资源求发展"、"有发展无幸福"的困境。这是新自由主义经济学在实践中酿成的必然恶果，其罪魁祸首，就是"资本的逻辑"。2008年的山西溃坝事件和三鹿奶粉事件的罪魁祸首也正是"资本的逻辑"。因而，在我们面前出现了这样一个世界难题，中国现代化事业尤其经济发展离不开资本的扩张，发展私营资本经济，而在我国现阶段又难以消解、改变资本的本性，社会主义市场经济和工业文明，又不能克服市场经济和工业文明的反人性和反生态的特性，那么我们究竟如何破解这个难题呢？

再次，丰富和发展中国特色社会主义理论，消除马克思主义生态文明与和谐社会理论同我国工业文明发展与市场经济发展实践之间的尖锐矛盾，这就必须把建设工业文明纳入建设生态文明的轨道，探索中国特色社会主义生态文明、绿色经济、和谐社会发展道路。按照马克思主义观点，社会主义的最终目标，是要消灭私有经济，逐步克服、消除"资本霸权逻辑"。然而，今日之中国资本存在具有合理性，但不能认为只有等到资本的合理性完全丧失殆尽以后再去考虑超越资本。因此，"为了确保经济的发展和社会的稳定，国家不能让资本权力无限地张扬，而是通过国家的调节，以缓解资本与社会的对抗。"这就是说，"在现阶段，我们需要资本，但必须限制资本的霸权，这就是基本结论。"[①] 所以，我们为了建设生态文明、发展绿色经济、构建和谐社会，"我们不仅要利用资本与限制资本结合在一起，还要把

① 详见孙承叔：《真正的马克思》，人民出版社2009年版，第398—400页。

利用资本与超越资本结合在一起。"① 这就是我们要实行利用、改造、限制、超越资本的"八字"方针。利用资本发展经济，使物质生产力高度发展；改造资本就是利用资本绝对不能拜倒在资本的脚下而自由放任，而要逐步改变它的反人性和反生态性的负面影响；限制资本就是绝对不能任凭资本逻辑的横行霸道，不能让资本权力无限张扬，必须采取种种限制措施，把资本增殖、追求利润最大化，以"三个牺牲"为高昂代价降到最低限度；超越资本就是摆脱"资本的逻辑"束缚，逐步扬弃资本原则。只有这样，我们探索中国特色社会主义发展道路，才能实现生态和谐、经济和谐、社会和谐，使中华文明发展走向生态经济社会有机整体和谐协调可持续发展的理想境界，最终建设成为富强民主文明和谐的社会主义现代化国家。

最后，我还要指出的是，自党的十七大以来，建设生态文明问题已成为我国学术理论界的研究热点，引起多学科学者的极大兴趣，发表了大量的论文，出版了不少著作，国家社科基金也立项了多项课题。然而，令人遗憾的是，运用马克思主义的立场、观点、方法，研究生态文明理论，真正认识建设社会主义生态文明问题的学者（如像陈学明教授那样）却是少数；多数学者没有真正认识生态文明本身所特有的基本范畴、基本理论及其发展规律；甚至有些学者把西方经济学的环境污染治理思想，这种西方工业文明发展先污染后治理的理论表现，也归纳成为生态文明理论，这是把工业文明和生态文明混为一谈，在理论上是很不科学的。所以，我认为，在今日之中国，对建设生态文明理论的马克思主义研究，还是刚刚起步。因此，目前和今后加强对建设社会主义生态文明与和谐社会、发展中国特色的绿色经济及其相互关系研究，是中国特色社会主义生态经济社会发展理论研究的一场硬战。虽然说，本论丛存在着不少值得商榷之处，但它的出版，会为我国学术理论界更深层次的研究，提供有益的丰富的思想材

---

① 陈学明：《生态文明论》，重庆出版社 2008 年版，第 63 页。

料，必将推动中国特色社会主义生态经济社会理论与实践的不断探索与日益发展。

刘思华

2010年11月于湖北恩施

目　录

第一章
生态文明论①

水是生命之源，是人类生活和生产活动不可或缺的重要物质，水资源是基础性的自然资源和战略性的经济资源；水是文明之魂，是人类物质文明、精神文明、政治文明和生态文明建设的关键要素。自古以来，人类都是择水而居，人类文明都是因水而兴。从一定意义上讲，人类文明的历史就是一部水文明史，就是一部如何处理人与水之间关系的历史。在21世纪，建设生态文明的时代，影响人类文明发展的水、能源、健康、农业、生物多样性这五大领域中，水问题则居首位。因此，正确处理人与水的关系，实现两者的和谐发展，就是正确处理人与自然的关系，实现两者的和谐发展，这是建设生态文明的核心问题的具体表现。本章作为全书的引论，在界定生态文明的内涵与外延的基础上，概述生态文明建设的理论与实践，进而提出生态文明视角下的水资源配置的基本模式。

① 本章前三节是在沈满洪教授主持的浙江省社科基金重点项目“国内外生态文明建设的理论与实践研究”的部分成果的基础上所写而成的。参加该项目研究的核心成员有李明华教授、范柏乃教授、韩洪云教授、俞海山教授、虞锡君教授和魏楚博士等。本章第三节是在沈满洪主编的《水资源经济学》第九章第一节基础上改写而成的。

第一节 生态文明的内涵与外延

一、生态文明的内涵界定

生态文明是由生态和文明两个概念构成的复合概念。其中“生态”一词源于古希腊语，最早的意思是房屋、家庭，19世纪中叶以来被赋予了现代科学意义，主要指自然界诸主体、诸系统之间交错复杂的关系。“文明”一词，在中国古代典籍中已有记载，如唐代孔颖达注疏《尚书》时将“文明”解释为：经天纬地曰文，照临四方曰明。“经天纬地”意为改造自然，属物质文明；“照临四方”意为驱走愚昧，属精神文明。在西方语言体系中，“文明”一词来源于古希腊，是“城邦”一词的代称。简言之，文明是指人类社会的开化程度和整体进步状态。从人类社会实践活动来讲，文明则是人类改造自然、改造社会和改造自我的结晶。

所谓生态文明，是指人类在经济社会活动中，遵循人、自然、社会有机整体和谐协调发展的客观规律，积极改善和优化人与自然、人与人、人与社会、人与自身之间发展的关系，为实现经济社会的可持续发展所作的全部努力和所取得的全部成果。生态文明建设的出发点是尊重自然，维护人类赖以生存发展的生态平衡；其实现途径是通过科技创新和制度创新，建立可持续发展的生产方式和消费方式；其最终目标是建立人与人、人与自然、人与社会、人自身的和谐协调发展秩序。

生态文明建设是经济社会发展目标的重要组成部分。但是，生态文明建设不像经济建设、政治建设、文化建设和社会建设等，具有明确的、独立的边界，它或渗透于经济建设、政治建设、文化建设和社会建设之中，或贯穿于经济建设、政治建设、文化建设和社会建设之间。

二、生态文明的提出与兴起

以蒸汽机为主要标志的英国工业革命拉开了工业文明的序幕。随着科学技术的不断发展，人类对自然的认识水平和改造能力也得到空前的提高，从而加速了人类对自然资源的掠夺性开采。工业文明时代的发展观是机械主义发展观。它认为：人高于自然，自然资源和生态环境只是满足人类需要的工具，崇尚人类“统治自然”、“战胜自然”、“做大自然的主人”，把满足人们不断增长的物质需要看做唯一目的。正是这种对物质利益的追逐，造成人们在处理人与自然的关系时，通常采用的方式是极其残酷的掠夺。工业文明暂时缓解了生产和人类需求的矛盾，却激化了生产与自然环境的矛盾，给经济社会发展造成了潜在危机，甚至给人类生存带来威胁。

在机械主义发展观的指引下，经济至上主义横行，自然资源和生态环境遭到了严重的破坏，同时大自然也在以生态规律作用的形式对人类实施报复和惩罚。20 世纪中叶以来，人类的生存与发展日益受到生态环境恶化的严峻挑战。全球性的生态环境危机，突出表现为人口“爆炸”、森林锐减、土地退化、淡水匮乏、能源危机、海洋资源破坏、自然灾难增加、酸雨和温室效应加剧等。正是在对工业文明不断反思的浪潮中，人们逐渐意识到，传统的工业发展模式是难以持续的。生态文明思想就是在这样的背景下产生的。

1987 年联合国环境与发展委员会发布的研究报告——《我们共同的未来》，是人类建构生态文明的纲领性文件。该报告全面论述了 20 世纪人类面临的三大主题：和平、发展与环境之间的内在联系，并把它们当作一个更大课题——可持续发展的内在目标来追求。1992 年，在巴西里约热内卢召开的联合国环境与发展大会所通过的《里约环境与发展宣言》和《21 世纪议程》，则是人类从传统发展文明观向可持续发展文明观转变的一座里程碑，它不仅使可持续发展思想在全球范围内得到了最广泛和最高级别的承诺，而且还使得可持续发展思想由理论思考变成各国的行动纲领，为生态文明建设提供了重要的制度保障，真正拉开了可持续发展时代的序幕，这实际上是拉开了生态文明时代的序幕。

早在 1994 年，中国政府根据联合国环境与发展大会的精神，从中国国情出发，颁布了旨在促进经济、社会、资源、环境以及人口、教育相互协调、可持续发展的《中国 21 世纪议程》。中国“九五”计划首次将可持续发展战略同科教兴国战略并列为国家的两项基本战略。“十五”计划具体提出了可持续发展战略各领域的阶段性目标，编制了环境保护与生态建设的专项计划。2003 年党的十六届三中全会进一步提出了“坚持以人为本，树立全面、协调、可持续的发展观，促进经济社会和人全面发展”。在党的十六届四中全会上提出了“和谐社会”理念，并将“资源利用效率显著提高，生态环境明显好转”作为构建社会主义和谐社会的重要目标。2007 年党的十七大报告明确提出“建设生态文明”的战略任务，把我国对生态文明的认识提高到一个崭新的高度。

生态文明的概念、理论由中国最早提出，但建设生态文明则是国际社会的共识。生态文明作为一种全新的文明形态构想，在四个方面区别于工业文明：首先，在生产方式上，它追求经济社会与生态环境的协调发展而不是单纯的经济增长，GDP 不再是衡量社会进步的唯一标志；其次，在生活方式上，它倡导生活的质量而不是简单的需求满足，反对过度消费；再次，在社会价值上，它的归宿是人与自然关系的平衡而不是以人为中心，自然被赋予了道德地位；最后，在社会结构上，它努力实现更加高级的民主，强调社会正义，并保障多样性。

三、生态文明建设的构成要素

生态文明的内涵十分丰富，因而生态文明建设的内容极为丰富。它主要包含了生态文化、生态产业、生态消费、生态环境、生态资源、生态科技与生态制度等七个方面的基本内容。这七个基本要素是生态文明的基本组成单元，又是相互影响和相互作用的。

1. 生态文化繁荣是生态文明建设的支柱

生态文明意味着人类思维方式与价值观念的重大转变。建设生态文明必须以人与自然和谐发展理论为核心的生态文化的繁荣为先导。在世界观上，生态文明需要超越机械论，树立有机论；在价值观上，生态文明需要超越“人类中心主义”，重建人与自然的价值平衡；在发展观上，生态文明需要超越“不增长就死亡”的狭隘增长主义，建立“质量重于数量”的人口、资源、环境共同可持续的整体发展观。生态文化广泛渗透于经济、社会、科技、法律、政治以及伦理等领域，为经济社会的生态化发展提供智力与精神支持。

2. 生态产业发展是生态文明建设的物质基础

生态产业作为发展与环境之间矛盾激化的产物，是人类对传统生产方式反思的结果。生态文明要求生态经济系统必须由单纯追求经济效益转向追求经济效益、社会效益和生态效益等综合效益，以人类与生物圈的共存为价值取向来发展生产力。在生产方式上，转变高生产、高消费、高污染的工业化生产方式，以生态技术为基础实现社会物质生产的生态化，使生态产业在产业结构中居于主导地位，成为经济发展的主要源泉。正是在这个意义上说，生态文明是以生态产业为主要特征的文明形态。

3. 生态消费模式是生态文明建设的必要条件

生态消费模式以维护自然生态环境的平衡为前提，在满足人的基本生存和发展需要基础上的一种可持续的消费模式。生态消费模式需要依赖消费教育来变革全社会的消费理念，进而转变消费者的消费行为，引导人们从浪费型消费模式转向适度消费模式，从环境损害型消费模式转向环境保护型消费模式，从对物质财富的过度享受转向既满足自身需要又不损害自然生态的生活方式。

4. 生态环境保护是生态文明建设的重要目标

生态环境问题直接关系到人民群众的正常生活和身心健康。如果生态环境受到严重破坏，人的生产生活环境恶化，人与人、人与自然的和谐就难以实现。正如《北京生态宣言》指出的那样："人类未来健康取决于我们赖以生存的空气、水、土壤质量以及动植物和微生物等之间的微妙的平衡关系"。生态文明建设的重要目标和实践要求就是要统筹好人与自然的关系，消除人类经济活动对自然生态系统构成的威胁，有效控制主要污染物排放，保护生态环境，实现生态环境质量的明显改善和可持续发展。

5. 生态资源节约是生态文明建设的内在要求

没有生态环境和资源能源，经济发展就无从谈起，人类社会发展就失去物质基础。生态文明建设的重要任务，就是通过保护自然资源、节约自然资源、高效利用自然资源，循环利用废弃资源，积极开发可再生清洁能源和新能源，保障经济可持续发展，同时维护自然界的生态平衡。

6. 生态科技发展是生态文明建设的驱动力量

生态科技用生态学整体观点看待科学技术发展，把从世界整体分离出去的科学技术，重新放回"人—社会—自然"有机整体中，将生态学原则渗透到科技发展的目标、方法和性质中。走生态科技的发展道路是实现人与自然和谐发展的关键，也是加速生态文明建设的驱动力量。

7. 生态制度创新是生态文明建设的根本保障

解决生态环境问题的动力源泉在于制度创新。一方面要通过建立生态战略规划制度，着眼于长期而不是短期的发展，真正把人与自然的和谐与可持续发展纳入到国民经济与宏观决策中来；另一方面，要创新生态文明建设的制度安排，通过制度建设与创新，鼓励更多主体的积极参与，创建更加公平的法制环境，建立更加灵活的政策工具，营造更加良好的舆论氛围。

四、生态文明与其他文明的内在关系

生态文明与物质文明、精神文明、政治文明相互依赖、相互渗透、相互促进，共同构成现代文明体系。相比较而言，生态文明更具基础性，也更具普遍性。

1. 生态文明与物质文明的关系

物质文明是人类改造自然的物质成果的总和，它包括生产力发展状况、社会物质财富的积累程度以及人们生产与生活的物质条件等。物质文明体现的是人类在改造自然过程中人与自然的关系。物质文明是人类生存发展的基本前提，体现的是人类从自然界获取生产资料和生活资料的能力。

生态文明与物质文明的关系，说到底还是环境保护与经济发展之间的对立统一关系。一方面，环境保护和经济发展存在着对立关系。人类的生存、发展会带来环境污染和生态破坏，积累到一定程度就会爆发环境问题和生态危机，也就是说，环境问题是经济社会发展到一定阶段的必然产物。另一方面，环境保护和经济发展又是统一的。环境保护的根本目的还是为了促进经济社会更好地发展，给人类自身提供持续增进福祉所赖以支撑的自然环境条件。环境问题是随着经济社会发展而来的，也只有在经济社会发展过程中才能得到解决。解决环境问题必须通过转变经济增长方式，必须依靠科技进步，必须有助于人类福利的增长，而不是牺牲经济社会的发展。

发达的物质文明有助于提高生态文明建设水平，发达的生态文明有助于改善物质文明建设质量。两者相辅相成、互相促进。在生态文明理念指导下的物质文明，将致力于消除经济活动对大自然的稳定与和谐构成的威胁，逐步形成与生态环境相协调的生产生活与消费方式。

2. 生态文明与精神文明的关系

精神文明是人类在改造客观世界的同时改造主观世界中形成的成果的总和，表现为社会精神产品和精神生活的进步。精神文明体现的是人类在改造主观世界的过程中处理的主观与客观、人与自我的关系。

生态文明与精神文明的关系，既存在交叉的关系，又存在包容的关系。从一定角度看，生态文明是精神文明的重要组成部分，精神文明建设必然涉及人与自然关系的处理；而精神文明又是生态文明的重要组成部分，生态文明建设为精神文明建设提供广阔的舞台。在人类的伦理道德和审美体验中，没有生态文明，就没有人与人之间的正常关系，更不可能有人类对美好事物的真实感受。只有自然界生机盎然，生态系统合乎规律地循环，人类才能过上一种真正合乎人性的生活。

从另一个角度看，生态文明与精神文明都需要处理与解决当代人与当代人、当代人与后代人、人类与自然之间的错综复杂的关系，因此，又是属于相互包容的关系。秉承生态文明的精神文明，就是要提倡尊重自然、认知自然价值，建立人的自身全面发展的文化与氛围，从而转移人们对物欲的过分强调与关注。

3. 生态文明与政治文明的关系

政治文明是人类在政治活动中形成的成果的总和，表现为社会政治制度和政治生活的进步。政治文明的精神实质是，通过制度安排和国家公共权力的运用来维系社会秩序，通过公平分配社会资源来保障个人的权益。政治文明体现的是人类在改造社会过程中处理人与人之间关系的成就。

生态文明与政治文明的关系既是手段与目的的关系，又是相互包容的关系。政治文明建设是实现生态文明的保障条件。人类目前所面临的生态环境危机是由人类在特定制度框架下进行的社会活动引起的。有什么样的制度框架，就有什么样的物质生产和人口生产，也就有什么样的环境影响。与生态文明相融的政治文明，强调尊重利益和需求多元化，注重平衡各种关系，避免由于资源分配不公、人际冲突以及权力的滥用而造成对生态的破坏。

政治文明着力于处理人与人之间的关系，而生态文明则着力于处理当代人与当代人、当代人与后代人、人类与自然之间的错综复杂的关系。因此，政治文明被生态文明所包容，政治文明建设是基于生态文明建设的平台。

第二节 生态文明建设的理论概述

古今中外，哲学、伦理学、系统科学、经济学、环境科学等诸多学科从不同角度为生态文明理论作出了各自的贡献。择其精华而论之，主要有：以天人和谐观为核心的生态哲学思想，以统筹代内、代际及种际的公平与效率为核心的生态伦理思想，以生态与经济协调发展为核心的生态系统思想，以新的增长理论、生态现代化理论和循环经济理论为主要内容的生态经济思想，以外部性内部化为核心的环境经济思想等。生态哲学思想是生态文明理论的“纲”，生态伦理思想、生态系统思想、生态经济思想、环境经济思想则为生态文明理论的“目”。

一、生态哲学思想：从人定胜天观到天人和谐观

从远古至今，人类社会经历了人不敌天的自然观、天人合一的自然观、人定胜天的自然观，目前正经历着“人定胜天观”到“天人和谐观”的历史转变。

1. 农业文明时期的“天人合一观”

在人类古代，原始先民们带着神话自然观跨进了文明社会的门槛，形成了有机整体自然观。这在代表当时人类文明楷模的古希腊文明和古代中国文明身上有着明显的体现。总的来看，古希腊有机整体自然观中既有蒙昧时代人是自然奴隶的观念，也有人是自然主人理念的萌芽与发展，还包括了人与自然一体的“人神合一”的心理期盼。而中国古代有机整体自然观是我国古代哲学的精髓。中国古代哲学中的气论、阴阳说、五行说和八卦说等是这种有机整体自然观的理论渊源。“天人合一观”是中国古典哲学的基本命题，是有机整体自然观的最高、最完整的体现。

2. 工业文明时期的“人定胜天观”

人类历史转入近代后，人类迎来了从来没有经历过的最伟大的变革——工业革命和文艺复兴时期。在这期间，人类重新发现、找回了“人”，具体来说，培根发展出了人与自然对立、抗争的文化意蕴，铸造了天人分立的自然观；笛卡儿从人类理性至上的角度强化了培根的思想；康德坚持用既唯物又辩证的观点看待宇宙的起源，但他同时也是一个极端的人类中心主义者；而黑格尔认为“人类理性”、“绝对精神”是自然界的创立者，主体精神的演进推动着大自然的进化等。总之，近代天人对立的机械自然观把大自然看成是被动的、被占有的对象，对大自然缺乏关爱和呵护，有时甚至是敌意甚浓。但工业社会严重的生态危机表明了这种自然观的弊病，它是导致人类生存危机的思想意识根源。

3. 生态文明时代的“天人和谐观”

人类社会的生态文化模式是发展进化的。人类当代主客一体化的自然观肇始于马克思主义思想。马克思在完成哲学革命的同时，通过批判并成功超越黑格尔唯心主义自然观、费尔巴哈旧唯物主义自然观，创建了包括本体论维度的物质自然观、实践论维度的人化自然观、历史论维度的社会自然观和生态论维度的生态自然观等“四位一体”的“实践的人化自然观”，并最终升华为马克思主义生态哲学。其主题是人与自然环境的辩证统一关系，其基本维度是人文关怀，从而最终完成了对人的解放、社会的解放与自然的解放三者关系的哲学上的高度统一，对后世生态社会主义等产生了深远影响。

二、生态伦理思想：从代内的效率与公平到代际的效率与公平

宝贵的环境资源为人类提供了一系列有益的服务。资源稀缺性法则必然要求环境资源的配置实现代内、代际以及种际的效率与公平。

1. 传统伦理学的代内的效率与公平

传统伦理观着重考察有限资源分配的代内的效率与公平与关系。从

效率角度而言，只要是有利于科学技术进步的资源分配，就应该是有效率的分配；然而，技术上有效率的资源分配，市场机制将导致利于富裕群体的资源配置，进而引起社会不公。从公平角度而言，有限资源的分配包括生活必需和非必需资源的分配。对生活必需资源的分配应遵循公平原则，不应使任何人因缺乏生活必需资源而陷入难以生存的境地；而对非生活必需资源的分配则可以按市场原则，通过市场机制实现效率分配。效率是公平的必要条件，资源的效率分配是实现代内公平的基础。

2. 生态伦理学的种际的效率与公平

生态伦理观将伦理的关怀对象由简单的人与人的关系延伸至人与动物、植物等不同物种和整个自然界，打破了“人类中心主义”价值观。生态伦理观的提出，力图调整和摆正人与自然的扭曲关系，建立人与自然的和谐关系。生态伦理观力图超越传统伦理思想的局限性，是可持续发展的代际公平的伦理基础。当代人不能为自己的发展与需求而损害人类世世代代满足需求的必要条件。为此，保护和维持地球生态系统的生产力是当代人应尽的责任。

3. 可持续发展伦理学的代际的效率与公平

可持续发展伦理学认为，生活在现在和未来的人，有权享受最起码的生活标准。可持续发展观要求，必须保证效用不随时间而下降、保持未来的生产机会和自然资本不随时间而下降。这就是代际效率与公平的基本含义。其实，可持续发展观不仅关注局部人的发展，而且关注整个地球人的全面发展；不仅关注人类自身的发展，而且关注人类与其他物种的共生；不仅关注当代人的发展，而且关注人类的持续发展。因此，可持续发展伦理观是代内的效率与公平、代际的效率与公平与种际的效率与公平的统一。

三、生态系统思想：从生态与经济对立到生态与经济协调

“生态学”和“生态系统”概念为生态经济学的产生奠定了自然科

学的理论基础。正是由于生态系统思想的产生，人们才有可能把生态系统与经济系统作为一个整体来加以考虑。

1. 传统经济学的系统观

传统经济学中，经济增长为绝对主导，只要国内生产总值增长，社会所有问题都将被解决或至少被改善。在所有的经济学理论中，GDP 是唯一被人们期待能永远增长的经济变量，持续的增长永远不会达到边际成本大于边际收益的经济极限，而在微观经济学中，每个企业都存在最佳规模，超过这个规模它就不再增长，当我们把所有的微观经济单位都整合入宏观经济，会发现企业存在最佳规模和 GDP 的永远增长存在矛盾。新古典经济学宣扬，经济子系统成为整个系统的特征，每一样东西都是经济，每一样东西都有价格。

2. 生态经济学的系统观

许多生物学家和生态学家从科学唯物主义哲学角度提出了生态还原主义，生态还原主义把经济子系统的边界缩小到无，每一样东西都是生态系统。“经济学家把环境看做经济的一个子系统，生态学家则与之相反，把经济看做环境的一个子系统”。生态经济学家布朗和戴利都认为，经济系统为生态系统的子系统，经济子系统不能免除自然规律，但也不能全归结为自然规律进行解释。人类经济不可能归结为自然系统，还与价值思想等有关，但是经济也不能把能源的自然系统归入其有效配置的管理。相对于生态系统，经济规模发展得越大，施加给地球自然极限的压力越多，这种不和谐造成的破坏就越严重。

3. 生态与经济协调发展规律

将生态系统视作经济系统的子系统的传统经济学理论，导致生态的非资源化和经济的反生态化，由此出现生态与经济的对立。中国生态经济学家最早揭示了生态经济协调发展规律。其基本内容是：经济系统是生态系统的子系统，经济系统是以生态系统为基础的，人类的经济活动要受到生态系统的容量的限制；生态系统和经济系统所构成的生态经济系统是一对矛盾的统一体，如果两个系统彼此适应，那么就能达到生态经济平衡的结果，如果两个系统彼此冲突，那么就可能出现生态经济失衡的状态；人类社会有可能通过认识生态经济系统，使自身的经济活动水平保持一个适当的“度”，以实现生态经济系统的协调发展。

四、生态经济思想之一：从增长的极限到没有极限的增长

经济的增长与发展是一个永久的话题。但是，在地球生态系统服务的有限性、资源供应数量的有限性和环境自净能力的有限性多重叠加作用下，出现了是否存在增长的极限的争辩。

1.“增长的极限”理论

1972年，以丹尼斯·梅多斯为代表的罗马俱乐部发表了《增长的极限》的研究报告。该报告独树一帜地提出要关注“增长的极限”问题。报告认为影响和决定增长的有五个主要因素，即人口增长、粮食供应、自然资源、工业生产和环境污染。报告认为如果在世界人口、工业化、污染、粮食生产和资源消耗方面按照当时的趋势继续下去，这个行星上增长的极限将在一百年内发生，最有可能的结果将是人口和工业生产力双方有相当突然的和不可控制的衰退。该报告深刻地批判了传统增长方式的弊端，但是其崇尚“零增长”的观点也是不可接受的。

2.“没有极限的增长”理论

美国学者朱利安·林肯·西蒙在1981年出版了《最后的资源》（中译本书名为《没有极限的增长》），该书着重论述了“无限的自然资源”和“永不枯竭的能源”，认为“从任何经济意义上讲，自然资源并不是有限的”，因为人们无法准确地探测到自然资源的蕴藏量，“我们可以得到的自然资源的数量，以及更为重要的这种资源可能向我们提供的效用，是永远不可知的。”另外随着科技进步，新的资源会不断出现。

3. 新的经济增长理论

增长的极限论与无限论的争论，实质上是根源于对工业化初期的经济增长模式，即高投入、高消耗、高污染模式的反思。为了克服传统经

济增长模式的弊端，争论各方都对未来的经济增长模式进行了有益的探讨。其中有代表性的观点有：均衡增长论——全球均衡增长、有机增长论——既有数量增加又有质量提高的增长、“无意外”发展论——人类通过科技进步和健全管理等解决所面临的各种严重问题。

五、生态经济思想之二：从经济现代化到生态现代化

“现代化”概念于1951年在芝加哥大学首次提出。人类对于现代化的理论认识是一个动态演进过程。最初将现代化仅看成是经济现代化，即工业化；进而提升为经济、政治、文化、思想等社会各个方面的大变革；20世纪80年代，发达国家又形成生态现代化理论。

1. 经济现代化理论

迪阿·纳思·瓦尔马认为，经济现代化包括两大阶段：一是工业化阶段；二是信息化阶段。我国学者何传启提出了二次经济现代化的划分方法：第一次经济现代化的主要标志是工业化；第二次经济现代化的标志是知识经济。经济现代化使人类社会在物质上取得了前所未有的进步和成就，但贫富差距加大、经济的不平衡发展等社会矛盾也日益显露。1945年乔治·埃尔顿·梅奥在他的《工业文明的社会问题》一书中提出，工业的飞速发展，导致社会失去了原有的协调与平衡，进入一种失常状态。他强调科学的发展能够使我们认识一切，近代国家都很重视科学技术的发展，却忽视了更为本质的社会和人类问题。自此，社会现代化成为理论界和各国政府关注的焦点。

2. 生态现代化理论

20世纪60年代环境保护运动兴起，产生了巨大的社会影响。以欧洲工业化国家为代表，普遍发生了社会制度和生产模式的环境改革和生态转型。理论界试图去解释和描述这个转型过程的性质、内涵和动力，生态现代化理论应运而生，德国学者胡伯被认为是生态现代化的提出者。生态现代化理论的核心是研究现代化与自然环境的关系，目的是实现经

济发展和环境保护的双赢。英国学者柯汉总结了生态现代化的“超工业化”、环境责任制度化等六个基本原则。中科院中国现代化研究中心则提出了生态现代化的基本要求是“三化一脱钩”。“三化”即非物质化、绿色化和生态化，“一脱钩”即经济与环境退化脱钩。

六、生态经济思想之三：从线性经济到循环经济

工业革命以来经济增长方式大致经历了三种模式：线性经济模式、末端治理模式和循环经济模式。线性经济模式下产生的“三废”导致环境污染日益严重，末端治理模式应运而生。人类在反思中追根溯源，开始推行循环经济模式。

1. 线性经济模式

线性经济体现为“资源—产品—污染排放”的发展模式。线性经济的根本缺陷在于把自然资源看做是取之不尽、用之不竭的。克莱夫·庞廷指出，古典经济学中有着一个重大的缺陷，它们全都忽略了资源损耗的问题，而仅仅是在处理不同的竞争方之间的资源分配这个第二位的问题。……这种观点忽视了一个基本事实，那就是地球上的资源不仅仅是稀少的，而且也是有限的。赫尔曼·E. 戴利等生态经济学家提出了自然资本论，他们认为线性经济模式严重地依赖于人造资本的增长，并以严重地损害自然资本为结果。随着人类事业的继续扩张，由地球生态系统所提供的产品和服务越来越稀缺，自然资本正在迅速成为制约因素，而人造资本则越来越雄厚。

2. 末端治理模式

末端治理是指针对生产过程产生的污染物实施有效的技术治理。末端治理在环境管理发展过程中是一个重要的阶段，它有利于消除污染事件，也在一定程度上减缓了生产活动对生态环境的压力。但随着工业化进程的加速，末端治理的局限性也日益显露。美国前总统布什曾指出，将重点放在末端或烟囱口，在危害发生后再进行净化的环境计划，现在

已经不再适用了。我们需要预防或将污染物排放减少到最低限度的新政策、技术和方法，首先是防止污染的产生。

3. 循环经济理论

循环经济思想萌芽于美国经济学家肯尼斯·鲍尔丁于20世纪60年代提出的“宇宙飞船经济”理论。最先明确提出循环经济一词的是英国环境经济学家戴维·皮尔斯。循环经济范式是一种深生态论，是对浅生态论的扬弃。强调在阈值的范围内，合理利用自然资本；不仅倡导技术进步，而且全面考虑制度、体制、管理、文化等因素，注重观念创新和生产、消费方式的变革。循环经济遵循“减量化、再利用、再循环”的3R原则。3R原则将环境成本和环境效益纳入经济成本和经济效益之中。

七、环境经济思想：从环境外部性到外部性内部化

外部性是环境经济学的核心范畴，外部性理论是环境经济政策的重要理论依据。外部性的揭示及其外部性内部化理论，为解决环境外部性问题提供了可供选择的思路。

1. 环境外部性的表现

环境资源的生产和消费过程中产生的外部性，主要反映在两个方面：一是资源开发造成生态环境破坏所形成的外部成本，此时产生外部不经济效应；二是生态环境保护所产生的外部效益，此时产生外部经济效应。由于这些成本或效益没有在生产或经营活动中得到很好的体现，从而导致了破坏生态环境没有得到应有的惩罚，保护生态环境产生的生态效益被他人无偿享用，使得生态环境保护领域难以达到资源配置的帕累托最优。外部性的存在，使得理性的最大化的单个生产者的私人决策不能与社会的最优产出保持一致。厂商在很大程度上会从事于产生外部性的经济活动，因为其不必承担外部成本。

2. 环境外部性内部化的庇古手段

以福利经济学之父庇古的名字命名的“庇古税”是解决外部性问题

的经典理论。当存在负外部性时，对负外部性的制造者征税，征税的税率就是“外部成本”，这样，就可以实现负外部性的内部化；当存在正外部性时，对正外部性的产生者提供补贴，补贴的额度就是“外部收益”，这样，就可以实现正外部性的内部化。该理论在环境保护领域的运用就是环境税制度和生态补偿机制。这两项制度的应用已经日益广泛。

3. 环境外部性内部化的科斯手段

科斯认为缺乏明确界定的产权和存在交易费用造成外部性，从而引致经济无效率。要解决环境负外部性问题，关键是明确界定环境产权，然后由市场去取得有效率的配置结果。如果对环境资源产权有明确界定，在出现环境外部不经济时，责任方会考虑自己的行为给他人带来的影响，并通过谈判、协调和交易，尽可能做到环境资源的有效配置。基于科斯定理，戴尔斯最早提出了排污权理论。排污权交易的主要思想是建立合法的污染物排放权利即排污权，并允许这种权利像商品那样被买入和卖出，以此来进行污染物的排放控制。

第三节　生态文明建设的实践启示

总结国内外生态文明建设的生动实践，可以得到下列经验启示：生态文化观是生态文明建设的先导，产业生态化战略是生态文明建设的关键，消费生态化战略是生态文明建设的基础，生态经济化战略是生态文明建设的引擎，自主创新战略是生态文明建设的驱动，公众参与机制创新与政绩考核机制创新是生态文明建设的保障。简单地说，就是要“树立一个观念，实施四大战略，创新两个机制”。

一、大力推进生态文化教育，牢固树立生态文化观念

思想观念创新是社会实践创新的前提，理论上的坚定是行动上的坚

定的前提。推进生态文明建设首先必须树立与科学发展观、和谐社会观相吻合的生态文化观念，使生态文化成为生态文明建设的行动指南和精神动力。

1. 树立生态文化观念

生态文化是一种崇尚天人和谐的文化，它以生态哲学思想为指导，广泛渗透于生态文明建设的各个领域，包括绿色生产观、绿色消费观、绿色技术观、绿色营销观等。树立生态文化观念，就要增强生态危机意识，充分认识“我们只有一个地球”；就要尊重自然生态环境，实现人类与自然的和谐相处；就要增强生态资源观念，优化生态环境资源配置；就要转变经济增长方式，经济发展不以破坏生态环境为代价；就要转变消费行为模式，崇尚科学合理的消费方式。

2. 普及生态科学知识

生态科学是现代科学的重要组成部分，包括生态学及其生态系统学、城市生态学、海洋生态学、森林生态学、生态哲学、生态经济学、生态伦理学、生态法学、产业生态学等，环境科学及其环境化学、环境物理学、环境地理学、环境哲学、环境伦理学、环境经济学、环境法学等，以及循环经济学、低碳经济学、低碳社会学等。生态科学知识的普及是树立生态文化观念的基础。不仅要大力普及环境化学等生态学方面的自然科学知识，而且要大力普及生态哲学、生态经济学等生态学方面的人文社会科学知识。科协以及社联组织的年度科普周活动要将生态学知识的普及作为重要内容。

3. 实施生态文化教育

生态文化教育是现代教育的重要组成部分。既要加强各级各类学校的生态文化教育，将它纳入到教学计划之中，使之成为所有学生的“必修课”；又要加强各级各类社会组织的生态文化教育，将它纳入到工作计划之中，使之成为社会组织的“规定动作”。广播、电视、网络、报刊、板报等新闻媒体是生态文化教育的重要载体，要自觉承担起生态文化教育的社会责任。家庭是社会“细胞”，要自觉承担起生态文化教育的家庭责任，真正做到生态文化教育从娃娃抓起。社会团体尤其是环境保护类社会团体是生态文化教育的推动力量，要努力成为生态文化教育的“催化剂”和“推动器”。

4. 总结生态文明建设的先进典型

各地在生态文明建设中必将涌现出大量的先进典型，及时将这些先进典型加以总结、提升和推广，使之发挥示范作用，是生态文化建设的重要方面。例如在观念转变中形成的关于金山银山与绿水青山的关系的概括：“只要金山银山，不要绿水青山（第一阶段）；既要金山银山，又要绿水青山（第二阶段）；有了绿水青山，就有金山银山（第三阶段）”。这就是生态文化。又如在生态文明建设实践中涌现出来的生态保护补偿机制的建立、水权交易制度的实践、“休渔期”制度的实施等推动生态文明建设的做法，将它们上升到理论层面就是生态文化。

二、大力实施产业生态化战略，积极推进生产方式转变

当前和今后相当长的发展阶段，我国经济发展将遇到两个突出矛盾，一是经济总量扩张与自然资源的有限性以及自然资源生产率相对低下的矛盾；二是经济快速增长与环境容量有限以及环境容量利用效率相对低下的矛盾。如何有效缓解和克服两大矛盾？国内外生态文明建设经验启示我们，实施产业生态化战略，推进产业生态化改造是生态文明建设的中心内容，是缓解和克服两大矛盾的根本抓手。实施产业生态化战略是一个系统的工程，必须着力优化产业结构，大力发展循环经济，全力推进节能减排。

1. 优化产业结构，构筑现代产业体系

要认真借鉴德国、爱尔兰、韩国及我国台湾地区的成功经验，推进我国产业结构生态化、产业层次高端化、产业布局集群化。着力改变我国服务业特别是现代服务业发展滞后、经济增长过分依赖于工业支撑、农业规模化和产业化水平低等状况，努力构建三次产业协调发展、中心

城市形成以服务业为主的现代产业结构，重点发展高新技术产业，积极发展太阳能、风能、水能、生物质能等可再生能源产业和节能环保产业。着力改变我国工业主要处在低端产业和低附加值加工环节、传统产业比重过大等状况，积极引导企业加快由一般加工和贴牌生产为主向自主研发设计和品牌营销为主转型，注重通过招商选资和融入全球产业链提升产业层次。着力改变部分地区、部分产业布局分散，集聚能力低下等状况，大力培育一批特色鲜明、主业突出、功能完善的现代服务业集聚区，全面提升制造业块状经济发展水平，加快建设现代产业集群。

2. 发展循环经济，切实转变生产方式

发展循环经济是人类可持续发展的根本出路。生产领域中发展循环经济必须自觉贯彻“减量化、再利用、再循环”的3R原则，自觉实行清洁生产和环境保护。发展循环经济必须依托技术创新，促使循环型农业、循环型工业、循环型服务业在技术上和经济上都具有可行性；发展循环经济必须依赖有效载体，着力构建多种形式的生态产业链和生态工业园区；发展循环经济必须扶持“静脉产业”，为废弃物的回收、分拣、处理、加工、利用各个环节创造条件；发展循环经济必须依靠机制创新，构建并完善财税、信贷、投资、价格等政策扶持体系，逐步形成“动脉产业”与“静脉产业”循环互动发展新机制。

3. 推进节能减排，保护和修复生态环境

20世纪90年代以来，国际社会加大了环境保护特别是防止气候变暖的力度。“十一五”以来我国把节能减排上升为基本国策。借鉴国际上先进国家的经验，我们不但要十分重视大气环境和水环境的保护和修复，而且要加大防治土壤污染和新型污染源的力度；不仅要加大陆域生态建设，而且要积极探索海洋环境保护；不仅要继续推进对化学需氧量、二氧化硫的减排监测和考核，而且要加强对总磷、氨氮、二氧化碳等重要污染物和温室气体的监测和考核；不仅要充分发挥《京都议定书》制定的清洁发展机制（CDM）的融资功能，为企业和地方政府筹集更多的节能减排资金，而且要深度借鉴《京都议定书》的灵活三机制，进一步实现我国节能减排的制度创新；不仅要自觉抓好各行业各领域的节能减排，而且要防止某些发达国家以节能减排为名推行贸易保护主义，为我国的经济社会发展争取一个较为宽松的国际环境。我国要顺应国际潮流，积极推进产业经济低碳化和低碳技术产业化，降低高碳产业比重，推广低碳技术应用，在太阳能技术、电动汽车技术等低碳技术的某些领域具有重大突破。

4. 利用生态优势，大力吸纳优质资本

生态优势是极其宝贵的投资环境，生态优势与优质资本的结合是一种“郎才女貌”式的结合。因此，要充分利用生态优势，大力吸纳优质资本。第一，提高环境准入门槛，坚决杜绝以降低环境壁垒的方式进行招商引资，防止出现“劣币驱逐良币”的现象。第二，增强环境保护力度，以壮士断臂的精神淘汰高能耗、高污染的产业，以腾笼换鸟的方式为优质资本创造空间。第三，继续创造生态优势，以优质环境吸纳优质资本，以优质资本挤出劣质资本。第四，大力创新人才科技政策，实现生态优势、资本优势、技术优势、人才优势和产业优势的结合，实现区域经济的可持续发展。

三、大力实施消费生态化战略，积极倡导绿色消费行为

消费行为两头连接自然：既向自然索取，又向自然排放。如果说过度索取会浪费资源和破坏生物多样性，那么，过度排放也会污染环境和破坏生态。人们消费欲望的无限性与自然资源的有限性之间的矛盾，必然要求调整人们的消费模式，从现行的线性消费模式转变为绿色消费模式。国内外的实践证明，实施消费生态化战略，促进绿色消费是促进生态文明建设的核心内容。

1. 推行绿色消费行为，必须推进消费模式转型

传统的一次性消费、摆阔式消费、奢侈性消费、浪费式消费等消费行为的共性是迫使仍具有使用价值的消费对象退出消费过程，作为废弃

物被抛弃。其结果，既大大增加了资源消耗，也污染了生态环境。这些消费行为与世界绿色消费的潮流背道而驰，与我国的人口、资源、环境状况格格不入，必须予以摒弃。新型消费行为包括节约型消费、环保型消费、适度型消费等。节约型消费包括节水型消费、节能型消费等，目的是节约各种自然资源，减少消费对自然资源的消耗；环保型消费是指消费行为不以破坏生态为代价、目的是减少消费对生态环境的负面影响；适度型消费是指消费行为以满足人类生存发展的需要为基础，不超过自然的环境承载能力与个人的生理承载能力。

2. 推行绿色消费行为，必须加强消费观念教育

加强消费观念的教育就是对消费者灌输绿色消费理念。消费者教育的对象应当是全体消费者——因为每个人都是消费者。只有绿色消费理念被全体消费者了解并接受，消费者的绿色消费行为才有可能产生巨大的合力，将生态文明水准推向新的高度。各类教育者不仅限于学校的教师，还应该包括企业、社会团体和政府组织。消费者教育的内容应当包括生态环境基本知识教育，特别是消费对于生态环境影响的教育，还应当包括国情教育，特别是我国人口、资源、环境状况教育，从而使消费者自觉进行绿色消费行为。

3. 推行绿色消费行为，必须发挥政府引领作用

消费不仅仅是消费者个人的事情，在绿色消费模式建设过程中，政府可以而且应当起到引领作用。一方面，政府本身也是消费者，政府运行中需要消费大量的电脑、汽车、纸张、空调等各类产品，如果政府对这些产品实施绿色采购政策，不仅会直接减少政府消费对自然资源的消耗和对生态环境的破坏，而且会对整个社会的绿色消费起到示范作用。另一方面，政府是政策的制定者，政府可以而且应当通过制度设计来促进绿色消费。从发达国家的实践看，政府应大力推进两项绿色消费制度建设：一是大力推行环境标志制度，引领消费行为，促进绿色生产；二是实施环境成本内在化制度，实施差别价格、消费征税（环境税、资源税），使价格体系充分反映出自然资源和生态环境的价值。绿色消费制度

建设可以使得绿色消费观念更加牢固、绿色消费行为成为习惯。

四、大力实施生态经济化战略，完善环境资源有偿使用和生态补偿政策

环境资源是一种经济物品，而不再是自由物品。作为经济物品的环境资源呈现出日益稀缺的态势。而我国在环境资源配置中依然存在三个悖论：一是环境容量资源日益稀缺，而环境容量资源却被无偿使用；二是生态保护的正外部性行为理应得到补偿，而生态保护没有得到足够的经济激励；三是生态资本呈现衰退趋势，而同时生态投资严重不足。因此，优化配置环境容量资源是一个紧迫的时代课题，其中一个重要的方面是实施生态经济化战略。实施生态经济化战略，必须推进环境容量资源有偿使用制度，必须切实落实生态保护补偿制度，必须加大生态投资力度。

1. 按照环境资源稀缺性实施环境容量资源有偿使用制度

生态环境是一种稀缺资源。据此，可以按照市场经济规律赋予生态资源价值，通过生态环境资源的有偿使用，促进环境容量资源的优化配置。环境容量资源有偿使用，其必要条件是污染排放可以监控和统计，其充分条件是企业具有有偿使用的承受能力。从必要条件看，我国某些省的一部分废弃物（如化学需氧量和二氧化硫等）的排放已经安装了在线监控设施，具备了向相关企业按量收费的基础。从充分条件看，由浙江省嘉兴市秀洲区最早探索，嘉兴市全市最先推行，进而在绍兴市、诸暨市、兰溪市等各地推行，并且已推广到环太湖流域的初始排污权有偿使用制度的改革，已经积累了丰富的经验。从局部到全局推行环境容量资源有偿使用制度的条件已经基本具备。

2. 按照环境容量资源优化配置原则全面推进排污权交易机制

排污权是指排污单位对环境容量资源的使用权。具体地说，排污权是指在一定区域的允许排污总量由环境容量决定的前提下，排污单位按

照排污许可所取得的排污指标向环境排放污染物的权利。排污权交易机制就是：根据环境容量，确定区域污染物的排放控制总量；将排放控制总量转换成排污许可指标，面向合法排污单位进行初始分配；排污许可指标及其所代表的排污权可以在具有不同边际污染治理成本的排污单位之间进行交易；政府可以在市场上买进或卖出排污权以调控排污许可指标的实际使用数量。由于不同的排污单位具有不同的边际污染治理成本，因此通过排污权交易可以实现交易双方的“双赢”，从而使整个社会以最低的成本达到环境保护的目标，实现环境容量资源配置效率的最大化。

3. 按照效率与公平相结合的原则切实落实生态保护补偿机制

我国实施生态保护补偿机制已经有五年的历史。但是，在生态保护补偿机制实施中存在下列几个问题：一是生态保护补偿与环境工程补助等概念的混淆，将环境工程建设的资金投入充当生态保护补偿资金，甚至将下山扶贫等也视作生态补偿，这是对生态保护补偿概念的扩大化；二是补偿主体比较单一，基本上停留在政府补偿的层面，少有实施市场补偿——受益者补偿的案例；三是受偿主体单一，除了生态公益林补偿资金直接到达居民手中，其他补偿资金基本上属于上级政府补下级政府。因此，生态保护补偿机制实施五年后急需进行经验总结，进一步完善该机制。第一，严格界定生态保护补偿的内涵，把握好生态保护补偿的实质是对生态保护者所放弃的发展机会的补偿。第二，突破补偿主体，在受益者主体比较容易界定的情况下（如引水工程中的生态补偿），由受益者出具补偿资金。第三，真正补偿生态保护者特别是居民，避免将生态补偿机制演变成基层政府生产政绩工程的工具。另外，生态保护补偿必须与主体功能区定位紧密挂钩。按照禁止开发区、限制开发区、优化开发区、重点开发区的分类，对前两类区域应该实施生态补偿，对后两类则不需要进行生态补偿。应该体现“生态保护要求越高，生态补偿力度越大”的基本原则。

4. 按照生态价值增值规律加大生态投资力度

生态价值增值规律指出：随着经济社会的发展，生态资源呈现出日益稀缺的趋势，因此，生态价值呈现不断增值的趋势；既然生态价值呈现增值趋势，那么人类可以像进行经济投资一样进行生态投资，实现生态资本的增值。工业化以来，物质资本呈现出迅速递增的趋势，而生态资本呈现出递减的趋势。从一定程度上讲，物质资本的增值是以生态资本的减值为代价的。要实现经济社会的可持续发展，必须保证生态资本的增值，使之至少能够支撑物质资本的增值。实现生态资本增值的基本途径就是进行生态投资。实施生态经济化战略，就要保证从事生态投资与从事经济投资具有同等重要的意义。生态资源、生态产品的特殊属性，要求通过制度创新激励人们的生态投资积极性，以保证生态资源和生态产品的足额供给。对作为纯公共物品的生态产品和服务，要落实政府的供给责任；对作为准公共物品的生态产品和服务，可提倡社区供给和自愿供给；对作为纯私人产品的生态产品和服务，应鼓励私人供给。

五、大力实施自主创新战略，积极推进新的科技革命

科学技术创新始终是人类社会文明进化的重大推动力量。三大危机呼唤科技创新，转型升级呼唤科技创新。在生态文明建设中必须依靠科技创新尤其是自主创新。

1. 几大危机催生新的科技革命

目前，世界范围内面临着金融危机、经济危机和环境危机并存的局面。历史经验表明，以往历次危机的摆脱都是以科技革命作为突破口的。经济危机呼唤产业革命、环境危机呼唤能源革命、金融危机呼唤信用革命。这些均已成为不争的事实。我国正好处于转型阶段：一是经济转型——从粗放型经济转向集约型经济，标志是循环经济的崛起；二是社会转型——从“哑铃型”收入分配结构转向“橄榄型”收入分配结构，标志是中产阶级的崛起；三是环境转型——从环境质量恶化型转向环境质量改善型，标志是生态文明的觉醒。“转型”时期必然是破旧立新的时期，必然是改革创新的时期。从这个角度看，危机不仅是一种危害，

更是一种机遇。我国必须抓住这个难得的机遇。从几大危机和几重转型形势判断，新一轮的科技革命将会带来巨大的新型生产力，同时也会对旧的生产力带来巨大的摧毁。

2. 大力推进自主创新战略的实施

改革开放以来，我们十分强调引进发达国家的技术和设备。在我国的不少地区甚至实行技术模仿和产品仿制战略。这在一定的阶段是不可避免的。但是，我们必须清醒地认识到：第一，一个国家的核心竞争力来自于核心技术，而发达国家不可能将核心技术转让给发展中国家或地区。第二，一个国家如果缺乏高端技术，那么，在新一轮的产业分工中会继续处于产业链的末端，难以获取丰厚的利润。第三，改革开放30年后的今天，我国已经具备自主创新的基础和条件。第四，如果自主创新有所突破，技术优势得以强化，可能为我国产业发展带来无限商机。

3. 制订科技创新行动计划推进自主创新

科技革命往往是解决重大现实问题的。而资源短缺、环境污染、气候变暖等均属于目前我们所面临的重大现实问题。新一轮科技革命必须瞄准这些重点领域。为此，我国应启动制订应对危机创新行动计划。行动计划应明确：第一，我国科技创新面临的机遇与挑战；第二，我国推进自主创新的重点领域；第三，我国推进自主创新的激励机制；第四，我国推进技术扩散的政策措施等。

六、大力推进公众参与机制创新，探索建立环境协商机制

环境保护为公众，环境保护靠公众。环境保护作为一项全民性的公益事业，提高公众参与环境保护意识，增强公众参与程度，是做好生态文明建设工作的保证。环境民主理念普及的必然结果是环境资源法的民主化，环境民主手段的法律制度化。环境民主是环境资源法治的精髓和灵魂。贯彻环境民主理念是发展人类环境保护事业的需要，实行环境民主是协调好人与自然环境关系的根本保证。

1. 公众参与的紧迫性

我国环境保护在公众参与方面，依然严重不足，参与机制与渠道不畅，其中特别是环境政策与法律的制定与实施方面，公众无权利或机会维护自己的环境生存权、参与环境保护与治理。特别是近年来以“不得已的暴力”进行的环境抗争的社会自力救济，而酿成暴力抗议的根源也正在于价值、利益之冲突，而公众又没有参与事关自己生存权的环境决策之机会。这些地方性的环境污染事件与公众环境民主运动不仅反映了地方政府、企业与居民在价值和利益的冲突，而且表明在涉及本地环境问题上公共决策制定与执行的缺失，说明中国环境保护不正义之现状，严重缺乏程序性正义、地理性正义和社会性正义。国内外环境保护实践表明，公众参与环境保护是维护自身权益的需要；公众是环境污染和破坏的直接受害者，对环境保护最有发言权；公众是各种商品的最终消费者，公众的消费行为对环境保护有着巨大的影响；公众有能力影响决策者的行为，而依靠公众参与环境保护又是国家政府的职责和需要。

2. 推进环境信息公开

公开与公正是民主政治发展的大趋势，民主化程度比较高的国家在此方面都有专门而系统的法律制度，以保障各级国家机关在公民的参与和监督之下作出正确的决策。而且广泛的公众参与是环境民主的重要体现，是法律获得正当性的源泉，亦是提高立法质量、增强法律实效的根本保障。问题在于，公众如何参与并充分保障公众在决策过程中的程序性和实体性权益。总的来说，要完善环境决策与立法程序，大力弘扬环境民主。实践证明，建立环境信息公开制度可以为环境公众参与奠定坚实基础。具体来说，我们可通过环境信息公开即环境信息披露，形成公众与政府、公众与企业、企业与政府等在不同、多元的主体间的良性互动、协调与制约机制，从而平衡、兼顾、全面体现国家、社会和公众之间不同主体的环境利益。

3. 建立环境协商机制

环境民主是环境资源法治的精髓和灵魂。养成环境民主理念是发展人类环境保护事业的需要，实行环境民主是协调好人与自然环境关系的根本保证。环境民主理念是公众参与环境保护的思想基础，公众参与是环境民主的重要表现形式。环境民主理念普及的必然结果是环境资源法的民主化，环境民主手段的法律制度化。我国目前环境治理方式必须适应全球化时代的新情况，环境治理和规制需强化民主的协商，倡导“商议合作型环境治理”模式有助于导向生态民主化、生态和谐化之路，把传统的人与自然对立的发展机制改造成为人与自然双重和谐的发展机制，实现环境与经济、人与自然的协调发展，最终达到人与自然和谐相处的生态文明美好图景。建立健全环境协商机制是环境民主深化的需要。在社区推进环境协商会谈、环境和解、环境调停、环境听证等环境纠纷非诉解决机制，充分发挥民间环境习惯法的作用，构建商议与对话机制有助于维稳维权，有助于重构政府与居民、企业与居民的信任关系，有助于解决或缓和城乡各种矛盾，从而实现环境制度性民主、程序性民主和实体性民主等环境商议性民主。

七、大力推进政绩考核机制创新，不断完善政绩评估体系

政绩评估体系如同“指挥棒”，不同的政绩评估体系，就会有不同的经济发展模式，在客观上就会对生态文明建设产生不同的影响。随着政府改革的不断深入，政府绩效评估作为一项降低行政成本、提高政府效率和防范政府失灵的工具，近10年在国外受到了广泛关注。发达国家大都将绩效评估作为推进政府改革的一个重要组成部分。尽管不同国家由于经济发展水平、社会管理体制和法律制度等方面存在着较大的差别，这些国家的政府绩效评估也各具特色。但总体上看，发达国家均将“经济性”、“效率性”、“效果性”和“公平性”指标等纳入了政府绩效评估的范畴，这在客观上推进了生态文明的建设和发展。

1. 注重“经济性”评估

经济性评估要求政府树立成本意识，节约开支，少花钱多办事。政

府保证在提高服务质量的前提下，以最低的成本取得最大的产出或者提供最优质的服务。长期以来，我们片面强调经济性，对地方政府的政绩考核惟GDP论英雄。惟GDP给社会经济造成了四大扭曲：第一，地方保护主义盛行，抑制了市场的配置功能；第二，盲目上项目，制造出大量低效的GDP；第三，保护资本利益，而不顾社会和环境所付出的高昂代价；第四，"官出数字，数字出官"。而生态文明建设要求必须着力提高经济增长的质量和效益，努力实现速度和结构、质量、效益相统一，经济发展和人口、资源、环境相协调，不断保护和增强发展的可持续性。这就要求我们不能片面重视政绩考核的经济性，而应当从多方面入手。

2. 注重"效率性"评估

效率性评估要求政府具有高效的投入产出比，少花钱多办事、办好事。科学的政绩评估体系应把资源的利用效率和环境保护的情况纳入干部考核范围，考察领导干部在抓经济发展的同时，是否注意保护生态环境，节约资源，从而推动粗放型经济增长模式向低消耗、高利用、低排放的集约型模式转变，把各级领导干部从过度重视GDP引导到重视可持续发展上来，用绿色GDP考核领导干部是否始终坚持发展的可持续性。

3. 注重"效果性"评估

效益评估关注的是组织工作的质量和社会最终结束，效益最终要体现在人民满意程度和社会经济发展进程上。现行的政绩评估体制，在评估形式上过于单一，主要是上级政府对下级政府的评估，缺乏真正意义上的人民群众和专门评估机构对政府绩效的评估，使政府行为在很大程度上失去人民群众的监督，不能在评估制度上保障政府将人民生活水平和生活质量的提高放在首位。新型的政绩评估体系，要兼顾人民满意程度和社会发展进程。

4. 注重"公平性"评估

消灭贫穷、缩小贫富差别、走共同富裕的道路，是社会主义国家的重要任务。因此，政绩评估中要把社会公平指标作为重要指标。要充分考虑到目前贫富两极分化可能带来的潜在的社会危机，评估要考核政府解决和疏导社会矛盾和对突发事件的正确应对能力。公众关心的问题是，接受服务的团体或个人是否得到公平的待遇，需要特别照顾的弱势群体是否得到更多的服务。

第四节 生态文明建设与水资源配置

联合国《世界水资源综合评估报告》指出：水问题将严重制约21世纪全球经济与社会发展，甚至导致国家间的冲突。① 当今世界，水问题已经演变成水危机。水危机主要涉及三大方面：一是“水多了”——洪水泛滥；二是“水少了”——水资源短缺；三是“水脏了”——水环境恶化。生态文明视角下水危机的解决必须回答三个问题：一是如何把过多的水化害为利，这一部分可以称作水利经济学；二是如何使有限的水资源优化配置，这一部分可以称作狭义的水资源经济学；三是如何防止和处置水污染，这一部分可以称作水环境经济学。水利经济学、水资源经济学（狭义的）、水环境经济学总体上可以纳入广义的水资源经济学。经济学分析的基本方法是需求—供给分析和成本—收益比较。因此，生态文明视角下的水资源配置，可以从水资源供给管理模式、水资源需求管理模式和水资源贸易管理模式加以概括。

一、水资源供给管理模式

水资源开发存在一个极限，即保障生态安全的极限，但是由于各个地区的水资源开发使用的程度、状况和特点各不相同，因此，水资源供给管理模式仍然是保障水资源安全的重要方面。从经济理论上讲，水资

① 钱正英、张光斗等：《中国可持续发展水资源战略研究综合报告及各专题报告》，中国水利水电出版社2001年版。

源供给管理模式就是利用影响水资源供给曲线移动的因素，调整一些政策变量使供给曲线向右或向左移动，以实现水资源安全保障的做法。从政策实践角度上讲，水资源供给管理模式是指，按照可持续发展的理念在保证生态用水、确保生态安全的前提下，通过工程技术手段和经济管理措施进一步挖掘水资源开发潜力，增加生产用水和生活用水的供给，以促进经济可持续发展和社会可持续发展的水资源战略。水资源供给管理模式的主要措施有：

1. 保护水生态，治理水土流失

水土流失是人类不合理开发水土资源或者滥用水土资源产生的严重后果。水土是一切生物繁衍生息的根基。离开了水土，人类文明将难以为继。水土流失的治理是保障水资源安全的基础，水源地的生态保护是保障水资源安全的关键。但是，生态保护具有很强的正外部性，如果没有激励机制就会使保护者缺乏保护的积极性。况且，流域上游和水源保护区往往是相对欠发达地区。因此，建立水生态保护补偿制度，是保护水生态和区域经济协调发展的重要手段。在水生态保护的主体、水生态受益的主体及水生态保护的效果均容易量化的情况下，例如在跨流域、跨区域引水工程中，可以建立“谁受益，谁付费”和“谁保护，补偿谁”的市场补偿办法；在水生态的受益者主体不明确的情况下，例如在生态公益林建设中，可以采用政府财政转移支付的办法向保护者提供补偿。

2. 治理水污染，恢复水体功能

水污染既导致环境恶化，又导致水质型缺水。水质型缺水是我国水资源危机的重要方面甚至是主要方面。整治水体污染是修复水生态的必由之路，也是增加我国水资源供给的主渠道。水环境治理好了，水资源的众多功能就恢复了。从源头控制看，水环境保护必须采取下列措施：第一，加速环境政策的转型，由达标排放转向总量控制。达标排放是长期坚持的环境保护的一项基本原则，但仅有这一原则是不够的。如果达标的废水总量过多仍然会损害水环境。因此，必须坚持总量控制的原则：

根据流域水环境保护目标，计算各流域一定浓度的废水允许排放数量，将排放指标分配或拍卖给流域内的企业或家庭，严格控制废水排放总量。第二，严格实施污水减排与废水集中治污的方针。随着生活水平的提高，人们对环境质量的要求也日益提高。因此，对水体保护要有长远目标，要有步骤地实施废水减排计划。同时，实施城市生活污水与园区工业污水的集中治理工程，实现废水治理的规模经济效果。

3. 保护水域率，保证蓄水容量

我国在特定的时期内，由于错误的人口政策，导致片面的产业政策。在“以粮为纲”的产业政策导向下，一度出现了“向水域要耕地，向水域要粮食”的现象，例如在20世纪70年代，昆明市围垦了滇池38平方公里的水域面积，使得滇池的水域面积从20世纪50年代的350平方公里减少到21世纪初期的312平方公里，导致滇池周边的湿地功能散失殆尽。在工业化迅速推进的进程中，出现了更加严重的“向水域要土地，向水域要园区”的现象，千湖之省的湖北省湖泊数量锐减到百个以下。因此，必须尽快实施水域保护计划，保护水域率和水域面积，进而保证包括蓄水功能在内的水域综合功能。

4. 转换水功能，保证洁净供水

水资源具有饮用、发电、灌溉、养殖、旅游等广泛的功能。新中国成立以来，建设了一大批以发电功能为主的水库。这些水库在现代化建设中发挥了重要作用。但是，随着经济社会的发展，饮用水的功能更加凸显，而可替代的发电技术又迅猛发展（如核电技术、风能技术等），因此，实施水库功能转换，将部分水库的水资源发电功能调整为饮用功能，是解决城乡居民饮用水需求的可行之策。解决这个问题需要协调好两个方面的关系：一是水利部门与电力部门之间的关系；二是供水区域与需水区域之间的关系。为此，必须从全局的角度、以综合的效益评判水功能转换的必要性。

5. 海水淡化，增加新的水源

沿海地区和海岛地区以资源性缺水为主，即自然淡水资源短缺。对于这些区域而言，引水尚不能从根本上解决水资源短缺矛盾，必须利用自身优势开展“造水”，实施海水淡化工程计划。海水淡化技术的关键在于降低成本。发展海水淡化技术及其产业，必须做到：第一，加快制订海水淡化技术的规划和发展战略；第二，设立海水淡化研究专项，加快关键技术的攻关力度；第三，加大扶持力度，为海水淡化技术及其产业的发展提供良好的政策环境；第四，鼓励社会各界力量介入海水淡化市场。

6. 开发大气水，实施人工降雨

在特殊的干旱缺水时期，开发大气水，实施人工降雨工程，是缓解旱情的举措之一。关于大气水的开发需要注意把握三点：第一，大气水的开发是在迫不得已的情况下采取的一种非常手段，是对水资源供给的一种补充，不能作为主要供给手段。第二，开发大气水的关键问题是技术进步，通过技术创新降低大气水的开发成本。如果开发成本高于开发收益，那么会使得大气水开发工作得不偿失。第三，由于人们可以非竞争性、非排他性地享受人工降雨的效果，因而，这种手段难以由市场提供，往往需要由政府作为公共产品加以提供。第四，要重视大气水权管理，避免大气水资源开发中可能出现的区域之间的冲突。

二、水资源需求管理模式

水资源生态安全存在一个底线，例如，要保障一条河流的生态安全，最多只能抽取其中的60%的水资源，必须保证40%的生态用水。因此，水资源供给保障总是存在一个极限的。所以，必须强化水资源需求管理。从经济理论上讲，水资源需管理模式就是利用影响水资源需求曲线移动的因素，调整一些政策变量使需求曲线向右或向左移动，以实现水资源安全保障的做法。从政策实践上讲，水资源需求管理模式是指，通过技术进步提高水资源利用效率，通过价格调整等经济手段遏制过度用水和浪费用水，从而保障水资源安全的模式。

随着经济社会的发展，消费者对水的消费偏好呈现增强的趋势，消费者的收入水平也呈现增加的趋势，在这种情况下，很容易导致水资源需求的迅速扩张，需求曲线向右移动是一个总体趋势。在大多数情况，水资源呈现紧缺态势，可以采取水需求紧缩战略：

1. 引进和开发节水技术，提高水资源利用效率

我国的水资源危机不仅是“短缺危机”，也是“效率危机”。一方面，我国人均水资源拥有量只有世界平均水平的1/4；另一方面，我国每万元GDP的用水量是发达国家平均水平的4倍。因此，要考察学习以色列等典型的缺水国家的用水、管水经验，引进和开发节水技术，提高单位水资源生产率，是短期内在水资源供给增加有限的情况下保障我国水资源安全的极其重要的一个方面，并且存在巨大的潜力。在缺水区域，要将单位GDP或利税的水资源消耗量作为一个重要的考核指标。

2. 建立水价调节机制，遏止过度用水需求

水资源价格是影响水资源需求者用水数量的直接杠杆。“高价少用，低价多用”是需求定律在水资源领域的反映。总体上讲，水资源的价格体现水资源的稀缺程度。随着时间的推移，水资源的稀缺性呈现加剧趋势，因此，水资源价格的上升是一个长期的趋势。但是，水资源价格的调节机制并不是一味地提价，而要体现一些基本原则：基本生活用水和公共用水体现公平优先；生产性用水和享乐型生活用水体现效率优先；少用低价，多用加价；分质供水，分质定价；优质水高价，劣质水低价。

3. 调整产业结构，转变经济增长方式

在水资源成为稀缺资源的背景下，要尽力压缩水资源密集型产业，大力发展节水型产业。要像重视劳动生产力一样，重视水资源生产率，促进产业结构的调整和升级。第一，进一步调整三大产业结构的用水比例，大力发展单位水资源生产率高的产业；第二，进一步提高水资源的重复利用率，鼓励循环用水，实行中水回用；第三，进一步压缩水资源密集型产业，严格控制高耗水行业的发展。

三、水资源贸易管理模式

水资源在不同产业（如农业和工业）之间、在不同区域（如宁夏回族自治区与山东省）、在不同用水户（A与B）之间存在着明显的水资源效率差异。只要存在着水资源效率差别，就可能存在着通过交易提高社会福利的潜力。水资源贸易管理模式就是基于不同产业、不同区域、不同用水户之间的水资源效率差异，通过贸易提高水资源效率的一种手段。水资源贸易管理模式的主要措施有：

1. 建立水权交易制度，优化配置水资源

水权制度的建设是水资源管理制度改革的核心和关键。通过明晰水权，允许水权交易，可以形成反映水资源稀缺性的水权价格，使水资源配置到高效率的产业或区域。在市场化改革不断深入的情况下，建立规范的水权交易市场必将大大优化水资源配置效率。为此，需要对初始水权在区域之间进行明确的界定，进而在区域内部将水权界定到用水户。这样，必然发生区域与区域之间、用水户与用水户之间的水权交易。

2. 建立水污染权交易机制，优化水环境容量资源的配置

根据水环境容量，确定废水排放总量、分配废水排放指标、建立水污染权交易机制是一种行之有效的手段。上海市闵行区在水污染权交易机制的实践、嘉兴市在水污染权有偿使用和交易方面已有成功经验。实施水污染权交易机制主要有三个环节：第一，严格控制区域污水排放总量，科学确定废水排放总量。第二，分配初始排污权，根据各地实际选择竞价拍卖、固定价格出售还是无偿分配等初始排污权。第三，实施水污染权交易，允许水污染权在具有不同边际污染治理成本的企业之间进行交易。

3. 树立虚拟水意识，鼓励虚拟水净进口

虚拟水是由伦敦大学亚非研究院的一位教授在20世纪90年代中期提出的新概念，是指生产商品和服务所需要的水资源数量，例如，生产

1 吨粮食需要用 1 吨水，这 1 吨水就是产品背后看不见的虚拟水。如果进口的虚拟水多于出口的虚拟水，那么就有虚拟水的净进口。为了缓解水资源短缺状况，减轻我国水资源需求压力，可以鼓励进口虚拟水多的产品（如粮食），鼓励出口虚拟水少的产品，并限制出口虚拟水多的产品。虚拟水政策是以更加宽广的视野来谋求水资源安全的思路。水资源不能依赖进口，但是虚拟水可以进口。这是一种重要而新颖的思路，不是就水而水，但水资源安全体系的构建绝对不可能完全寄希望于虚拟水贸易。

上述三大模式、十二条措施并不是完全独立的，在实际操作中可以组合使用。不同的区域可以根据各自的实际选择不同的模式和措施。

第二章
水源保护论[1]

随着经济社会的快速发展，水资源供求矛盾日益尖锐，突出表现在资源性缺水、水质性缺水和结构性缺水并存。因此，水源保护已经成为促进经济社会和谐发展的战略性任务。保障水资源安全除了技术手段和科技手段之外，必须重视制度建设。水源保护补偿机制就是重要的制度安排之一。建立水源保护补偿机制是社会各界强烈呼吁的议题，也是水源保护区的人民群众所热切期盼的。研究水源保护的特点及补偿机制的可能性、可行性、补偿方式及实施机制等，可以为政府决策提供依据。

① 本章是在沈满洪教授主持完成的浙江省水利厅委托重点项目"水源保护补偿机制研究"课题报告基础上修改而成的。课题报告共由七个部分组成，本章选取其中的五个部分。课题组主要成员有高登奎、陆蕾、冯晓、李凤玲等，在我赴美做高级访问学者期间，高登奎承担了部分课题组长的工作。

第一节　水源区生态保护与经济发展的关系

一、影响水源保护区经济发展的因素分析

水源保护区往往处于流域中上游，一般是经济欠发达地区。导致其经济落后的原因，既有与其他不发达地区相似的共性因素，又有作为水源保护区的特性因素。共性因素包括：资本状况、劳动力状况、产业结构状况和区位状况等，特性因素包括：保护区对水源生态保护的直接财政投入挤出了私人投资和基础设施建设投资，水源保护的政策法规提高了企业的治污成本和生产成本，水源生态保护提高了新企业进入该区域的门槛。对水源生态保护的间接投入如生态移民的安置费用、关停并转某些污染型企业造成的经济损失等，都会给经济发展产生冲击，尤其是那些以污染型企业为支柱产业的地区。影响水源保护区经济发展的因素主要有：

1. 资本因素

工业经济时代，资本对经济发展具有十分重要的影响。考察资本对水源区经济发展的影响可从两个方面入手：一是现有资本的存量，包括资源禀赋状况、固定资产投资状况等指标；二是资本的使用效率状况。这两个方面可以反映一地的经济所处的发展阶段和发展水平。水源保护区具有一定的自然资源优势，但由于其特殊的功能要求，对其进行开发利用受到严格限制，资源使用效率较低。

2. 劳动力因素

劳动力因素从数量和质量两个方面影响经济发展。某一地区的居民中，劳动者必须占有一定的比重，如果一个区域社会中的劳动者比重过小，社会产出不足，同时社会保障的负担沉重，会降低经济发展速度。

另一方面，劳动者的素质也会影响经济发展。高素质的劳动者能够加速科技成果转化为现实生产力。水源保护区大多地处农村，劳动者的受教育程度普遍比较低，青壮年劳动力外出打工比较普遍，由此导致当地经济发展知识化水平低、产业结构比较传统。

3. 制度因素

制度由正式规则、非正式规则和实施机制构成。这三个因素都会影响水源保护区的经济发展水平。其一，政府政策和发展模式的选择（正式规则）。政府的招商引资、产业结构调整等政策，都会对区域经济发展产生影响。水源生态保护区政府，政策制定受到水源生态保护目标的制约，追求的不再是经济效益最大化，而是生态效益优先，这必然会对短期经济发展产生负面影响。其次，思想观念（非正式规则）。构成制度因素中的思想观念主要指风俗、习惯、禁忌、价值观念等在内的意识形态及文化积淀。保护区的居民，尤其是山区的农民，受交通、通讯等条件的限制，长期处在一个相对封闭的环境中，农业生产也大多是自给自足的传统生产方式，因此，思想解放程度受到约束。其三，政府协调性（实施机制）。政府有不同部门，各个部门相互协调就可能实现和谐发展的局面。但是，不同部门有不同的目标函数和偏好，不同部门之间的协调存在一定的难度。例如，有的地方交通部门为了实现“村村通”工程的目标，花巨资铺设公路；而环保部门从生态保护角度出发，要让不宜居住的水源保护区的居民移民下山。由此导致两个部门的目标背道而驰。

4. 区位因素

水源保护区一般处于流域中上游地区。这些地区往往具有以下特征：第一，地理位置偏远。这些地区距离中心城市较远，城市经济的发展难以对保护区起到应有的辐射作用，而乡村地区依靠自身力量难以实现又好又快发展；第二，山区面积较大。这些地区一般人口分布较为分散，经济发展必需的基础设施如交通、电力等难以全面覆盖，难以吸引外来投资，从而影响保护区经济发展。因此，大多数水源地的区位条件不如其他地区。

5. 生态保护因素

生态保护主要从两个方面影响水源保护区的经济发展：第一，生态保护的直接财政投入对私人投资有挤出效应，可能会减少私人投资的份额，降低经济活力。并且由于政府的财政收入是一定的，增加对水源生态保护的投入就意味着对其他公共产品和基础设施建设的供给会减少，无法营造良好的投资环境，招商引资的难度增大，从而影响经济发展。第二，水源生态保护投入的间接经济损失，也是水源生态保护的机会成本，包括关停并转企业的经济损失、生态移民的安置费用等。由于保护区对污水排放标准、污水处理要求提高，很多经济效益高但是污染严重的企业或产业被迫转产、停产甚至彻底关闭。在很多地区这类污染型企业或产业都处于经济主导地位，它们的关停并转给水源保护区经济发展带来很大的冲击甚至使经济一蹶不振。

需要指出的是，生态保护对经济发展既可能产生负面影响，也可能产生正面影响。一般来说，在工业化初期，加大生态保护力度对短期的经济发展存在负面作用；在工业化后期，加大生态保护力度可以促进经济结构的转型和经济质量的提升从而会促进经济发展。就现阶段水源区而言，生态保护对经济发展的影响以负面为主。

总之，水源保护区的经济发展相对落后，固然是由于保护区自身的经济发展条件不够优越，如地理位置偏僻、劳动者素质低等因素造成的，但由于生态保护的高要求、保护区的产业准入的高门槛等原因，确实也阻碍了保护区的经济发展。这两类因素综合作用的结果，导致水源保护区的经济发展相对落后。

二、影响水源保护区生态保护的因素分析

影响水源生态保护的因素有很多，为了将它们纳入一个体系中进行系统地分析，这里采用现在比较普遍的流域生态环境脆弱性评价方法，以便研究水源生态环境脆弱性演变的动力机制及其规律。生态环境脆弱

性成因由自然因素和人为因素构成。

1. 自然因素

（1）气候因素。气候是影响水源保护区生态环境脆弱性的一个重要因素，在多雨期和干旱期，高温期和低温期，水域的水质、水量以及周围的生态环境都会发生变化，从而影响生态环境的脆弱度，进而影响生态保护的投入。比如在干旱期，因为流域水量不足，河流的自我净化能力降低，水质下降，因此与正常年份相比，干旱期的生态更加脆弱，需要更多的保护投入。

（2）水资源因素。水源生态保护区的水质、水量对生态环境的脆弱性有较大影响。一个水域较小的湖泊或河流，如果水质受到污染，治理难度相对不大，对流域的生态环境的影响也不大；一个水域较大的湖泊或河流，如果水质受到污染，治理难度相对较大，对流域生态环境的影响则大得多。

（3）植被因素。植被可以减少水土流失，含蓄水源，净化空气，作为水源生态保护区，必须保证一定的森林覆盖面积和森林覆盖率，而且，水域周围地带的植被覆盖率与水土流失程度、生态稳定性呈现正相关关系，植被覆盖率越高，水土保持得越好，生态也越稳定。

（4）地形地貌因素。地形地貌是指河道两岸的坡度、岩石层厚度、土壤成分等因素，它是一种间接影响因素，不能直接对生态保护产生影响，但是可以通过影响植被、土壤等因素间接影响生态的脆弱度和水源生态保护投入。由于不同类型的植被在含蓄水源、保持水土等方面的作用是不同的，而土壤条件决定了植被的种类和生长情况，因此土壤条件也会影响生态脆弱度和生态保护投入。

2. 人为因素

（1）经济因素。进行生态保护的投入必须考虑保护区的承受能力。生态保护的直接投入主要是依靠政府的财政收入，因此，政府的财政收入规模就影响了生态保护投入；进行生态保护需要将某些污染型企业关停并转，经济发展水平高的区域本身面临产业转移和产业提升，有能力进行产业结构的调整，反之则较困难。

（2）制度因素。政府不同部门之间的协调、保护政策的制定同样影响着生态保护的效果。环保水利部门为了生态保护而进行了生态移民工程，但是由于没有其他部门的配合，移民的可持续发展问题得不到有效解决，出现了移民“两头跑”的现象，即在平时移民居住在政府安置的地方，但是到了作物收获的季节，移民又回到原来的住地收获作物，达不到移民的目的。这就是由于政府不同部门之间的协调性不够而造成的效率损失。

（3）技术因素。采取有效的技术手段可以提高资源利用率，降低生态保护成本，减少生态保护支出，提高生态资本生产力；反之，则会降低生态资本生产力。

（4）生态破坏因素。生态破坏因素是指开始进行生态保护前保护区的生态环境状况和破坏程度，它是影响生态脆弱度和生态保护投入的重要因素。如果一地的环境遭到严重破坏，那么势必要进行较多的投入才能恢复生态平衡；反之，一地的生态环境在保护前就保持得较好，那么就不需要进行太多的投入。

（5）人口因素。人的活动会产生生活污水和垃圾，人口数量影响生活污水和垃圾的总量，人口分布密度影响污水和垃圾回收治理的难度和成本，从而会对生态环境和生态保护产生影响。人口分布较为分散、人口密度比较低的地区，污水收集管网的铺设和维护成本较高，全面收集污水的难度增加。

上述所有评价指标的脆弱性划分成五个级别，即微脆弱、低脆弱、中度脆弱、高度脆弱和极度脆弱，分别对应脆弱度值为20、40、60、80和100。评价因子中的定量指标，将其调整为百分制；定性指标通过专家打分（百分制）的方式使其定量化，再根据评分值范围确定评价指标脆弱度值，各指标的权重通过层次分析法确定，那么，水源保护区的生态脆弱度可以用公式计算，计算公式如下：

$$F = \sum_{i=1}^{18} D_i W_i$$

其中，D_i 表示评价指标的脆弱度值，W_i 表示第 i 个评价指标的权重。从评价指标的赋值可以看出，保护区脆弱度 F 的取值范围为 20—100。

通过对生态环境脆弱度赋值，可以定量揭示生态环境的稳定性。同时，对影响水源生态保护的因素计算权重，可以显示生态保护的重点和难点。如果难点在于自然因素，那么保护者需要进行更多的投入，以提高生态环境的稳定性；反之，如果难点在于人为因素，那么保护区政府就要采取相应的政策措施，改进生态保护方法，提高生态保护效率。

三、建立水源保护补偿机制的必要性

1. 建立水源生态保护补偿机制是补偿水源保护区经济发展损失的客观要求

水源保护区比非水源保护区的生态环境保护要求更高，为此所遭受的经济损失更大。例如一些污染型的企业被迫转产、停产甚至关闭。而这些企业在一定的发展阶段在地区产业链中占据主导地位，可以带动相关产业的发展，对这些企业的关停并转往往给水源保护区的经济发展带来了重创。水源保护补偿就是要补偿水源地政府和居民的特殊保护而造成的经济损失。也就是说，各地都有生态保护的任务，水源区生态保护的标准高于非水源区，水源保护补偿就是补偿由于保护标准高于非水源区而造成的经济损失。

2. 建立水源生态保护补偿机制是实现流域社会协调发展的重要途径

生态补偿是一种转移支付，是收入再次分配行为。通过上级政府的转移支付或区域之间的相互补偿，缩小地区之间经济发展水平的差距。之所以要对流域进行生态补偿，是基于公平、公正的原则。因为流域生态资源由社会共享，为社会尤其是下游地区提供了优质水源、调节流量和气候、调节地下水位以及生物多样性等生态服务，从生活、生产、生态等各方面创造经济效益和生态效益。然而通常情况是，经济欠发达的水源区往往担负着保护上游生态的重任，经济较发达的下游地区则享受生态保护的收益，显然有失公平。因此，需要通过生态补偿，建立上游地区生态保护的长效机制。

3. 建立水源生态保护补偿机制是满足人们日益增长的生态需要的内在要求

随着人们认识的提高，生态需要作为与物质需要、精神需要和政治需要并列的第四种需要日益受到重视。所谓生态需要，就是人类为了获得包括维持可持续生存和满足发展需要等方面内容在内的最大福利而产生的对生态产品的需要。生态需要与物质需要、精神需要、政治需要构成人类需要的四元结构体系，人类就是这四种需要的统一体，缺一不可。它们的有机结合是人类整体得以可持续发展的内在推动力。随着经济的发展，人们对于生态的需要转化为生态需求，但当前的生态产品并不足以满足人们的需求，因此，必须增加生态产品的供应。良好的生态环境就是一种重要的生态产品。同物质产品的生产一样，生态产品的生产也需要资本、资源等投入。流域生态资源是以生态资本的形式存在的，对流域生态资源的保护使得生态资本增值。如果要保持这种投资的持续性，就要通过制度创新解决好流域生态资源保护者的合理回报。而流域内水源保护区的生态补偿机制能够有效地激励人们从事生态投资并使生态资本增值。

4. 建立水源生态保护补偿机制是提高水源地生态保护积极性的动力源泉

水源生态保护补偿机制明确了水源保护区的权利和义务。生态环境保护是一种准公共产品，存在极强的外部效应。生态环境保护者不能取得保护的全部收益，生态环境破坏者不必承担破坏的全部成本，必然导致保护不足、污染过度的现象。为使成本—收益相一致，应该通过补偿的形式，将外部成本内部化，实现“谁受益，谁补偿；谁损害，谁负责”的效果。如果使水源区实现“保护生态就是保护生产力”的效果，那么，生态保护的动力就会极其充分。

四、反对两种观点

关于水源保护补偿机制的建立存在两种极端的观点:“全额补偿论”和“客观差异论”。

所谓“全额补偿论”，就是要求上级政府或下游地区补偿水源保护区全部的保护投入及经济损失，将水源保护区和非水源保护区的经济差距通过经济补偿完全填平。一般来说，要求进行全额补偿的是水源生态保护区。他们认为，上游地区进行水源生态保护使整个流域地区受益，但是上游地区却付出了经济发展受阻的代价，因此，上游地区应当得到补偿，补偿金额为全部的保护投入。

所谓“客观差异论”，就是认为水源保护区的经济落后完全是自然因素造成的，进行生态保护是水源保护区应尽的义务，水源保护区应当而且必须对水源进行保护，这种保护不需要下游地区或上级政府提供补偿。与“全额补偿论”相反，“客观差异论”者大多来自下游地区，他们认为上游地区没有理由要求得到补偿。

这两种观点都是片面的，会带来很多负面影响。

首先，有些地区受全额补偿论观点的影响，把经济落后的原因全部推给生态保护，认为落后是由于保护，因此反复要求得到补偿。生态补偿是必要的，但是要避免一种错误的观念，即落后就是因为保护，把经济落后的原因全部推给生态环境保护，这就走向一个极端。

水源生态保护的全额补偿导致水源保护区的收益大于付出，而对整个流域而言，则是付出大于收益，对水源保护区和整个流域地区都会带来负面效应：全额补偿提供给水源保护区一个错误的信号，即经济发展水平越落后，同其他地方的经济发展水平差距越大，那么可以得到的补偿就越高，并且这种补偿完全可以弥补水源保护区与其他地区在经济发展上的差距；反之，如果努力发展经济，缩小与其他地区的差距，得到的补偿会减少，减少的幅度与经济发展提高的幅度大致相等。那么，水源保护区会选择前者，即增加生态保护投入，减少在经济发展上的投资，以获取更高的生态补偿。同时，对整个流域来说，生态保护的收益小于补偿费用，导致补偿费用负担过重。全额补偿的后果是容易使保护区政府和居民产生惰性心理，降低经济发展的动力，失去振兴经济的积极性。水源生态保护的效率降低，保护区经济发展速度放缓，保护区的生态产品供给过度，造成社会总体福利的降低。

与全额补偿论相反，有的地区则受客观差异论的影响，不愿意对水源生态保护者进行补偿。按照客观差异论，水源保护区政府和居民的投入得不到回报，而流域内其他居民则不必付出而可以受益。这种情况也会带来消极作用：对水源保护区来说，付出却得不到补偿，降低了对生态保护的投入积极性，出现生态保护的投入不够和生态产品的供给不足。理论和实践都已证明，水源生态保护在一定发展阶段会影响保护区的经济发展，如果得不到补偿，流域上游地区会因为上下游贫富差距过大产生逆反心理，影响社会安定，不利于和谐社会建设；而整个流域地区在不支付任何费用就可以得到优质水资源和良好的生态环境的情况下，会出现对生态产品的过度需求。也就是出现生态保护的需求很高而供给却严重不足的现象，导致流域整体福利下降。

第二节　水源保护补偿机制的主体关系分析

一、水源保护补偿机制的内涵

水源保护补偿至今没有明确的定义。《环境科学大词典》中有“自然生态补偿”的概念，且定义为“生物有机体、种群、群落或生态系统受到干扰时，所表现出来的缓和干扰、调节自身状态使生存得以维持的能力，或者可以看做生态负荷的还原能力”。在自然生态补偿定义的基础上，学者们从不同的角度对水源保护补偿作出了定义。代表性的定义有：

一是对水源本身的补偿或保护性投入。它包括对污染水源特别是污染源头水源进行治理、对重要水域进行“占一补一”和对重大生态水源进行保护性投入等。

二是对水源保护者进行补偿。它既包括对个人和水源区水源保护的行为予以补偿，也包括因为水源保护而失去发展机会的个人或者区域予以补偿，这相当于绩效奖励。

三是水源保护补偿费用。它既包括对污染水源的行为而征收的费用，也包括对保护水源的行为而给付的补偿损失。它的性质是通过经济手段使外部成本（污染水源行为）或者外部收益（保护水源行为）内部化，是解决水源保护的一种工具性安排。

可见，上述三种定义分别从水源保护补偿的客体、水源保护补偿的主体和水源保护补偿的工具对水源保护补偿进行了阐释，三者结合起来完整体现了水源保护补偿机制实际上是依托在水源这个客体基础上、借助补偿费这个工具反映主体之间水资源产权关系的制度安排。水源保护补偿的客体、主体和工具这三者具有密不可分的关系。对水源本身这个客体进行补偿，是为了维护水源保护补偿主体的水资源产权利益，实现水源保护补偿主体的可持续发展；对水源保护补偿的主体进行补偿，使其享受到因水资源产权关系而产生的受益权，又必须重视对水源本身这个客体的补偿；而实现对水源保护补偿的主体和客体进行补偿，必须运用水源保护补偿费这个强有力的工具，通过给付受偿主体的水源保护补偿费而使其产生一种保护水源这种正外部性行为的经济激励，通过水源保护补偿费这个工具安排，不管是受益主体还是受偿主体的外部行为都内部化了，从而也达到对水源保护补偿客体的补偿效果。

基于上述分析，可以对水源保护补偿机制下一个相对全面而准确的定义，即指政府或者水资源受益者通过某种形式给付因水源保护或失去发展机会的受偿主体，从而达到保护水源本身这个客体以实现主体的水资源产权收益的目的，实现自然、人和社会和谐发展的一种经济制度。从该定义可以看出，水源保护补偿机制是这样一种经济制度：通过制度创新实行水源使用外部性的内部化，让上级政府享受水源保护成果的受益主体支付相应的费用；通过体制创新解决好水源保护这个公共产品供给中的“搭便车”现象，让政府或通过政府激励受偿主体供给足够多的达标水源这一公共产品；通过机制创新解决好水源保护投资者的合理回报，激励人们从事水源保护投资并使水源生态资本增值。

二、水源保护补偿机制的主体关系分析

（一）水源保护补偿问题产生的根本原因

1. 水资源产权制度的特殊性

水资源本身是一种特殊的生产要素。从自然属性来看，它虽然具有可再生性，但是若掠夺性开发使用，也会陷入不可逆转的水生态退化；从经济属性来看，水资源的使用具有很强的公共性、正负外部性等特征。因此，水资源产权制度的特殊性是由水资源本身的特殊性所决定的。

（1）水资源产权安排方面的特殊性。水资源的产权制度安排，应坚持生态效益优先的原则。要求水资源产权制度必须给予产权主体经济利益上的激励与约束，实现国家对生态效益追求与产权主体对经济利益追求的激励相容，以使对水资源的合理开发利用和保护投资成为产权主体追求自身经济效益最大化的理性选择。

（2）水资源所有权界定方面的特殊性。水资源是自然生成的，作为人们生产生活的共同的物质基础，理应为国民共同所有。因此，一国国民是水资源的最终所有者。水资源是一个流动性的生态系统，具有复杂性和多样性，客观上要求水资源的所有权安排也是复杂多样的，任何单一的所有权安排都将难以对自然资源进行全面管理和有效控制。

（3）水资源使用权界定方面的特殊性。水资源使用中人与人之间的

关系，不仅包括当代人之间的关系，还包括当代人与未来人之间的关系。但由于未来人及其代理人的缺位，在当代人与未来人的博弈中，总是当代人占到先机。因此，为了保证水资源的可持续利用，必须由国家和政府作为未来人的代理人，对当代人的水资源使用权作出限制，以体现代际公平。在当代人之间的关系中，水资源是水源区居民生产生活资料的主要来源，应优先考虑当地居民的使用权，以体现代内公平。水资源往往具有多种用途，不同的用途所产生的正负外部性大小不同，因此必须对水资源的某些用途加以限制，在此基础上，产权主体可以自主选择。

（4）水资源转让权界定方面的特殊性。水资源产权制度要能够适应市场经济，就必须以市场作为配置资源的主要手段，以水资源价格为信号，引导资源的合理流动。因此，对水资源的转让权安排是必不可少的。水资源转让过程中水资源价格的确定，应正确反映水资源的稀缺程度。其价格不仅应该包括附加在水资源上的一般人类劳动，而且应该包括对水资源再生所支付的补偿费用。

2. 水源保护补偿问题产生的根本原因分析

由于经济主体偏向于追求自身经济效益而忽视生态效益，而水资源产权主体的分散使得制度上又很难实现国家对生态效益的追求与产权主体对经济效益的追求的激励相容，所以当水生态效益不能保证时，国家或者区域政府往往采取行政手段限制产权主体的部分经济行为而使得产权主体的经济利益受到损害。因此，这种水资源产权制度安排方面的特殊性就给受损经济主体要求建立水源保护补偿机制提供了理由。

从水资源所有权界定方面的特殊性来看，水资源所有权名义上归国家所有，但是现实中一般是授予区域政府行使所有权。由于水资源是流动的资产，所以水资源所有权往往赋予不同的经济主体（区域政府）。这种流动性的水资源所有权界定的特殊性使得上游总认为下游无偿使用了他们所拥有的水资源，这给上游要求建立水源保护补偿机制提供了坚实的法理辩词。

从水资源使用权界定方面的特殊性来看，首先要求优先考虑水源区居民的使用权，但在现实中基于效率的考虑和全社会财富极大化的思维，往往对经济发达的下游地区赋予更多的水资源使用权，这就给上游地区要求建立水源保护补偿机制提供了公平正义的理由；其次，水源区对水生态效益的边际贡献较大，水源保护的正外部性更加突出，因而政府基于效率的考虑往往更多地限制上游地区的水资源使用和加大对水资源保护的投资，这就使得上游地区理直气壮地提出建立水源保护补偿机制。

从上述水资源转让权方面的特殊性来看，水资源转让价格要考虑对水资源再生所支付的补偿费用，现实中由于这部分费用基本上是隐性费用，很难有明确定量的数据，而现实中上游地区的水资源转让收益并没有得到体现。这种水资源转让权方面的特殊性为水源保护区要求建立水源保护补偿机制提供了又一依据。此外，下游地区为了能用上洁净的水资源，也进行了保护性投入，并通过排污费、税收等手段对生态环境进行了部分补偿，自然对上游来水的水质要求越来越高，上下游之间关于水质的争辩越来越普遍，这给下游向上游提出水质补偿提供了依据，这使得建立水源保护补偿机制进一步复杂化。

（二）水源保护补偿机制的多重主体关系分析

水资源产权可以进一步分为所有权、使用权和转让权等，围绕这些权利的安排与利益的实现导致了水源保护补偿问题的产生。由于水资源的所有权、使用权和转让权属于不同的主体，这些主体为了使自己享有的水资源产权实现利益上的要求而呈现出错综复杂的博弈关系。这些多重主体关系既有上级政府与地方政府、地方政府与公众之间的纵向关系，也有上下游地方政府之间和上下游公众之间的横向关系（如图 2－1 所示）。

1. 上级政府与地方政府之间的关系

涉及上级政府与地方政府之间的水资源产权主要是所有权与使用权。转让权由所有权与使用权派生。

在水资源所有权方面，要使水资源产权主体能有更大的权利与动力保护自己的水资源产权，增加对水资源合理利用与保护性投资，以更好地发挥水资源产权制度内部激励与约束功能的最好办法是"还权于民"。如果流域全部在地方政府所辖区域内，这时所有权安排很简单，应由地方政府具有全部水资源所有权。如果流域跨越两个及两个以上地方政府所辖区域，则水资源所有权理应由地方区域政府共同享有，至于所有权怎样安排应由上级政府根据公平与效率等因素综合来权衡。上级政府应该根据现实情况确定上游地区向下游地区来水的年总量（或月总量），不允许上游地区侵蚀下游地区的水资源所有权。如果下游地区水资源的边际效益较高，上级政府可以从效率的角度，更多地限制上游地区用水，赋予下游地区更多的水资源所有权。同时也必须基于公平与社会稳定的考虑，向上游地区给予水源保护补偿。

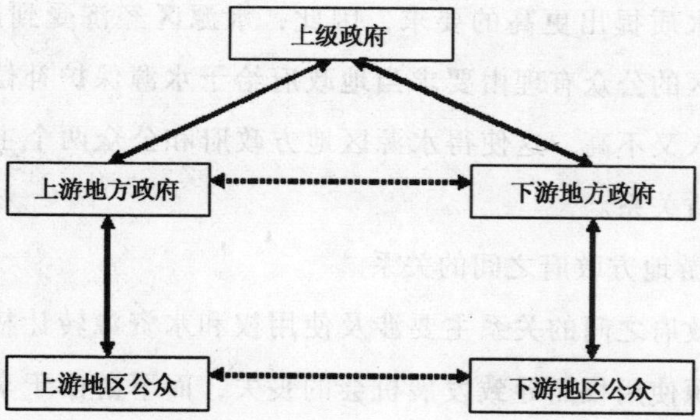

图 2－1　水源保护补偿机制多重主体关系

在水资源使用权方面，上级政府应该明确规定各区域对水资源的使用程度和定额控制。由于水资源具有流动性，所以上级政府对各区域水资源使用程度的规定只能是水质标准。上游向下游来水必须符合规定的水质标准，这样就保证了下游地区的水资源所有权和使用权。如果对上游地区来水规定了过高的水质标准，则必须向上游地区给予水源保护补偿。在清晰界定水资源使用权的界线之后，上级政府需放松对区域水资源使用权的过多限制，鼓励地方政府因地制宜地利用水资源使用权发展本地区经济，优化水资源配置效果，从而使水资源所有权和使用权起到激励主体的作用。

2. 地方政府与公众之间的关系

地方政府与公众之间的关系主要涉及水资源使用权。地方政府肩负着发展本地区经济和保证水资源水质的双重任务。发展经济要求尽量激活本地区的水资源使用权，而保证水质又要求地方政府限制本地区的某些经济行为，特别是企业的排污行为。对于经济比较发达的中下游区域，可以通过征收排污费促使企业改进技术减少污染排放或者通过产业转移关停污染严重的企业而解决污染问题，而且优良的水质对该地区的经济发展有着锦上添花的效果，该地区政府财政收入和居民人均收入不会有负面影响。但是对于经济相对落后的水源区，上级政府出于整体的考虑对水源区的水质提出更高的要求，因此，水源区经济受到严重的制约。由此，水源区的公众有理由要求当地政府给予水源保护补偿，而当地政府的财政收入又不高，这使得水源区地方政府和公众两个主体之间呈现出复杂的矛盾关系。

3. 上下游地方政府之间的关系

上下游政府之间的关系主要涉及使用权和水资源转让权。上游由于限制了水资源使用权而导致发展机会的丧失，而下游由于享受到优良水质的好处，所以上游要求下游给予水源保护补偿。此外，下游认为上缴给上级政府的税收通过财政转移支付等手段已经补偿给上游地区，而对上游地区的来水提出越来越高的要求，因而也向上游地区提出了水质补偿，这使得水源保护补偿变得错综复杂。由于上级政府出于社会公平和稳定的考虑，对上下游的水资源总量安排并不完全按照效率的要求，势必导致上游水资源的边际收益小于下游地区的水资源边际收益，这就给上下游之间的水资源转让提供了空间。这种水资源转让既可以转让“质”，也可以转让“量”，转让“质”就是提高流向下游的水资源的水质，转让“量”就是增加对下游地区的来水。这种水资源的自由交易是一种帕累托改进，必定提高水资源的配置效率，下游地区得到发展经济的好处，上游地区也得到经济收益，从而增加了整个社会的总财富。因此，对于上下游的水权转让，尽管目前还没有明确的法律规定，但是上级政府应该鼓励这种提高资源配置效率的行为。

4. 上下游公众之间的关系

上下游公众之间的关系主要涉及到由于水资源产权而导致的收益权。由于水资源的不同限制而导致相邻两个区域之间收入水平的不同，必定产生人口的梯度转移，上游居民向较发达的下游地区转移。这种转移必定会通过就业等因素影响到下游居民的利益，可以说这也是某种意义上的对转移出来的上游居民的一种水源保护补偿；同时，上游地区由于人口减少，人均资源自然会增加，这也可以说是下游地区从机会上给予上游地区没有转移出来的居民的一种水源保护补偿。这种人口梯度转移会带来两个有利后果：一是增加了上游地区居民（不管是转移出来的居民还是没有转移出来的居民）的收入；二是上游由于人口的减少，污染减少，水源得到更好的保护。因此，政府应该鼓励这种增进社会效益的人口梯度转移，并采取相关政策（如户籍管理、就业培训等）予以扶持。当然，由于一些思想观念的束缚，加上水源区风景优美等环境因素的诱惑，这种人口梯度转移必定是缓慢的，政府应该着眼于促进这种人口梯度转移的动力机制和长效机制。光靠宣传教育、道义劝说等手段是不能够起到强烈的诱惑作用，适当保持上下游地区居民之间平均收入的“收入压力差”是必要的，通过提供就业方便、职业培训等惠顾转移出来的上游居民，使他们拉开昔日与其“日出而作，日落而息”的未转移出来的上游居民的收入，昔日乡亲之间的“收入压力差”对人口梯度转移是一种强烈的动力源。

三、水源保护补偿机制的补偿主体和受偿主体分析

（一）水源保护补偿机制的受偿主体分析

从理论上来说，水源保护补偿机制的受偿主体应该是对水源保护产

生积极影响行为的实施主体，包括作为行为的实施主体和不作为行为的实施主体，前者如水源区农民为了涵养水源而植树造林的行为，后者如水源区农民为了保护水源而放弃禽畜养殖的行为。按照这一定义，上游地区（特别是水源区）的政府和公众显然符合受偿主体的范畴。而从社会公平与稳定的角度、从社会财富极大化的效率角度来看，对这两个方面的受偿主体应有明显不同的侧重。

1. 从社会公平与稳定的角度分析

由于水源保护的需要，水源区居民的经济行为受到严格约束，导致他们的生活水平上升缓慢甚至下降，有的连基本生活水平也得不到保证。这就给社会埋下了不稳定的祸源。每天都为了维持基本生活而煞费心机的水源区居民，谈不上有保护水源的动力。水源区居民因水源保护而失去发展的机会，本身就体现了和中下游居民之间的不公平，这种不公平既有水源区与中下游地区的自然差异这样的“起点不公平”，还有水源区肩负着保护水源的重任这样的“过程不公平”，自然也就导致水源区经济极端落后这样的“结果不公平”。在社会经济生活中，我们不能追求起点公平，也不能苛求结果公平，但是过程一定要公平，这样才不会因为不公平而导致社会失稳，水源区与中下游地区的持续不公平会阻碍水源保护正外部性的产生，最终会有害于社会整体效率的实现。因此，从公平与稳定的角度来看，水源区居民是水源保护补偿机制的最重要的受偿主体。

水源区因为水源保护而经济发展受到制约，很多创造财政收入的企业不得不关、停、并、转，导致水源区政府的财政收入锐减。例如，自2005年下半年以来，浙江省淳安县新关停并转企业10家，财政税收直接损失2046万元。同时，也因为水源保护，水源区政府在水源保护方面的财政支出大大增加，导致水源区政府财政雪上加霜。例如，淳安县筹集资金4474万元投入千岛湖镇配套污水管网改造和南山污水处理厂建设①，

---

① 淳安县人民政府办公室：“淳安县水源保护工作情况汇报”，2007年3月26日。

这对于一个财政收入不大的县来讲是不堪重负的。如果既要水源区政府切实保护好水源，又不给予资金补偿，水源区政府会感觉到这是一个不可能完成的任务，最终会失去热情和动力，进而会影响到水源保护和水源区社会的稳定。因此，基于公平与社会稳定的考虑，水源区政府是当之无愧的水源保护补偿机制的受偿主体。

2. 从社会财富极大化和效率的角度分析

水源区劳动力的边际产出一般小于中下游地区劳动力的边际产出，如果对水源区居民实施水源保护补偿，会导致他们的依赖心理，不愿意把精力花在怎样通过自身努力来致富，而是把注意力花在怎样争取更多水源保护补偿费上，使“下山脱贫”、“人口梯度转移”等政策难以实现。从效率角度来看，这是一个“补偿的悖论”。相反，如果他们转移到中下游经济较发达的地区去工作，不但会增加他们自身的收入和社会财富，还对他们原来居住地的水源保护有边际贡献，从效率的角度看，应该拉大固守在水源区的居民与中下游地区居民的收入差，以形成人口梯度转移的经济动力。因此，从社会财富极大化的效率角度来看，水源区的居民不应该成为水源保护补偿机制的受偿主体。

但是，水源区水源保护需要巨大的投资，既然从效率的角度来看，水源区的居民不应该成为受偿主体，那么，水源保护的重担就落在水源区政府的头上，则水源区政府就理所当然应该成为水源保护补偿机制的受偿主体。水源区水源保护很多措施，如垃圾清理、污水处理、水源保护工程建设、植树造林等正外部性的活动，居民出于高成本与几乎零收益的考虑，是没有动力进行这些活动的，即使给予他们水源保护补偿费，单个的个人都因为具有“搭便车”的心理而使这些水源保护活动成为空谈；相反，这些水源保护活动必须依靠组织的力量才能进行，水源区政府承担这些水源保护活动收益最高而成本最低，况且水源区政府官员出于“晋升”的考虑也具有采取有效行动保护好水源的内在动力。因此，从社会财富极大化的效率角度考虑，水源区政府应该成为水源保护补偿机制的受偿主体。

综上所述，我们可以从水源保护效果、社会稳定及社会财富极大化和效率的角度对不同的受偿主体进行比较（见表2－1）。

表2－1　　水源生态保护补偿机制的不同受偿主体比较

比较内容	水源区居民	水源区政府
水源保护效果	比较有利	非常有利
社会稳定	非常有利	有利
社会总财富和效率	低	较大

从表2－1可以看出，水源保护补偿机制不同受偿主体之间的矛盾根源于公平与效率的矛盾。如何解决公平与效率之间的冲突最终取决于两者的相对重要性。如果推进公平是非常重要的，那么牺牲一些效率还是有必要的，如果社会可以承受一定程度的不公平，追求社会财富极大化和效率也是可取的。至于怎样在公平与效率之间取舍，就需要依靠上级政府官员的智慧和经验。通过对水源区的调研，认为水源区居民的不公平情绪还是比较大的，也许在短期内解决不公平问题显得更为重要，对水源区政府和居民都实行水源保护补偿显得迫在眉睫。但是，只有把“饼”做大了，才能维持真正的公平。从长期来看，效率显得更重要。

（二）水源保护补偿机制的补偿主体分析

从理论上来说，水源保护补偿机制的补偿主体应该是水源保护的受益者，由于水源保护具有正外部性的特征，几乎全流域居民都是水源保护行为的受益者，因此，他们的代表——国家或者区域政府就是水源保护补偿机制的补偿主体。同时，因水源保护而明显受益的企业和居民也是水源保护补偿机制的补偿主体，这样就有了区域政府和受益微观经济主体这两个类型的补偿主体。下面将从社会公平的角度和从水源保护补偿机制本身来具体剖析补偿主体。同时，从水源保护补偿机制本身的实现成本的角度分析补偿主体时，也将对“谁受益、谁补偿”进行经济理论方面的阐释。

1. 从社会公平和稳定的角度分析

一般来讲，某区域的一项经济活动使另一区域受益，受益区域需为此付费必须具备三个前提条件：一是正外部经济的存在，某一区域的活动可能减少自身利益而惠及区外；二是广泛受益；三是外部经济与受益有直接必然的联系。水源区的水源保护行为存在着“少数人负担、多数人受益；贫困地区负担、富裕地区享受；上游投入、下游得利”现象。因此，从公平与稳定的角度来看，下游区域政府应该成为水源保护补偿机制的补偿主体。

在普通公众心中，公平正义、因果联系是道德和法律的至高点，因而在水源保护补偿机制方面应遵循“谁受益、谁补偿”的原则。根据这一原则，那些因水源保护而直接明显受益的企业成了责无旁贷的补偿主体。

2. 从效率和水源保护补偿机制本身的实现成本的角度分析

水源保护使众多企业和居民广泛受益，界定哪些企业和居民受益以使其承当水源保护补偿费是一件很困难的事情。更何况受益多少、如何确定企业和居民应该承担的补偿金额更是一个争论不休的问题。要解决这个问题涉及多个企业主体，需要耗费大量的社会资源，并且也不一定能够做到真正的公平。从公平的角度考虑，任何公平正义的背后都有资源的付出，追求公平正义不能够无视代价①。从效率的角度考虑，一个社会财产权的界定应使交易费用尽可能低，对于水源保护而导致的受益权界定给企业和居民而不是政府，交易费用更低，并且这样的产权界定能导致更多的生产性活动，受益企业所在地区政府会增加财政收入和改善劳动就业情况，从而使整个社会受益；从公平和效率相互关系的角度考虑，公平和效率并不是相互矛盾的，而是在更高的层次上殊途同归，有了受益企业的发展，才会增加政府税收，从而从大政府的角度对水源区予以资金补偿。因此，从实现效率和水源保护补偿机制的成本角度来看，

① 熊秉元著：《我是体育老师》，社会科学文献出版社2002年版。

受益企业不应该成为水源保护补偿机制的补偿主体，“谁受益、谁补偿”尽管符合因果联系和公平正义的价值观，但它却不符合效率和社会财富极大化的原理，在实践中就大打折扣。

由于水源保护而广泛受益企业和居民所在区域政府享受到了增加财政收入和解决劳动就业等诸多好处，作为受益区域的代言人成为水源保护补偿机制的补偿主体的理由似乎更充分，何况它还减少了寻找众多受益企业和居民、与众多受益企业和居民讨价还价等交易费用。但是，如果由下游政府作为补偿主体补偿上游地区，则两区域之间的交易费用非常高昂，现以钱塘江流域上下游的淳安、建德、桐庐、富阳和萧山五市县为例说明这种巨大的交易费用（如图2－2所示）。

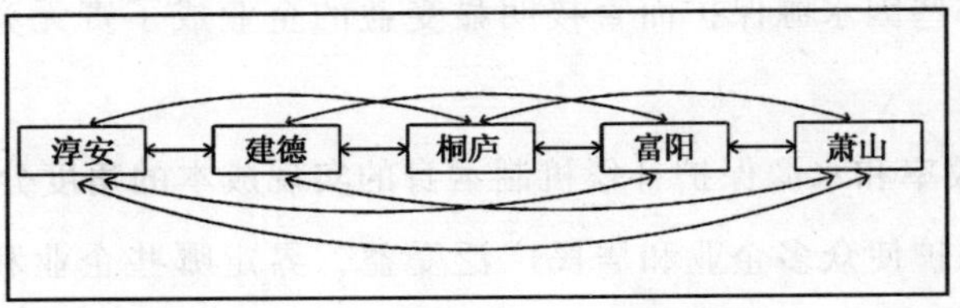

图2－2　钱塘江流域五县市相互讨价还价逻辑示意图

交易费用包括三个方面的内容，即搜寻信息的费用、讨价还价和决策费用及监督和执行费用[①]。在水源保护补偿方面，搜寻信息的费用包括下游对上游的保护投入情况的了解所花费的费用、上游对下游用水效益的估算所花费的费用以及水质检测和控制费用等，而上下游政府之间具有很大的信息不对称导致这方面的交易费用非常高；讨价还价和决策费用包括上下游之间补偿标准和水质标准的多次讨价还价所花费的巨额费用以及支付专家团队形成决策的费用等，这部分交易费用极端高昂；监督和执行费用包括水质检测、违约纠纷处理等方面的花费，这部分的交易费用也相当可观。并且，一个区域既是上游区域的下游也是下游区域

① Eirik Furubotn，Rudolf Richter著，姜建强、罗长远译：《新制度经济学：一个交易费用分析范式》，上海三联出版社2006年版，第61—62页。

的上游，它的代表——该区域政府在和上游区域或下游区域就水源保护补偿进行讨价还价交易过程中承受的不利因素必定反映到它和下游区域或上游区域的讨价还价中，容易产生“层层加码、关关提价”的情况，这样形成的巨额交易费用必定使水源保护补偿的区域之间的自愿交易夭折。例如，淳安要求建德增加补偿费，而建德必定也对桐庐有同样的要求，进而富阳和萧山，这样关关提价必定导致天文数字般的补偿费；反过来，萧山要求富阳提高来水的水质标准，富阳必定对桐庐有同样的要求，进而建德和淳安，这样层层加码也必定导致对水质的吹毛求疵。

上面的分析还仅仅考虑了相邻区域政府之间的讨价还价，如果一个区域政府不只和相邻区域政府讨价还价，还和流域内的其他区域政府讨价还价，则情况更加复杂，交易费用变得更加高昂。此外，它还滋生上游地区特别是水源区倾向于分配性努力获取社会财富而不是生产性努力增加整个社会财富，从这个意义上来讲，整个社会也为此付出巨大的交易费用。因此，下游区域补偿给上游区域是得不偿失的，下游区域政府不应该成为水源保护补偿机制的补偿主体，事实也证明在目前水资源产权界定不清晰的情况下，上下游区域之间达成水资源交易只是特例，绝大多数情况下还必须依靠流域内的最高级政府的行政介入。

不过，如果我们换个角度看问题，以更大的视野看待“谁受益、谁补偿”，结果就豁然开朗了。由社会财富极大和效率的标准立论，往往和以公平正义为出发点论述，得到殊途同归的结论。水源保护促进了受益地区的经济发展，受益地区则会通过增加上缴税收、吸引周边劳动力就业等对社会做出贡献。流域内最高级政府本身就比下一级政府有更高的视野，可以综合考虑效率和公平等因素，以最低的成本实现对水源区的水源保护补偿，社会总财富的增加更使它达到这一目的时能够运用自如。因此，从效率和水源保护补偿机制本身的实现成本来看，受益区域政府不应该成为补偿主体，补偿主体只能是流域内最高级政府。表 2 - 2 从交易费用、效率和对社会总财富的利弊方面对受益企业、受益区域政府、流域最高级政府作为补偿主体进行了对比。

表 2-2　　水源保护补偿机制的不同补偿主体比较

比较内容	受益企业和居民	受益区域政府	流域最高政府
交易费用	极端高昂	高昂	低
社会总财富	极端不利	不利	有利
效率	非常低	低	高

从表 2-2 可见，在短期，流域内最高政府是水源保护补偿机制的责无旁贷的补偿主体。但是，在长期，政府应该培育完善的市场经济体制、科学界定水资源各种产权安排，从而降低上下游区域的水资源交易费用，将水源保护补偿机制问题逐渐让区域之间自行解决，从而增加经济活动效率和社会总财富。因此，在短期，行政手段解决水源保护补偿机制问题是有效的办法；但是，在长期，通过产权界定等法律手段则是解决水源保护补偿问题的可能选择。

第三节　水源保护补偿金额的测算方法

一、自然差异度与保护差异度

水源保护区与非水源保护区的经济发展水平往往存在较大差异，在工业化中期以前，一般前者小于后者，这种差额可称为全因素差异度。全因素差异度可以分解为自然差异度、保护差异度及其他因素造成的差异度。自然差异度、保护差异度和其他因素造成的差异度之和即为全因素差异度，用公式表示为：

$$QC = ZC + BC + \varepsilon$$

式中，QC 表示全因素差异度，ZC 表示自然差异度，BC 表示保护差异度，ε 表示其他因素造成的差异度。

自然差异度 ZC 是指由于区位条件、自然资本等条件的差异而导致的经济发展水平的相对落后。自然差异度越大，对全因素差异度的贡献率也越大。

保护差异度 BC 是指由于水源保护占用了经济发展的资源而导致的发展水平的相对落后。对水源生态质量的追求是各个地区的共同责任，但是水源保护区承担了更多的、附加的责任。因此，“保护差异度”不是一般意义上生态保护所造成的差异度，而是指“水源区更大的水源保护责任”这一特殊保护原因造成的差异度，水源区的更大的水源保护责任表现如下：要求水源保护区做的，而不要求其他地区做的；要求水源保护区早做的，而要求其他地区晚做的。保护差异度越大，对全因素差异度的贡献率也越大。

其他因素 ε 是指自然差异度和保护差异度不能解释的其他因素，如人的主观能动性、体制机制创新水平、发展政策的差异性等。

人的主观能动性的差异对经济发展具有十分重要的影响。即使其他各方面的发展条件十分相似，如果 A 地区的干部和群众具有非进则退的进取精神和永不知足的追求目标，而 B 地区的干部和群众则采取随遇而安的悠闲姿态和小富即安的价值取向，那么，一段时期以后，两个地区之间的经济发展水平会有显著差异。

体制机制创新水平对经济发展也具有十分重要的影响。新制度经济学研究表明，在技术状况给定的条件下，制度创新可以成为经济发展的重要内生变量。改革开放以来浙江省之所以取得如此巨大的经济成就而有些地方的经济发展步子相对要慢得多，一个重要因素就是浙江省在体制机制创新方面走在全国全列。一方面，老百姓有创新精神和创新能力，另一方面，政府善于保护老百姓的创新精神和创新能力。

发展政策的差异性对经济发展也具有明显的影响作用。A 地区的投资环境好、交易成本低、要素价格低、税收优惠明显，而 B 地区不具备这些政策条件，这样，A 地区的经济发展水平会显著高于 B 地区。

基于下列几个原因，我们将全因素差异度简单地等同于自然差异度和保护差异度之和。第一，人的主观能动性、体制机制创新水平和发展政策等变量对经济发展的影响的量化十分困难。第二，这些变量对经济发展的干扰可能会相互抵消。第三，在一个公式中有三个变量，如果两个变量是已知或可以求解得到的，那么，就可以计算出第三个变量；在一个公式中如果有三个以上的变量，那么，即使有两个变量是已知或可以求解得到的，也不可能计算出另外两个或两个以上的变量。

因此，全因素差异度的公式就简化为：

$$QC = ZC + BC$$

这样，只要知道全因素差异度和自然差异度，就可以计算保护差异度。根据保护差异度就可以计算水源保护的补偿金额。

二、机会成本测算法

（一）机会成本测算法的基本思想

机会成本是指将某种资源用于某种特定的用途时所放弃的其他各种用途的最高收益。与此相对应，用机会成本测算法来评估生态保护的价值时，不是直接用生态保护所得的收益来衡量，而是用为了保护生态环境所牺牲的替代选择的最高收入来衡量。例如，保护自然保护区所带来的价值，不是直接用保护它所获得的收益来衡量，而是用该资源作为其他用途（如农业、林业综合开发）时可能获得的收益来表示。某个地区的各种自然资源和要素既可以作为水源地进行保护，也可以作为开发区进行开发。如果决定某个地区按照水源区进行保护，那就意味着这个地区就放弃了作为开发区建设所可能获得的收益。这个收益就是决定某地区作为水源地进行保护这个决策的机会成本。

（二）机会成本测算法的基本步骤

通过对经济发展差异度的分解，将自然因素和其他因素对经济发展的影响剔除，剩下的就是因为水源保护而造成的经济发展水平的差异。这样，水源保护补偿的范围和金额就可以确定了。

1. 选择测算指标

水源保护的最终损失会体现在两个方面：其一是水源保护区的地方政府财政收入；其二是水源保护区的居民生活水平，包括城镇居民和农村居民。因此，这里选取三个测算经济发展差异度的指标：地方财政收入、城镇居民的可支配收入和农村居民纯收入进行补偿金额的测算。与此相对应，水源保护补偿资金以下列两种形式发放：其一以政府财政转移支付的形式发放给保护区政府；其二以政府对个人补偿的形式发放给城镇居民和农村居民。

2. 选取比较对象

进行比较的指标确定以后，就要选择与水源保护区的经济发展进行比较的对象。比较对象的选择原则是两地的自然差异度较小，即地理位置相近、发展条件相似。在进行水源保护以前，两地的经济发展水平上的差异，就是区位、制度、劳动力等因素的影响，可以归入自然差异度中去。但是，在进行水源保护以后，两地的经济发展上的差异，在剔除了自然差异度以后，剩余的部分就是水源保护所造成的。

3. 计算差异度

确定了进行比较的指标和对象后，就可以对经济发展的差异度进行测算。测算分三步进行：首先计算自然差异度，其次计算全因素差异度，最后通过公式 $QC = ZC + BC$ 计算保护差异度。以开始进行生态保护的年份向前推进 n 年，作为自然差异度的计算起点年份。一般来说，按照计量的要求，$n \geq 5$。全因素差异度的计算方法同自然差异度的计算方法是相同的，所不同的是全因素差异度计算的是进行了水源保护以后的各个年份中两地的各项指标值。最后，通过统计数据测算出来的全因素差异度，减去通过计量模型预测出来的自然差异度，就等于保护差异度。

（三）机会成本法测算水源保护区补偿金额举例

1. 案例选取

千岛湖所在的浙江省淳安县的水源保护比较具有代表性。这里选取淳安县为研究对象，以与它相邻的桐庐县、临安市、开化县、建德市作为参照县市。它们之间其区位关系见图 2－3。

淳安县地处浙江西部，北接临安，南临常山、衢州，西连开化和安徽休宁，东接桐庐、建德，距杭州 150 公里，现辖 23 个乡镇，898 个行政村，总人口 45 万人，其中非农业人口 6.9 万人。基本县情可概括为“普通的淳安县，特殊的千岛湖”。新安江水库（千岛湖）形成后，在全县上下的努力下，通过封山育林、植树造林、涵养水土、保护生态，把一个当年水土流失严重、到处荒山秃岭的库区，变成了山青水秀、环境一流的闻名全国乃至世界的千岛湖旅游名胜景区。根据多年来的定期检测结果显示，千岛湖总体水质保持稳定，水质优良。

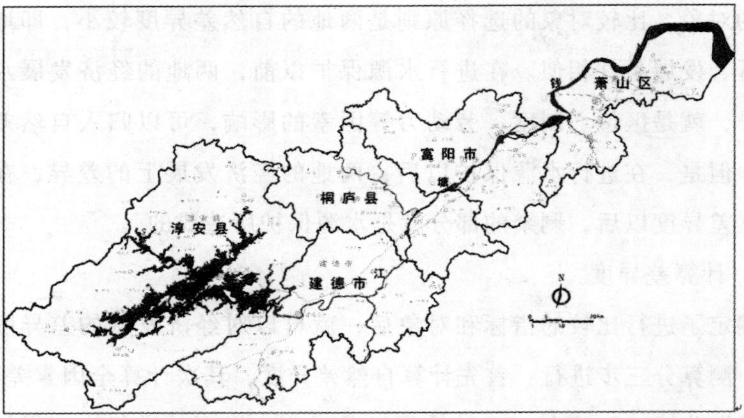

图 2－3　钱塘江流域五县市地理区位图

在改善环境、为下游提供水源的同时，对新安江水库的保护导致了淳安县国民经济的严重受阻。虽然水源保护文件在 1995 年才正式下达，但是实际上，从 20 世纪 90 年代初淳安县已经采取了有力措施对新安江水库的水源进行保护。由于保护的需要，在其他地方可以发展的工业项目在淳安县却要严格禁止，发展的空间受到限制，发展的成本更为昂贵，使得淳安经济社会发展水平与周边县市的差距越来越大。

桐庐县地处经济发达地区的浙江省杭州市，以县城桐庐镇为中心，东20公里（径距，下同）至牛峰岭界富阳，南19公里至羊峤顶界建德，西39公里至太阳山界淳安，北13公里至陈家山界富阳；东南27公里至火烧湾顶界浦江，西南12公里至大岩山界建德，东北16公里至横山埠界富阳，西北41公里至高塘界临安。全县地势，西北和东南向富春江沿岸降低，以丘陵山区为主，平原稀少，面积为1825平方公里。桐庐县辖13个镇、12个乡，人口约39万，非农业人口为10万人。桐庐县2005年的生产总值为100亿元，在杭州的五个县级市中排名第三。

桐庐县与淳安县有相似的区位条件、相互毗邻；发展政策、发展机遇等方面基本相同；两地还具有很多其他的共同特点，如自然资源丰富，山地面积较大，人口数量、人口结构相似，等等。而且，淳安县处于新安江水库大坝之上，桐庐县处于新安江水库大坝之下。可以说，淳安和桐庐的发展基础极为类似。

由于修建新安江水库和新安江水电站，淳安县耗费了巨大的人力、物力和财力，经济社会发展经历了“十年倒退（20世纪60年代）、十年徘徊（20世纪70年代）、十年恢复（20世纪80年代）、十年发展（20世纪90年代）”的历程。与之相对照，桐庐县则没有像淳安县一样苛刻的生态环境保护等外界因素的干扰，可以专心发展经济。因此，20世纪80年代初到90年代初，桐庐县的经济发展水平一直领先于淳安县，但是这种领先并没有扩大的趋势，而是保持在一个相对稳定的水平上，这种领先就是自然差异度。

从新安江作为储备水源区开始，水源生态保护的要求提高了，淳安县对水源保护的投入增加，直接结果就是经济发展受到严重影响，无论在财政收入水平上还是在居民收入水平上，淳安县与桐庐县的差距都在扩大，这种扩大在相当大的程度上是由于水源保护引起的。此时，淳安县与桐庐县在经济发展水平上的差距，不仅是自然差异度了，还包含了保护差异度，自然差异和保护差异两种因素的共同作用表现为全因素差异度。

建设新安江水库前，淳安县的经济发展水平在杭州市的各个县市中处于领先位置，远远高于周边的临安、建德等县，也高于桐庐县。但是淳安县作为储备水源区以后，经济发展受到严重影响，即使经过几十年的休养生息后淳安县的经济发展水平仍是落后于其他地区。淳安是典型的因水源保护致贫的情况，而桐庐符合了作为比较对象应具备的条件。这里就用淳安和桐庐为例，进行保护差异度的测算，以确定水源保护的补偿金额。

为了消除诸如经济政策、发展模式等因素的干扰，这里又选取了建德和临安作比较，它们的区位条件相似，都位于新安江水库周边，不同的是，建德和临安在新安江水库的北面，环保要求比淳安相对较低，对这两个地区进行比较，主要是为了说明水源保护会严重影响经济发展，生态保护是影响经济发展的重要原因。单纯用桐庐作比较，干扰因素太多，结论难以信服，因此这里选取了另外的两个比较对象即建德和临安作比较，从而排除了经济发展的其他影响因子的干扰，使结果更为可信。已知在 1983 年即我们的计算起点年份上建德和临安的经济发展水平是高于淳安的，按照这一推论，那么，在 1992 年以后，建德和临安的经济发展水平与淳安的差距应该扩大得更快一些，如果实际数据得到的结果支持我们的推论，那么说明我们的方法是可行的。

在最后，笔者将开化与淳安进行比较，开化虽然是水源保护区，但是不是水库水源区，从理论上来说，生态脆弱度要小得多，生态稳定性较之淳安高得多，因此生态保护上的投入比淳安要小。如果两地的经济发展差距在 1992 年前后的变化较显著的话，就充分证明了水库水源对经济发展的影响较大，必须对水库水源保护区进行补偿。但是这里需要说明的是，开化县在 1997 年开始进行大规模的生态保护，并且也投入了相当大的力度，因此，1997 年也将是一个经济发展的分界点，两地的经济差异可能会在该点上有所减小。

2. 分析测算

（1）图形分析。通过各地各年的统计年鉴，笔者查到了1983—2004年的桐庐、淳安、建德、临安、开化的地方财政收入、城镇居民人均可支配收入、农村居民人均纯收入等数据，其中，对缺失数据采取了如下处理方法：1983—1993年的地方财政收入数据缺失，这里采用如下方法进行处理：计算1994—2005年各年地方财政收入与总财政收入之比，取其平均值，桐庐平均为40%，淳安平均为57%，开化平均为60.625%，等等，然后用这个数值分别乘以两地1983—1993年各年的总财政收入，将结果作为1983—2005年的地方财政收入；城镇居民人均纯收入在1992年以前以职工平均工资代替；其他缺失的单个数值，均采用取前后年份的平均值的方法。

图2-4为五个地区财政收入差异的条形图。通过图2-4可以看到，以1992年为分界点，1992年以前，淳安与除开化县以外的其他三个地区在地方财政收入上的差距并不大，但是在1992年以后，差距迅速扩大，到了1995年，这种差距已经非常明显。而与开化县相比较，1992年以前，淳安的地方财政收入比开化略高；在1992年以后，淳安提高了对新安江的保护力度，两地的财政收入出现一定差距，开化超过了淳安；到了1997年，开化县的水源保护力度提高，经济发展速度减缓，开化又重新被淳安超过。很显然，这种差异是由于水源保护造成的，仅用自然差异是不能解释这种情况的，必须将保护差异考虑在内。

同样，两地城镇居民人均可支配收入和农村居民人均纯收入也有这种现象。对于除了开化县以外的其他三个县（市）来说，以1992年为分界点，1992年以前的差距相对较小且平稳，1992年以后差距扩大。而对于开化，1992年以前差别不大；在1992年以后，淳安提高了对新安江的保护力度，两地出现一定差距，开化超过了淳安；到了1997年，开化县的水源保护力度提高，经济发展速度减缓，开化又重新被淳安超过（参考图2-5、图2-6）。通过对图形的分析，结合实际情况，这里将1992年作为淳安县开始进行水源生态特殊保护的年份，1992年以前的差距视为自然差异度（不含保护差异度），1992年以后的差距视为全因素差异度（包含保护差异度）进行测算。

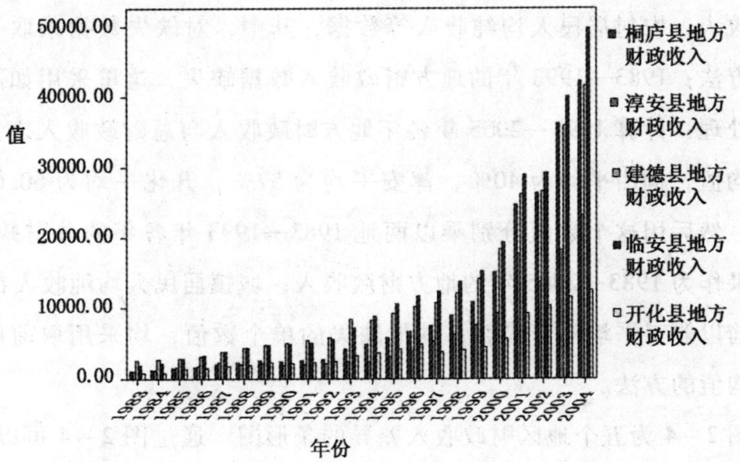

图 2-4　淳安等五县（市）地方财政收入比较

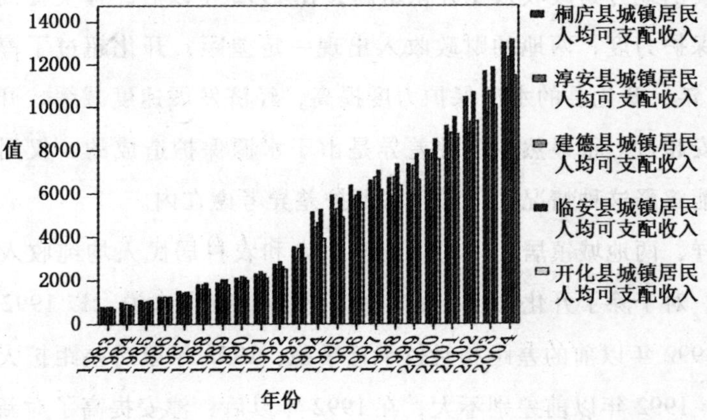

图 2-5　淳安等五县（市）城镇居民人均可支配收入比较

（2）补偿金额的测算。本测算方法所采用的是自回归模型，模型的因变量为各年的统计指标（地方财政收入、城镇居民人均可支配收入或农村居民人均纯收入）之差，自变量为该指标滞后 n 期的值，模型形式为：

$$Y_t = a_1 Y_{t-1} + a_2 Y_{t-2} + \cdots + a_n Y_{t-n} + b$$

所以，首要问题就是选择模型的阶数，以便使模型更为准确，取得好的预测效果，实现计量、预测的目的。经过多次试验和检验，如果选择滞后两期、滞后三期甚至更多期的话，模型存在严重的共线性，并且变量的解释能力反而降低，因此，滞后一期时的计量结果为最优，这里就采用一阶自回归的形式。

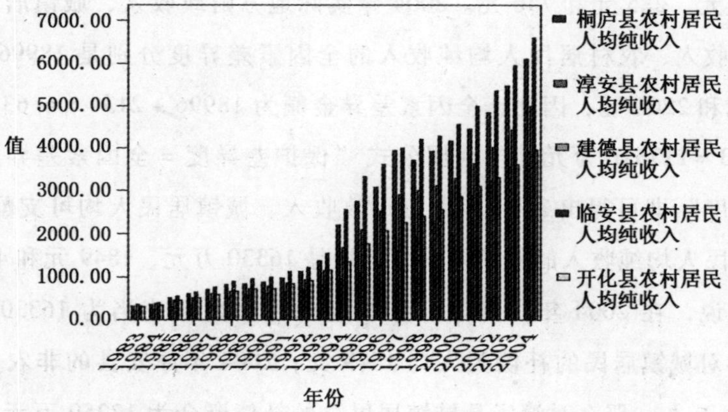

图 2－6　淳安等五县（市）农村居民人均纯收入比较

下面以 1983—1992 年的数据对其他四县和淳安县的各指标差异建立计量模型，所得到的结果就可以用于预测 1993 年以后的各年份各统计指标的自然差异度。

首先，与桐庐相比较，对地方财政收入差异，有：

$$Y_t = 1.005Y_{t-1} + 92.705$$

$$(7.375)$$

$F = 54.385$，$DW = 1.731$，$R^2 = 0.886$，$\overline{R}^2 = 0.870$

对城镇居民人均可支配收入差距，有：

$$Y_t = 0.887Y_{t-1} + 34.422$$

$$(12.410)$$

$F=154.017$，$R^2=0.957$，$\overline{R}^2=0.950$，$DW=1.635$，

对农村居民人均可支配收入差距，有：

$Y_t=0.974Y_{t-1}+41.462$

(4.726)

$F=22.331$，$DW=2.024$，$R^2=0.761$，$\overline{R}^2=0.727$

通过回归方程，预测出2004年的自然差异度，得到地方财政收入、城镇居民人均可支配收入、农村居民人均纯收入的自然差异度分别是2465万元、285元和746元。2004年实际地方财政收入、城镇居民人均可支配收入、农村居民人均纯收入的全因素差异度分别是18996万元、2134元和2200元，因此，全因素差异金额为18996 + 2134 × 6.63 + 2200 × 38.53 = 117910万元。再利用公式"保护差异度 = 全因素差异度 - 自然差异度"即可得出2004年地方财政收入、城镇居民人均可支配收入、农村居民人均纯收入的保护差异度分别是16330万元、1849元和454元。也就是说，在2004年，对淳安县政府的补偿金额应当为16330万元；2004年对城镇居民的补偿为人均1849元，2004年淳安县的非农业人口为6.63万人，那么对淳安县城镇居民总的补偿资金为12259万元；对农村居民的补偿为人均454元，2004年淳安县的农业人口为38.53万人，那么对淳安县农村居民的总的补偿资金为17493万元。三者合计为46082万元。这就是2004年淳安县应得的水源生态保护补偿金额。该补偿金额占全因素差异金额的39%。

其次，与建德相比较，对地方财政收入差异，有：

$Y_t=1.110Y_{t-1}-19.792$

(80823)

$F=77.840$，$R^2=0.917$，$\overline{R}^2=0.906$

对城镇居民人均可支配收入差距，有：

$Y_t=0.944Y_{t-1}+37.334$

(3.456)

$F=11.944$，$R^2=0.630$，$\overline{R}^2=0.578$

对农村居民人均可支配收入差距，有：

$Y_t = 1.223Y_{t-1} - 27.211$

(3.603)

$F = 12.98$，$R^2 = 0.650$，$\overline{R}^2 = 0.600$

同上，通过回归方程，预测出2004年的自然差异度，得到地方财政收入、城镇居民人均可支配收入、农村居民人均纯收入的自然差异度分别是12290万元、498元和1189元。2004年实际的地方财政收入、城镇居民人均可支配收入、农村居民人均纯收入的全因素差异度分别是26543万元、108元和2682元，因此，全因素差异金额为26543 + 108 × 6.63 + 2682 × 38.53 = 130597万元。再利用公式“保护差异度 = 全因素差异度 - 自然差异度”即可得出2004年地方财政收入、城镇居民人均可支配收入、农村居民人均纯收入的保护差异度分别是14244万元、-390元和1493元。也就是说，在2004年，对淳安县政府的补偿金额应当为14244万元；2004年对城镇居民的补偿为人均-390元，2004年淳安县的非农业人口为6.63万人，那么对淳安县城镇居民总的补偿资金为-2589万元；对农村居民的补偿为人均1493元，2004年淳安县的农业人口为38.53万人，那么对淳安县农村居民的总的补偿资金为57525万元。三者合计为69180万元，这就是2004年淳安县应得的水源生态保护补偿金额。该补偿金额占全因素差异金额的53%。

再次，与临安相比较，对地方财政收入差异，有：

$Y_t = 1.009Y_{t-1} + 257.494$

(10.939)

$F = 119.655$，$DW = 1.870$，$R^2 = 0.945$，$\overline{R}^2 = 0.937$

对城镇居民人均可支配收入差距，有：

$Y_t = 0.588Y_{t-1} + 62.355$

(2.159)

$F = 4.663$，$R^2 = 0.400$，$\overline{R}^2 = 0.314$

对农村居民人均可支配收入差距，有：

$$Y_t = 0.945Y_{t-1} + 62.300$$
$$(10.696)$$
$$F = 114.408,\ R^2 = 0.942,\ \overline{R}^2 = 0.934$$

通过回归方程，预测出2004年的自然差异度，得到地方财政收入、城镇居民人均可支配收入、农村居民人均纯收入的自然差异度分别是6948万元、151元和812元。2004年实际的地方财政收入、城镇居民人均可支配收入、农村居民人均纯收入的全因素差异度分别是18361万元、1502元和1092元，因此，全因素差异金额为18361 + 1502 × 6.63 + 1092 × 38.53 = 70394万元。再利用公式“保护差异度 = 全因素差异度 - 自然差异度”即可得出2004年地方财政收入、城镇居民人均可支配收入、农村居民人均纯收入的保护差异度分别是11413万元、1350元和279元。也就是说，在2004年，对淳安县政府的补偿金额应当为18361万元；2004年对城镇居民的补偿为人均1350元，2004年淳安县的非农业人口为6.63万人，那么对淳安县城镇居民总的补偿资金为8955万元；对农村居民的补偿为人均279元，2004年淳安县的农业人口为38.53万人，那么对淳安县农村居民的总的补偿资金为10761万元。三者合计为38077万元。这就是2004年淳安县应得的水源生态保护补偿金额。该补偿金额占全因素差异金额的54%。

最后，与开化相比较，开化的情况比较复杂，因为开化在1997年同样进行了水源保护，并且进行了比较大的投入，它会对经济发展产生较大影响。因此，笔者删除了1992—1997年的数据进行测算。同时，比较两地的数据，可以发现，在城镇居民人均可支配收入这项数据上，开化和淳安之间的差距并没有规律性，而是呈现随机变化趋势，因此，为了测算准确起见，这里认为在城镇居民人均可支配收入上，两地的自然差异度为零；2004年两地的城镇居民人均可支配收入的差异既是全因素差异度同时也是保护差异度为615元/人；地方财政收入方面，1989—1991这三年中淳安比开化少，而这三年正是淳安大幅度关停并转工业企业的三年。其他年份淳安的地方财政收入总是高于开化，高出的幅度维持在

250万元左右，因此设定自然差异度为－250万元；农民人均纯收入同样属于这种情况，在1992年以前，开化农民平均收入比淳安高出150元左右，因此设定自然差异度为150元。

因此，淳安与开化两地的财政收入的自然差异度为－250万元，而全因素差异度为－10599万元，保护差异度为－10349万元；农村居民人均纯收入的自然差异度为150元，全因素差异度为38元，保护差异度为－112元，农民应该补偿－4315万元；总和为12504万元；城镇居民人均可支配收入自然差异度为0，全因素差异度为615元，保护差异度也为615元，补偿给城镇居民的金额为4077万元。三项全因素差异度为－4808元，保护差异度为－10587元。因此，淳安应得到的补偿为－10587万元，换句话说，同开化相比较，淳安县不仅得不到补偿，还需要拿出资金补偿给其他因水源保护导致经济更落后的地方。该补偿金额占全部差异金额的220%。

（四）关于机会成本测算法的几点说明

水源保护补偿机制的建立的主要困难之一是补偿金额的计算方法尚无定论。虽然从理论上讲，水源保护价值的计算已经有市场价值法、替代市场法和假想市场法等各种方法，但是，目前还没有一种方法得到普遍认可。本节所采用的测算方法需要作如下说明：

第一，所采用的基本方法属于市场价值法中的机会成本法。机会成本法测算出来的结果总体上属于“应当补偿”的最大值。

第二，本方法是在提出全因素差异度、自然差异度、保护差异度的理论假说基础上并作简化以后进行测算的。假说本身基本上是能够自圆其说的，但是简化以后的“保护差异度＝全因素差异度－自然差异度”的公式，没有考虑各个地区经济发展中的人的主观能动性因素。因此，实际应当补偿的金额应该小于本方法所计算出来的结果。

第三，本方法的使用必须确定一个研究区域和参照区域，如果参照区域选择不当，那么，测算结果就失去意义。这里之所以认为桐庐县作为淳安县的参照县，是因为，两个县的自然条件等十分相似，虽然两个县都有生态保护的要求，但是桐庐县在新安江大坝之下而淳安县在新安江大坝之上，桐庐县不是按照水源保护区的要求进行生态保护的，而淳安县是按照水源保护区的要求进行生态保护的。

三、土地损耗测算法

（一）土地损耗测算法的基本思想

土地损耗测算方法的主要对象是水库水源保护区。该测算方法的基本依据是：在水源保护区建立水库侵占了该地区的土地，而水库给当地创造的收入大大小于水库作为土地资源创造的收入，甚至因为保护水库水源而导致水库给当地带来的收入是负值。这就是所谓的“因水而贫”。这样，水库的建立就使得水库水源地失去了部分发展机会，其结果是必然会导致当地财政收入、城镇居民可支配收入和农村居民纯收入的减少。基于社会公平的考虑，理应给水库水源地予以补偿。由于建立水库淹没水源区的土地数量可以明确计量，因此可以根据淹没的土地来确定水源保护补偿金额。

（二）土地损耗测算法的计算公式

土地损耗测算法与机会成本测算法有一个显著的区别：机会成本测算法以该水源区以外的其他相似地区作为比较参照对象，而土地损耗测算法既可以以水库水源区以外的其他地区作为比较参照对象，也可以以水库水源区本身作为参照对象。基于土地测算法的这种特殊性，针对比较参照对象的不同，土地损耗测算法也就有两种计算方法。

1. 以水库水源区以外的其他地区作为比较参照对象的计算公式

以水库水源区以外的其他地区作为比较参照对象的计算方法是：水库水源区以外的其他相似地区土地每单位面积（平方公里）每年创造的三项收入总和（地方政府财政收入、城镇居民可支配收入和农村居民纯收入）乘以水库淹没的土地面积，然后减去水库本身给水库水源地带来的纯收入，所得数额就是应该补偿给水库水源区的补偿金额。一般来说，水库给所在水源地会带来旅游收入、发电收入、渔业收入和房地产级差收入（水库附近的房价比其他地区的房价要高）等。因此，可以用旅游纯收入、发电纯收入、渔业收入增加值和房地产级差收入增加值之和来表示水库本身给水库水源地带来的纯收入。用数学公式表达就是：

$$M_t = \frac{F_t + P_{ct} \times I_{ct} + P_{rt} \times I_{rt}}{A_s} \times A_t - M'_{pt} - M'_{ft} - M'_{et} - M'_{ht}$$

其中，M_t表示第 t 年补偿给水库水源区的补偿金额，F_t表示第 t 年参照地区地方财政收入，P_{ct}表示第 t 年参照地区城镇居民总人口数，I_{ct}表示第 t 年参照地区城镇居民人均可支配收入，P_{rt}表示第 t 年参照地区农村居民总人口数，I_{rt}表示第 t 年参照地区农村居民人均纯收入，A_s表示比较参照地区的土地总面积，A_t 表示水库淹没的土地面积)，M'_{pt}表示旅游给水库水源区带来的纯收入，M'_{ft}表示水库养鱼给水库水源地带来的渔业增加值，M'_{et}表示水库发电给水库水源地带来的纯收入，M'_{ht}为水库给水库水源地带来的房地产级差收入增加值。

该公式右边第一项的分子表示参照地区的地方财政收入、城镇居民可支配收入和农村居民纯收入三项之和，分母为参照地区的土地总面积，因此该公式的第一项的经济含义是：参照地区每年每单位面积（平方公里）创造的三项收入。该右边公式的第二项为水库淹没的土地面积，该面积乘以第一项就表示水库不被淹没（作为土地）而创造的纯（可支配）收入。该公式右边第三、四、五、六项（M'_{pt}、M'_{ft}、M'_{et}和M'_{ht}项）为水库本身给水库水源保护区带来的纯收入。

2. 以水库水源区本身作为参照对象的计算公式

在以水库水源区本身作为参照对象时，计算公式与上述计算公式本质上是相同的，形式上略有不同。其原因是：水库本身属于水库水源保护区内。因此，计算土地面积应该剔除掉水库淹没的土地面积；统计年鉴上的三项收入中已经包括了水库本身带来的纯收入，水库以外的其他土地上创造的三项收入应该是用统计年鉴上的三项收入减去水库本身创造的纯收入。该计算方法用公式表达为：

$$M_t = \frac{F_t + P_{ct} \times I_{ct} + P_{rt} \times I_{rt} - M'_{pt} - M'_{ft} - M'_{et} - M'_{ht}}{A_s - A_t} \times A_t$$

其中，M_t表示第 t 年补偿给水库水源区的补偿金额，F_t表示第 t 年水库水源区地方财政收入，P_{ct}表示第 t 年水库水源区城镇居民总人口数，I_{ct}表示第 t 年水库水源区城镇居民人均可支配收入，P_{rt}表示第 t 年水库水源区农村居民总人口数，I_{rt}表示第 t 年水库水源区农村居民人均纯收入，A_s 表示比较水库水源区除掉水库淹没的土地以外的其他剩余土地面积，A_t 表示水库淹没的土地面积)，M'_{pt}表示旅游给水库水源区带来的纯收入，M'_{ft}表示水库养鱼给水库水源地带来的渔业增加值，M'_{et}表示水库发电给水库水源地带来的纯收入，M'_{ht}表示水库给水库水源地带来的房地产级差收入增加值。

该公式右边第一项的分子表示水库水源区的地方财政收入、城镇居民可支配收入和农村居民纯收入三项之和与水库本身给水库水源区带来的纯收入之差，分母为水库水源区除掉水库淹没的土地面积以外的其他土地面积，因此该公式的第一项要表达的意思是：水库水源区除掉水库淹没的土地以外的其他土地每年每单位面积（平方公里）创造的三项收入。该公式右边的第二项为水库淹没的土地面积，该面积乘以第一项就表示水库不被淹没（作为土地）而创造的纯（可支配）收入。

（三）用土地损耗测算法测算水库水源保护补偿金额举例

为了与机会成本法对应，这里同样以新安江水库为例，以淳安县为水库水源保护区，相应水库水源区以外的对照地区为桐庐、建德、临安和开化。关于五县（市）2004 年年底的县域土地面积、地方财政收入、城镇居民人均可支配收入、城镇人口数、农村居民纯收入和农村人口数见表 2－3 所示。

此外，为了计算具体补偿金额数据，对公式中的 A_t、M'_{pt}、M'_{ft}、M'_{et}和M'_{ht}等字母数值，做如下说明：

千岛湖的水域面积至今没有一个统一的数据，有 520 平方公里、540 平方公里、570 平方公里和 583 平方公里的说法，本节以浙江省水利厅专家的说法为准，即570平方公里，并以千岛湖95%的水域面积即541.5平方公里在淳安县行政区内，也就是公式中的 A_t 等于541.5（平方公里）。

表2－3　　淳安等五县（市）基本情况

项目	淳安县	桐庐县	建德市	临安市	开化县
土地面积（平方公里）	4452	1780	2364	3124	2236
地方财政收入（万元）	23129	42125	41491	49672	12530
城镇居民人均可支配收入（元）	10862	12996	12364	13147	11477
城镇人口（万人）	6.63	8.67	11.62	9.62	4.14
农村居民人均纯收入（元）	3920	6210	5012	6602	3958
农村人口（万人）	38.53	30.7	39.57	41.87	38.28

资料来源：《淳安统计年鉴2005》、《桐庐统计年鉴2005》、《建德统计年鉴2005》、《临安统计年鉴2005》和《开化统计年鉴2005》。

由于《杭州统计年鉴2005》和《淳安统计年鉴2005》均只有2004年旅游总收入为10.5亿元的数据，所以要算出旅游收入增加值必须知道旅游收入增加值占旅游总收入的比重。笔者查阅了大量资料，采纳了2004年第3集《价值工程》上刊登的曹正的一篇文章《杭州西湖南线景区整合工程的经济价值分析》中的40.29%的比例，这样10.5亿元的旅游总收入中旅游收入增加值占4.23亿元。此4.23亿元即为千岛湖水库旅游本身给淳安带来的旅游纯收入，构成了补偿金额中的减项，即公式中的 M'_{pt}。从统计年鉴上可以直接查到渔业增加值为2572万元，即 M'_{ft} 等于2572万元。新安江发电厂每年补给淳安县政府大约1000万元，这1000万元就是公式中的 M'_{et} 的数值。统计年鉴上只能查到淳安2004年房地产投资为88000万元，故 M'_{ht} 的确定最困难。专家学者对于房地产的利润率看法不一，也没有相应的调查统计数据，但是大都接受20%左右的利润率的看法，这样就可以知道淳安2004年房地产纯收入为17600万元，这17600万元有一部分是水库造成的级差纯收入。根据调查发现，水库附近的房价比其他地区高出30%左右，这样就可以算出千岛湖水库给淳安带来的房地产级差纯收入为4062万元，计算方法为：$17600-\frac{17600}{1+0.3}=4062$万元。

下面分别以淳安本身和其他四市县作为参照对象计算补偿金额。

（1）以淳安本身的其他土地作为参照对象，则补偿金额为：

$$M_t=\frac{F_t+P_{ct}\times I_{ct}+P_{rt}\times I_{rt}-M'_{pt}-M'_{ft}-M'_{et}-M'_{ht}}{A_s-A_t}\times A_t$$

$$=\frac{23129+6.63\times10862+38.53\times3920-42300-2572-1000-4062}{4452-541.5}\times541.5$$

$$=2.72(\text{亿元})$$

（2）以桐庐为参照对象，则补偿金额为：

$$M_t=\frac{F_t+P_{ct}\times I_{ct}+P_{rt}\times I_{rt}}{A_s}\times A_t-M'_{pt}-M'_{ft}-M'_{et}-M'_{ht}$$

$$=\frac{42125+8.67\times12996+30.7\times6210}{1780}\times541.5-42300-2572-1000-4062$$

$$=55000(\text{万元})=5.5(\text{亿元})$$

（3）以建德为参照对象，则补偿金额为：

$$M_t=\frac{F_t+P_{ct}\times I_{ct}+P_{rt}\times I_{rt}}{A_s}\times A_t-M'_{pt}-M'_{ft}-M'_{et}-M'_{ht}$$

$$=\frac{41491+11.62\times12364+39.57\times5012}{2364}\times541.5-42300-2572-1000-4062$$

$$=38000(\text{万元})=3.8(\text{亿元})$$

（4）以临安为参照对象，则补偿金额为：

$$M_t=\frac{F_t+P_{ct}\times I_{ct}+P_{rt}\times I_{rt}}{A_s}\times A_t-M'_{pt}-M'_{ft}-M'_{et}-M'_{ht}$$

$$=\frac{49672+9.62\times13147+41.87\times6602}{3124}\times541.5-42300-2572-1000-4062$$

$$=29000(\text{万元})=2.9(\text{亿元})$$

(5) 以开化为参照对象，则补偿金额为：

$$M_t = \frac{F_t + P_{ct} \times I_{ct} + P_{rt} \times I_{rt}}{A_s} \times A_t - M'_{pt} - M'_{ft} - M'_{et} - M'_{ht}$$

$$= \frac{12530 + 4.14 \times 11477 + 38.28 \times 3958}{2236} \times 541.5 - 42300 - 2572 - 1000 - 4062$$

$$= 1300(\text{万元}) = 0.13(\text{亿元})$$

(四) 关于土地损耗测算法的几点说明

第一，由于当年的财政收入、城镇居民人均可支配收入和农村居民纯收入，在第二年才能得到有关数据，这会对补偿金额的计算和发放运用产生滞后影响。因此，为了做到补偿金额的计算和发放运用及时到位，可以采用上一年的数据来作为当年补偿金额的计算依据，则相应的计算公式就变为：

$$M_t = \frac{F_{t-1} + P_{ct-1} \times I_{ct-1} + P_{rt-1} \times I_{rt-1}}{A_s} \times A_{t-1} - M'_{pt-1} - M'_{ft-1} - M'_{et-1} - M'_{ht-1}$$

和

$$M_t = \frac{F_{t-1} + P_{ct-1} \times I_{ct-1} + P_{rt-1} \times I_{rt-1} - M'_{pt-1} - M'_{ft-1} - M'_{et-1} - M'_{ht-1}}{A_s - A_{t-1}}$$

这里水库水域面积 A_{t-1} 之所以带下标，是因为考虑到水库面积每年总有一些变化。其他字母表达的意思与前面相同。

第二，土地损耗测算可以以水库水源地区本身作为参照对象，这样能够避免“补偿越多越不思发展”的“补偿悖论”问题，而且还对水库水源地区的经济发展起到激励作用。因为，水库库区政府和居民为了得到更多的水库土地损耗补偿金，必须创造更多的地方财政收入、城镇居民人均可支配收入和农村居民人均纯收入。为此，水库水源地区政府必须更快地发展水库水源地的经济，竭力提高本地区的每平方公里的三项收入。因此，以水库水源地本身作为参照对象的土地损耗测算方法符合经济学上的效率原则，有利于全社会财富极大化。

第三，在两个计算公式中，水库本身给水库水源地带来的收入（主要是旅游收入）构成了补偿金额的减项，这似乎使水库水源地区失去了经营水库创收的动力。这就构成了另一种形式的"补偿悖论"，即水经济发展得越好补偿就越少。从经济实践和经济理论分析来看，这种"补偿悖论"其实并不存在。首先，经营旅游的主要是旅游公司，旅游公司的主要目标是自身的利润最大化，他们对发展旅游业的热情正如他们对利润的追求一样有着强烈的内在激励。因此，从旅游经营的微观主体来分析，旅游业不会受到负面影响。其次，水库区域政府也对营造良好的旅游投资氛围、推动旅游业建设有强烈的内在动力。即使是按照土地损耗补偿法，对于旅游业可以做到"堤内损失堤外补"，水库区域政府也具有强烈的发展旅游业的愿望，其理由为：旅游业创造的地方财政收入和城镇居民可支配收入是确定的、及时的收入，而补偿收入带有不确定性和滞后性的特征。经济学理论告诉我们，不确定性收入或者滞后性收入的价值是少于确定性收入或现期及时性收入的。因此，从旅游经营的宏观环境来分析，旅游业不会受到负面影响。更何况，如果水经济发展到水源保护区与非水源保护区相差无几的程度，那就说明，无须再给以补偿。

第四，土地面积对测算结果有比较大的影响。例如，桐庐土地面积较小，只有1780平方公里，因而每平方公里上的三项收入就较大，依此计算出来的补偿金额达到5.5亿元；而临安土地面积较大，有3124平方公里，因而每平方公里上的三项收入就较小，依此计算出来的补偿金额只有2.9亿元。此外，人口结构（城镇居民与农村居民的比例）和三项收入的相对大小都对补偿金额产生影响。因此，由于这些复杂因素的影响，土地损耗测算方法与机会成本测算方法针对不同参照地区而测算出来的补偿金额的相对大小顺序不一定一致。例如，在机会成本测算法中，与建德相比较的补偿金额6.9亿元大于与桐庐相比较的补偿金额4.6亿元；而在土地损耗测算法中，与建德相比较的补偿金额3.8亿元小于与桐庐相比较的补偿金额5.5亿元。

四、机会成本测算法与土地损耗测算法的比较分析

（一）两种方法的测算依据比较分析

机会成本法和土地损耗法的测算依据不同。机会成本法的依据是水源地区水源保护而失去发展机会，而土地损耗法的依据是水库的建立淹没水库水源地区的土地面积。两种测算方法的依据和理由不同，导致对水源保护和水源区的影响也就不相同。机会成本法对水源地区水源保护有着很强烈的激励和约束作用，既对水源保护区提供了资金补偿，又对水源地区的水源保护提出了要求；它既提高了水源保护区人民的生活水平，又对水源保护产生了积极影响。而土地损耗法对水源保护的强调则不突出，其主要作用是提高了水库水源保护区的收入水平。但它可以以自身作为比较对象，从经济学效率的角度来看有利于全社会财富极大化。

（二）两种方法的测算结果比较分析

从前面的测算结果可以看出，分别以机会成本测算法和土地损耗测算法得出的补偿金额如表 2－4 所示。

表 2－4　两种测算方法的补偿金额　单位：亿元

比较对象 / 测算方法	桐庐	建德	临安	开化
机会成本测算法	4.6	6.9	3.8	-1.1
土地损耗测算法	5.5	3.8	2.9	0.13

从表 2－4 可以看出，在两种测算方法中，以建德和临安为比较对象，机会成本测算法的补偿金额要大于土地损耗测算法；而以桐庐和开化为比较对象，则机会成本测算法的补偿金额要小于土地损耗测算法。并没有看出哪一种测算方法普遍大于另一种测算方法的规律。但是，从理论上来讲，利用机会成本法测算出来的补偿金额是极大值。上面的两

组结果似乎违背了“利用机会成本法测算出来的补偿金额是极大值”这一理论假设。其实不然，可以从以下四个方面来解释：

第一，本节所用的机会成本测算法是剔除了自然差异度的影响，而只是根据保护差异度计算补偿金额。如果在机会成本测算法中没有剔除自然差异度的影响，而采用全因素差异度来进行补偿，则机会成本法测算方法的补偿金额全面大于土地损耗测算方法（开化除外，其原因将在第4点解释）。如表2－5所示。

表2－5　　调整后的两种测算方法的补偿金额　　单位：亿元

测算方法＼比较对象	桐庐	建德	临安	开化
全因素差异度的机会成本测算法	11.7	13.1	7.0	－0.5
土地损耗测算法	5.5	3.8	2.9	0.13

第二，本节所用的土地损耗测算法没有考虑两地区的自然差异度的影响，而是根据全因素影响的土地损耗来计算补偿金额。如果在土地损耗测算法中考虑自然差异度的影响，则采用剔除自然差异度影响的机会成本测算法得出的补偿金额也大于剔除自然差异度影响的土地损耗测算方法。在机会成本测算法中，淳安与桐庐、建德、临安和开化相比较，补偿金额占全因素差异的比例分别为：39%、53%、54%、220%。如果在土地损耗测算法中，也采用这一比例，则调整后的土地损耗测算法补偿金额与本节所用的机会成本法的补偿金额如表2－6所示。从该表可以看出，调整后的土地损耗测算法得出的补偿金额全部要小于机会成本测算法得出的补偿金额（开化除外，其原因将在第4点解释）。

第三，在土地损耗测算法中，与桐庐相比较的补偿金额之所以较高，并且大于剔除自然差异度的机会成本法，是因为桐庐的土地面积较小，土地面积成为重要的影响因素。五县市的土地面积见表2－7。

第四，在机会成本测算法中，与开化比较的补偿金额始终为负值；但在土地损耗测算法中，与开化相比较的补偿金额为正值。不论怎样，土地损耗测算法得出的正的补偿金额始终大于机会成本测算法得出的负的补偿金额。可以从两个方面来解释这一反常：一是开化本身要比淳安经济发展落后，利用机会成本测算法理应得出负的补偿金额；二是开化的土地面积大大小于淳安的土地面积，而开化的平均每平方公里每年创造的三项收入是大于千岛湖水库平均每平方公里每年为淳安创造的三项收入，利用土地损耗测算法理应得出正的补偿金额。

表 2－6　　调整后的两种测算方法的补偿金额　　单位：亿元

测算方法＼比较对象	桐庐	建德	临安	开化
机会成本测算法	4.6	6.9	3.8	－1.1
考虑自然差异影响的土地损耗法	2.1	2.0	1.6	0.29

表 2－7　　淳安等五县（市）土地面积　　单位：平方公里

县市名称	淳安	桐庐	建德	临安	开化
土地面积	4452	1780	2364	3124	2236

上述测算结果的汇总见表 2－8。

总之，这两种测算方法的结果不违背“利用机会成本法测算出来的补偿金额是极大值”这一理论假设，利用土地损耗法测算的数据小于利用全因素差异的机会成本法测算出来数字，这说明水库水源保护区除了兴建水库占用土地而使经济落后以外，还有其他导致经济不发达的众多原因，这些原因有待于水源区政府和人民在经济实践中进一步探索。

表 2-8　以淳安县为例的四组不同的补偿金额汇总　单位：亿元

测算方法	比较对象	桐庐	建德	临安	开化
机会成本测算法	全因素差异补偿	11.7	13.1	7.0	-0.5
	保护差异补偿	4.6	6.9	3.8	-1.1
土地损耗测算法	全因素差异补偿	5.5	3.8	2.9	0.13
	保护差异补偿	2.1	2.0	1.6	0.29

第四节　建立水源保护补偿机制的策略选择

一、建立水源保护补偿机制的总体思路

水源保护补偿机制涉及多方面的利益关系，在短期、中期和长期又有不同的侧重点，并且这些利益主体和侧重点之间往往相互矛盾，因此，建立水源保护补偿机制必须统筹兼顾地提出总体思路，这一总体思路中应包括短期、中期和长期三个阶段的内容。下面从补偿指导原则、补偿机制选择、补偿方式选择、补偿主体确定、受偿主体确定、补偿金额大小、生态移民状况、水源保护状况等八个方面详细阐述建立水源保护补偿机制的总体思路，并且从短期、中期和长期分析其不同的侧重点。

1. 补偿指导原则

建立水源保护补偿机制的目的是为了实现人、生态和经济的和谐发展和可持续发展，尊重人的生存权和发展权，维护人的生存权、发展权以及水生态环境权的统一。为此，建立水源保护补偿机制的指导原则应

该是社会总效益极大和效率原则。只有在社会财富增加、经济发展、社会进步、科技提高的基础之上，才能更好地保护好水源，才能有资本维持社会公平和稳定，才能在更高的层次上实现人、生态和经济的和谐均衡。建立水源保护补偿机制的其他内容都必须服从和遵循这一指导原则。针对水源保护和经济发展的状况，在短期，因为现在水源区的水源保护已迫在眉睫，急需加大对水源保护的工程投入，这种投入的边际产出非常巨大，在资金有限的条件下，暂时牺牲一些对水源区人民的公平已是迫不得已的次优选择，所以短期的水源保护补偿指导原则应是“效率优先、兼顾公平”，即“效率+公平”；在中期，因为持续的不公平对社会稳定产生影响，最终会阻碍社会总财富的增加和效率，所以中期的水源保护指导原则应是“公平优先、兼顾效率”，即“公平+效率”；在长期，效率则是建立水源保护补偿机制的唯一指导原则。

2. 补偿机制的选择

建立水源保护补偿机制应该从政府补偿逐步过渡到市场补偿和社会补偿。也就是说，在短期是政府补偿机制；在中期是以政府补偿机制为主，辅以市场补偿机制，即“政府补偿+市场补偿”；在长期则是市场补偿机制和社会补偿机制，但同样离不开政府补偿。当然政府补偿也可以利用市场机制。政府补偿既可以从财政收入中安排补偿资金，也可以在水费中增设“水生态保护费”筹措资金。

3. 补偿方式选择

补偿方式应该从“输血型”过渡到“造血型”和反补偿方式。也就是说，在短期是资金输入等“输血型”方式；在中期，除了资金输入等“输血型”方式外，还有人力资源开发等“造血型”方式，即“输血型+造血型”方式；但在长期，则是“反补偿”方式，国外发达国家水源区往往很少人居住或者无人居住，而水源区又生态环境优美，每年创造可观的旅游收入，这些收入反过来可以帮助中下游的经济发展，因此从长期来看，随着生态移民的逐步实施、水源区的人口逐渐减少，水源区的旅游收入反过来可以支持中下游的经济发展，即“反补偿”方式。

4. 补偿主体的确定

在短期，补偿主体应该是流域内最高级政府；在中期，随着水资源产权的进一步明晰化，流域最高政府和中下游区域政府共同承担着补偿主体的使命；在长期，由于“反补偿”方式的建立，水源区可以创造收入支持中下游地区的经济发展，水源区政府或者政府代表则成了补偿主体。

5. 受偿主体的确定

在短期，受偿主体应该是水源区政府，由水源地政府将补偿资金配置于水源保护的公共工程以及从事水源保护的居民；在中期，随着公平和社会稳定问题变得相对突出，水源区居民共同成为主要受偿主体；在长期，由于“反补偿”方式的建立，这部分收入应该归流域最高政府统筹安排，流域最高政府则成了受偿主体。

6. 补偿金额

在短期，由于水源保护形势严峻，涉及一些水源保护工程建设，所以补偿金额需要较大规模；但是在中期，随着水源保护工程的逐渐见效，补偿重点转向水源保护区居民，所以补偿金额较大；在长期，由于“反补偿”方式的建立，补偿金额就发生逆向流动。

7. 生态移民的状况

在短期，由于思想意识、务工能力等因素的影响，生态移民较少；在中期，应该创造有利条件和政策措施增加生态移民的数量，生态移民数量会增加；在长期，水源区被规划成人烟稀少或者无人居住的区域，水源区的生态移民基本完成。

8. 水源保护状况

在短期，虽然投入一些水源保护工程建设，但是由于人口压力大，故水源保护状况不是很好；在中期，随着生态移民数量的增加，水源保护状况会好转；在长期，源头水生态环境会变成人间仙境。

纵观上述八个方面的总体思路，可以用表 2-9 来概括。

表2-9　建立水源保护补偿机制的总体思路

序号	补偿机制内容	短期	中期	长期
1	补偿原则	效率+公平	公平+效率	效率
2	补偿机制选择	政府补偿机制	政府补偿+市场补偿	市场补偿+社会补偿
3	补偿方式选择	输血型	输血型+造血型	反补偿
4	补偿主体的确定	流域最高政府	流域最高政府+ 中下游区域政府	水源区代表
5	受偿主体的确定	水源区政府	水源区人民	流域最高政府
6	补偿金额的大小	大	较大	负
7	生态移民的状况	小	大	小
8	水源保护状况	中	好	优

二、建立水源保护补偿机制的实施步骤

建立水源保护补偿机制是一项系统工程，涉及到水源保护、环境、资源、经济、社会和文化等诸多方面，需要水利部门、环保部门、财政部门以及流域各级政府与公众的广泛参与。建立水源保护补偿机制的设计步骤与策略安排可以简略用图2-7加以概括。

首先是对水源保护区的基本情况进行分析。根据第一个阶段收集的相关资料和实地考察的资料，分析水源保护区所在区域的区位条件、资源状况、水土涵养、产业结构和布局状况、人口结构、教育水平、产业政策限制等因素，区分出水源保护区与其他地区的自然差异度和保护差异度。

其次是计算补偿金额，可以与水源保护区的地理经济条件差不多的区域进行比较，利用机会成本测算法和土地损耗测算法等，计算出全部

差异金额，剔除掉自然差异导致的收入差距，就是应该补偿给水源保护地因水源保护而损失的收入。

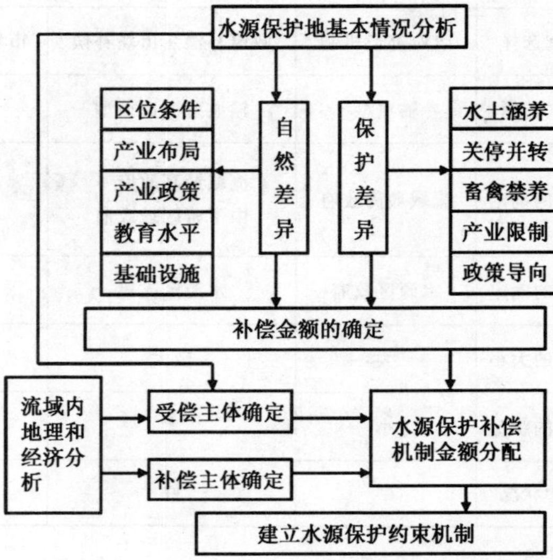

图 2－7　水源保护补偿机制的实施步骤

第三是补偿主体和受偿主体的确定。根据对水源保护地基本情况分析和整个流域的地理经济条件分析后，在短期、中期和长期侧重不同的效率和公平考虑，确定水源保护的补偿主体和受偿主体。这一过程不是一劳永逸的过程，在短期、中期和长期应该有不同的补偿主体和受偿主体，水源保护补偿机制设计应该动态地确定补偿主体和受偿主体。

第四是金额分配。在补偿主体和受偿主体确定后，补偿金额也已经计算好后，自然而然就是资金从补偿主体向受偿主体的转移过程。

第五是建立与水源保护补偿机制相对应的约束机制。这些约束机制包括：完善环境违法行为的法律追究制度；建立水源地环境污染损害赔偿机制；建立水源保护的行政监督机制等。

三、水源保护补偿机制实施的重点领域

1. 建立水源保护补偿机制的条件

建立水源保护补偿机制既需要满足一些制度条件，例如明晰的水权制度、明晰的生态产权制度等，又需要满足一些技术条件，例如生态保护效益的计算、生态效益外溢的量化等。建立水源保护补偿机制的困难主要在于技术性障碍和制度性障碍。

（1）技术性障碍。在水源保护补偿机制的构建过程中，会面临四个技术上的难题：一是水源保护投资主体的确定问题。要落实“谁保护，谁受益”的原则，就得首先知道谁在提供水源保护。一个水源保护区域中如果只有一个经济主体，那么这是一个简单的问题；一旦一个区域中有两个或两个以上的经济主体，就出现“保护者是谁”、“保护了多少”等问题。二是水源保护受益主体的确定问题。要落实“谁受益，谁付费”的原则，就得知道谁在水源保护中受益了。一个水源保护受益区域中如果只有一个经济主体，那么这是一个简单的问题；一旦一个区域中有两个或两个以上的经济主体，就出现“受益者是谁”、“受益了多少”等问题。三是水生态资本增值总量的量化问题。要对水生态保护者提供补偿，就要知道通过保护者的劳动和投入带来多大程度的水生态资本增值，以及水生态资本增值的货币化计量方法。这样，才能做到“增值多少，补偿多少”。四是水生态效益“溢出”部分的量化问题。通过生态保护，实现了生态资本增值。但是，增值部分的生态资本，一部分是保护者自己享用了，另一部分是“溢出”后被人家享用了。要补偿的恰恰是“溢出”部分。为此，就得知道“溢出”的数量。

（2）制度性障碍。人类社会对自然资源管理改进主要包括两种方式：一种是帕累托改进。由非帕累托最佳状态向帕累托最佳状态的变化就称之为帕累托改进。所谓帕累托最佳状态是指如果不使某个人的境况变坏，就不能使另一个人的境况变好的状态。这是一种高效率的状态。

这种改进的基本特征是至少有一个人受益，但不会有任何人受损。这样的改进在市场经济的体制背景下没有什么阻力。另一种改进被称为卡尔多——希克斯改进。这是一种既有人受益，又有人受损的改进。按照卡尔多—希克斯意义上的效率标准，在社会资源配置过程中，如果那些从资源重新配置过程中获得利益的人，只要其所增加的利益足以补偿在同一资源重新配置过程中受到损失的人的利益，那么，通过受益人对受损者的补偿，可以达到双方均满意的结果，这种资源配置就是有效率的。水源保护补偿机制属于卡尔多——希克斯改进，通过受益地区、受益行业或上级政府对水源保护付出代价、作出贡献的地区、行业及水源保护者提供应有的补偿，达到水源质量改善的目的。水生态保护补偿机制属于卡尔多——希克斯改进的性质，决定了实施这一制度存在阻力：水源保护的既得利益者希望继续免费享用优质的水资源。

2. 建立水源保护补偿机制的重点领域——水库水源保护补偿机制

建立水源保护补偿机制往往会同时面临上述“两大障碍”。例如，对江河源头地区的水源保护进行补偿，在水资源产权尚未界定的情况下会面临受偿者确定困难、补偿者确定困难、水源保护的生态效益确定困难、水源保护效益外溢数量的确定困难以及与此相对应的补偿金额确定困难等一系列问题。因此，对江河源头地区的生态补偿以水源保护的名义补还不如按生态公益林的名义补更加容易操作。

水源的含义有广狭之分，最广义的“水源”就是有水的地方，既包括地表水，又包括地下水，最狭义的“水源”就是饮用水水源，也就是一般所指的“水源保护区”意义上的水源。据浙江省水利厅有关专家介绍，浙江省饮用水60%—70%来自水库水源，因而保证水库水源安全成为现阶段迫在眉睫的任务。如果针对水库水源保护问题设计补偿机制，那么，问题就简单得多。第一，水库的地域范围容易界定。水源区是一个模糊且争论不休的范畴，不容易界定水源区。相反，水库水源的地域范围很明显，没有争议。第二，水库水源的保护主体与受益主体均比较明确，库区的政府和居民作为水库水源的保护者，通过引水工程使水资源的需求者成为水源保护的受益者，这样，保护主体、受益主体相对比较明确，“谁保护，谁受益”、“谁受益、谁付费”的原则比较容易操作。第三，水库水源保护补偿资金的测算相对容易。政府按照水库水源保护区对水源生态保护的贡献度、政府的财政实力或饮用水享用者的支付意愿和支付能力、水库水面面积及水库集雨面积等指标就可以确定水源保护补偿的标准和金额。第四，水库水源保护区的补偿机制已有一些成功的实践，例如宁波市横山水库，并且取得了明显的成效。

3. 建立水库水源保护补偿机制的基本要素确定

建立水库水源保护补偿机制必须解决五个问题：谁补偿、补给谁、补多少、如何筹资、怎么补等。

（1）谁补偿。理论上讲应该由水资源的受益者提供补偿，基于水资源产权的模糊性及水资源转让交易费用的昂贵性，目前运用市场补偿方式的成本过于昂贵，因此建议采用政府补偿为主。政府补偿意味着在水源保护补偿机制建设中政府承担主导者的职能，补偿规则由政府制订、补偿资金由政府筹措、补偿资金由政府分配、水源保护由政府考核。

（2）补给谁。补给为水库水源保护作出贡献者，既包括政府，也包括居民。由于水库水源区的生态保护任务十分繁重，目前，水源补偿资金以补给水源地政府为主，由水源地政府统筹资金的分配和使用。首先应安排生态保护公共工程项目的资金，这部分由政府负责实施；其次要鼓励水源地从事生态保护的居民的积极性，将部分资金直接补给水源地居民。

（3）补多少。按照水源保护贡献度的大小确定补偿金额，在目前还没有一致公认的计算方法的情况下，机会成本法和土地损耗法等不失为一种粗略测算方法。

（4）如何筹资。短期的资金筹措渠道有二：一是从水库水源地最高级政府的财政支出中予以安排；二是类似于在居民水费中增列“水生态保护费”，将该款项专门用于水源保护补偿。在水库水资源受益者明确的情况下，可以选择后者；在水库水资源受益者不明确的情况下（例如备用水源)，可以选择前者。

(5) 怎么补。首先，建立水源保护考核指标体系；其次，进行年度水源保护考核；最后，按照考核结果进行补偿：考核优秀者——补偿加奖励；考核合格者——补偿；考核不合格者——给以必要惩处。

第五节 建立水源保护补偿机制的保障措施

一、安排水源保护补偿专项财政资金

1. 增加已有的水源保护专项资金投入，安排水源保护补偿专项资金

进一步加大财政转移支付和补助资金，在目前的生态市建设、环保补助、城建县（市）补助、财政资助、农村改厕经费、财政支农资金、扶贫帮困、造田改地、水利建设、农村改水、生态补偿等十多项专项资金的基础上，增设水源保护的专项资金用于对水源保护区的生态建设和水质保护等项目或工程进行补助。设立水源保护补偿的专项资金主要用于对水源保护区当地居民和政府进行补助，并将原有的水源保护的专项资金并入水源保护补偿的专项资金。

2. 明确专项资金的来源

水源保护区的上级政府每年应拨付一定量的资金作为水源保护补偿的专项基金，用于补偿水源地的政府和居民。同时，水源保护区的当地政府应根据水源保护补偿的要求，设立部分配套资金并制定使用管理方法，用于对当地居民的补助，形成上下联动、合力推进的水源保护补偿机制。此外，上级省财政、水源保护区和受益区的市（县）财政、各级环保或水利部门每年应增加一定比例的资金用于水源保护的项目实施。除了各级政府财政安排专项资金外，可以考虑在水费中增列“水生态保护费”，专门用于水源保护补偿。

3. 公平合理安排专项资金

把水源地环境保护目标责任制考核结果作为对流域内政府实施流域水源、饮用水源保护补偿的重要依据，根据考核结果公平合理地安排水源保护补偿专项资金。对水源保护好的地区给予重点补助和奖励，对水源保护欠好但考核结果比上年有进步的地区给予适当补助，对水源保护不力的地区则进行惩处。更加清晰地体现对欠发达地区和重要水源保护区的倾斜扶持，以及对流域、饮用水源地环境保护作用明显的项目或地区的支持。各级财政部门负责资金日常管理。

4. 明确专项资金的补偿对象

水源保护补偿专项财政资金的补偿对象：一是直接补给水源保护区当地居民（为保护水源而使投资经营受损的当地居民）；二是直接补给水源保护区的当地政府财政；三是水源保护区内的生态建设、产业结构调整、环境保护基础设施建设、农业农村污染整治及防治（包括规模化畜禽养殖污染整治、生活垃圾处理、生活污水处理）、工业污染整治及防治等项目实施单位。

5. 明确专项资金的申报要求

财政部门、环保部门、水利部门按照专项资金使用方向和政府确定的年度环保工作重点，每年定期向水源保护区的地方政府下发下一年度的专项资金申报通知，当地政府的财政和水利部门每年定期向财政、水利部门和流域内最高政府上报当年补偿专项资金的申请报告，申请报告包括上年度专项资金的使用管理情况的检查总结、当年补偿的支出和保护项目的申报。

6. 明确专项资金的拨付原则

直接补给水源保护区各地政府或当地居民的，应明确资金的额度范围，考虑当地的经济发展水平和保护成效给以适当补给。可以在水源保护前或水源保护价值评估后拨付；也可以先在保护前补给一部分，在保护价值评估后根据保护绩效再补给一部分。为加强对补偿基金的管理，确保补偿资金的专款专用，水源保护区地方财政应设立“水源保护补偿资金专户”，对补偿资金进行专户管理。

7. 明确专项补助的测算标准

一是水源保护区当地政府补助方面，主要应以因保护水源而损失的年地方财政收入的损失来衡量。二是水源保护区当地居民补助方面，主要以因保护水源而造成的年城镇居民可支配收入和年农民人均纯收入的损失来衡量。三是水源保护区内项目实施企业的补助方面，应对不同项目分别制定标准，如生态建设补助方面，主要以重要生态公益林面积和大中型水库水面折算面积为测算面积；产业结构调整补助方面，按因环保要求淘汰、限制和搬迁重点污染企业，对当地财政收入造成影响的进行补助；环境保护基础设施建设补助方面，主要指依据生态建设规划纲要和环境污染整治行动计划建设的环保基础设施，包括城镇污水处理及管网、城乡生活垃圾无害化处置、饮用水源保护、流域交界面水质量自动监测系统、重点污染源自动监控等建设工程；农业农村污染综合防治补助方面，主要为规模化畜禽养殖治理和搬迁、垃圾中转站建设和农户沼气建设。

二、建立水源水质在线监测制度

为保障水源地水质，应建立和完善水源水质监测制度，完成水质自动监测站建设任务和信息传输管理系统建设，完成省控重点污染源在线监测监控系统建设，基本形成全省水源水质动态管理的信息网络，提高监测水平和监测数据分析处理能力。

根据水质功能区划确定水源保护区各行政辖区的水质标准，在全流域范围内建立行政辖区出入境水质自动监测系统、流域交接面水质自动监测系统、重点污染源自动监测系统建设，建立水质在线监测网络，实现水源水质监测月报或周报，监测数据直接报省环保部门。

建立水源水质在线监测系统，应考虑以下几个方面：

(1) 首先明确监测范围，重点是各饮用水源地的水质状况，明确重点监测区。各级环境监测部门应做好监测管理工作，确保水质实时、自动、在线监测。

(2) 明确承担监测任务的环境监测站应通过计量认证和环境监测资质审查，建立水源水质在线监测网络，配备先进监测设备和相关技术人员，开发先进的监测软件。

(3) 在确定采样点位的布设，明确各水源地的监测断面，规定采样深度的基础上，各采样点位装配监测设备，并与管理部门建立网络连接和24小时全程跟踪。若开辟新的饮用水源地要相应增加监测断面或点位，下级环保部门及时将拟增加的监测断面、拟展开此项工作的有关资料上报上级环保部门，以便及时将其录入在线监测网络，纳入重点城市监测范围中。

(4) 明确采样时间、监测项目和频次，如遇采样时间有异常情况，则必须加密采样，并及时上传到在线监测网络，监测结果可实行月报或周报，及时向环保或水利部门报告。

(5) 各承担任务的监测站每月定期将当月监测结果报省级环境监测中心站，并编制水源地水质月报，每月定期报送同级环保局和水利局、省环境监测中心站。省环境监测中心站每月编制浙江省水源水质月报，报送省水利厅（或环保局）和中国环境监测总站。

三、建立水源保护的信息公开制度

环境信息公开是环境保护的一大法宝。由于政府干预、市场运作都存在失灵风险，通过信息公开机制可以有效防范失灵。同样，在水源保护中，建立政府、企业的水源水质信息定期公布机制也是相当重要的。

1. 政府定期向社会公布水源水质信息

通过各类媒体定期向社会公众发布饮用水源水质状况等环境信息，为公众行使环境知情权、参与权、监督权、表达权创造条件，及时提供水源保护信息服务。

政府应建立水源水质公告的制度，设立水源水质评价排行榜，让公众了解到水源水质的情况，参与到水源水质管理中。各级环保或水利部门通过编制水源水质月报，每月定期向公众公布水源水质状况、当前的水质状况的演变路径，未来水质状况的发展趋势、水源保护补偿重点工程项目进展情况，等等。

进一步加大水源信息公开力度，发挥公众参与和社会监督的作用，定期将水源质量状况、企业排污情况等通过新闻媒体向社会公开；对涉及人民群众水源权益的重大决策和开发建设项目实行公示或听证制度，切实保障公众的环境知情权、参与权和监督权。

由相关政府部门组织建设和管理环境监测网和环境信息网，让市民能够直接从媒体、网络上了解到平时用水的水质状况。

2. 鼓励企业向公众公开影响水源水质方面的相关信息

建立企业自愿性水源水质信息公开制度，如绿色会计制度，鼓励大型企业尤其是上市公司在年度报告中增加水源水质保护信息，以显示自己是环境友好型公司。

建立政府强制性地披露制造污染企业的信息制度。对排污的信息定期公开可使公众对企业进行实时监督，如公布超标排污或偷排污水的企业名单，让企业置于社会舆论监督之下。可借鉴印度尼西亚的“公开曝光计划”，可按照排污状况将企业分颜色评价，完善水源水质信息定期公布制度。

四、建立水源保护的评价体系和统计制度

1. 建立水源保护的评价体系

（1）研究探索定量化的水源保护价值评估体系，实行水源保护补偿接受地年度水源保护补偿实施情况的报告制度和水源保护补偿实施情况部门年度审计制度，为水源保护补偿提供实际可操作的价值估算依据，增强水源保护补偿的针对性和实用性。

（2）在科学研究、测算和论证的基础上，加快建立水源保护区环境保护标准体系，包括水源保护标准、水源地建设标准、水源地环境质量标准、污染控制特别是污染物排放总量控制目标等。

（3）在规模以上工业企业以及区域经济统计中引入万元产值水资源消耗、万元产值废水排放量等统计指标，以全面评价水源保护区可持续发展水平。

（4）各级统计、环保、科技、国土资源、林业、水利等部门要协同配合，依托科研单位、高等院校联合攻关，进一步完善国民经济增长过程代价分析，着手研究水资源、水源地环境实物量统计，开展水资源耗减、水源地环境损失估价方法等课题的研究工作。

2. 建立水源保护全因素差异度的统计制度

为了更有效地实施水源保护补偿，应对水源保护全因素差异度（包括自然差异度和保护差异度等）进行准确统计，以便为水源保护补偿提供定量依据，让政府和社会各界认识到具体的补偿原由、保护差异度的大小，从而认识到水源保护补偿的重要性和必要性。

建立水源保护全因素差异度的统计制度，应考虑以下几点：

（1）明确统计调查方式。统计调查方式包括普查、经常性调查和一次性调查，应对不同的统计指标实行不同的调查方式。建议对于形成自然差异度的因素应进行普查和经常性调查，其中对于水源地森林环境和水环境可实行年统计制度，对于水质应实行月统计制度，并施行实时监控；对于形成保护差异的因素应进行经常性调查，其中，对 GDP 损失、财政收入进行年度统计，对固定成本、机会成本可实行年度或季度统计制度。因此，对于水源保护区来说，建议实行普查和经常性调查的方式。

（2）确定统计指标和标准。应对构成自然差异和保护差异的各种因素进行分类，如对构成自然差异的原因进行分析，得出将统计的项目，即统计指标，如水源保护区各地的生态环境（包括水环境、水源地森林环境、水源地生活环境等）、水质指标等自然禀赋差异度；同样，在分析构成保护差异的因素后，得出统计指标，如由于保护水源的经济损失指标、保护水源的成本支出指标、保护水源的基础设施建设方面的指标等。在此基础上，统计部门应明确统计标准，以便对各项指标做出判断，为补偿提供依据。

(3) 明确统计调查方法。调查方法包括抽样调查、重点调查和全面调查。应结合各地实际情况选择调查方法。调查时，应先制定调查方案，进行实地调查和收集相关资料。对水源保护区各地调查中，水环境、森林环境和生活环境等自然指标可以取自于当地环保、水利等部门的统计资料；能从全级抽样调查中直接取材的，则根据省级抽样调查资料填报；可根据本地的实际情况，采取抽样调查、重点调查和全面调查相结合的办法，或利用部门统计资料和调查资料加工推算。

(4) 实行统计报表制度。调查后编制统计报表，如水源地经济总产值统计报表、工业产值统计报表、水源水质统计报表等，编制月度快报、统计年鉴，最后上报给各级水利部门，并抄送发改委。

第三章
生态补偿论[①]

流域上游往往是生态保护区，同时也是经济欠发达地区，流域下游往往是生态保护的受益区，同时也是经济发达地区。让经济欠发达的上游地区承担生态保护的义务，而经济发达的下游地区则坐享生态保护的成果，显然没有公平可言。建立生态保护补偿机制便是促进流域协调发展和公平正义的重要途径。

第一节　研究对象及其概念界定

一、研究背景

珊溪水库位于浙江省温州市境内的飞云江干流中游河段，由珊溪水

① 本章是在沈满洪教授主持完成的文成县发展和改革局委托项目“文成县生态保护补偿机制研究”的课题报告的基础上修改而成的。课题报告原文有六个部分，这里选取了其中的五个部分。参加课题研究的有魏楚、李启明、吴文博和冯婉蓉等。

库工程和赵山渡引水工程组成。该工程于 20 世纪 50 年代着手规划，70 年代开始了工程的前期设计和地质勘探。1997 年，温州市引入市场机制建设这一温州历史上投资规模最宏大的工程，工程建设所需的 43.475 亿元资金全采取股份制方式筹集，使工程顺利开工，当年 9 月主体工程正式开工，同年 11 月就实现大江截流。1998 年 3 月该工程正式列入国家重点建设项目。2000 年 7 月 1 日首台机组发电。通过工程建设者 5 年的艰苦奋斗，整个工程提前 10 个月完工，质量达到优质工程标准，其中珊溪水库大坝经专家评定达到国际先进水平。2002 年 11 月 4 日，温州市政府在该工程的主体工程之一的赵山渡引水工程工地举行了隆重的工程建设表彰大会暨通水仪式。

珊溪水库坝址控制流域面积 1529 平方公里，占全流域面积 3252 平方公里的 47%。坝址多年平均年径流量 18 亿立方米，总库容 18 亿立方米，电站装机容量 20 万千瓦，多年平均年发电量 3.55 亿千瓦时。赵山渡引水工程渠首闸坝处控制流域面积 2302 平方公里，占全流域面积 3252 平方公里的 70.8%。文成县、泰顺县和瑞安市三县市的集雨面积及其比例见表 3－1。多年平均年径流量 28 亿立方米。该工程安装有 2 台 1 万千瓦灯泡贯流式水轮发电机组。输水渠系包括进水闸总干渠、北干渠、南干渠、温州分渠和瑞安北分渠，总长 62.9 公里，设计流量 36 立方米每秒。

珊溪水利枢纽工程被原国家计委列入大中型项目计划。按照工程设计意图，该工程具有供水、发电、灌溉、防洪等综合效益。第一，可向温州市提供每年 13.4 亿立方米清水，年可引水量 7.3 亿立方米，可供温瑞平原及飞云江以南沿海地区的平阳、龙港镇等地区，供水区内受益人口 500 万人，可满足温州近期、远期用水之需；第二，可为温州电网提供调峰电力 22 万千瓦；第三，可新增和改善灌溉面积 100 万亩；第四，使飞云江中下游沿岸农田和村庄的防洪标准提高到 10 年一遇，沿岸城镇防洪标准提高到 20 年一遇，保护农田 18 万亩，保护人口 25 万人；第五，可使供水区河网水质由 V 类提高到Ⅲ类，环境效益明显；第六，建成后的库区将成为新的旅游点，带动山区人民脱贫致富。工程建成以来，上述六大效益中，前五大效益已经得到明显实现，其得益者主要是温州市区及周边县市；而旅游效益则不增反减，受损者主要是文成县和泰顺县。

表 3－1　　珊溪水库库区各县市集雨面积及其比例

	总和	文成县	泰顺县	瑞安市
集雨面积（平方公里）	2302	1232	999	71
所占比重（%）	100	53.5	43.4	3.1

为了建设珊溪水库、保护珊溪水库的水环境，库区尤其是文成县付出了巨大牺牲。

第一，移民问题严重。全县移民人数 13749 人，其中，珊溪水库坝区 419 人，珊溪水库库区 12807 人，赵山渡水库库区 523 人。移民问题至今没有彻底解决，仍然是影响文成县社会稳定的重要隐患。

第二，土地损失严重。全县淹没耕地 4834 亩，园地 455 亩，林地 13158 亩，经济林 323 亩，使得文成县本已极度稀缺的土地资源更加稀缺。

第三，自然资源损失严重。文成县自身本可开发的水电资源完全丧失，双溪到汇溪、汇溪到东龙、东龙到珊溪的飞云江漂流资源完全丧失，本可开发的飞云江沙石资源完全丧失，飞云江特有的水生生物资源部分丧失，随着这些资源的丧失，就业机会随之而丧失。

第四，交通条件受到严重影响。飞云江上的航运不复存在，继续生活在库区的 41 个村 26700 名居民的交通受阻，由于交通受阻，珊溪镇作为文成县与泰顺县共享的繁华集镇地位不复存在。

第五，大坝建设造成地质隐患。大坝建成后当地发生过地震，尽管没有直接证据表明是水库所致，但坝下居民人心不稳，并使得建筑防震标准提高。

第六，环境保护压力大增。文成县域基本上属于温州市区及周边县市的饮用水源保护区，环境保护压力加大，环境治理成本上升。

第七，产业发展严重受阻。由于水源地环境保护的特殊要求，导致文成县在工业、农业、养殖业、旅游业以及房地产业等方面均严重受阻。

珊溪水库的建设不是温州市与库区县市平等协商和市场交易的结果，而是依靠行政权威"以上压下"式的资源产权的占用。由此，给温州市区及周边县市带去了"五大效益"，而给文成县等县市留下了"七大问题"。正因为如此，需要是深入研究"文成县生态保护补偿机制"问题。

二、研究范围

1. 以文成县作为核心研究范围

本章以文成县作为核心研究范围。由于生态环境要素的相互关联性，珊溪水库及其赵山渡水库的优质水资源不仅是文成县保护的结果，而且是泰顺县和瑞安市保护的结果，因此，有时也会涉及泰顺县和瑞安市等。

之所以要建立生态保护补偿机制，其重要原因是生态保护存在效益的外溢现象，要求生态保护成果的受益方或相关政府作为补偿方向生态保护者提供补偿。文成县生态保护的重要成果——珊溪水库及其赵山渡水库的水资源是向温州市区以及洞头县、瑞安市、平阳县、苍南县等城镇供应的，因此，温州市及其相关县（市）的政府、企业与居民是重要的补偿方，理应成为本课题的重要研究范围。

在生态保护效益难以量化、生态保护产权难以清晰界定的情况下，政府往往成为生态保护这一公共产品的提供者，即：生态保护补偿者。这样，浙江省政府以及中央政府的生态补偿政策及其补偿投入也是本课题研究的范围。

因此，本章的研究范围是：以文成县为核心圈层、温州市为中间圈层、浙江省政府以及中央政府为外围圈层。

2. 以水生态保护作为研究对象

文成县生态环境保护的领域十分广泛，例如水环境保护、森林环境保护、大气环境保护、土壤环境保护、噪声环境保护、辐射环境保护等。飞云江流域的珊溪水库以及赵山渡水库被誉为温州市的“大水缸”。水环境保护是文成县生态环境保护工作的重中之重。因此，本章以文成县的水环境保护作为基本研究对象。与水环境紧密相关的是生产废水的控制与治理、生活废水的控制与治理、水土保持工程的建设与管理、生态林业的保护与管理、生活垃圾的收集与处理等。

珊溪水库跨文成与泰顺两县、赵山渡水库跨文成与瑞安两个县(市)。因此，作为文成县水环境保护的研究对象实际上就是飞云江流域文成部分。根据《文成生态县建设规划》，飞云江流域文成境内的面积达1123.5平方公里，占文成县国土面积的86.8%。[①] 而按照表3-1的数据以及文成县国土面积1293.2平方公里的数据，那么，飞云江流域文成部分占文成县的面积达到95.3%。因此，为了方便起见，本章测算所用的统计数据以文成全县的统计数据为准。

三、生态保护补偿及其相关概念的界定

(一) 生态保护补偿

生态保护补偿的基本内涵有两种：一是人类对自然生态系统的补偿。这是人类作为整体要对被破坏的生态进行修复、对被污染的环境进行治理的全部努力。二是为了保护生态环境而引发的人与人之间利益关系的补偿。在我国，生态保护补偿主要指第二层涵义。

从第二层含义来看，生态保护补偿是与外部性——生态保护的正外部性、公共产品——生态服务的公共性、生态投资——生态保护的收益外溢等概念高度关联的。因此，生态保护补偿机制可以界定为：通过制

① 文成生态县建设工作领导小组办公室：《文成生态县建设规划》，2003年11月。

度创新实行生态保护外部性的内部化，让生态保护成果的“受益者”支付相应的费用；通过制度设计解决好生态产品这一特殊公共产品消费中的“搭便车”现象，激励公共产品的足额提供；通过制度变迁解决好生态投资者的合理回报，激励人们从事生态保护投资并使生态资本增值的一种经济制度。

生态保护补偿涉及的领域非常广，主要包括流域、矿产资源、森林资源和自然保护区等。围绕这些领域，可以将生态保护补偿分为流域生态保护补偿、矿产资源开发生态保护补偿、森林生态保护补偿和自然保护区生态保护补偿。与本课题相关的主要是流域生态保护补偿。

流域生态保护补偿是指，流域上游的生态保护直接影响到下游的生态安全，下游地区及相关利益者对上游地区为保护生态环境而放弃的机会成本给予相应的补偿。其主要目的是通过政策调整和制度设计，让流域生态保护的“受益者”支付相应的费用，激励流域上下游的人们从事生态保护投资并使生态资本增值，激励流域生态环境这种“公共物品”的足额提供。

（二）与生态保护补偿相关的概念界定

1. 生态工程补贴

生态工程补贴主要是指中央政府、地方政府拨付给下级政府的专项用于改善生态环境状况，支持污染防治、生态保护、生态修复和生态环境质量监控等项目建设，以及鼓励生态省、生态市、生态县和生态乡镇创建工作的资金。生态工程补贴主要有两类：

一是环保补助项目，如重点污染源防治项目；区域性污染防治项目；环境污染检测、监控和事故预警系统建设项目；污染防治新技术、新工艺的推广应用项目；按国家及省、市政府要求实施的其他污染防治项目等。

二是生态建设项目，如重要生态功能区的保护及生态破坏严重地区生态恢复示范工程项目；生态经济示范工程、绿色无公害农林产品基地建设等其他生态建设特色工程项目；生态环境管理系统能力建设项目；

重要生态功能区、生态县、国家级生态示范区、市级以上生态乡镇的规划编制；农业农村污染综合防治示范工程项目；生态奖励项目等。

2. 水利工程补偿

水利工程补偿是指水利工程所有者和经营者对由于水利工程的建造对自然环境和社会环境造成的影响并对相关居民所造成的损失进行的补偿，具体补偿形式主要有资金补偿和工程项目补偿。资金补偿主要包括水利水电工程建设征地补偿、移民安置资金和林木、青苗补偿等；项目补偿主要是对受影响的生态环境进行修复而给与的补偿。

水利工程对自然环境和社会环境的影响是广泛而深远的。人们在享用水利工程带来的巨大经济效益和社会效益的同时，要关注水利工程对自然环境、社会文化、公共安全等造成的种种不利影响以及相关主体所遭受的损失。客观全面地评价水利工程给受影响区域带来的正面利益和负面影响，并采取适当的补偿措施是十分必要的。

3. 扶贫补助资金

扶贫补助资金主要包括国家扶贫资金和地方扶贫资金。

国家扶贫资金是指中央为解决贫困地区人口的温饱问题、支持贫困地区社会经济发展而专项安排的资金，主要包括支援经济不发达地区发展资金、“三西”农业建设专项补助资金、新增财政扶贫资金、以工代赈资金和扶贫专项贷款等。

地方扶贫资金主要用于促进区域经济协调发展、缩小贫富差距而由地方财政进行筹集的专项补助资金，重点用于省定贫困县，并以这些县中的贫困乡、村、户作为资金投放、项目实施和受益的对象，帮助这些地区进行基本生产建设，发展支柱产业和民营企业，开展扶贫项目的援建。

由于各个地方的经济社会条件不尽相同，东、中、西部存在着较大差异，国家扶贫资金和地方扶贫资金的结构比例也不尽相同。

（三）生态保护补偿与其他补偿之间的关系

处于流域上游的一些地区往往兼有“生态敏感区”、“水源保护区”、

"欠发达地区"等身份。因此，对这些地区的补偿应当形成一种补偿体系。文成县是"三区"兼有的一个典型代表。以文成县为例，正好可以说明不同补偿之间的相互关系以及特殊区域补偿体系的构建。

如图3－1所示，文成县因土地要素的制约、区位条件的制约等自然因素所引致的"贫困"——欠发达地区，自然应通过政府财政转移支付予以解决。这就是补偿体系中的"扶贫补助资金"。这种补偿与生态环境保护成效的好坏是没有直接关联的。它所坚持的是社会公平原则，"不贫不补，贫困就补"。

导致文成县经济欠发达的重要原因是水利工程建设。珊溪水库的建设导致移民利益受损和库区及坝下居民受损。对移民而言，要承受背井离乡的经济损失和心灵创伤。对库区居民而言，要承受本来作为谋生手段的漂流资源和渔业资源的丧失、交通条件的恶化等所导致的利益损失。对于坝下居民而言，要承受因大坝建设所导致的繁荣集镇的衰落所带来的损失等。对于库区及坝下居民而言，还要承受由于大坝建设所带来的地质风险。这些都是大坝所有者及经营者应当考虑的补偿，即"水利工程补偿"。这种补偿是只要建大坝、有水库，就会有损失，就要给补偿。这也是与生态环境保护成效的好坏没有直接关联的。

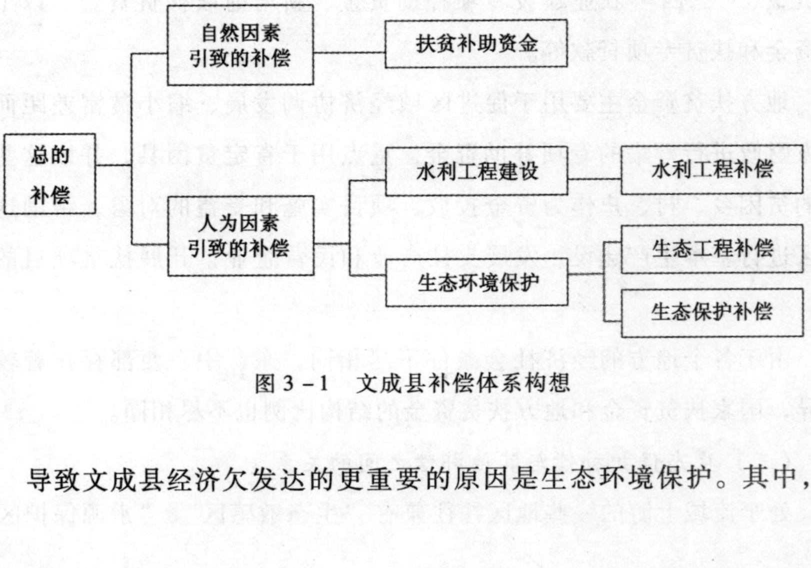

图3－1 文成县补偿体系构想

导致文成县经济欠发达的更重要的原因是生态环境保护。其中，又可以分为两个方面：一方面，由于作为饮用水水源保护区，需要在库区开展特殊的环境保护，建设一些生态建设与环境保护工程。对这部分投入成本的补偿称为“生态工程补偿”。另一方面，库区政府及居民为了保护优质水资源，放弃了发展经济的众多机会，导致政府税收的减少和居民收入的减少。对这个部分的补偿才是真正意义上的“生态保护补偿”。

可见，对于“三区”兼有的文成之类的地区的补偿不是单一的补偿，而是综合的补偿和补偿体系的构建。强调建立和完善生态保护补偿机制，不应该以减少其他方面的补偿为前提；也不应该有了其他方面的补偿就忽视真正意义上的生态保护补偿。

四、建立与完善生态保护补偿机制的意义

建立与完善生态保护补偿机制，不仅是受偿方的要求，而且是补偿方的需要；不仅是局部利益的诉求，而且是全局利益的谋划。它至少拥有“三个有利于”和“三个促进”的作用。

1. 有利于生态环境保护，促进生态文明建设

建立与完善生态保护补偿机制，可以真正体现“保护生态就是保护生产力”，“保护绿水青山就是保护金山银山”的理念，也可以真正体现“生态资源是宝贵资源”、“环境容量是稀缺资源”的理念，并通过生态保护补偿价格显示出生态环境资源的稀缺性。这样，就可以大大激发生态保护者的积极性，激励他们从事生态保护这样一项投资事业，促进生态资本的增值，促进全社会生态文明的建设。

2. 有利于经济布局优化，促进流域协调发展

建立与完善生态保护补偿机制，使得流域上下游真正能够从全流域的视角谋划经济社会的发展，从而可以优化流域内不同区位的经济布局、优化流域上下游之间的产业结构。主体功能区规划的实施必须以生态保护补偿机制的配套为前提，它要坚持的基本原则是“开发限制越多越要

补偿，开发限制越少越不补偿”。生态保护补偿机制的建立，可以更加明确优化开发区、重点开发区、限制开发区和禁止开发区的各自职责和任务，从而促进流域协调发展。

3. 有利于社会和谐稳定，促进生活质量提升

建立与完善生态保护补偿机制，可以使生态敏感区、水源保护区的政府与居民安心搞好生态保护，不必为招商引资而苦恼，不必为兴办企业而担忧，消除他们的埋怨情绪，消除他们的后顾之忧。因此，使得社会更加和谐稳定。同时，由于上游政府和居民有了稳定的生态保护补偿预期，就可以保障生态保护的质量，使得下游区域的企业和居民可以用上“放心水”和“优质水”。饮用水的质量是生活质量的重要组成部分。有了优质的饮用水，就可以促进生活质量的提升。

第二节　生态保护的成效评价及问题分析

一、生态功能定位

1. 生态功能区定位

根据《温州生态市建设规划》，文成全县属于温西山地生态功能区。该功能区位于温州市的西部，包括文成、泰顺的全部和永嘉、瓯海、乐清、瑞安、苍南、平阳等6县（市、区）的山区，面积约9500平方公里，是温州市山地面积最大、海拔最高、贫困人口最为集中的一个区域，是楠溪江、鳌江、飞云江等主要水系的发源地。区域植物资源丰富，是温州市重要的生态屏障和林业基地，拥有为数众多的珍稀动植物资源。该区又可分为楠溪江水源涵养亚区、乐清山地生态抚育亚区、瓯江流域山地生态抚育亚区、飞云江中游山地生态抚育亚区、飞云江鳌江水源涵

养亚区、文成中北山地生态抚育亚区、温南山地生态抚育亚区。

在这些亚区中，文成县地跨飞云江鳌江水源涵养亚区和文成中北山地生态抚育亚区。两亚区的主导生态功能都包括水源涵养、水土保持、生物生产供养和生态旅游四项生态功能。但是这些功能的先后次序不同，这代表重要程度的差异。飞云江鳌江水源涵养亚区生态功能定位明确，珊溪水库及赵山渡水库就位于此亚区。因此水源涵养自然成为首要生态功能。水土保持、生物生产供养也大多是为了保持当地的生态环境，而由于水源涵养的需要，温州市对文成县珊溪水库及周边地区的生态旅游项目开发门槛设置过高，因而生态旅游虽然列入主导生态功能，然而到2009 年为止，该区域生态旅游项目开发基本属于空白。而文成中北山地生态抚育亚区虽然大部分也处在飞云江集雨区域，但是都是作为支流流入飞云江。这些地区水土流失现象比较严重，因而与水源涵养功能相比，该区域的水土保持功能更加重要。此外，由于该区域对水质要求不如飞云江鳌江水源涵养亚区严格，加上有大量旅游资源可供开发，因此生态旅游放到比较重要的地位，而目前该区域的旅游资源开发为文成县带来了不小的经济收益。总体而言，由于珊溪水库坝址位于文成珊溪镇、赵山渡水库集雨区域大部分位于文成县，文成作为温州市“后花园”和“大水缸”的地位相当稳定，而且随着珊溪水库供水范围的扩大和供水量的增加，这种地位只会强化。因此，文成县的生态功能定位基本为水源涵养、水土保持、生物生产供养和生态旅游。

2. 主体功能区定位

尽管文成县作为温州市“后花园”和“大水缸”的地位要求文成县必须加强环境保护，尤其是水源涵养属于重中之重。根据各个乡镇在水源涵养中的地位、生态环境敏感性和生态系统服务功能重要性差异等，还是可以对文成县生态环境功能小区作进一步划分。

根据《文成县生态环境功能区规划》，2006—2010 年文成全县划分为 26 个生态环境功能小区，远期（2011—2020 年）应根据实际情况做适当调整。其中禁止准入区 15 个，限制准入区 3 个，重点准入区 9 个，优化准入区1个，面积分别为162.24平方公里、1062.24平方公里、19.95平方公里和52.80平方公里，分别占到文成县总面积的12.5%、82.1%、1.2%和4.1%。

从面积上来看，文成全县有94.6%的国土面积列入限制准入区和禁止准入区，划入优化准入区的国土面积仅有4.1%；从分布上来看，文成除去县城中心所在的大峃镇及其周边地区划入优化准入区外，重点准入区也只有巨屿镇、黄坦镇、百丈漈镇等少数地区，其他地区都被划入限制准入区和禁止准入区，优化准入区和重点准入区不仅少，而且非常分散，而对于规模经济而言，土地等要素集聚的重要性不言而喻，因而现有的优化准入区和禁止准入区很难起到规模经济的作用。因此可以说文成全县都有非常重要的生态保护任务，尽管各地在发展经济的过程中，都需要考虑到生态保护，然而类似文成这样全县接近95%的国土面积列入限制准入区和禁止准入区的并不多见，因而文成县主体功能区定位更加明确了文成县作为温州市“后花园”和“大水缸”的地位，也就意味着文成县在发展经济的过程必须优先保护生态。

3. 自身生态规划

浙江省在2003年成为全国第5个生态省建设试点省，温州市也于同年提出建设生态市的目标。基于文成县自身经济社会发展状况、生态环境条件和浙江省及温州市建设大方向，文成县也适时提出“建设生态县”的发展战略，确立了“解放思想，加快发展，全力打造生态旅游县”的奋斗目标，即“生态立县、旅游兴县”。“生态旅游县”即是以建设生态县为载体，以良好的自然生态资源为基础，依靠旅游资源优势，培育旅游主导产业。

2003年11月由文成县生态县建设工作领导小组办公室制定了《文成生态县建设规划》，该《规划》已于2004年通过温州市生态办验收。根据《文成生态县建设规划》，文成县分别确立了从2003—2006年（近期）、2007—2012年（中期）、2013—2020年（远期）的建设目标与指标：

近期为初级建设阶段，文成县要建成国家级生态示范区。指标则根据国家生态示范区三类地区的考核标准制定，主要分社会经济发展、区域生态环境保护、农村环境保护、城镇环境保护和参考指标五类。

中期为基本达标阶段，文成县要基本达到省级生态县建设标准。指标则分为经济发展、环境保护和社会进步三类。从实际指标选取范围看，环境保护指标除涵盖近期农村环境保护等四类指标外并有一定程度的扩展，并且社会进步指标同经济发展指标相分离，加入了基尼系数等指标，使得生态县建设更加全面。

远期为全面达标阶段，文成县要建成以生态旅游为主要特色的生态县。指标同中期基本一致，但更加注重综合性，如中期的秸秆综合利用率等指标已经被远期的农村公共设施完善程度等综合指标所替代，从防治环境污染转向预防，更有针对性和前瞻性。

文成县2006年通过原国家环保总局考核，被正式命名为第四批国家级生态示范区，标志着近期目标基本实现。

二、生态保护状况

文成全县从林业、农业、工业、环境和水利等五个方面开展强有力生态环境保护工作，可以说文成县集全县之力保护生态。

（一）林业生态保护

1. 重点加快生态公益林建设

文成县总面积193.14万亩（约合1293.24平方公里），其中林业用地139.7万亩，占总面积的72.33%。目前区划界定重点生态公益林38.5万亩，其中国家级生态公益林28.3万亩，省级重点生态公益林10.2万亩；区划界定市级生态公益林6.5万亩。在2004—2009年5年时间内，文成县生态公益林面积不断扩大，而且生态公益林补助标准也在逐渐提高，重点生态公益林补助标准从2004年的8元/亩提高到2009年的17元/亩，市级生态公益林则从2006年的8元/亩提高到2008年的15

元/亩。到2008年文成县建成生态公益林面积接近37万亩。其中，阔叶林9.6万亩、混交林9.6万亩、松木林9.4万亩、杉木林2.7万亩、竹林2.1万亩、灌木林0.026万亩，其他3.2万亩。

2. 推进县城周边环山绿化工程和林相改造工程建设

从2002年开始，文成县在县城周边实施环山绿化工程，即县城周边景观林建设。至2008年，文成县已建成高标准、高质量的景观公益林2230亩。2005年开始，文成县在飞云江两岸、56省道两侧及主要风景区实施了林相改造工程，2005年以来在56省道、石垟森林公园完成林相改造工程1242亩，通过大量种植彩色树种等观赏树种，创造省道、景区特色景观林带，改善文成县的森林景观。

（二）农业生态保护

1. 严格控制养殖业

养殖业是文成县的支柱产业。例如黄坦等乡镇，生猪养殖历来为主要产业。然而黄坦镇毗邻飞云江支流黄坦坑，生猪养殖所造成的污水对于飞云江乃至珊溪水库水质都有较大影响，为此文成县实施“811”整治项目，严格控制生猪养殖规模，并且积极实施黄坦坑流域排泄物治理沼气生态工程。此外，鸡、鸭、鹅等家禽养殖提倡家养为主。这些都为珊溪水库水质保持在Ⅱ类及Ⅱ类以上发挥了重要作用。

2. 积极控制农业农村面源污染

在农产品生产中，科学使用农药化肥，全面推广应用有机肥、有机复合肥，作物专用肥，实施配方施肥及精准施肥技术，大力推广生物防治病虫害技术，逐步减少农药、化肥使用量，禁止高毒、高残留农药的使用。根据《文成生态县建设规划》农药化肥使用强度每年递减5%，从2003年的280公斤/公顷降至2006年的258公斤/公顷，目前这一目标已经实现。

（三）工业生态保护

1. 坚决杜绝污染企业落户

出于生态保护的需要，文成县严格禁止生产工艺落后、资源浪费和环境污染严重的产品及行业的发展，对重点污染项目不允许落户。仅此一项，文成县就拒绝了大约150家企业落户，总投资额20多亿元。

2. 工业废水排放控制

2006年，文成县大力实施生态工业“55”工程，在工业总产值不断增加的前提下，确保各项污染物的排放总量控制在温州市政府下达的指标之内。此后3年，文成县工业废水排放量逐步下降，2006年为21万吨；2007年为19万吨；2008年为16.5万吨。

（四）环境整治

1. 环境基础设施以及污染处理工艺日益完善

文成县先后投入大量资金用于污水和垃圾处理厂建设等。文成县县城污水处理厂已经投入试运行，垃圾填埋场正在加紧建设中。此外，文成县各乡镇纷纷根据生态乡镇的要求建设污水处理池和垃圾中转站。仅以巨屿镇为例，所辖23个行政村已经有8个设有污水处理池，可以将全镇23个行政村联为一体。在生活污水处理工艺上，过去一直采用沼气净化处理办法，2007年已经确定3个湿地处理和氧化塘处理综合运用的试点村。

2. 污染物排放控制

文成县对于污染物排放采取严格控制态度见表3－2。

表3－2　文成县污染物排放总量控制进度　单位：吨

污染物名称	2005年	2008年	2010年（目标年份）
化学需氧量	1549.36	1457	1313.3
氨　氮	120.4	113.9	102.3

资料来源：《2007年文成县环境质量状况公报》，《2008年文成县环境质量状况公报》，《文成县生态环境功能区规划》。

由表3－2可以看出，化学需氧量和氨氮排放量均呈现出递减的趋势。但是，污染物排放控制依然面临困难。究其原因，主要是生活污水中氨氮排放量和化学需氧量排放过多。以2008年为例，工业废水化学需氧量、氨氮排放总量分别为9.16吨、1.3吨，生活污水化学需氧量、氨氮排放总量分别为1448.6吨、112.6吨。在2008年以前，文成县城没有污水处理厂，而随着2008年文成县城1万吨/日的污水处理厂投入运行、珊溪镇以及其他各乡镇都在开展生活污水处理设施建设，文成县生活污水处理可望得到改善，有望实现污染物排放总量控制目标。

3. 珊溪库区周边整治

珊溪水库库区环境整治是文成县环境整治的重中之重，该地区环境质量的好坏直接关系到温州市饮水安全，因而文成县在库区下大力气整治环境。2002—2008年，文成县关停取缔50多个重污染生产点，搬迁石材加工点30多个，整治500头以上养殖企业24个，建成生活污水处理设施350多套，垃圾中转站20多个。2008年，实施库区周边乡镇环境整治项目100个，完成投资2605万元。此外，温州市为保护珊溪水库对文成县提出了极高的生态环保要求：规定赵山渡以上飞云江流域集雨区域划为特殊水体二级保护，禁止新建、扩建、改建有废水排放的各类建设项目；禁止20度以上直接面向水库的荒坡地开垦种植；禁止在沿溪两边和水库两边一定范围内从事放养禽畜、网箱养殖、采石、取土、挖沙等活动；禁止在防洪堤两岸50米范围内从事商业建筑，33米范围内不得从事招标用地。这些对文成县珊溪库区周边乡镇经济发展造成严重影响，但为了顾全大局，各乡镇也基本完成温州市下达的任务。

（五）水利生态保护

1. 整治河道

2006年，文成新增整治河道14.6公里。根据文成县2007年和2008年环境质量状况公报，全县80%到90%的断面水质符合要求，但凤溪河道水质一直不能达标，泗溪河道虽然断面水质基本符合要求，但是水质一直未能有显著改善，因此文成县对包括泗溪、凤溪在内的河道进行综合治理，铺设排污涵箱，建设污水处理厂。其中泗溪河道治理工程分7期，前5期工程已投入资金4000多万元。

2. 重点整治水土流失

文成县地形地貌极易造成水土流失。根据《2001年温州市水资源公报》，文成水土流失面积超过400平方公里。1996—2000年，文成县通过退耕还林还草，大面积减少山地种植，治理水土流失面积25.2平方公里。然而，随着文成经济的迅速发展，水土流失形势仍然严峻，因此文成县继续加大水土流失治理力度。2006年，治理面积为19.6平方公里，2008年治理面积为19.79平方公里，2009年计划完成治理面积20平方公里。2009年，文成县计划实施水土流失综合治理工程《文成县近期水土保持重点工程实施方案（2009—2011年）》，该项目涉及文成县20个乡镇，涉及小流域面积总计246.89平方公里。该项目计划用3年时间，完成文成县9个小流域的水土流失治理，治理面积67.00平方公里，占小流域水土流失面积的90.42%。

三、生态保护成效评价

通过采取以上强有力的生态保护措施，有效地改善了文成县的生态环境质量，为保护温州市的“大水缸”发挥了重要作用。

（一）文成县与温州其他县市的比较

对于水生态保护而言，城镇生活污水率与生活垃圾无害化处理率的高低至关重要，而文成县在这两方面均较为出色。

从图3-2可以看出，文成县在城镇生活污水集中处理率上处于温州市最高水平，在2006年达到了70%的集中处理率，同期温州市区不到50%；此外，从生活垃圾无害化处理率来看，文成也处在温州前列，达到了85%，仅次于瑞安市和温州市区。

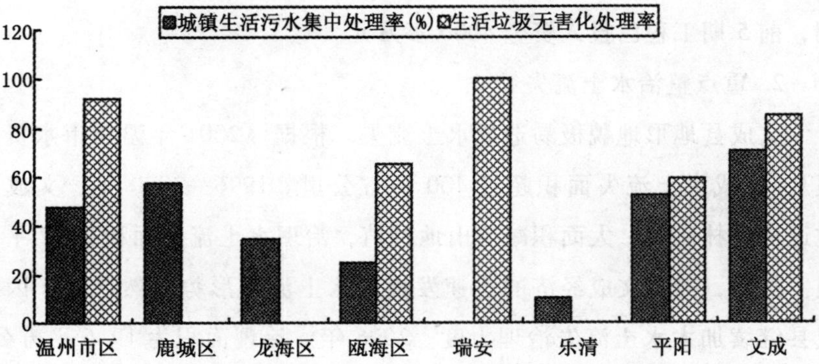

图 3-2　2006 年温州各县市城镇生活污水集中处理率、生活垃圾无害化处理率

数据来源：《温州统计年鉴 2007》。

注：由于洞头、永嘉、苍南、泰顺缺少数据，因此未进行比较。

（二）文成县与温州、浙江及全国的比较

图 3-3 中对文成县、温州市、浙江省及全国的部分指标进行了对比。可以看出，在城镇生活污水集中处理率指标上，文成县达到 70%，远高于温州市 22.5% 和浙江省 57% 的平均水平；在城市生活垃圾无害化处理上，文成县达到 85%，同样远高于温州市 74%、浙江省 81% 及全国 52% 的平均水平。

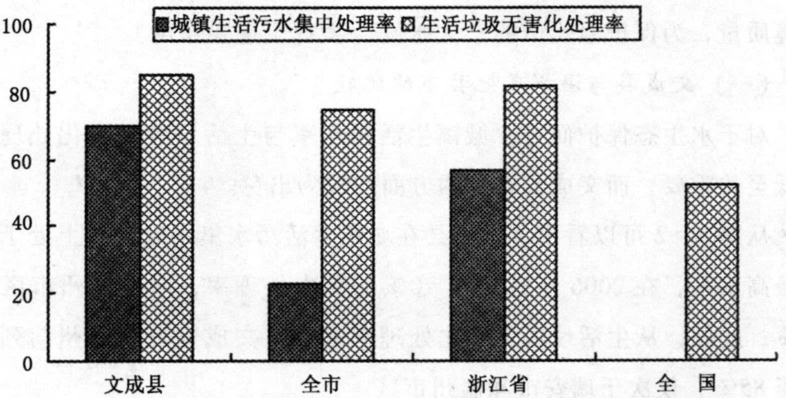

图 3-3　2006 年文成县与温州、浙江及全国的生态保护指标比较

数据来源：《温州统计年鉴 2007》。

从全省范围来看，文成县生态保护处于前列。根据浙江全省通过的省级生态乡镇数量统计，2006 年文成县省级生态乡镇累计达到 5 个，同年浙江全省累计为 92 个；2007 年，文成县累计达到 9 个，同年浙江全省累计为 450 个；2008 年，文成县累计达到 12 个，同年浙江全省累计为 579 个。根据浙江省目前的行政区划，市辖区、县级市和县一起总共有 90 个，因此无论选取任何一个年份，文成县都远高于浙江省平均水平。以上信息可以看出，文成县生态保护状况位居全省前列。

从全国范围来看，文成县诸多生态建设、生态保护指标也均高于全国平均水平，根据《文成生态县建设规划》，文成县将分三阶段推进生态县建设，在近期（2003—2006 年）文成县主要目标是建成国家级生态示范区，该目标已经于 2006 年 1 月 4 日完成。文成县顺利通过原国家环保局考核，成为国家命名的第四批生态示范区，标志着近期目标顺利完成，也标志着文成县生态保护状况在全国也较为出色。

四、生态保护对经济的影响

（一）文成县经济发展整体状况

从图 3 –4 可以看出，文成县在温州市各县市经济总量排名中远远落后，仅高于泰顺县，与其他各县市的差距呈加速扩大趋势。

从图 3 –5 可以看出，文成县的人均 GDP 指标远远落后于其他县市，甚至要低于同为“生态强县、经济弱县”的泰顺县，且地区间的人均 GDP 差距在逐渐扩大。以 1990 年当年价格计算，当年人均 GDP 最高地区为温州市区，为 2624 元，是文成县 569 元的 4.6 倍，但是到了 2007 年，按照当年价格计算，同期最高的龙湾区达到了 83016 元，是文成县 7341 元的 11 倍。

从图 3 –6 可以看出，文成县占温州市经济比重在 1990—2007 年迅速下降，从 1990 年的 2.89% 降至 2007 年的 1.33%。这说明文成县在温州市的经济地位进一步下降。从图 3 –7 可以看出，文成县人均 GDP 水平迅速下降，从 1990 年相当于温州市人均 GDP 的 48.47% 下降到 2007 年的 22.70%，说明文成县的人均 GDP 与全市的差距在逐渐扩大。

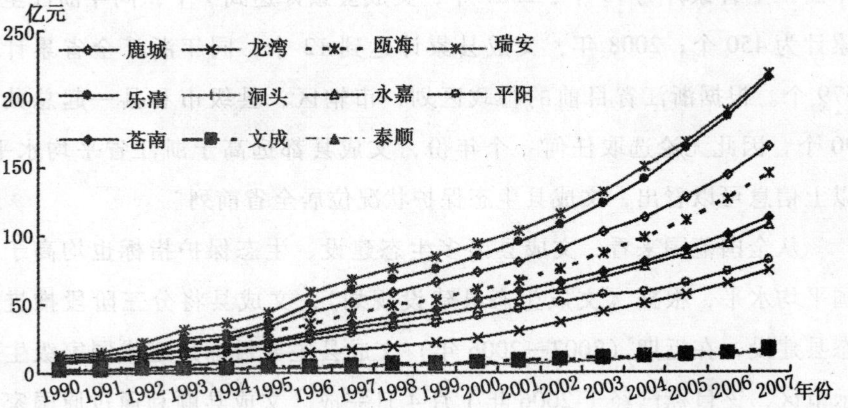

图 3－4　1990—2007 年温州各区、县、市地区生产总值（1990 年不变价格）

数据来源：《温州统计年鉴 2007》。

注：温州市区的地区生产总值最高，但为了便于辨认图形，因此未包括温州市区的数据。

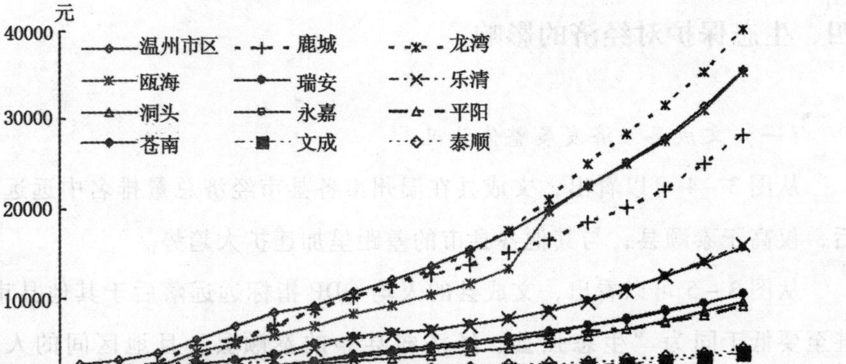

图 3－5　1990—2007 年温州各区、县、市人均 GDP（1990 年不变价格）

数据来源：《温州统计年鉴 2007》。

此外，还对文成与温州全市的农村居民人均纯收入进行了比较，见图 3－8。

从图 3－8 可以看出，以不变价格计算，1990 年温州市农村居民人均纯收入为 929 元，是文成县农村居民人均纯收入 520 元的近 2 倍；2007 年，温州市农村居民人均纯收入为 8591 元，也是文成县农村居民人均纯收入 4185 元的 2 倍。

通过上述诸多指标的比较可以看出，总体而言，文成县经济发展无论从经济总量看还是从人均经济水平来看，均处于落后的位置，而且差距仍在进一步扩大。

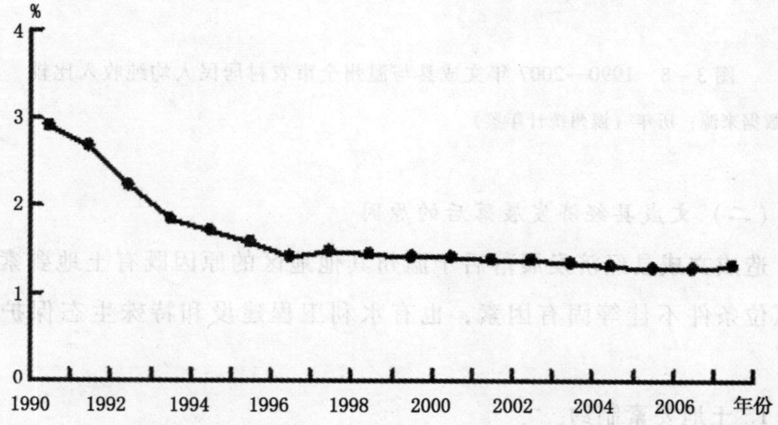

图 3－6 1990—2007 年文成县 GDP 占温州市 GDP 比重

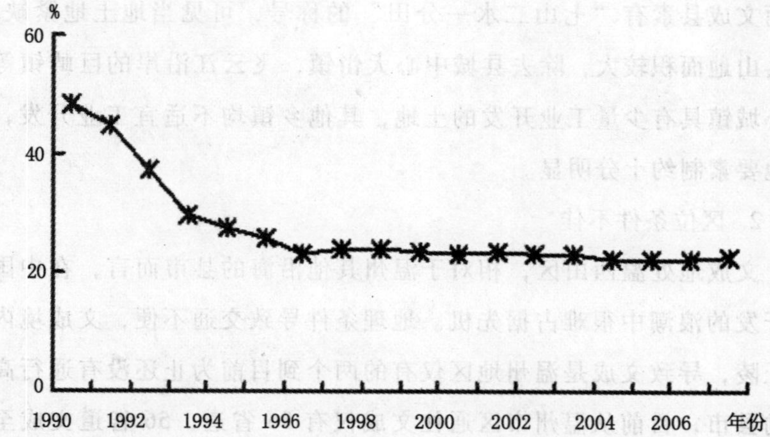

图 3－7 1990—2007 年文成县人均 GDP 相当于温州市 GDP 的百分比

数据来源：历年《温州统计年鉴》。

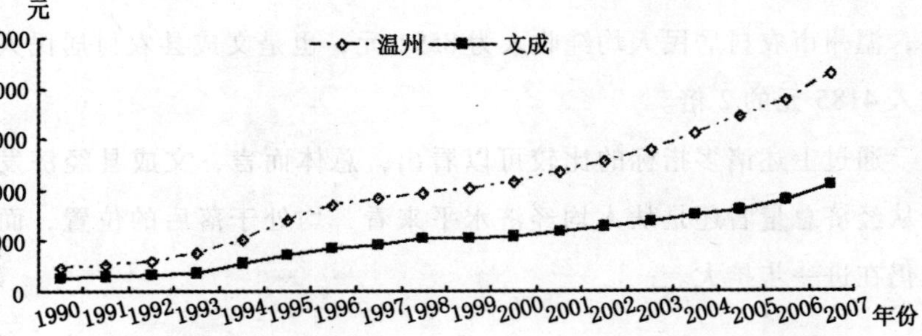

图 3－8　1990—2007 年文成县与温州全市农村居民人均纯收入比较

数据来源：历年《温州统计年鉴》。

（二）文成县经济发展落后的原因

造成文成县经济发展落后于温州其他地区的原因既有土地要素制约和区位条件不佳等固有因素，也有水利工程建设和特殊生态保护的原因。

1. 土地要素制约

虽然文成县国土面积在温州市仅次于永嘉县和泰顺县，排名第三，然而文成县素有“七山二水一分田”的称号，可见当地土地紧缺程度。全县山地面积较大，除去县城中心大峃镇，飞云江沿岸的巨屿镇等少数中心城镇具有少量工业开发的土地，其他乡镇均不适宜工业开发，因而土地要素制约十分明显。

2. 区位条件不佳

文成地处温西山区，相对于温州其他沿海的县市而言，在中国沿海大开发的浪潮中很难占据先机。地理条件导致交通不便，文成境内多山地丘陵，导致文成是温州地区仅有的两个到目前为止还没有通行高速公路的县市，目前从温州市区通往文成仅有 56 省道，56 省道文成至瑞安段 2006 年才改建完毕，交通相对不便，运输能力有限，大大制约了当地经济发展。

3. 水利工程建设

文成作为温州地区乃至浙江省水利资源较为丰富的县市，水利开发应当对当地经济发展的起到推动作用。然而，在温州市建设珊溪水利枢纽工程的过程中，文成县不仅没有获得相应的回报，而且付出了极大的代价。主要有以下几方面：

（1）移民。文成全县移民总共3903户13626人，其中外迁跨县安置3340户11978人，文成县安置563户1648人。

（2）非移民影响人口。珊溪水利枢纽工程建成后，库区原有的交通、电力中断，出现“发展受影响，生命受威胁，野兽多起来，生病无处看”的问题，导致库区部分居民生活困难出现返贫现象。根据《关于珊溪水利枢纽工程生态补偿机制调查情况的汇报》，截至2008年12月30日，库区内直接受到影响的人员有2657人，受到间接影响的有17270人。

（3）淹没土地。珊溪水利枢纽工程的兴建，文成库区淹没及部分淹没共8个乡镇，42个行政村。淹没耕地4847亩，林地13158.21亩，园地454.99亩，零星果木69250株。淹没房屋419355.10平方米，杂房47925.79平方米。

（4）水电开发资源。文成县作为水利水电资源丰富的县市，由于珊溪水库枢纽工程的兴建，导致30多万千瓦水力资源无偿开发。温州市将珊溪电站发电所得增值税的大部分缴纳到温州市财政，导致文成县损失惨重。以2004—2008年为例，珊溪水电站共入库增值税15161万元，文成国税局入库1549万元，文成财政地方分成387万元，市国税局入库13613万元，市级财政分成3403万元。因珊溪水利发电厂未实行单独核算，而导致近三年应归文成财政的收入减少了3403万元。

（5）航运功能消失、旅游和砂石资源禁止开发。由于珊溪水利枢纽工程建设导致飞云江作为航运通道的作用消失，旅游资源丰富的双汇溪漂流也因而终止。飞云江文成段原来有丰富的砂石原料，是很好的建筑材料，当地年收入达到几千万元，目前禁止采集，众多农民因此失业。

4. 特殊生态保护

由于文成全县有86.8%的国土面积属于飞云江流域，因此温州市政府为了保障珊溪水库饮用水安全，对文成全县提出了特殊的生态保护要求。保护生态是文成县毋庸置疑的任务。然而，温州市对珊溪水库及周边地区的生态保护的要求远高于一般的生态保护要求。

在文成财政收入极为紧张的情况下，还不得不投入巨大资金用于生态保护。由于文成全县有86.8%的面积处在飞云江流域，因此全县大部分区域都不同程度地付出了巨大的机会成本。

总体而言，即使没有水利工程建设和特殊生态保护的限制，文成县经济发展也很难赶上温州其他县市。但是如果只有土地要素制约和区位条件不佳的影响，文成县经济发展不应该同温州其他县市有如此大的差距。尤其是从1997年珊溪水利枢纽工程建设开始，文成经济在温州市的相对水平不论是总量还是人均指标均呈现下降趋势。而在温州市区及沿海地区产业转型过程中，文成县又由于生态保护限制而丧失承接温州产业转移的机会，导致不仅没有趁机缩小差距，反而扩大了差距。

（三）经济发展和特殊生态保护双重压力造成的后果

特殊的生态保护是温州市政府下达给文成县的“死任务”，是“硬约束”。另一方面，发展是硬道理，经济发展又是文成不得不解决的头号问题。既要经济发展，又要特殊生态保护，这双重压力已经造成严重后果。

1. 大规模出卖土地指标

由于缺乏工业企业，文成县自身经济发展捉襟见肘，每年地方财政收入仅能达到该年财政支出的1/4，其余部分依靠上级政府财政转移支付。而自从浙江省财政转移支付实行“两保两挂”政策以来，文成县就处在更加困难的境地。“两保两挂”要求财政收入增长才可以获得更多的财政转移支付。可是对于文成而言，缺乏工业企业导致财政收入来源有限，因而也很难获得更多的财政转移支付。而在财政支出方面，由于浙江省实行公务员阳光工资政策，仅这一部分文成县就难以负担，更别说义务教育工资，因而文成县财政赤字年年扩大。而在地方政绩考核机制当中，财政赤字也属于考核范围，因而文成县为削减财政赤字，不得已出卖土地指标，通过土地指标出卖收入来削减财政赤字。尽管文成县土地资源紧缺，然而文成县多山林资源，因此文成县通过在各山头毁林造地开垦新的土地，以新换旧，将原有的土地指标卖给温州市其他县市，通过类似土地置换的方式获得非税收入，弥补财政赤字。据不完全统计，文成每年毁林造地规模达到几千亩，对生态危害很大，并且从长远来看，将来文成经济发展需要土地资源时，又不得不重新以更高的价格从温州其他县市购买土地指标。

2. 产业发展受阻导致就业问题

出于特殊的生态保护需要，文成县不得不设立较高的产业准入门槛，因而拒绝了大批企业的投资落户，尽管有些企业确实由于环境污染较为严重应该拒绝，但倘若遵循一般的生态环保要求，文成县完全可以吸纳部分企业，发展包括生态旅游业在内的产业。然而温州市采取严格的产业控制政策，禁止库区开发生态旅游，温州市环保局直接负责文成县各类企业的引进，通过环保审批一票否决制制止旅游项目开发。

由于缺乏足够的产业，出现了大量就业问题，尤其是在珊溪库区周边乡镇。出于保护珊溪水库水体的要求，温州市要求将库区各山头经济林全部转为生态公益林，而生态公益林补助标准在早期仅有 5 元/亩，到 2008 年才提高到 15 元/亩，这其中农民的损失性补偿仅有 11 元/亩，与之前农民种植经济林每亩 80—150 元的收益相比，农民损失太大。以仰山乡为例，仰山乡作为文成的杨梅基地，2000 多亩山林全部转化为生态公益林，而一亩杨梅林可以种植 20 棵杨梅树，一棵树可以带来 1000 元的收益，那么一亩地大约可以带来 20000 元的收入，而扣除成本后利润也远远高于 15 元/亩。因而目前已经出现在库区推行新的生态公益林，当地农民拒绝承包的现象。此外，为保证珊溪库区生态环境质量稳定在功能区规划要求，库区实行放养的政策，渔业权也被外地人承包，珊溪镇当地依靠捕鱼为生的 400—500 人因而失业。

3. 社会稳定问题

目前在珊溪库区，社会稳定问题较为集中地出现在移民当中。在珊溪水利枢纽工程建设过程中，征用农民土地达到18782.9亩，占用耕地4847亩，移民人数3903户13626人。2006年国家决定给予大中型水库移民补贴，在电价中加价1.5分作为移民基金，然而珊溪库区移民没有获得这些补贴。从2006年开始，库区移民才获得每年每人来自中央、省、市、县财政600元的补贴，且将连续扶持20年，这也只是杯水车薪。由于库区移民失去了耕地和山林，没有稳定的生活来源。这些移民由于搬迁时集中居住，如珊溪镇就有一个数百人规模的移民村，他们由于失去生活来源而出现生活困难，这些失业失地的农民普遍存在不满情绪。

不满情绪不仅仅局限在移民当中，在库区居民尤其是珊溪镇居民当中都或多或少存在。究其原因有以下几点：首先，由于水库定时发电，导致水体缺乏循环，库区及坝下居民饮水困难，出现“守着水库没水喝”的现象；第二，2006年文成曾经监测到有感地震，尽管没有足够的科学证据证明该地震与水库建设有关，但是由于水库建设造成的地震在国际上屡见不鲜，因而当地从政府官员到居民都相信建造水库是地震的起因，此外，由于地震的发生导致建房成本提高20%—30%，尽管上级财政也对因地震而毁坏的房屋进行重建，然而对于因防震而导致的建房成本提高温州市并无补贴。当地居民如果一旦群体上访或者酿成群体事件，对于文成县和温州市都是“双输”，需要温州市警醒。

4. 环保基础设施运营问题

库区及周边乡镇基础设施落后，温州市虽然关注库区周边环境整治，然而下发资金多以项目形式，并且“重建设轻运营”，只有建设资金而无运营资金；“重项目工程建设轻配套设施建设”，只有部分项目工程建设资金而无配套设施建设资金。生态保护主要受益者是温州市区及其他县市，因而温州市除建设资金外，运营资金也要全额投入，而不能由当地政府配套。因此，尽管温州市下拨大量资金用于库区环境整治，而文成县并不欢迎。对此，温州市感到不解。殊不知，虽然温州市投入了部分环境整治资金，各乡镇还需要配套投入更多资金用于环境整治，这对于本就捉襟见肘的各乡镇财政来说更是雪上加霜。长此以往，文成县各乡镇生态保护动力难以维系。目前已经出现各乡镇垃圾回收设施和污水处理设施建设完成但是没有运营的现象。这既是资金的浪费，也为未来生态环保埋下了隐患。文成县2008年水质较2007年有所下降，这其中就有运营资金投入不足的原因。如果任由这种情形发展下去，那么珊溪水库水体质量难以得到保证，温州市饮水安全也无法保证。

生态保护并非文成县致贫的唯一原因，但它是极其重要的原因之一。要激励文成县继续保护好生态环境，保障温州市饮用水安全，一个重要的机制就是建立和完善生态保护补偿机制。

第三节 生态保护补偿金额测算

一、研究方法评述

对于生态补偿金额的测算目前仍是理论界研究的热点和前沿问题，目前国外大多采用生态价值评价、支付意愿等方法对生态系统、生态损害等进行价值评估，但是仍然缺少公认的测算方法和统一的研究框架，因此在实践中，往往采取多种研究方法相互验证的做法。

本节要解决的问题实际上是：流域上下游之间由于生态保护所应该为对方支付的补偿金额。在现有的研究中，沈满洪、高登奎等人（2007）曾提出过全因素差异度分析方法，其主要思路是，将水源保护地与非水源保护地之间的经济差距分解为自然差异度（区位）、生态保护差异度（水质保护要求）以及其他因素导致的差异度。如果能够计算出全要素差异度和自然差异度，那么两者之差即是由于生态保护所带来的经济差异，也即是上下游之间应该支付的生态补偿数量。

在具体的测算方法上，一般有：机会成本法、土地损耗测算法、环境容量测算法等。其中，用机会成本测算法来评估生态保护的价值时，不是直接用生态保护所得的收益来衡量，而是用为了保护生态环境所牺牲的替代选择的最高收入来衡量。例如，保护自然保护区的价值，不是直接用保护它所获得的收益来衡量，而是用该资源作为其他用途（如农业、林业综合开发）时可能获得的收益来表示。某个地区的各种自然资源和要素既可以作为水源地进行保护，也可以作为开发区进行开发。如果决定某个地区按照水源区进行保护，那就意味着这个地区就放弃了作为开发区建设所可能获得的收益。这个收益就是决定某地区作为水源地进行保护这个决策的机会成本。

土地损耗测算方法的主要对象是水库水源保护区。该测算方法的基本依据是：在水源保护区建立水库侵占了该地区的土地，而水库给当地创造的收入大大小于水库作为土地资源创造的收入，甚至因为保护水库水源而导致水库给当地带来的收入是负值。这就是所谓的“因水而贫”。这样，水库的建立就使得水库水源地失去了部分发展机会，其结果是必然会导致当地财政收入、城镇居民可支配收入和农村居民纯收入的减少。基于社会公平的考虑，理应给水库水源地予以补偿。由于建立水库淹没水源区的土地数量可以明确计量，因此可以根据淹没的土地来确定水源保护补偿金额。

机会成本法是一种间接测度方法，其使用必须确定一个研究区域和参照区域，如果参照区域选择不当，那么，测算结果就失去意义；土地损耗测算方法则较为直接，是根据侵占的土地资源所可能带来的价值来进行计算的，但是由于库区的土地往往包括林地和不可种植区域，选择土地的参照价值来进行评价往往较为困难。

本节将采用排污权交易方法和水权交易方法来进行生态补偿金额的测算，主要原因在于：首先，如果采用机会成本法，需要确定一个较好的参照地区，对于文成来讲，地理区位、经济发展水平相近的只有泰顺县，但是泰顺县同样也是珊溪水库的“利益相关者”，也面临着与文成相类似的问题，因此难以确定一个可以全面参照的对象；其次，文成县之所以经济发展同温州其他地区差距逐年扩大，除了区位因素以外，最根本的是由于温州市的行政管辖，占用了文成县水资源的开发利用以及污染排放的正当权利。因此本文设置“假想情景”，在该情境下，文成县不属于温州行政管辖，那么温州从文成引水，必然有两方面的要求：一是对水资源的需求，一是对水环境的需求。前者在现实中已经有水权交易的案例，后者则在现实中有排污权交易的经验，因此本章将基于“水资源”和“水环境”两个维度，对“假想情景”下文成县的可能收益进行测算，并同真实情景下的实际收益进行比较，两者的差额即可视作生态补偿金额。

二、排污权交易角度测算

（一）基本思路与方法

如果文成不是温州的水源保护地，那么文成可以同周边其他地区一样招商引资、发展工业，并与此相对应，排放一定的废弃物。由于珊溪水库的建设以及向温州市的供水，使得文成必须严格控制污染排放的权利，保证珊溪水库的水质。实际上排污权也是发展权，文成县不仅由此丧失了工业污染权，同时也丧失了部分生活污染权（库区周围的居民因此而移民下山以减少对水质污染），甚至在财力紧张的情况下为保持水质和部分指标达标，而修建价格高昂的污水处理厂。因此文成丧失的这部分排污权即是由于温州水源保护所导致的，如果没有温州的直接行政干预，而是通过两地协商交易的方式，那么温州市需要向文成购买和补偿应属于文成县的污染权。

可以用一个简单的图来说明：在图 3－9 中，区域 I 表明该地区实施了严格的环境管制（如生态保护区的水质约束），那么区域 I 的经济发展到 A 点时，由于受到环境约束而受限，可能产生停滞甚至下滑；区域 II 中属于适度发展区间，由于没有环境约束，而且在正常的环境容量范围内，因此经济可以继续向上增长至 B 点；区域 III 则是突破了环境容量的阈值，经济可能会继续增长，但是按照库兹涅兹曲线，在达到顶点 C 之后，污染会随着经济增长而下降，即出现拐点。

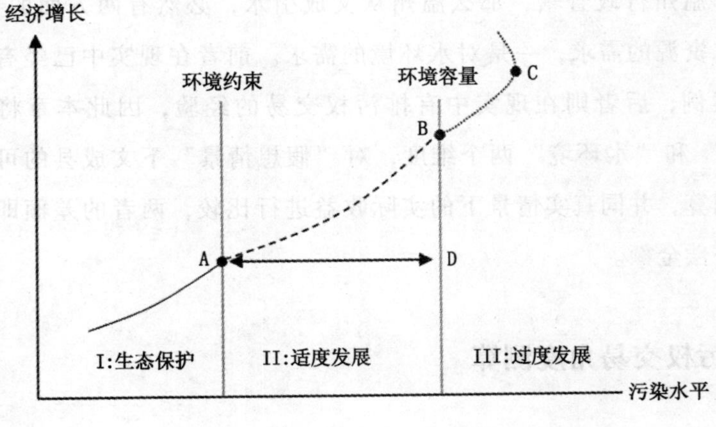

图 3－9　基于排污权的补偿测算

根据对排污权的理解，可以认为正常环境容量与环境约束之间的差值，即图中的 AD 即是该地区损失掉的排污权，为了测度排污权的价值，需要确定两个值：一是损失的排污权，或者说为了保护水质而减少的污染排放量；二是排污权的价格，也即是每一单位污染物所可能带来的产出值。

（二）污染权测算

1. 基本思路

对于污染权的测算主要基于环境库兹涅兹曲线（Environment Kuznets Curve，以下简称 EKC）。其基本涵义为：经济发展水平与环境污染之间存在着倒 U 形曲线，即环境污染会随着经济发展水平的提高而加剧，但是到达一定阶段后会出现转折点，之后环境污染会随着经济水平的提升而下降。对于 EKC 的研究一般采用人均 GDP 指标代表经济发展水平，污染物指标则包括废水、SO_2、CO_2、悬浮颗粒等众多污染物。

考虑到温州市为保证珊溪水库水质，主要控制的是废水的排放，因此选择人均工业废水排放量作为污染指标，按照 EKC 的假设，各地区的人均工业废水排放量将随着该地区经济发展水平先上升再下降。为此需要首先估计出 EKC 的函数形式，从而得到人均工业废水排放量与人均 GDP 之间的函数关系。

2. 计量模型识别

此处为保证样本数量，选择了温州地区的 12 个县（市，区）为研究对象①，时间区间为 2002—2007 年②，这样就获得了12 个截面单位 6 年间的平衡面板数据（paneldata），共有 72 个样本点，较多的样本点能够保证计量模型估计的准确度。

用变量 rGDP 代表各地区的人均 GDP 水平，数据来源于《温州市统计年鉴》（2003—2008 年），由于涉及不同时间段的比较，因此所有的人均 GDP 按照统计年鉴中公布的指数进行平减，转换为以 1990 年不变价格计算的人均 GDP 值，单位为元/人。

变量 rWater 代表各地区的人均工业废水污染量，数据来源于《温州市统计年鉴》（2003—2008 年），利用各地区的总的工业废水排放量除以各地区人口数即可得到人均工业废水排放量，单位为吨/人。

根据 EKC 假设，人均 GDP（rGDP）与人均污染量（rWater）之间存在以下关系：

$$rWater = \beta_0 + \beta_1 * rGDP + \beta_2 * (rGDP)^2 \quad (1)$$

由于存在倒 U 形关系，因此预期应有以下关系：

$$\beta_2 < 0 \text{ 且 } \beta_1 > 0 \quad (2)$$

并且倒 U 形曲线出现拐点时的人均 GDP 满足：

$$rGDP* = -\beta_1/\beta_2 \quad (3)$$

此外，根据沈满洪等人的研究（2000）发现，我国有些地区可能并

---

① 包括：温州市区、鹿城区、龙湾区、瓯海区、瑞安市、乐清市、洞头县、永嘉县、平阳县、苍南县、文成县和泰顺县。

② 主要是由于在统计年鉴中，各地区的污染物数据从 2002 年才正式发布。

不存在 EKC 的倒 U 形曲线，而是可能是 N 形曲线或者是 S 形曲线关系，因此为了找出最能拟合实际样本点分布的曲线形态，还设定了不同的函数形式。

设定的线性关系式为

$$rWater = \lambda_0 + \lambda_1 * rGDP \quad (4)$$

当符合线性关系时，显然有 $\lambda_1 > 0$，即人均工业污水排放量随着人均 GDP 水平增加而递增。

设定的三次多项式为

$$rWater = \delta_0 + \delta_1 * rGDP + \delta_2 * (rGDP)^2 + \delta_3 * (rGDP)^3 \quad (5)$$

如果符合 N 形曲线关系，则应该有 δ_1、$\delta_3 > 0$ 且 $\delta_2 < 0$。

在计量模型（1）（4）（5）中，最后选择哪种函数形式将依赖于不同模型的可决系数及其他判断准则。

对于面板数据的估计有多种方法，根据 Hausman 检验，需要用固定效应模型（Fixed Effect）来进行参数估计，根据不同的模型形式设定，得到了各自的曲线拟合图，分别见图 3-10、图 3-11 和图 3-12。此外，对模型（1）（4）（5）的参数估计结果如表 3-3 所示。

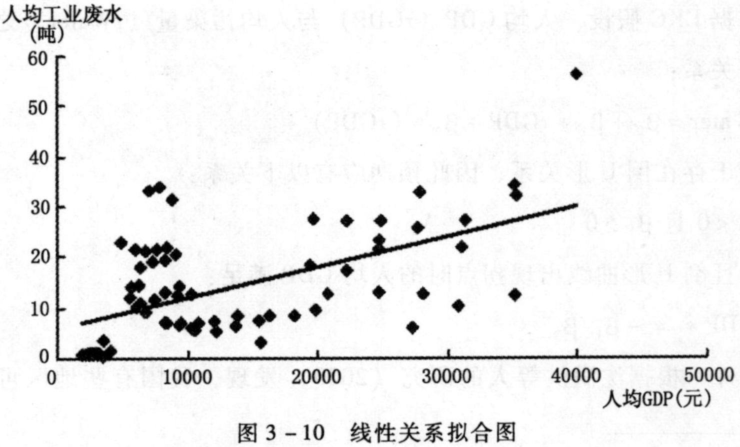

图 3-10 线性关系拟合图

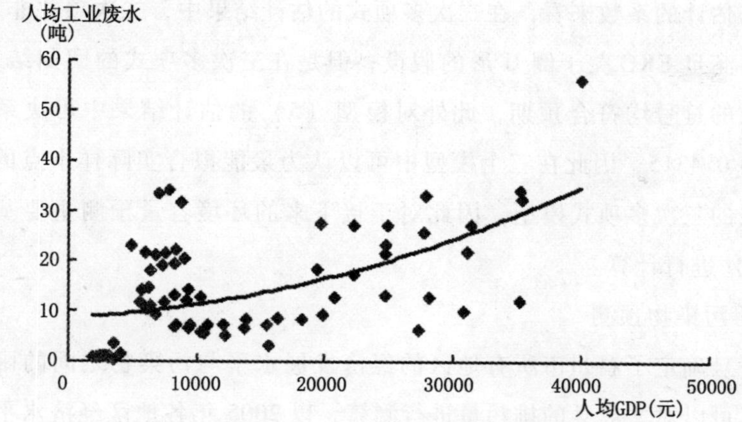

图 3－11　二次多项式拟合图

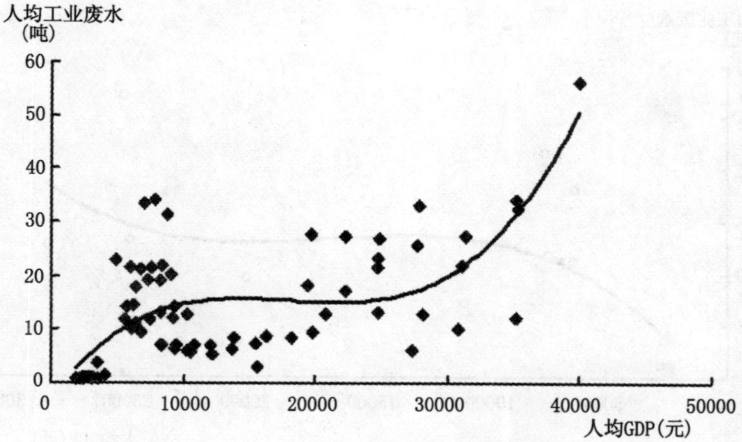

图 3－12　三次多项式拟合图

表 3－3　　对计量模型的估计结果

	模型（4）线性关系	模型（1）二次多项式	模型（5）三次多项式
常数项	5.9913	8.6117	－3.1044
rGDP	0.0006	0.0001	0.0034
$rGDP^2$		1.00E－08	－2.00E－07
$rGDP^3$			4.00E－12
Adj. R^2	0.3048	0.3166	0.4315
obs	72	72	72

从估计的系数来看，在二次多项式的估计结果中，二次项并非负数，显然不满足 EKC 关于倒 U 形的假设；但是在三次多项式的回归结果中，各参数的符号均符合预期，此外对模型（5）的估计结果中可决系数最高，为 0.4315，因此在三个模型中可以认为最能拟合实际样本点的是 N 型曲线的三次多项式模型，因此对于接下来的环境容量预测主要基于模型（5）进行计算。

3. 污染物预测

一旦确定了温州市所有地区的经济发展水平与污染物之间的函数关系，就可以对文成县的排污量进行测算，以 2005 年各地区经济水平同人均工业废水排放之间的散点图为例（见图 3 - 13）。

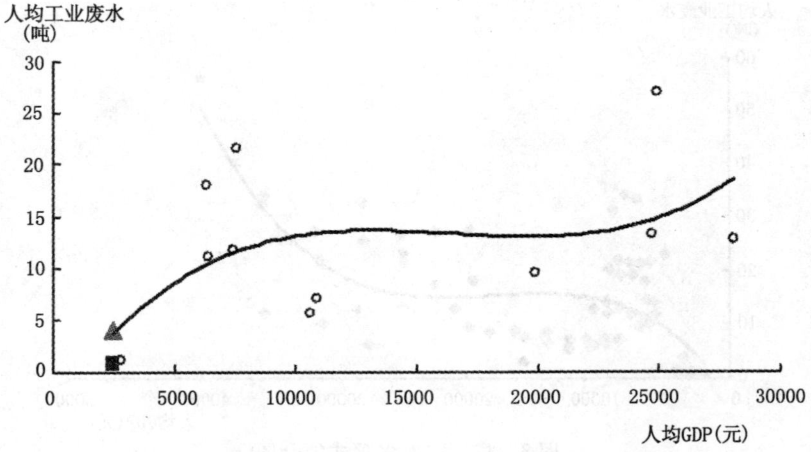

图 3 - 13　2005 年实际污染排放与理论污染排放量

在图 3 - 13 中，圆形散点表示其他地区在坐标中的位置，方框代表的是文成所在的位置，即低经济水平和低人均污染量，但是根据温州市的所有地区来看，其平均的经济水平与人均污染之间应体现在拟合的 N 形曲线上，对于文成而言，如果保持其经济水平不变，在全温州范围来看，其平均的人均污染水平应该是处在曲线上的三角形位置，因此两者之间的人均污染量的差即为损失的人均污染权。

根据以上分析，可以依次计算出每一年的“理论”人均污染量

$$rWater_t^* = f(rGDP_t) \tag{6}$$

其中函数 f（.）根据上面的计量估计，选择三次多项式形式得到每年的函数表达式，此外，每年的人均污染量 $rWater_t$ 是已知的，因此每年文成丧失的人均排污量为：

$$\Delta rWater_t = rWater_t^* - rWater_t \tag{7}$$

人均排放量乘以当年总人口，即为该年份全县总的损失的工业废水排放权：

$$Q_{water,t} = Population_t * \Delta rWater_t \tag{8}$$

根据上述思路，参照文成每年的人均 GDP 数值，分别计算出各年的"理论"人均污染量，如表 3－4 所示。

表 3－4　　2002—2007 年文成县工业废水排污权测算结果

变量	单位	2002	2003	2004	2005	2006	2007
人均 GDP	元（1990 年价格）	1969.57	2225.61	2470.43	2727.35	3111.91	3591.14
总人口	万人	40.83	40.36	40.42	36.40	36.57	36.80
实际人均排放量	吨	0.69	0.77	0.79	0.88	0.57	0.52
理论人均排放量	吨	2.89	2.49	3.74	4.06	5.46	3.34
损失的人均排污权	吨	2.21	1.73	2.94	3.18	4.89	2.83
排污权损失比重	%	76.28	69.21	78.81	78.36	89.48	84.55
损失的总排污权	万吨	90.05	69.67	118.99	115.85	178.66	103.97

从表 4－4 的测算结果来看，文成的理论人均工业废水排放量为 2.89—5.46 吨，而实际的人均工业废水排放量仅为其理论排放量的 11%—31%，有 70% 以上的人均污染权丧失，如果按照与经济发展水平相对应的污染水平来计算，文成在 2002—2007 年中损失总的工业废水排放权达到 677 万吨，平均每年少排放 112 万吨工业废水。

从与温州全市的对比来看（见图 3－14），可以发现，文成的实际人均排放量远低于温州全市平均水平，仅为温州全市平均水平的1/20左右，而且在温州全市人均工业废水排放量递增的趋势下，反而出现文成的人均工业废水排放水平逐年递减的趋势。对于经济发展尚未跨过环境库兹涅茨曲线转折点的文成来讲，污染权即是生存权，也是百姓的发展权，在没有足够的相关政策配套的情况下，通过种种强制手段抑制文成的经济发展，人为压制污染指标的走低，这无疑是剥夺了文成人民发展经济、提高生活水平的正常权利。

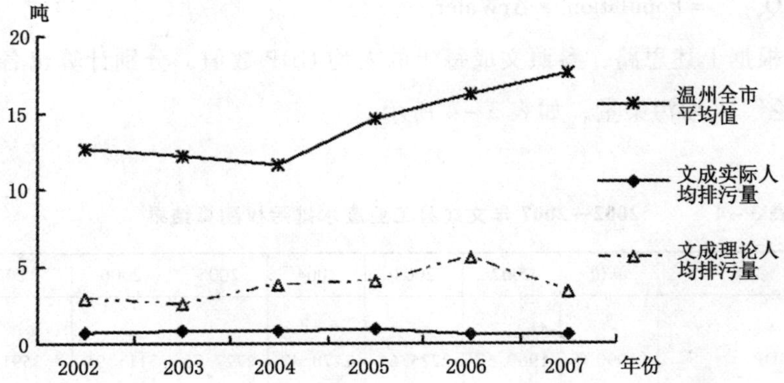

图3－14　2002—2007年文成县实际/理论人均排放量与温州全市对比

（三）污染物价格测算

迄今为止，污染物的价格确定仍是学术界探讨的难题。其主要原因在于：大多数污染物是无法通过市场进行交易的，因此也无法形成反映污染物稀缺程度的市场价格。但是可以通过间接的方法对污染物价格进行估算。

由于工业废水排放主要是工业企业在生产经营中所产生的，因此排放的废水数量越多，相应的国内生产总值也越高，当然随着技术进步和科技发展，每万元GDP所产生的工业废水（也可以称为工业废水排放强度）也呈现逐年下降趋势，如图3－15所示。

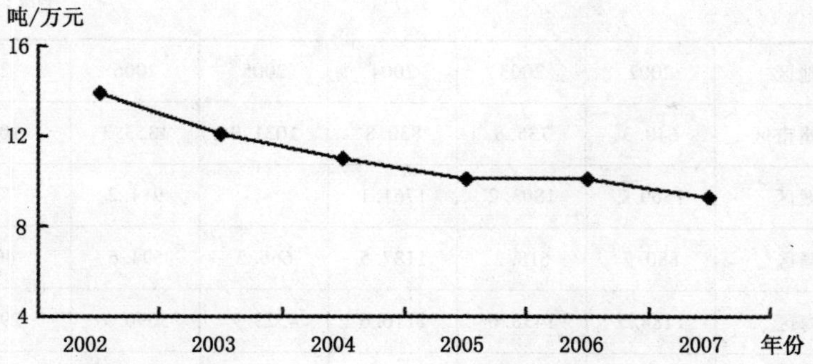

图 3－15 2002—2007 年温州市工业废水排放强度趋势图

与工业废水排放强度指标相对应的是每吨工业废水的生产率。这两个指标互为倒数，其中“工业废水生产率＝GDP/工业废水排放总量”，是指每吨工业废水与之相对应的国内生产总值，由于节能环保技术的应用，因此每吨工业废水所产生的生产总值会越来越高，正好与工业生产总值废水排放强度的趋势相反。

根据历年统计数据，可以计算出温州市全市范围内平均的工业废水生产率。这可以视作是工业废水的基本价格指数，各地区的工业废水生产率见表 3－5 所示。

由于不同地区的水资源禀赋、涉水产业和产业技术水平存在较大差异，为保证结论的稳健，因此选择各年份中废水生产率最低的值作为废水的价格，根据数值大小，最终确定 2002 年选择了洞头县，2003 年选择了永嘉县，2004—2007 年选择了平阳县的单位工业废水产出值作为工业废水的参考价格。

表 3 – 5　　各地区工业废水生产率

单位：元/吨

地区	2002	2003	2004	2005	2006	2007
温州市区	640.3	735.8	830.8	1031.0	1353.3	1045.9
鹿城区	1569.2	1803.2	1761.1		914.2	732.2
龙湾区	880.7	618.2	1187.5	666.2	594.6	409.9
瓯海区	1184.5	1438.6	2116.6	4525.7	3090.9	2909.6
瑞安市	1337.3	1541.4	1742.4	2049.1	2594.7	2539.8
乐清市	1183.9	1442.8	1876.9	2645.5	1875.0	5916.5
洞头县	273.9	614.3	757.7	480.3	540.3	829.1
永嘉县	306.3	357.5	401.7	437.0	515.0	922.2
平阳县	399.5	427.1	351.7	229.1	251.4	305.1
苍南县	509.0	614.6	536.4	556.2	661.1	1519.9
文成县	3178.6	3215.5	3457.7	3824.2	6684.0	8591.7
泰顺县	2339.8	2481.1	2618.8	2966.6	995.7	2736.4

（四）主要结论

一旦确定损失的污染权数量，以及污染物的价格信息后，就可以测算由于丧失污染权所导致的经济成本—也即是通过计算“减少的污染量”乘以“污染物参考价格”得到需要补偿的金额。

根据表 3 – 6 的计算结果可以看出，从 2002 年开始，文成由于需要保证水质而放弃的工业污水数量在 70 万—178 万吨，即便按照当年工业废水的最低产值计算，每年因此而导致的产出损失为 2.47 亿—4.49 亿元，截至 2007 年，因为水质保护要求放弃了 677.2 万吨工业废水污染，由此导致潜在产出损失至少 19.46 亿元，平均每年 3.24 亿元。

表 3－6　　2002—2007 年按照排污权方法测算的经济损失

	2002	2003	2004	2005	2006	2007
损失的总排污权（万吨）	90.05	69.67	118.99	115.85	178.66	103.97
工业废水相应产值（元/吨）	273.88	357.48	351.68	229.08	251.36	305.09
经济损失（亿元）	2.47	2.49	4.18	2.65	4.49	3.17

三、水权交易角度测算

（一）基本思路

文成向温州无偿供水是基于行政直接管辖条件下发生的，如果文成县在行政上并不隶属于温州市，那么温州市向文成县引水是要进行水权交易的。从这个角度来讲，水权交易的价值即是温州需要向文成补偿的数额。

为此设定两种情景，一是“基准”情景，此时文成隶属于温州管辖，温州市通过行政手段强行要求文成作出贡献，同时每年通过相关途径进行相关的补偿，假定其金额为 W_0，这也是当前的实际支付的相关补偿；另一种是“假想”情景，即文成在行政上并非属于温州管辖，此时温州在文成境内修建水库和引水，需要通过市场手段与文成进行水权交易，最终通过谈判达成交易的金额（包括移民费用、水资源使用费用、生态补偿等所有费用加总）设定为 W_1，那么（W_1-W_0）即为两种情景的补偿金额之差，也就是需要温州额外补偿文成的数量。

（二）省内几起水权交易的基本特征

水权交易的金额受水权交易数量、交易期限、水质高低等因素影响，由于缺少足够的研究样本，只能通过仅有的几起水权交易的案例进行定性分析，从而可以概括出跨区域水权交易的一般特征，从而为估算在“假想”情景下温州—文成水权交易金额大小提供参考。

我省目前主要有“余姚—慈溪”、“东阳—义乌”和“绍兴—慈溪”水权交易的成功案例。对三起水权交易的经验进行总结可以发现，虽然在交易内容上各有不同，但在交易中遵循的相关原则还是相同的。

1. 地方政府主导的原则

这是因为在市场交易过程中，由于信息不对称等因素的存在，分散主体之间水权交易的交易成本十分高昂，而地方政府可以与其他地方政府建立一种交易成本相对较低的协商机制，使交易有利可图；此外，政府作为社会公共利益的代言人，可以避免水权交易中有损地方整体和长远利益的事情发生，有效弥补市场机制的不足。

2. 本地供水优先原则

它包括两个内涵：一是在本地生活、生产、生态用水满足后富余的水才能用于水权转让，并要留有一定余量；二是在枯水年份要率先保证本地供水的安全。体现在水权交易中就是“留有余量、数量可调、时间有限”。

3. 有偿转让和合理补偿的原则

“有偿转让”的原则是指要遵循市场交易的基本准则，对水权出让方给予一定的经济利益补偿；“合理补偿”又可以从两个层面来理解：一是补偿费考虑的内容是否合理，二是补偿费价格设定是否合理。

4. 产权明晰的原则

这是由于水资源具有流动性，且经常是跨越多个行政区域、上下游之间分布不均匀，因此其界定比较困难。但水权转让必须以水资源产权明晰为前提，否则很容易造成纠纷。

5. 交易双方收益显著原则

交易能够发生的根本原因是双方都能够通过水权交易获得显著的经济社会效益，达到“双赢”。

（三）“基准”情景下的实际补偿金额测算

“基准”情景也即是现实情景，温州市在此之前对文成的真正意义上的生态补偿几乎没有，尽管直到2009年2月温州市出台了《温州市生态补偿专项资金使用管理暂行办法》，但是其补偿的范围与力度远远不足，很多原本不属于生态补偿的项目，譬如生态工程补偿也被“泛化”到生态补偿范围内。尽管如此，我们在此仍将所有的与引水工程相关的现有补偿进行加总，尝试计算出温州市在“基准”情景下的实际“最大”补偿金额。

根据相关资料，文成县获得的所有市级生态专项资金汇总情况见表3－7。

表3－7 文成县获得的市级生态专项资金汇总表

年度	文件号	项目	补助资金（万元）	总金额（万元）
2005	温环[2005]57号	2005年第一批市级环保专项资金	20	95.95
	温财农[2005]441号	2005年度市级森林生态效益补助资金	35.75	
	温财农[2005]404号	2005年度温州市林业发展专项资金	40	
2006	温生态办[2006]1号	关于下达2005年度生态市建设专项资金(补助)	86	308.9
	温生态办[2006]16号	关于下达2006年第一批生态市建设专项资金(工作奖励)的通知	34.2	
	温生态办[2006]23号	关于下达2006年第二批生态市建设专项资金(工作奖励)的通知	55	
	温生态办[2006]45号	2006年第三批生态市建设专项资金(项目补助)	5	
	温环发[2006]69号	2006年市级环境保护专项(补助)资金	11.7	
	温财农[2006]351号	2006年度第一批畜牧业污染整治和农村能源生态建设专项资金	41	
	温村规建办[2006]11号	“千村整治,百村示范”工程以奖代补资金的通知	64	
	温财农[2006]375号	“千村整治,百村示范”工程以奖代补资金	12	
2007	温环发[2006]69号	2006年市级环境保护专项(补助)资金	11.7	1041.9
	温生态办[2006]45号	2006年第三批生态市建设专项资金(项目补助)	5	
	温财建[2007]561号	文成县县城污水处理厂工程建设补助资金	800	
	温生态办[2007]15号	2006年第四批生态市建设专项资金(项目补助)	69	
	温生态办[2007]22号	2007年第一批生态市建设专项资金(工作奖励)	38.2	
	温财农[2007]68号	2006年第二批畜牧业污染治理和农村能源生态建设专项资金	18	
	温生态办[2007]39号	2007年第二批生态市建设专项资金(工作奖励)	60	
	温财预[2007]665号	2007年第三批生态市建设专项资金(项目补助)	40	

续表

年度	文件号	项目	补助资金（万元）	总金额（万元）
2008	温财农[2007]644号	畜牧业污染整治和农村能源生态建设专项资金	143	1768.45
	温财预[2007]665号	温财预[2007]665号	40	
	温财预[2008]100号	生态建设项目经费	60	
	温财发[2008]53号	2008年市级环境保护专项（补助）资金	20	
	[2008]温财预发193号	文成县县城污水处理厂工程建设补助资金	1000	
	温财预[2008]100号	2008年第一批生态市建设专项资金	60	
	温财预[2008]180号	2008年第二批生态市建设专项资金	18.2	
	温财农[2008]308号	“千百工程”以奖代补资金	72	
	温财农[2008]19号	2007年度市级森林生态效益补偿资金	55.25	
	[2008]温财预发49号	珊溪水利枢纽工程税费转移支付补助资金	150	
	[2008]温财预发195号	珊溪水利枢纽工程税费转移补助资金	150	
2009	温财农[2009]204号	森林生态效益	84.5	2613.1
	温财农[2009]18号	2008年度规模化畜禽养殖场排泄物治理资金	155	
	温财农[2009]187号	珊溪库区环境整治	33.32	
	温财农[2009]188号	珊溪库区环境整治	160.1	
	温财农[2009]215号	珊溪库区环境整治	44.18	
	温财预[2009]174号	生态补偿专项（2008年度）	1998	
	温财预[2009]77号	2008年第四批生态建设专项	30	
	温财预[2009]76号	2008年第三批生态建设专项	91	
	温财预[2009]131号	2008年第五批生态建设专项	6	
	温财预[2009]18号	2008年第一批农村能源与生态建设专项	5	
	温财预[2009]141号	千百工程以奖代补资金	6	

从表3－7可以看出，温州市在2005—2009年对文成的生态相关项目的资金补助累计金额为5828.1万元，尽管呈现出逐年增加的趋势，但是其年平均水平仅为1165.6万元；如果真正按照生态补偿标准来衡量的话，相关的补偿资金更低。

（四）“假想”情景下的水权交易金额测算

在“假想”情景下，温州与文成之间没有行政隶属关系，温州如果希望从飞云江引水，需要到文成修建珊溪水库及引水工程，并就每年的引水量和水资源价格与文成县进行谈判。参照已有的水权交易案例，将确定以下谈判内容：

1. 工程建设与补偿

如果珊溪水库是由当地建设，则温州市需要向文成支付水库的工程补偿费；如果珊溪水库和引水工程是由温州市出资建设，则需要支付水库建设补偿费，以补偿因为建造水库造成的移民、耕地、基础设施等损失。在此为便于计算，假定后一种情况，根据文成县相关统计数据，珊溪水库枢纽工程淹没耕地 4847 亩，园地 454.99 亩，林地 13158.21 亩，经济林 322.79 亩，移民 3912 户共 13749 人①。

在表 3－8 中，根据能获取的数据，计算出因为珊溪水库工程建设导致的经济损失为 1.25 亿元，如果考虑生态林补偿金、基础设施复边补偿金、移民和非移民扶持和恢复建设资金、工业企业补偿、库区后期扶持基金等，那么，经济损失将远高于 1.25 亿元。这部分费用应该是工程受益者——温州市向文成支付的。

表 3－8　　珊溪水库枢纽工程建设补偿费测算

补偿项目	数量	单位	补偿标准	总金额（万元）	依　据
耕地开垦费	4847	亩	10000	4847	《浙江省实施〈中华人民共和国土地管理法〉办法》第 46 条
基本农田保护费	4500	亩	11000	4950	缺少基本农田数据，按照略低于耕地的数量估计，依据来源于《浙江省基本农田保护条例》第 15 条

① 文成县人民政府：《文成县大众型水库移民后期扶持规划》，2007 年 1 月，第 15 页。

续表

补偿项目	数量	单位	补偿标准	总金额（万元）	依　　据
淹没园地补偿费	454.99	亩	9840	447.7	浙江省人民政府办公厅转发省土地管理局《关于依法加强当前建设用地管理工作意见的通知》第三条
淹没林地补偿费	13158.21	亩	1145	1506.6	《大中型水利水电工程建设征地补偿和移民安置条例》(国务院令第74号)第二章第五条
淹没林地安置补偿费	13158.21	亩	572.5	753.3	《浙江省林地管理办法》第二十五条
经济林	322.79	亩			补偿标准未知
生态林补偿金	—			—	
基础设施（道路、广播）复边补偿费	—			—	
移民和非移民扶持和恢复建设资金	—			—	
工业企业补偿	—			—	
库区后期扶持基金	—			—	
合计				12504.6	

2. 引水期限、水量及价格

根据案例分析可以发现，交易期限越长、交易数量越多，其单位水价越高。如余姚—慈溪引水期限为15年，总引水量为2.7亿立方米，原水价为0.28元/立方米；而绍兴—慈溪引水期限为18年，总引水量为11.826亿立方米，原水价由供水方——绍兴市决定，现在参照的居民水价为0.4元/立方米，而且可随政府定价调整而调整。

如果参照上述案例的标准，设定文成向温州引水期限为20年，每年引水量2.25亿立方米，总引水量为45亿立方米，远高于余姚—慈溪和绍兴—慈溪的引水量，如果按照原水价格为0.45元/立方米（现行居民水价0.4元/立方米+库区水源保护费0.05元/立方米）来计算，那么温州市每年为了获得2.25亿立方米饮用水①，需要每年向上游库区缴纳10125万元，考虑到泰顺和瑞安也为水源地，按照《温州市生态补偿资金分配方案》，温州市将根据集雨面积、水域面积和生态林面积比重向上游地区分配补偿资金，文成可以获得其收益的45%，也即是每年4556.25万元。如果考虑到珊溪水库现在实际的供水能力（2.25亿立方米）低于设计供水能力（7.3亿立方米），未来随着供水范围的扩大，供水能力将逐渐增加，同时未来水资源价格将会不断上升，那么温州向文成购买的饮用水资源费用将会更高。

3. 水资源其他用途的开发

珊溪水库枢纽工程是以城市供水和灌溉为主，兼有发电和防洪等综合效益。建成后，珊溪电站年发电量为3.55亿千瓦时，根据前文假定，珊溪枢纽工程是由温州市为满足引水需要而建设的，因此其枢纽工程在满足正常的供水需要以外，对于水资源的其他用途的开发效益应归属于当地，即是文成县所有②，否则温州还需要在以上补偿费用之外，额外进行工程折旧补偿。

表3-9是对珊溪水库历年发电量及销售额的测算。根据2004—2008年珊溪水电站的实际上网电量，按照上网电价0.538元/千瓦时来计算，可以计算出每年水电站由于利用水资源发电所获得的收益以及应缴纳的税收。如果按照属地管理原则，那么由于对水资源其他用途的开发，在2004—2008年共计能为当地发电企业带来8.92亿元的发电销售额和

① 由于无法获得历年引水量数据，因此主要参照2008年的实际引水量进行计算。

② 在余姚—慈溪、东阳—义乌和绍兴—慈溪引水案例中，输水地本身已经建好水库，因此引水方主要承担引水工程和输水管道的投资与建设，并对输水地的水库建设给予工程折旧补偿。在宁波—新昌的引水中，即是由宁波出资在新昌境内建造钦寸水库和引水工程的。

1.52 亿元的税收收入，平均每年为当地发电企业带来 1.78 亿元销售额，为地方政府带来 3000 万元的财政收入。

（五）主要结论

“基准”情景下的实际补偿金额 W_0：按照现有的市级补助资金来看，在 2005—2009 年间累计金额为 5821.1 万元，由于其补助资金中大部分为林业发展和生态市建设资金，属于对珊溪水库生态保护和生态补偿的资金较少，因此可以有：在 2005—2009 年实际补偿金额 $W_0 \leqslant$ 5821.1 万元。

“假想”情景下的水权交易金额 W_1：如果在进行水权交易的情境下，文成县最终的收益额至少包括以下三部分，一是由于土地被淹造成的工程建设补偿费，这部分经济损失至少为 1.25 亿元，应该属于一次性支付；二是如果温州从文成每年引水 2.25 亿吨，期限为 20 年，引水价格为 0.45 元/吨，在不考虑引水规模增加和引水价格上涨的前提下，那么每年至少应向上游地区缴纳 1.0125 亿元，其中分配给文成 4556.25 万元；三是由于水资源的其他开发利用带来的收益，如果按照已有的 2004—2008 年上网电量计算，能够为地方发电企业带来 8.92 亿元的销售收入，为文成带来 1.52 亿元的财政收入。由于第一、二部分内容的测算均取最小值，因此水权交易金额 $W_1 \geqslant$ 三部分补偿金额加总值。

表 3-9　珊溪水库发电量及销售额测算

年份	上网电（万千瓦时）	上网电价（元/千瓦时）	销售额（万元）	应纳增值税（万元）
2004	18103.80	0.538	8324.65	1415.19
2005	50442.21	0.538	23194.79	3943.11
2006	45179.38	0.538	20774.79	3531.71
2007	45062.10	0.538	20720.86	3522.54
2008	35170.80	0.538	16172.56	2749.33
合计	193958.29		89187.66	15161.89

备注：销售额 = 上网电量 × 上网电价/1.17。

将基准情景和假想情景下的补偿金额进行比较，如表 3－10 所示。

根据上表，可以计算出在不同年份时点上应向文成支付的历年生态补偿金总额。如果在 2002 年实施补偿，需要支付 1.71 亿元；如果在 2003 年实施补偿，需要支付 2002—2003 年的生态补偿金共计 2.16 亿元，依次类推可知，截至 2007 年，需要支付 2002—2007 年的生态补偿金共计 11.29 亿元；截至 2008 年，温州市总共应向文成支付 2002—2008 年的生态补偿金共计 13.36 亿元，扣除实际已经补偿 0.32 亿元，应额外支付生态补偿金额 13.04 亿元。

由于珊溪水库设计引水量为 7.3 亿立方米，现状供水仅为 2.25 亿立方米，未来随着珊溪水库供水范围的增加，引水量将会逐渐递增，此外，考虑到水资源的稀缺性，尤其是优质水资源的稀缺性，水价也必然随着人们生活水平的提高而出现上调。因此，一旦考虑未来供水量和水价的增长等因素后，如果温州市进行生态补偿的时间越迟，所需要支付的历史欠账将越多，生态补偿金额就越高。

以上分析表明，如果文成在行政上并不隶属于温州市管辖，那么温州如果要从文成境内修建水库和引水工程，必须通过政府间谈判来进行水权交易，在谈判中文成处于主动地位，按照已有的水权交易案例的一般原则和最低标准，温州市必须要全额投资修建水库和引水工程，并向文成支付因为修建水库所造成的移民和耕地受损等工程补偿款，必须按照协商价格购买文成境内的水资源，对于文成境内水资源的其他用途开发没有直接收益权。

按照该情景计算，在 2002—2008 年，温州市应累计向文成提供 13.36 亿元水权费用，实际上温州市仅向文成提供了 3215 万元的生态专项资金，两者差额为 13.04 亿元。而且温州向文成进行生态补偿的时间越迟，其生态补偿金额越高。

表 3-10　　基于水权交易思路的补偿金额比较

单位：万元

情　景		2002 年	2003 年	2004 年	2005 年	2006 年	2007 年	2008 年	2009 年
基准情景 W_0					95.75	308.9	1041.9	1768.45	2613.1
假想情景 W_1	工程补偿款	12504.63							
	引水收益	4556.25	4556.25	4556.25	4556.25	4556.25	4556.25	4556.25	4556.25
	发电收益			8324.6	23194.8	20774.8	20720.9	16172.6	
历年累计应补偿总额		17060.9	21617.1	34498.0	62249.0	87580.1	112857.2	133586.1	
历年累计应补偿差额		17060.9	21617.1	34498.0	62153.3	87175.4	111410.7	130371.1	

四、对生态补偿金额的讨论

第一部分的测算结果表明：如果采取污染权计算方法，在 2002—2007 年共 6 年时间内，文成每年为保护温州的大水缸而牺牲 112.87 万吨工业污水排放权，由此带来的潜在产出损失共计 19.46 亿元。

第二部分的测算结果表明：如果采取水权交易方法，在 2002—2008 年，温州市应累计向文成提供 13.36 亿元水权费用，截至 2008 年，温州市仅提供了 3215 万元的生态专项资金，需要再向文成补偿 13.04 亿元。

国内一些相关研究与本课题研究结论较为一致。如《关于要求建立东江源区域生态资源补偿机制的报告》中，测算出东江源地区为向珠三角安全供水，在 2000—2006 年间产业发展受限，经济损失为 24.8 亿元，年均损失 3.7 亿元；又如在《水源保护补偿与约束机制研究报告》中，沈满洪等人运用机会成本法和土地损耗测算法，计算出淳安作为水源保护地，每年应获得生态补偿资金为 2.1 亿—4.6 亿元。在本章第一部分的测算中，如果按照 2002—2007 年来计算，共需要支付 19.46 亿元，平均每年 3.24 亿元；在第二部分的测算中，如果按照 2002—2008 年来计算，需要支付 13.36 亿元，平均每年为 1.91 亿元，均同其他研究结论在数量级上较为接近，这也表明了本课题测算的结果较为稳健。

综上所述，本课题运用污染权、水权交易两种方法，计算的结论较为稳健，且同其他相关研究结论一致，因此无论是从水资源的有偿使用角度，还是从发展所需的基本污染权来看，文成为保证温州的“大水缸”稳定持续的供给清洁水资源，做出了巨大的经济代价，温州市应该由此向文成提供足额生态补偿资金。如果按照平均支付的方式，每年至少需要向文成县补偿 1.91 亿—3.24 亿元；如果对 2002—2007 年进行足额补偿，总共需要支付 11.29 亿—19.46 亿元。

第四节　完善生态保护补偿机制的总体框架

一、指导原则与总体目标

（一）生态补偿的指导原则

1.“谁受益谁付费”的原则

生态保护补偿机制的建立必须根据“谁受益谁付费”原则确定补偿主体。让生态保护的受益者付费可以改变生态保护“搭便车”的问题，增强人们的环保意识以及对生态保护的责任感。“谁受益谁付费”原则的贯彻落实不仅有利于生态保护资金的筹措，还有利于缓解社会发展同生态保护之间的矛盾。

2.“谁保护谁受益”的原则

众所周知，生态保护行为是一种具有极强正外部效应的行为，如果不对生态保护者给予一定的补偿，将会大大削弱保护者的积极性，从而不利于生态环境的保护和建设。根据“谁保护谁受益”的原则确定受偿主体，可以大大激发生态保护者的积极性，激励更多人从事生态保护这一投资事业。

3. 公平与效率兼顾的原则

由于区位、土地、生态等因素，流域上下游之间的劳动生产率和资源生产力均呈现出一定的差异性。根据这种差异性进行产业布局，例如上游重点保护生态，下游重点发展经济，有利于提高效率。但是，人的环境权是平等的，发展权也是平等的。因此，侧重于发展经济而享受生态保护成果的下游应当对侧重于生态保护而经济发展滞缓的上游。

4. 政府与市场相结合的原则

生态保护补偿涉及到保护区的政府、保护区的百姓、受益区的政府、受益的居民和企业等多方利益，生态保护补偿机制的建立还涉及到保护区范围的界定、生态价值的评估、因保护生态环境可能导致的经济损失、受益区受益价值的确定、补偿平台的建立等一系列问题。根据我国现阶段的国情，生态保护补偿机制的建立与实施必须有政府的参与。政府除了提供财政转移支付、政策等补偿之外，应引导市场，激励生态保护的受益者出具补偿资金。

5. 生态保护补偿与其他补偿兼顾的原则

作为“生态敏感区”、“水源保护区”、“欠发达地区”三区兼有的地区，对文成县的补偿是综合的补偿，除了生态保护补偿，还有扶贫补助资金、水利工程补偿、生态工程补偿。在这些补偿中，有些不受生态保护补偿的影响，有些会随着生态保护补偿的实行而做出变动。水利工程补偿以及生态工程补偿，即使有了生态保护补偿，这两类补偿也不能相应减少，而扶贫补助资金，如果对文成县的生态保护补偿使文成县变得不那么贫困或者不贫困，那么扶贫补助资金就可以相应的减少或不补。因此，在对文成县进行补偿时要兼顾生态保护补偿与其他补偿。

(二) 生态保护补偿的总体目标

1. 生态资本增值目标

生态保护补偿的目标之一就是进一步提高生态质量，促进生态资本的增值。生态保护的正外部性非常强，因此保护者的保护收益很难获得保证，通过生态保护补偿可以激发文成生态保护者的积极性，激励他们投资生态保护事业，提高生态质量，促进生态资本的增值。

2. 社会和谐稳定目标

由于自然因素、区位条件的限制，处在流域上游的文成县为欠发达地区，为了保护水源地的生态，对其发展限制较多。文成县本来就有自然因素造成的“起点不公平”，又加上发展权受制约的“过程不公平”，必然会导致该地区极端落后的“结果不公平”。在社会经济生活中，起点与结果的公平不能苛求，但是过程一定要公平，这样才不会因为不公平导致社会的不稳定。生态保护补偿机制的建立，可以缓解发展过程中的不公平，缩小文成县与下游地区的发展差距，维护社会的公平稳定。

3. 流域协调发展目标

文成县生态保护补偿机制的建立，其最终目的是增强流域经济社会发展的协调性，为和谐社会建设作出贡献。在飞云江流域，恰好是要求经济欠发达的上游区域加大生态保护的力度，而经济相对发达的下游区域却享受着上游生态保护的成果，这必然会增加流域发展的不协调性。通过生态保护补偿机制可以调整各方的利益关系，最终形成资源节约型和环境友好型的产业结构、增长方式、消费模式，促进整个流域的协调发展。

二、补偿主体的确定

严格地说，根据“谁受益谁付费”的原则界定补偿主体，文成县政府以及水源地的居民因为享受到了好山、好水、好空气带来的效益，也是受益者。但是，现阶段文成县政府以及当地居民已经在生态保护过程中付出了高昂的成本，可以说已经为自己的“收益”付出了相应的“费用”，而且这个“费用”远远高于其所享受到的“收益”。因此本章在界定补偿主体时不将文成县考虑在内，重点着眼于生态保护效益外溢的部分。

“谁受益谁付费”的原则包含两层含义：一是谁享受了生态保护的

效益，谁就应该承当相应的付费责任；二是谁享受生态保护的效益越多，谁就要承担更多的付费责任。珊溪水库水利枢纽工程是一个以城市供水为主，兼有发电和防洪等综合效益的水利工程。其产生的经济效益、社会效益、生态效益被多个利益主体所享受，这些都应该称为文成生态保护补偿的补偿主体。

珊溪水库有着温州“大水缸”之美誉，水资源主要向温州市区以及洞头县、瑞安市、平阳县、苍南县等城镇供应。充足且优质的珊溪水保证了温州市及相关县（市）城镇的正常供水，保障了居民生活的用水安全和企业的正常生产，因此温州市市区以及其他受水县（市）的居民和企业是文成生态保护的直接受益者，必然要作为生态补偿的受益主体。这部分受偿主体的付费主要通过自来水价格的上涨来体现。现阶段，珊溪水库所供的每吨自来水水价中已经包括0.08元的水资源费、0.05元的水源保护费、0.06元的生态工程补偿费、0.5元的排污费、0.01元的移民扶贫资金，而对于生态保护补偿尚无体现，所以遵循“谁受益谁付费”原则，应将生态保护补偿费加入自来水价格中。

珊溪水库供水具有水量充足、水质优良的优点，一方面可以避免并减轻缺水风险，提高受水地区居民的用水满意度，另一方面可以满足地区经济发展的用水需求，增加当地政府的税收收入。这巨大的社会效益和经济效益都由当地政府享受，因此温州市区以及受水县（市）的政府必然要作为文成县生态保护补偿的补偿主体。现阶段，除了市政府以及下属的四个区安排了部分生态工程补偿款，其他受水地区的政府均未承担珊溪水库的保护责任，而不管是温州市政府还是洞头、瑞安等其他县（市）的地方政府针对文成县的生态保护补偿均处于空白。

珊溪水库水利枢纽工程除了城市供水以及防洪功能，还有发电功能。文成县对库区进行了很好的水土保持，有利于珊溪水利发电厂发电效益的发挥，而作为发电收益的直接享受者——温州珊溪经济发展有限公司也应该作为生态保护补偿主体，从发电收益中提取一定的比例对文成县进行生态补偿。

温州珊溪经济发展有限公司是由温州大江南发展有限公司（温州市政府注资）56%、浙江省财务开发公司（隶属省财政厅）、浙江省电力开发公司（现为浙能集团一部分）、浙江省水利水电集团公司等四家股东投资而组成，省级直属企业的股份占44%左右。另外，根据《浙江省水资源费征收管理办法》，珊溪水力发电厂、赵山渡水力发电厂的上网电量每千瓦时提取0.01元水资源费，珊溪水库每供应一吨原水提取0.08元水资源费，由省水行政主管部门负责收取。因此，浙江省政府也是文成生态保护的受益者，也要作为生态补偿主体。现阶段，浙江省政府对文成县补偿的资金中已有少量的生态保护补偿资金，比如省生态县创建补偿资金、省生态公益林专项建设资金等。

我国实行的是分税制，税收划分成中央税与地方税，现阶段增值税、企业所得税都属于中央与地方共享税，其中，增值税（不含进口环节由海关代征的部分）中央政府分享75%，地方政府分享25%；企业所得税、外商投资企业和外国企业所得税，除铁道部、各银行总行及海洋石油企业缴纳的部分归中央政府，其余部分中央与地方政府按60%与40%的比例分享。可见中央政府因珊溪水力水电开发、供水获得了较高的税收收益，同时受水地区因解决了水资源的瓶颈，经济快速发展，中央政府也从中享受到了税收收益，因此中央政府也应该作为文成生态保护补偿的补偿主体。

总的来说，按照“谁受益谁付费”的原则，文成县生态补偿包括受水居民与企业，受水县（市）的地方政府，温州珊溪经济发展有限公司，浙江省政府与中央政府。从现有的补偿来看，政府方面的生态保护补偿已经有所涉及，但主要是响应国家生态县（市）创建、生态公益林建设而开展的补偿，而且补偿方式缺乏创新，补偿标准偏低，而受益居民和受益企业等市场补偿还处于空白。

三、受偿主体的确定

（一）区际受偿主体的确定

文成县、泰顺县、瑞安市三个县市均有部分国土处在珊溪水库、赵山渡水库的水源保护区内，在保护区内所执行的保护政策是相同的。因此，它们是共同的生态保护主体，也是利益共同体。在实施生态保护补偿机制时，不能补了文成不补泰顺和瑞安，也不能补了泰顺和瑞安而不补文成。

（二）区内受偿主体的确定

文成县各级政府以及居民都对特殊的生态保护作出贡献，均应作为受偿主体。文成县各级政府和居民对生态保护产生积极影响的行为包括两类：一类是作为行为，一类是“不作为”行为。前者是指由于饮用水水源保护地，需要在库区开展特殊的环境保护，建设一些生态建设与环境保护工程，如各乡镇政府为环境保护建造污水处理厂、垃圾处理设施等，后者是指保护区政府与居民为了保护优质水源，放弃了众多的发展机会，如水源地农民为了保护水源而放弃畜禽养殖、林地开发等。按照生态保护补偿的定义，对文成县各级政府与居民“不作为”行为的补偿才是真正意义上的生态保护补偿，而对文成县各级政府与居民“作为”行为的补偿只是一种生态工程补偿，因此接下来的论述会着眼于由于“不作为”行为而发展受损的受偿主体。

首先是文成县政府。由于特殊的生态保护要求，文成县政府在水源保护和生态县建设中的生态保护费用大幅度增加。比如为了保护温州“大水缸”，从2007年开始开展了一系列的珊溪水利枢纽库区环境整治工程，进行库区的生活污水处理、生活垃圾处理、有机肥推广、低残留农药推广等。由于市政府投入的资金不足，文成县政府还需要为污水处理厂、垃圾处理设施、生态公厕的建设增加配套资金，使原本捉襟见肘的财政进一步吃紧。另外，文成县86.8%的国土面积成了水源保护区，保护区内的产业发展受到严重制约，导致地方税收收入大幅减少。《温州市区饮用水水源保护区管理办法》规定赵山渡以上飞云江流域集雨区域划为特殊水体二级保护，禁止新建、扩建、改建有废水排放的各类建设项目；禁止20度以上直接面向水库的荒坡地开垦种植；禁止在沿溪两边和水库两边几公里范围内从事放养禽畜、网箱养殖、采石、取土、挖沙活动；禁止在防洪堤两岸50米范围内从事商业建筑，33米范围内不得从事招标用地。文成绝大部分的招商引资项目因此而“流产”，当地的养殖业、林业、种植业、渔业、建筑业、旅游业等多种产业都受到了或多或少的制约，直接导致文成县财政收入大幅减少。由此可见，文成县政府一方面由于生态工程补偿不足而导致县级财政吃紧，另一方面还因为发展受阻而导致财政收入减少，因此文成县政府必然要作为生态保护的受偿主体之一，补偿其因产业制约而造成的税收损失，在对其进行生态保护补偿的同时，还要进一步增加对生态工程补偿，补偿其因特殊生态保护而承担的额外环保费用。

其次是县内的乡镇政府，特别是保护区内的乡镇受水库影响更大。《温州市区饮用水水源保护区管理办法》对库区的产业发展有严格的规定，仰山乡的杨梅种植业、巨屿镇的工业、黄坦镇的养殖业等众多特色产业都受到了严重制约，绝大多数乡镇经济发展陷入停滞状态，有的甚至出现了倒退。因此，库区的乡镇政府也应该作为受偿主体。

最后是文成县水源保护地的居民。原来水源地居民“靠山吃山、靠水吃水”，虽然经济比较落后，但至少有资源可以利用。被划为二级水源保护区后，库区144米淹没线以上的土地不允许居民开发，经济林开发受控制、禽畜养殖的种类规模受限制、渔业养殖以及捕捞业受阻，而生态工业、旅游业等替代产业又没有及时扶持发展，导致居民守着好山好水而增收无门，生活水平低下。因此，保护区的居民也应该作为受偿主体。

四、补偿方式的选择

（一）生态补偿的方式

1. 资金补偿

现阶段，文成县虽然也获得了一些上级政府的资金支持，比如中央政府的环保专项资金、省政府的“千村示范万村整治”资金，市政府的珊溪库区环境综合整治专项资金、生态补偿专项资金等，但是这些资金都是用于生态建设与环境保护工程，是生态工程补偿的一部分，并不是属于生态保护补偿资金。虽然也存在退耕还林、生态公益林建设专项补助等真正意义上的生态保护补偿，但是数量有限并且是以专项资金的形式下拨的，几乎没有补偿文成县因生态保护导致政府税收减少和居民收入减少的部分。另外，从补偿资金的来源来看，资金补偿主要局限于上下级之间的财政转移，即以政府补偿为主，而由受益居民与企业承担主角的市场补偿几乎没有。因此，资金补偿要做到政府与市场补偿结合，一方面要加大上级政府对文成县生态保护补偿的资金投入力度，并且要以财力补助的形式进行补偿而不是以专项资金的形式予以补偿，另一方面要尽快开展市场补偿，让受益的市场主体承担相应的生态保护责任。

2. 政策补偿

政策补偿是指上级政府根据受偿地区生态保护以及经济社会发展的特点制定有针对性的政绩考核政策以及其他相关的发展扶持政策等。

文成县不仅仅是温州市二级水源保护地，它还是省内仅剩的三个国家级贫困县之一。每年温州市政府对文成县的考核，除了生态县考核还有温州市委市政府组织的综合考核，综合考核中有一项重要的指标是招商引资指标。而根据《温州市区饮用水水源保护区管理办法》，对水源保护区的产业有众多的限制政策，并且禁止在防洪堤两岸 50 米范围内从事商业建筑，33 米范围内不得从事招标用地。一方面要考核招商引资，另一方面又进行层层限制，政策的矛盾性使文成县两边受压。因此，对于文成县的政策补助主要是市政府对文成县的政绩考核，应该考虑到水源保护地的实际情况，强化生态保护考核，弱化招商引资考核。

3. 产业补偿

产业补偿是对文成地区失去的发展机会的补偿，通过产业转移以及扶持当地自有产业的方式，发展当地的经济，增加就业，缩小与下游之间的发展差距。产业补偿可以通过扶持当地自有产业或者产业转移两个途径来实现。

文成县有水资源、森林资源、旅游资源三大资源优势，其中水资源和森林资源两大优势由于生态保护的高要求而不能发挥，只有旅游资源尚具开发潜力。旅游业不仅资源消耗低、投资效益高、发展前景好、带动能力强，而且能够促进全县经济增长方式的转变，推动经济结构的调整和优化，提高经济增长的质量和效益。如果开发得当，能够将文成的旅游资源优势转化为旅游产业优势，有利于提高水源保护地百姓的环保意识，有助于促进当地政府采取更积极的措施进行库区生态保护。因此，要发挥文成县的资源优势，重点扶持其生态旅游产业。

在产业转移方面，温州市可以借鉴广东省对河源市的生态补偿经验，帮助文成发展经济。广东省就曾通过扶持资金的拨付，支持中山产业转移工业园在河源市高新区的落户，2006 年，广东省政府又将“广东省手机检验检测中心”和“国家终端产品检验中心”设在河源，并将河源市确定为“广东省手机生产基地”，帮助河源将低污染的手机制造业发展为主导产业。因此，温州市政府也可以通过资金扶持、税收优惠等方式鼓励高新技术产业向文成转移，扶持某一低污染产业作为文成县的主导产业。

4. 技术补偿

水源保护区对生态保护的高要求，要求文成县必须进行原有产业的转型，发展低污染的生态农业、生态工业、生态旅游业，这需要一大批高素质的人才，包括管理人才、科技人才与高级技术工人等。上级政府一方面可以通过开展智力服务，提供无偿技术咨询和指导，直接输送各类专业人才，另一方面可以组织相关培训，培养受补偿地区的技术和管理人才，提高他们的生产技能、技术含量和管理组织水平，运用现代技术搞好水源区的生态建设。

（二）各补偿方式的比较与选择

生态保护补偿的总体目标是要实现生态资本增值、社会和谐稳定以及流域协调发展，也即生态保护补偿要追求生态效益、社会效益、经济效益最大化。资金补偿、政策补偿、产业补偿和技术补偿四种补偿方式在实现这三大目标时效果各有优劣，因此要根据补偿方式的不同特点，有所选择，合理搭配，这样才能构建科学合理的生态保护补偿体系。

资金补偿是将生态补偿直接以生态补偿费的形式下拨到下级政府以及保护地居民的手中。从补偿效果来看，文成县各级政府与居民由于生态保护而失去了发展机会，导致政府财政紧张，居民生活水平低下，在生存需要都难以满足的情况下要求其进行生态保护，是不可行的。对他们进行直接的资金补偿，让保护地的政府和居民切实享受的生态保护的好处，有利于增加他们进行生态保护的动力。因此从这个方面来看，资金补偿方式的生态效益较大。由于生态保护，文成县居民的人均收入远远低于下游地区的人均收入。当然这有一部分是由于区位自然因素导致的，但是发展权受制约也是重要原因。上下游地区收入差距的扩大必然会导致文成县居民的不满，从而导致社会不稳定。若将补偿资金直接补偿到受损居民手中，可以缩小这种收入差距，有利与社会的和谐稳定，因此资金补偿方式也具有较大的社会效益。但是由于资金补偿是一种“输血式”的补偿，并不能提高当地的造血功能，因此其经济效益较小。

政策补偿主要是对文成县政绩考核办法的纠偏，弱化 GDP 考核，强化生态考核。这种考核能够使文成县专心进行生态保护，而不需要为招商引资担忧，因此政策补偿的生态效益较大。政策补偿主要是针对政府官员的考核，因此其社会效益以及经济效益相对较小。

产业补偿是通过扶持当地自有产业或者产业转移来扶持文成的经济发展。产业发展，对于当地居民来说能够解决的就业问题，增收收入，而对于文成县政府来说可以增加税收，在“两保两挂”机制下上级的补助与奖励资金也会相应增加，因此产业补偿的经济效益较大。另一方面，由于产业发展，可以缩小上下游之间的发展差距，缩小居民的收入差距，有利于社会的稳定，因此，产业补偿的社会效益也较大。但是，只要是发展工业，无论企业的环保措施多么完善，或多或少都会带来污染，即使是生态旅游，也会随着旅游人数的增加而对环境造成污染，从这个方面来看，产业补偿的生态效益较小。

技术补偿一方面是通过提供无偿技术咨询和指导，为文成输送各种专业人才，另一方面是通过提供培训，增加文成当地居民的就业技能，有利于当地居民通过自身努力致富。这种“授人以鱼不如授人以渔”补偿方式可以取得较好的社会效益，相对来说，经济效益一般。而这种技术补偿对于文成生态保护的帮助较小，因此其生态效益也较小。

四种生态补偿方式的实施效果比较见表 3 – 11。

表 3 – 11　　四种生态补偿方式的实施效果比较

	生态效益	社会效益	经济效益
资金补偿	大	大	小
政策补偿	大	小	小
产业补偿	小	大	大
技术补偿	小	大	一般

五、补偿资金的投入来源

（一）生态保护补偿资金的来源

根据“谁受益谁付费”原则，生态保护补偿资金应该来源于各受益主体，根据前面的分析，文成县生态补偿的补偿主体包括受水居民与企业，受水县（市）的地方政府，温州珊溪经济发展有限公司，浙江省政府以及中央政府。从各个受偿主体获得补偿资金的主要方式主要有以下几种：

1. 从自来水公司供水收益中提取

温州市居民以及企业使用的自来水价格中包括工程补偿费、水资源费、制水成本、污水处理费、利润等多个成分，但是生态保护补偿费却未纳入自来水价中。受水居民与企业补偿资金的提取可以通过将生态补偿费直接摊入自来水价中，再从自来水公司的供水收益中统一提取。

现阶段我国城市自来水供水一般实行的是分类水价，以温州市区城市供水价为例，居民生活到户价格为2.1元/立方米（1.6元供水价格+0.5元污水处理费），非经营性用户3.55元/立方米（1.95元供水价格+1.6元污水处理费），经营性用户3.75—4.35元/立方米（2.15元供水价格+1.6—2.2元污水处理费），特殊行业6.1元（4.5元供水价格+1.6元污水处理费）。在提取生态保护补偿费时也可以考虑根据不同的用水户制定不同的提取标准。

从自来水价格中提取生态补偿费的标准未必一步到位，可以考虑到受水区居民与企业的承受能力，分步实施，逐步到位。当然提取的标准也不是一成不变的，也需要根据以后的水价调整同比例提高。

2. 从受水地区地方财政收入中提取

温州市政府以及受水县（市）作为生态补偿的次级补偿主体，可以从政府每年的地方税收总收入中提取一定的比例，转移给文成县政府，作为对政府财力的补助。在省管县的财政体制下，提取标准最好由省级主管部门牵头，会同受偿以及补偿地区的政府代表协商制定。提取标准应该考虑到珊溪供水对各县（市）经济发展的贡献程度大小有区别地制定。

3. 从温州珊溪发展有限公司的发电收益中提取

文成的生态保护，特别是水土保持对于珊溪水利发电发挥了巨大贡献，因此在珊溪水库的发电收益中应该提取一定比例作为生态保护补偿金。每年提取的生态补偿金的金额应该按照固定比例从发电收益中提取，而不是以每年协商的形式来商定。在制定发电收益每年提取的比例时，应考虑文成县对本地水利资源所享有的股权。

4. 生态公益林建设资金

文成县共有国家生态公益林28.3万亩、省级生态公益林10.2万亩、市级生态公益林6.5万亩，因此生态公益林建设专项补助资金的获取涉及中央政府、浙江省政府和温州市政府三方补偿主体。

近几年生态公益林补偿标准逐年提高，2008年已达到15元/亩，但是除去每亩2.5元的护林费，1.5元的管护费，到农民手中的补偿仅仅为11元/亩，远远低于林地80—150元/亩的平均产值，导致库区居民保护以及扩大生态公益林的积极性低落。生态公益林资金除了中央政府、省政府按照全国以及全省统一标准拨付的部分之外，作为直接受益的温州地区也有责任增加配套资金，提高补偿标准，可从每年的财政环保开支中增加生态公益林资金的比例。

（二）生态保护补偿资金的分配

1. 生态保护补偿资金在区域之间的分配

按照《温州市生态补偿资金分配方案》，生态补偿资金在各个区域之间的分配依据主要有三个：一是集雨面积，占55%的权重；二是水域面积，占35%的权重；三是生态公益林面积，占10%的权重。一旦补偿总额确定就可以在文成、泰顺和瑞安三县之间进行分配。虽然，这些权重的确定难以寻找出科学依据，但是相关地区基本能够接受，这就意味着这一分配方案是相对合理的。在文成县将生态补偿资金配置到各个乡镇时也可以参考这一比例。

2. 按照生态保护贡献和牺牲大小分配生态保护补偿资金

生态保护补偿资金的分配不能仅仅考虑保护的面积，还应结合生态保护的效果。例如，对于生态保护绩效显著的，可以乘以大于1的系数；对于生态保护绩效一般的，可以乘以小于1的系数。以此激励水源保护区的政府和居民更好地保护生态环境。

生态保护补偿资金的分配应考虑为了特殊严格的生态保护而放弃的机会成本——牺牲的大小。就规划区域而言，越是限制开发区越要多补；

就库区区位而言，离库区越近越要多补。

严格地说，生态保护补偿资金只有在保护绩效好的情况下才能拨付。如果生态保护没有达到规划要求，或者出现环境污染损害事件，不仅不应该补偿，而且还应该赔偿。

3. 生态保护补偿资金在主体之间的分配

生态保护是政府与居民的共同事业，生态保护所放弃的机会成本既体现在政府的税收损失上，又体现在居民收入的减少上。因此，文成县在处置生态保护补偿资金时，应按照“谁保护谁受益”原则，两个主体均要体现。要防止将生态补偿资金仅仅局限于政府内部分配的做法。

4. 保障生态保护补偿资金的专款专用

生态保护补偿资金是库区政府和居民从事生态保护应得的回报，是库区政府和居民为了保护生态环境而放弃的机会成本的补偿。因此，必须坚持“专款专用”的原则。任何单位和个人都不得挪用生态保护补偿资金。

（三）属地税费问题

1. 水资源费的属地管理问题

珊溪水利枢纽工程由珊溪水库工程和赵山渡引水工程组成，具有供水、发电、灌溉、防洪等综合效益。水库总面积 39.8 平方公里，总库容 18.58 亿立方米，总装机容量 22 万千瓦。2007、2008 年珊溪水利枢纽工程分别为城市供水 1.92 亿立方米和 2.2 亿立方米，年均发电量达到 4.01 亿千瓦时。

根据《浙江省水资源费征收管理办法》，年取水量在 5000 万立方米以上（不含城市公共制水企业）的取水以及装机容量在 10 万千瓦以上的水力发电取水水资源费由省水行政主管部门负责征收。作为一座总库容为 18 亿立方米装机容量 20 万千瓦的大型水库，珊溪水库的水资源费由省水利厅直接征收，并由省财政厅和省水利厅管理、分配、使用。以 2008 年为例，珊溪水库实际供水量为 2.2 亿立方米，水资源费 1760 万元（2.2 亿立方米 ×0.08 元/立方米），发电量 35170.8 万千瓦时，水资源费

351.7万元（35170.8万千瓦时×0.01元/千瓦时），省政府共收取水资源费2111.7万元。

水资源费使用应遵循“取之于水、用之于水”的原则，《浙江省水资源费征收管理办法》规定水资源费主要用于下列支出：江河源头、水源地的保护，水污染治理和水资源管理；水资源保护规划的编制和水功能区管理，水质、水量监测及网络建设；水资源评价、科学研究和合理开发；节约用水规划、定额编制，节约用水技术、工艺的研究和推广等。根据浙水政［2004］34号文件，珊溪水库发电水资源费分成比例调整为省水利厅30%，温州市水利局20%，文成县水利局30%，泰顺县水利局20%。2005年至2008年，文成县每年获得的水资源费分别为151.3万元、135.5万元、135.2万元和105.5万元，平均每年获得水资源费101.9万元。

从水资源费返还的成分来看，省水利厅每年返还文成的水资源费主要是发电的水资源费，而对于供水所收取的水资源费并没有提及，从返还的资金比例上来看，文成县收到的水资源费仅仅为省收取的总的水资源费的5%左右。珊溪水库关系到温州市430万居民的饮水问题，是温州市域内最大、最重要的水源保护地，而文成县绝大多数国土面积属于二级水源保护地，保护任务十分艰巨，每年一百多万元的水资源费对于保护水源地的巨大资金需求可谓是杯水车薪。在全国新一轮水价调整背景下，浙江省水资源费的征收比例有望提高，考虑到文成县水源保护任务的艰巨程度以及文成人民为保护水源所付出的巨大牺牲，建议供水收取的水资源费也能够采用相同的比例返还给文成县，用于水源地的保护。

2. 水电站税收收入的属地管理问题

浙江珊溪经济发展有限责任公司成立于1995年11月20日，全面负责珊溪水利枢纽工程建设的组织实施和所需资金的筹措、使用、偿还及工程建成后的经营管理，其工商登记手续在温州市工商局办理，税务登记于2000年3月26日在温州市国家税务局鹿城分局核准登记；温州珊溪水力发电厂位于文成县珊溪镇，装机容量20万千瓦时，隶属于浙江珊溪经济发展有限责任公司，是浙江珊溪经济发展有限责任公司的分支机构，财务未实行单独核算，即财务统一由浙江珊溪经济发展有限责任公司核算。

根据《电力产品增值税征收管理办法》第四条规定：不具有一般纳税人资格且不具有一般纳税人核算条件的非独立核算的发电企业生产销售的电力产品，由发电企业按上网电量，依核定的定额税率计算发电环节的预缴增值税，且不得抵扣进项税额，向发电企业所在地主管税务机关申报纳税。计算公式为：预征税额=上网电量×核定的定额税率。因此，2003年11月21日，省国税局（浙国税流［2003］139号）核定温州珊溪水力发电厂在发电环节按每千千瓦时8元预征增值税，向文成县税务机关纳税。

表面上看，文成县已经获得了发电税收收益。然而，按现行实际上网电价每度0.538元换算增值税纳税定额每千千瓦时为78元（0.538/1.17×0.17×1000），文成国税局增值税预征额仅仅是温州珊溪水力发电厂应缴增值税的10%左右。如表3－12所示，珊溪电站发电5年来，文成县仅仅获得了387.14万元的地方财政收入，平均每年不足80万，这与文成人民为珊溪水利枢纽建设作出的巨大牺牲形成了极大的反差。珊溪水利发电占用了文成县20万千瓦的水电资源，导致文成县几乎没有可开发的水电资源，而且占用了大批的土地资源、林地资源，导致就地生活、后靠安置和自谋出路的1万多人缺少生活来源，水库蓄水后，交通不便又导致两岸的土地无法及时耕种，库区就医、就学、广播、电视、通讯、电力、道路等倒退几十年。因此，如果能够将珊溪水力发电厂的增值税收入由文成县增收，可以弥补一些文成因水电站建设而遭受的损失。

那么珊溪水力发电厂的增值税收入由文成县增收是否有法可依、有“利”可图呢？

首先从法律依据来看，根据《中华人民共和国增值税暂行条例》第二十二条关于增值税纳税地点的规定：固定业户应当向其机构所在地的主管税务机关申报纳税。总机构和分支机构不在同一县（市）的，应当分别向各自所在地的主管税务机关申报纳税。《电力产品增值税征收管理办法》第四条也规定，独立核算的发电企业生产销售电力产品，按照现行增值税有关规定向其机构所在地主管税务机关申报纳税。温州珊溪水力发电厂坐落在文成县境内，因此只需要让其实行财务单独核算，增值税在文成县税务机关征收就能够做到有法可依了。

表 3－12　珊溪水力发电厂纳税情况统计表

年度	上网电量（万千瓦时）	上网电价（元/千瓦时）	销售额（万元）	应纳增值税（万元）	文成国税入库（万元）	文成财政分成（万元）	市国税入库（万元）	市财政分成（万元）
2004	18103.80	0.538	8324.65	1415.19	144.83	36.21	1270.36	317.59
2005	50442.21	0.538	23194.79	3943.11	403.54	100.88	3539.58	884.89
2006	45179.38	0.538	20774.79	3531.71	361.44	90.36	3170.28	792.57
2007	45062.10	0.538	20720.86	3522.54	332.25	83.06	3190.29	797.57
2008	35170.80	0.538	16172.56	2749.33	306.54	76.63	2442.79	610.70
合计	193958.29		89187.66	15161.89	1548.59	387.14	13613.30	3403.32

注：销售额＝上网电量×上网电价/1.17；文成国税入库＝上网电量×0.008；每千瓦时应纳增值税＝0.538×\ 1.17×0.17×1000＝78 元。

从经济效益来看，让珊溪水利发电厂的增值税在文成县税务机关征收能够增加温州的整体利益。如果让珊溪水利发电厂实行财务单独核算，并由文成征收增值税，可以增加文成县 500 多万元的地方财力。取电站近三年平均入库增值税 3000 万元为计算标准，以文成县 2008 年的各项财政收入为基准，假设 2009 年其他各项财政收入保持不变而只增加发电增值税 3000 万元，那么文成县地方财政将有三块收入：一是增值税地方提取 25% 部分为 3000×25%＝750（万元）；二是相应的省“分类分档激励”奖补机制补助约为291万元①；三是中央两税返还约为154万元②，三项合计为1120万元。而给温州征收，只有地方25%部分为3000×25%=750（万元），还要上缴省财政20%（既750×20%=150（万元）），市财政实际所得为600万元。两者相比，珊溪电站发电增值税给文成县征收比给温州征收可增加地方可用财力500多万元。

因此，珊溪水利发电厂进行财务单独核算，增值税由文成县征收既符合法律规定，又可以增加温州的整体经济利益。同时，文成县可增加近1000万元的财力，可以更好地进行库区环境保护，帮助库区居民脱贫致富，解决珊溪移民的遗留问题，产生很好地生态和社会效益。

第五节 完善生态保护及其补偿机制的对策建议

一、准确理解生态保护补偿机制的内涵

生态保护补偿实质上是以生态环境为保护对象、以生态保护补偿费为载体、用来调整生态保护者和生态保护受益者之间利益关系的一种制度安排。它反映的是一种不同人群之间的权利义务关系。它不同于生态工程补助、水利工程补偿、贫困人口补助。由此，需要明确下列几点：

（一）生态补偿不是施舍

生态保护补偿是生态保护成果的受益者向生态保护的贡献者所提供的弥补和激励，是生态保护者的保护所得以及对其所放弃的机会成本的

① 2008年文成县地方财政收入22610万元（已剔除专项收入621万元），省“分类分档激励”奖补机制转移补助金16299万元，据此可估算2009年增值税属地征收之后可得补助资金为：750/22610×0.4×16299+750×10%=291（万元）。

② 2008年度文成县上缴两税6494万元，中央补助资金1485万元，据此可估算2009年增值税属地征收后可得中央补助资金3000×0.75/6494×0.3×1485=154（万元）。

弥补。因此，它不是施舍，也不应该由保护者乞讨，而应该由受益者主动提供，至少应该由保护者和受益者协商解决。

（二）财政体制不是生态保护补偿机制实施的障碍

浙江省的财政体制属于“省管县”体制。文成县的财政由浙江省直管，而不是温州市管。但这并不影响温州市对文成县提供生态保护补偿。省财政要补偿给文成县的是作为欠发达地区的扶贫补助资金等。而温州市要补偿给文成县的是水生态保护补偿费。两者互不矛盾。

（三）生态保护不是致穷的全部原因

文成县经济欠发达是多种原因造成的。一是区位条件及土地资源等自然因素导致的，二是水利工程与生态保护等人为因素造成的。其中，特殊的生态保护所造成的经济发展的受损部分应通过生态保护补偿机制予以解决。对文成县而言，建设珊溪水库的主要功能是给温州市供水，因此，水利工程补偿与生态保护补偿又是高度交织的。

（四）真正意义上的来自温州市的生态保护补偿资金还是微乎其微

目前，文成县得到的真正意义上的生态保护补偿资金只有来自中央、浙江省政府和温州市政府的生态公益林补偿资金。来自温州市的生态保护补偿资金还是微乎其微。因此，有的库区居民埋怨，生态保护补偿更多停留在官员的发言上，很少落实到居民的实惠上。他们反映：“发展受影响，生命受威胁，野兽多起来，生病无处看。”“该养的不能养（养鱼、养猪）、该种的不能种（杨梅等）、该排的不能排（污水）。”在产业梯度转移过程中，本来可以承接来自温州市和瑞安市等相对发达地区的产业，但是特殊严格的环境保护的政策限制，文成县丧失了数以十亿计的投资额。

二、建立科学合理的综合补偿体系

严格地说，生态保护补偿是对生态保护者为了保护生态而承担的机会成本（包括居民收入和政府税收）的一种补偿。但是，由于已经出台的《浙江省人民政府关于进一步完善生态补偿机制的若干意见》等规范性文件将生态保护补偿的概念严重泛化，将环境工程建设、生态移民、水利工程、下山脱贫等全部纳入到生态补偿的概念之中，因此，如果将生态保护补偿的内涵局限于严格的学理意义上，反而会导致受补偿地区的利益受损。因此，基于生态补偿政策现状，我们建议对文成县这样的“三区合一”的区域建立科学合理的综合补偿体系。见表3-13。

表3-13　文成县综合补偿体系构建

补偿类型	补偿类型子目	补偿主体	补偿差距
生态保护补偿	生态公益林补偿	中央、省、市三级	补偿力度不足
	水源保护补偿	水资源受益地区的政府与居民	几乎空白
	生态县创建补偿	省财政转移支付	基本落实
生态工程补偿	污水处理工程补偿	省财政补助 市财政补助	补助力度不足，难以保障工程正常运行
	垃圾收集与处理补偿	市财政补助	部分落实
	环境监测工程补偿	省财政补助	基本落实
水利工程补偿	移民补偿	水利工程建设主体	有所补助，力度不足
	库区与坝下居民补偿	水利工程建设主体	几乎没有
贫困地区补偿	政府公务人员补偿和贫困线以下居民补偿	省财政转移支付	因“两保两挂”因素，补助力度不足

（一）生态保护补偿要加大力度

文成县可能得到的生态保护补偿资金主要包括生态公益林补偿资金、水源保护补偿资金、生态县创建补偿资金等。

生态公益林补偿资金主要来自中央、省、市三级财政。目前存在的突出问题是补偿力度不足。现在最高达到每亩17元的标准，而林农为此放弃的利益却是每亩80元左右，如果种植杨梅等经济林，那么每亩的损失则是2000元。

水源生态保护补偿是文成县可得的核心部分。建设珊溪水库时曾宣传“给珊溪一个机遇，还国家一个奇迹”。现在只是给温州送去了优质水，给文成留下来的只是更加严格的环境保护。由此导致珊溪水库建成后，文成县的损失增加了，投入增加了，收益却减少了。这就是文成县所付出的机会成本。

生态县创建活动涉及众多类别。这是上级政府为了鼓励基层政府开展生态县创建、生态示范县创建等活动而给以的补偿。这个部分已经基本落实。

(二) 生态工程补偿要全额投入

目前，温州市建立的生态保护补偿资金实际上只是生态工程补偿资金。透视《温州市人民政府关于建立生态补偿机制的意见》可知，该文件所指的生态补偿基本上是生态工程补偿。即使是生态工程补偿，其补偿资金也是严重不足的。要求文成县建设的一些生态环境工程，往往是温州市补偿一部分，文成县配套一部分。而这些工程就是为了保护珊溪水库的优质水而建设的，对于库区居民而言未必需要这些工程。由此导致，或者是因为投入不足，出现“给多少钱办多少事”的现象，或者是运行经费没有保障，建成的项目不能正常运行。对于这种政绩工程、形象工程，老百姓深恶痛绝。因此，对于珊溪水库库区开展的生态工程类项目，应该由温州市全额资助，而且要保障每年运行所需的费用。

(三) 水利工程补偿要通盘考虑

珊溪水库的建设带来了巨大的防洪效益、发电效益和优质水源效益，同时也带来了一大堆问题：地质风险加大、可耕土地减少、用地控制更严、集镇商业衰落、移民上访增加、航线功能丧失、沙石资源丧失、特种渔业资源消失、漂流旅游资源丧失等。这些问题既是资源问题和经济问题，又是社会问题和政治问题。有的可以量化，有的难以量化。对那些为珊溪水库建设作出贡献的居民给以适当的补偿是理所当然的。补偿的对象包括两个部分：一是移民，为了建设珊溪水库而背井离乡的居民要按照移民政策补偿到位；二是库区和坝下居民，由于建成珊溪水库而使得发展机会受损的居民提供必要的补偿。水利工程补偿应该从水利工程收益中予以支付。

（四）贫困地区补偿要补足全额

文成县属于欠发达地区，由于区位条件和要素禀赋而导致的经济水平的低下，应通过省级财政转移支付予以补偿。一方面是对维持政府运行的公务支出和人头费支出所给以的财政转移支付；另一方面是对贫困线以下的居民所给以的财政转移支付。该项目的财政转移支付应该按照财政体制由省级财政解决，而不应该有温州市财政解决。

三、局部调整环境保护和河道管理政策

（一）允许库区适度发展旅游产业

文成县具有自然山水和人文历史有机结合的旅游资源，旅游产业的发展具有广阔的前景。《文成县旅游发展总体规划》描绘了旅游产业的发展蓝图。但是，珊溪水库建成后，过于严格的环境管制严重制约了文成旅游产业的发展，每年的旅游收入损失数以亿计。旅游产业发展受阻的重要原因是旅游设施建设难以满足游客日益增长的消费需求。实际上，生态旅游、绿色宾馆的发展未必影响环境质量，因为环境具有一定的自净能力。因此，建议温州市环境保护局局部调整环境保护政策，适度放宽旅游设施建设的管制，严格控制旅游设施的污染排放，促进文成旅游朝着正确轨道顺利发展。

（二）适度调整城镇建筑离河道堤坝的距离

文成县素有“七山二水一分田”之说，珊溪水库的建设淹没了部分土地，加剧了文成县土地资源的稀缺程度。有限的土地资源又分布在飞云江两岸。但是，按照水利部门的规定，飞云江水源保护区内的建筑物需离江堤至少50米。在审批过程中，只要离开水源近的建设项目就卡，严重制约了城镇建设。珊溪水库建设使得文成县的土地资源捉襟见肘，水利政策使得文成县的土地资源进一步雪上加霜。前者难以变更，后者可以调整。建议水利部门根据飞云江两岸的实际，在确保飞云江排洪安

全的前提下适度放松用地控制政策。

四、改革完善水源保护区土地及森林资源管理

（一）严格控制土地用地指标的出让

由于税收收入有限，补偿投入不足，招商引资受限，使得文成县政府无奈成为用地指标的出卖者。以每亩5万元到9万元不等的价格出让用地指标，用以弥补县级财政收入之不足。温州机场建设的用地指标就是购买了文成县的用地指标得以解决的。

为什么文成的用地指标有“富余”？一是项目控制严格，使得大量即将落户的项目最终被拒之门外，土地指标得以“富余”；二是通过开山造地的方式增加了一些所谓的土地指标，增加了“富余”土地。就前者而言，土地出让（项目开发）收益远远大于土地指标出让收益，土地指标出让完全是无奈之举，是一件得不偿失的事情；就后者而言，开山造地活动严重破坏生态系统，影响生态旅游，是以生态破坏为代价的“土地开发”，是有违“生态文成”建设目标的。

因此，无论从哪个角度看，都应该禁止土地指标出让行为，禁止开山造地活动。

（二）积极探索库区移民及居民林地使用权的流转制度

除了划归珊溪水库管理局的库区林地外，库区林地资源主要归两部分居民：一部分是库区移民，另一部分是当地居民。移民继续拥有山林承包权的制度安排，导致“山在本土，人在异乡”的局面，山林管理十分困难，出现“树苗长成树，树木就被砍”的现象，严重危及森林保护和林业增值。当地居民所拥有的山林承包权，一则承包林地规模小，难以规模化经营；二则外出打工人员多，难以照看自己林地。同样面临山林养护的困境。因此，按照中央林权制度改革的方向和政策，积极探索库区移民及居民林地使用权的流转制度，优化配置林地资源，努力提高林地效益。

五、按照属地管理原则缴纳税费和分配权属

温州市与文成县之间，在财政体制上不存在隶属关系，因为浙江省实施的是“省管县”的体制；在行政体制上属于上下级关系，上级政府可以对下级政府使用行政强制力。在水资源费及电站税收缴纳方面就是如此。

（一）按照属地管理原则缴纳水资源费

珊溪发电厂的地址在文成县珊溪镇，而珊溪发电厂的公司注册地在温州，由此导致企业取水的水资源费归属温州的局面。这不符合属地管理的原则。建议珊溪水库的水资源费由温州市财政收取改为文成县财政收取。文成县财政收取后，按照规定在省、市、县三级之间进行分成。

（二）按照属地管理原则缴纳电厂税收

我国众多大中型水电站的税收基本上按照属地管理原则缴纳的。而珊溪发电厂由于公司注册地在温州，因而发电收益的税收是交给温州市的。建议珊溪水电厂的税收也按照属地管理原则进行缴纳。

（三）按照属地管理原则调整捕捞权

珊溪水库具有发电、饮用、养殖、防洪等众多功能。就产权关系而言，发电权属于珊溪发电厂，引水权归珊溪水库管理局，但是库内的养殖权和捕捞权应按照属地管理原则归当地居民所有。而目前，珊溪水库的捕捞权完全掌控在水电厂，不符合属地管理原则，应当按照“当地资源，当地管理，当地开发，当地享用”的精神予以调整。[1]

水资源费和电厂税收缴纳渠道的改变，渔业捕捞权属关系的调整，是属地管理原则所决定的，与生态保护补偿机制没有直接的关系。

---

① 浙江省常务副省长陈敏儿在参加丽水市代表团讨论时的一次讲话精神摘录。

六、努力构建科学合理的政府政绩考核机制

（一）认清现行政绩考核机制的弊端

现行政绩考核机制中，无论是浙江省对温州市，还是温州市对文成县，还是文成县对各个乡镇，都存在着“综合考核”的弊端。“综合考核”机制表面上看似乎比“唯GDP论英雄”的考核机制更加合理，实际上依然存在重大缺陷，对于有些地区而言，就是应做到“不以GDP论英雄”。否则，就会导致自相矛盾的政策结构。对于文成县而言，一方面作为水源保护区要求严格环境保护，严格控制招商引资；另一方面作为“两保两挂”地区又要考核经济发展指标，似乎鼓励招商引资。这就是考核机制的“谬误”。

（二）建立分类管理的政绩考核机制

每个地区都有自己的特色，用同样的指标考核不同的地区必然出现“考核谬误”。从主体功能区的角度看，各个区域可以划分为优化开发区、重点开发区、限制开发区和禁止开发区，其经济发展和环境保护的要求是截然不同的。对于禁止开发区，唯一的考核指标就是生态环境保护；对于限制开发区，重点考核指标是生态环境保护，适当考核经济发展；对于优化开发区，重在优化开发秩序和保护生态环境；对于重点开发区，重在保护环境的基础上加大开发力度。文成县总体上属于限制开发区和禁止开发区，其主要的考核指标显然是生态环境保护的绩效，而不是招商引资的多寡。

第四章
综合利用论①

作为重大扶贫工程的滩坑水电站建设具有显著的投资量大、移民量大的特征。如何使滩坑水库建设的巨大成本带来巨大收益是一个重大的现实课题。基于水资源的多功能性，实现水资源的一水多用、提高水资源的利用效益是完全可能的。本章以滩坑水库为例研究水资源综合利用问题。

① 本章是在沈满洪教授主持完成的青田县发展和改革局委托的重大项目“滩坑水库水资源综合利用研究”课题报告基础上修改而成的，课题报告由1个总报告和6个专题报告组成，本章是选取其中1个总报告和2个专题报告修改而成。课题组主要成员有李植斌、战明华、魏楚、彭熠、冯婉蓉、吴文博、李启明、王丽丽等。

第一节 滩坑水库水资源综合利用的总体构想

一、背景分析

（一）滩坑水库的基本情况

滩坑水电站位于浙江省青田县境内的瓯江支流小溪中游河段。距大溪小溪汇合口约26公里，距青田县城西门32公里，距温州市公路里程92公里，距丽水市公路里程107公里。见“滩坑水库水资源综合利用示意图”（图4-1）。

滩坑水电站水库总库容41.9亿立方米，电站装机容量3×200兆瓦，装机年利用小时1725小时。电站枢纽由拦水坝、溢洪道、泄洪洞、引水系统、发电厂房、升压站、开关站等组成。拦河大坝为混凝土面板堆石坝、坝顶高程为171米，坝顶长506米，最大坝高162米。

（二）滩坑水库建设的成本—收益比较

1. 成本投入分析

滩坑水电站是国家重点工程，是浙江省“五大百亿工程”之一①，是“十五”期间浙江省实施建设的最大水电工程。该工程总投资超过50亿元。据估计各项投资总额超过90亿元。

滩坑水库淹没区涉及浙江省丽水市的青田、景宁两县共10个乡镇、80个行政村，其中青田县北山镇和景宁畲族自治县渤海镇两个建制镇所在地以及青田县岭根乡和景宁畲族自治县外舍乡、金钟乡、大顺乡、陈村乡等五个乡政府驻地均被淹没。滩坑水库建设共移民50301人。

① 浙江省“五大百亿”工程的概念提出于2003年初，工程共包括55个项目，2003—2007年，于五年内完成，计划总投资达到1600多亿元。

滩坑水库建设移民主要安置在浙江省丽水市、绍兴市、金华市、台州市和宁波市等五个市。丽水市的移民安置涉及青田县、景宁畲族自治县、莲都区、龙泉市、遂昌县、松阳县和缙云县等七个县（市、区），其中青田县安置22201人，景宁畲族自治县安置4150人，丽水市其他县市区安置10950人。浙江省内其他地区安置13000人。

可见，滩坑水电站具有工程投资大、移民数量大等显著特征。

2. 主要收益分析

滩坑水电站以发电为主，电站总装机容量为60万千瓦，年发电量9.6338亿千瓦时。水库具有多年调节性能，可承担浙江电网的调峰、调频、调相及事故备用任务；有利于缓解电网调峰压力，优化电源结构，也有利于浙江电网对三峡送电和西部水电的低谷电能和季节性电能的吸纳；可为系统每年节约标煤34万吨左右，同时，可降低系统内燃煤火电的调峰幅度，改善浙江电网系统的运行条件，节省燃料，减轻环境污染。

滩坑水库可承担下游防洪任务，利用设置的3.5亿立方米防洪库容，结合下游河道整治和修筑防洪堤等措施，可使青田县城的防洪能力由小于5年一遇提高到20年一遇，有效地减轻洪水对下游的威胁。

可见，滩坑水电站具有发电效益大、防洪功能大等显著特征。

（三）滩坑水库水资源综合利用的潜力分析

滩坑水电站是一个重大的扶贫工程。其功能定位是“以发电为主，兼顾防洪，并兼有其他综合利用效益”。滩坑水电站的兴建确实可为库区移民创造脱贫致富的机遇，但是，仅靠发电功能和防洪功能还不能解决库区居民的脱贫致富问题，更谈不上区域经济协调发展。其实，滩坑水电站除了发电功能、防洪功能外，滩坑水库的水资源具有重大的经济价值和开发潜力。

1. 人畜饮用功能

滩坑水库41.9亿立方米的水是宝贵的经济资源。滩坑水库的水质定位是II类水，符合饮用水的质量标准。滩坑水库的水资源除了满足青田县自身的生活、生产和生态用水外，存在大量的“富余水”可以开发。

通过与缺水区域开展水权交易可以优化配置水资源，充分发挥水资源的价值。

2. 旅游景观功能

滩坑水库是浙江省第二大水库，是浙江省第二大人工湖。水库建成后，库区将拥有六大峡谷、十大岛屿、九大水域。滩坑水库的水资源与其他资源结合，将形成“资源类型丰富，单体因水增辉；湖山相映生辉，景观品味优越；文化特色鲜明，山乡传统浓郁；环境质量一流，适于康体养生；夏季气候舒适，适于避暑度假”① 等特色的旅游资源条件。

3. 水上航运功能

滩坑水库蓄水后，在小溪峡谷上形成的狭长水面将以侨乡文化著称的青田县与以畲族文化著称的景宁畲族自治县更加紧密地联系在一起。无论从客运还是货运的角度看都具有很大的水上航运功能。特别是与水上旅游紧密关联的游船项目将得到快速发展。

4. 多级发电功能

在滩坑水库下游大奕坑口以下 500 米处，可以建设大奕水电站，进行水电资源的再开发。大奕水库下游，小溪与大溪汇合处又具有建设三溪口水电站的潜能。滩坑水库上游拥有双坑口水库等，上下水库组合，存在开发抽水蓄能电站的可能。

5. 生态环境功能

滩坑水库形成后，一个旧的生态系统已被打破，而一个新的生态系统即将形成。从而使得滩坑水库具有特殊的生态环境功能。正是这种生态环境功能才赋予滩坑水库以旅游价值、休闲价值和避暑价值等。

滩坑水库还具有众多其他功能。由于其优质的水资源使得水产品的深度开发成为可能、库区周边房地产的开发具有特殊的价值等等。

可见，滩坑水库还有诸多功能有待进一步开发。

上述功能的开发，除了旅游景观功能已经编制了《丽水市滩坑库区

① 丽水市发展和改革委员会、丽水市旅游局、浙江大学风景旅游规划设计研究中心：《丽水市滩坑库区旅游开发总体规划》，2008 年 12 月 24 日。

旅游开发总体规划》（2008—2020 年），其他均未作出规划和部署。因此，研究滩坑水库水资源综合利用问题，可以为工程投资大、移民数量大的滩坑水库，在产生发电效益大、防洪功能大的同时，充分发挥水资源的综合功能，优化配置滩坑水库的水资源，从而实现区域经济社会的协调发展，提供理论支持和决策咨询。

二、总体思路

（一）指导思想

滩坑水库水资源综合利用的指导思想是：以科学发展观为指导，通过制度创新和科技创新，兼顾资源开发与环境保护，兼顾当前利益与长远利益，兼顾局部利益与全局利益，兼顾主体功能与综合功能，谋求滩坑水库水资源的一水多用、多级利用与综合开发，最大程度提高滩坑水库水资源利用效率，最大程度实现滩坑水库水资源的经济效益、社会效益和生态效益。

1. 根本指针是科学发展观

科学发展观，第一要义是发展，核心是以人为本，基本要求是全面协调可持续，根本方法是统筹兼顾。科学发展观对于指导滩坑水库水资源综合利用具有很强的指导意义和现实针对性。为此，必须体现“长短结合，综合开发；科学论证，择机实施；合理配置，协调各方；严格保护，永续利用”的基本思路。

2. 主要途径是“两个创新”

实现滩坑水库水资源综合利用，必须依靠制度创新和科技创新。制度创新就是要推进水资源产权制度改革，通过水权交易优化水资源配置；就是要推进水生态保护机制创新，通过生态补偿激励生态保护。科技创新就是要推进科学研究和技术发明，降低水利工程成本，促进水资源循环利用，提高水资源利用效率和综合效益。

3. 基本原则是“四个兼顾”

滩坑水库水资源综合利用要遵循如下四个基本原则：

（1）兼顾资源开发与环境保护的原则。滩坑水库的水资源开发要以环境保护为前提，水环境保护又要服务于水资源开发。只开发不保护，难以实现水资源的综合功能；只保护不开发，难以实现水资源的综合价值。因此，要坚持“在保护中开发、在开发中保护”的基本要求，既要实现“资源水利”的价值，又要体现“河流生命”的理念。

（2）兼顾当前利益与长远利益的原则。滩坑水库水资源综合利用存在时序问题。有些水资源功能适合于当前开发，如发电功能、防洪功能；有些水资源功能适合于中期开发，如饮用功能、生态功能；有些水资源功能适合于远期开发，如抽水蓄能电站的建设等。当前条件成熟的可以先行开发，当前条件不成熟的要等到条件成熟时再进行开发，要避免急功近利、急于求成的做法。

（3）兼顾主体功能与综合功能的原则。滩坑水库水资源综合利用中必须明确主要功能是什么、次要功能是什么，主次功能不能颠倒。滩坑水库建设之初的主体功能定位是发电和防洪；在滩坑水库新型生态系统形成后，饮用功能和旅游功能也将成为主体功能，因此，养殖功能尤其是网箱养殖等次要功能的发挥要以主体功能的发挥为前提，必要时要舍得牺牲次要功能。

（4）兼顾局部利益与全局利益的原则。滩坑水库水资源综合利用是一个涉及众多经济主体的系统工程。上游区域与下游区域、上级政府与下级政府、区域政府与相关企业、区域政府与当地居民之间，存在着错综复杂的利益关系。必须妥善处理好局部利益和全局利益的关系。总体上要强调局部利益服从全局利益，但是，在进行制度设计时要充分尊重局部利益，防止轻易剥夺局部利益的做法。

4. 追求目标是最大效率与最大效益

滩坑水库水资源综合利用的追求目标是，最大程度提高水资源利用效率，最大程度提高水资源综合效益，使滩坑水库成为全国水资源开发与水环境保护有机结合的典范，成为全国水资源多级开发和循环利用的典范，成为以水资源的综合利用促进区域经济协调发展的典范。

（二）总体构想

滩坑水库的水资源功能具有很强的兼容性，对此进行科学设计，使之可以多级利用是完全可能的。如果以滩坑水库库面作为分界面，从空间结构上可以分成库上开发、库面开发和库下开发三个层次：

1. 库上开发——抽水蓄能电站建设及水景房产开发

在滩坑库区已经形成了由上水库和下水库组成的抽水蓄能电站开发的基础。这里，将可能开发的抽水蓄能电站称作“青田抽水蓄能电站”。青田抽水蓄能电站的上水库的可选方案是位于青田县万阜乡的双坑口水电站，其水库集雨面积23.3平方公里，总库容1545万立方米。青田抽水蓄能电站的下水库就是滩坑水库。专题报告六的研究表明：双坑口电站与滩坑水库的高程差，也即是水头在300—350米，而水平距离约在1500米，由此其距高比为4.28—5.0米。由于上水库已经建成并使用多年，下水库也已建成蓄水，因此利用已有的上、下水库建设青田抽水蓄能电站，在工程技术、地质环境等条件上均是基本可行的。

滩坑水库达到正常蓄水位后，将形成极其难得的水景。而水库库周的缓坡地与美丽水景的组合，最适合开发的项目之一便是高档房地产。虽然房地产项目的开发会受到土地资源和环境容量的限制，但是在适当的空间开发适当的数量是无害于水资源保护的。

2. 库面开发——水景旅游、水上航运及水上养殖

滩坑水库10.6万亩的库区水面不仅具有显著的水利价值和生态价值，而且具有显著的水景旅游价值、水上航运价值和水上养殖价值等。

根据《丽水市滩坑库区旅游开发总体规划》，其旅游开发的总体布局是：以滩坑库区水域为核心轴线，突出重点区块的优先发展，兼顾核心圈层与关联圈层的共享发展，共同构筑“一轴两圈六区”的旅游开发总体格局。一轴就是滩坑库区狭长型水域，两圈是指核心圈层和外围关联圈层，六区包括北山区块、外舍区块、岭根区块、大坝区块、炉西峡区块和九龙区块。这一总体布局无不紧密依靠滩坑水库的水资源。实际

上滩坑库区的旅游开发属于水景旅游开发。

根据《丽水市滩坑库区旅游开发总体规划》，滩坑库区的旅游线路组织将采取陆、水、空并举的方式：一是以公路为纽带的陆上精品旅游线路；二是以游船为载体的水上旅游线路；三是以飞机、飞艇为工具的空中旅游线路。滩坑水库的水域是水上旅游线路开辟的根本前提，也是陆上旅游线路和空中旅游线路开辟的重要条件。

滩坑水库十多万亩的水域是鱼类的天堂。只要规划合理，控制得当，管理科学，库区居民有可能做到“在水靠水”，也有可能使得青田县和景宁畲族自治县成为渔业大县。如果渔业资源经营得法，还有可能打造出类似于“千岛湖有机鱼”一样的“滩坑有机鱼”等水产品牌。

3. 库下开发——水电资源再次开发及区域之间水权交易

小溪流域的水电资源具有多级开发价值，除了滩坑水电站外，还可以进行水电资源的再开发，包括大奕水电站、三溪口水电站等。按照《瓯江流域水资源开发规划》，这些均属于比较成熟的水电资源开发项目。

大奕水电站的建成将为小溪流域向温州或其他地区提供洁净水创造条件，同时，青田—温州水权交易的潜在可能将加速大奕水电站的建设步伐。

根据专题报告一①的研究结果，从水资源可持续利用的角度看，即使在枯水年份（P=95%），青田县在满足了中心城镇生活用水需求、工业用水需求和小溪河道生态环境用水需求后，2015年、2020年、2030年、2050年大约分别富余水量达22.5亿立方米、22.4亿立方米、22.2亿立方米、21.8亿立方米。只要水权交易的引水量小于富余水量，就不会对本地的水生态和水环境造成大的影响。

① 《滩坑水库水资源综合利用研究》的专题一为“小溪流域水资源安全供给分析”，由李植斌、王丽丽执笔。

根据专题报告二[①]的研究结果，温州市在乐柳平原、温州平原、瑞安平原等平原地区，即使在强化节水方案的前提下，如果温州市发展重化工业并实施规划供水，仍将出现严重的水质性缺水，2020 年、2030 年、2050 年大约分别缺水 10 亿立方米、27 亿立方米、13 亿立方米。从 2020 年开始温州市急需实施从外域引水计划。

根据专题报告二的研究结果，台州地区温岭市、玉环县在 2020—2050 年水资源缺口较大。如果按照 95% 的保证率，2020 年温岭市缺水 1.2 亿立方米、玉环县缺水 0.2 亿立方米；2030 年，温岭市缺水 1.5 亿立方米、玉环县缺水 0.3 亿立方米；2050 年温岭市缺水 2.3 亿立方米、玉环县缺水 0.8 亿立方米。

可见，青田县具备向温台地区供水的条件，温台地区具有向青田县引水的可能需求。供需结合有望促成双方的水权交易，并实现“双赢”的局面。而且，引水需求量小于供水方的富余水量，即使开展水权交易也能保证青田县及瓯江流域下游的生态安全。

三、主要领域

（一）优化配置水资源是核心

滩坑水库水资源综合利用的重中之重是水权交易。那么，如何进行水权交易？借鉴浙江省已有的水权交易案例的实践经验可知，水权交易必须明确交易主体、交易数量、交易价格、交易期限等基本问题。

1. 交易主体

滩坑水库的水资源涉及多个主体，如果多个主体同时参与水权交易，会导致极高的交易费用甚至会阻止交易的发生。简化交易主体是问题的关键。

① 《滩坑水库水资源综合利用研究》的专题二为“滩坑水库水资源外部需求形势研究”，由战明华、彭熠执笔。

根据专题报告四[①]的研究结果，如果开展水权交易，取水口选在大奕水库比较合适。因此，从水权出让方来看，建议以青田县政府为主，由青田县政府出面组建“大奕水库水资源开发有限公司”。青田县政府控股该公司，合股的单位可以包括北海公司、丽水市政府等。这样的体制安排，一方面水权出让的谈判由公司出面即可，另一方面青田县政府始终可以掌控水权交易大局。

从水权买入方来看，潜在的需求者主要是温州市和台州温岭市与玉环县。台州温岭市与玉环县到青田引水的可能性相对较小，原因是：第一，引水工程距离长，建设成本高；第二，缺水数量相对较小，单位水资源的引水成本过高；第三，存在可替代的引水水源，楠溪江尚有部分水资源可以供给温岭与玉环。而温州市作为水权需求者，则情况大不相同：第一，引水距离较短，建设成本可以承受；第二，引水数量大，单位水资源的引水成本比较低；第三，温州市已没有可以替代的大型优质水源，在缺水情况下温州市向青田县引水是唯一选择。

作为水权交易的需求者，以温州市政府出面还是企业出面？根据省内其他水权交易的经验与教训，建议以温州市政府为背景的温州市自来水总公司作为谈判代表。因此，本水权交易名称建议采用“青田—温州水权交易”的提法。在水权交易谈判过程中要牢牢把握“政府调控和市场机制相结合原则”，具体操作可以由双方的公司进行，政府参与协调与监管。

根据《温州市水资源综合规划》，珊溪水库及其赵山渡引水工程的水引向温州市及其南片，那么，大奕水库的水资源引向温州市及其北部地区。同时，温州市楠溪江的水资源可以部分引向温岭和玉环。这样，在形成青田—温州水权交易格局的同时，可以形成永嘉—温岭水权交易和永嘉—玉环水权交易的格局。温岭、玉环的水权交易同样建议由两县（市）的自来水公司出面谈判。总之，小溪引水工程、珊溪水库引水工

① 《滩坑水库水资源综合利用研究》的专题四为“青田—温州水权交易引水工程研究”，由李启明执笔。

程和楠溪江引水工程可以统称为“浙南引水工程”，与浙中引水工程、浙北引水工程相提并论。

2. 交易数量

大奕水库水资源的综合利用有多种目标，其最主要目标是发电和城市供水。根据专题报告一的研究结果，发电与供水的不同组合有不同的水资源配置方案，主要有以下三种：

方案一：大奕水库在满足青田县中心城镇需水和下游河道基本生态需水后，剩余水量均往区外输送，即大奕水库主要功能为城市供水。在枯水年份（95%）大奕水库年径流量为26.9亿立方米，2015年、2020年、2030年、2050年的可输出水量分别为22.5立方米、22.4立方米、22.2立方米和21.8亿立方米/年。生态需水量的4.06亿立方米可供发电。

方案二：大奕水库近期主要满足发电功能，其次为供水功能，远期为发电、供水并重。在枯水年份（95%）大奕水库年径流量为26.9亿立方米，2015年、2020年、2030年、2050年水资源总量中用于发电比例分别为95%、80%、70%、50%，同时保证青田县中心城镇生产和生活用水需求的情况下，2015年、2020年、2030年、2050年大奕水库水资源可输出水资源量分别为1.0亿立方米、4.9亿立方米、7.5亿立方米、12.4亿立方米。

方案三：大奕水库发电、供水并重。在枯水年份（95%）大奕水库年径流量为26.9亿立方米，2015年、2020年、2030年、2050年用于发电的水资源量均为50%，为13.45亿立方米；同时保证青田县中心城镇生产和生活用水需求的情况下，2015年、2020年、2030年、2050年大奕水库水资源可输出水资源量分别为13.1亿立方米、13.0亿立方米、12.8亿立方米、12.4亿立方米。

对方案一、方案二和方案三比较可知，方案二能按照多功能用水要求，合理利用大奕水库水资源，充分发挥其经济效益。近期城镇生产和生活需水量小，主要满足发电需要；随着青田县中心城镇和温州市生产和生活需水增加，中远期逐渐提高供水比重，以保证城镇生产、生活用水需求，达到充分利用水资源的目的。

根据《温州市水资源综合规划》，温州市2030年优质水缺水严重，规划小溪引水工程向市区供水为4.5亿立方米；根据《温州瓯江小溪引水工程设计方案研究》，2020年温州市预计向小溪引水1.89亿立方米，2050年预计引水8.5亿立方米。由此可见，规划专家对大奕水库引水数量的基本判断是8亿立方米左右。而专题报告二的研究表明，如果温州市参照宁波市的重化工业发展模式，那么，2020年、2030年、2050年温州市的缺水数量将是10亿立方米、27亿立方米、13亿立方米。该研究得出的温州市缺水数量大于以往规划专家的判断。不过，由于温州市不具备宁波市所具有的港口条件，重化工业的发展水平必然低于宁波市。由此，建议青田—温州水权交易的数量为8亿立方米。可以根据谈判时温州市重化工业发展的情况做适当上浮，上浮数量大约2亿立方米。

3. 交易价格

根据水利部2005年1月20日引发的《关于水权转让的若干意见》(以下简称《意见》)，水权转让费的确定应考虑相关工程的建设、更新改造和运行维护，提高供水保障率的成本补偿，生态环境和第三方利益的补偿，转让年限，供水工程水价以及相关费用等多种因素，其最低限额不低于对占用的等量水源和相关工程设施进行等效替代的费用。根据《意见》规定并借鉴浙江省已有水权交易案例的经验，青田—温州水权交易的价格可以从两个方面加以考虑：一是工程补偿款，一次性付清；二是原水费，按量收取。工程补偿款金额确定时重点要考虑大奕电站和滩坑电站的建设、更新改造和运行维护费用以及引水管道铺设中对青田县产生的影响。原水费在确定时主要应考虑五方面：一是水资源费，这可以根据国家相关规定确定；二是工程水价，可以将工程的相关建设维护费用摊入单位水中；三是对生态环境的影响，发电后流入河道的水对于下游具有生态功能，可以根据交易前后对生态环境的影响计算；四是对第三方利益的补偿，主要是针对库区居民（包括大奕水库与滩坑水库）以及上游的县市，他们为了保持水库水质而放弃了发展的机会，要进行一定的补偿；五是交易期限，一般来说交易期限越长，这部分水权的期权价格越高，转让费也越高。水权转让的价格关键取决于水资源的稀缺程度，最终取决于交易双方的谈判能力，但是最低限额不能低于卖方为开发这部分水权所付出的成本。另外，为了使各项补偿费更真实地反映水资源的稀缺性，原水费采取可调整价格为宜。

4. 交易期限

《意见》对水权转让期限作了如下规定：水行政主管部门或流域管理机构要根据水资源管理和配置的要求，综合考虑与水权转让相关的水工程使用年限和需水项目的使用年限，兼顾供求双方利益，确定水权转让的年限。从浙江省已有的水权交易来看，除了东阳—义乌水权交易采用了永久性水权转让，余姚—慈溪、绍兴—慈溪两例水权交易中均采用有期限的交易，在确定交易期限时综合考虑了工程的使用年限以及供水方用水的供需均衡，不仅符合水利部的精神，而且有力地保障了卖水方自身的供水安全。因此，青田—温州水权交易的期限需要考虑两方面情况：一是大奕水库、滩坑水库的工程年限，二是青田县水资源的供需平衡结果，采用阶段性交易期限。由于青田县有足够的富余水资源可供出让，因此，主要取决于工程年限，结合大奕水库、滩坑水库及引水工程的工程年限确定水权交易的具体年限。

5. 收益分配

水权交易收益的分配可以分成两部分来处理：一是工程补偿费的分配，二是原水费的分配。

工程补偿费主要是支付部分大奕电站的建设、更新改造和运行维护费用以及因引水管道铺设对青田县造成影响进行的补偿，因此会涉及青田县和北海公司两方。对于北海公司来说，电站建设、运行维护的费用已经摊入到电价当中，从发电收益中就可以获得补偿；而青田县将承担大奕电站建设的全部移民工作以及管道铺设的协调工作，因此在工程补偿费分配中应该以青田县为主，适当考虑北海公司的利益。

在原水费分配时，应该考虑滩坑水库扶贫工程的特殊性，同时要兼顾生态保护补偿以及对第三方的补偿。原水费分配主要包括：一是水资源费，按照《浙江省水资源费征收管理办法》，年取水量在5000万立方米以上的取水由省级水资源行政主管部门负责征收，但考虑到滩坑水库作为扶贫项目的特殊性，这部分费用可以返还给地方，或由地方直接收取，作为丽水市、青田县、景宁县的政府非税收入，纳入地方财政。二是大奕水库移民补偿，为了建造取水口，当地的移民将为水权交易做出巨大牺牲，所以在交易的收益中需要提取部分对移民进行补偿。三是库区居民（包括大奕库区和滩坑库区）补偿，他们为了将水库的水质维持在Ⅱ类以上放弃了很多发展的机会，应当给以他们适当补偿。四是库区的生态保护投入，库区的植被保护、景观林建设、水体养护等，可以在每吨原水价格中提取一定比例设立专门的环保基金进行库区生态保护。

（二）大力保护水环境是前提

由于滩坑水库水资源综合利用的核心是水权交易，而所交易的水资源必然是优质水。只有优质水才能吸引水权需求方。从饮用水的基本要求来看，滩坑水库与大奕水库库区（以下简称库区）的水生态保护的质量要求应不亚于Ⅱ类水体质量目标。这样，既能满足库区经济适度开发的要求，又能满足饮用水质量的基本要求，兼顾库区发展与环境保护的双重目标。库区水环境保护主要应采取下列举措：

1. 实施产业准入制度

由于库区经济发展的最大优势在于自身优越的生态环境条件和特色资源条件，该区域必须建立严格的产业准入制度。按照《青田县生态环境功能规划》和《景宁畲族自治县生态环境功能规划》，滩坑水库被划入限制准入区。生态环境敏感性被定义为水源涵养重要、酸雨高敏感和极敏感、土壤侵蚀高敏感和中度敏感、地质灾害高敏感。主要生态服务功能包括水源涵养、生物多样性维持、自然景观和历史文化遗产保护。以此作为参照，库区的产业准入要求可以概括为：严格控制产生水污染的项目，适度发展休闲观光旅游业，重点建设滩坑库区休闲旅游区及滩坑—大奕休闲旅游带，大力开发滩坑库区优质晚熟杨梅发展区和早熟梨发展区等。

2. 加强环境污染治理

滩坑库区仍然生活着大约6万居民，这些居民的生活污水处理是否得当直接关系到滩坑水库水资源综合利用的成败。另外，随着滩坑库区旅游产业或其他产业的开发，必然带来更多生活污水，而目前库区内基础设施较为落后，基本没有污水处理系统，因而加强城镇污水处理十分紧迫。可以考虑采取如下措施：对于人员集中的城镇和大型村落采取集中污水处理方式，对于相对独立的旅游设施则采取就地生化处理的形式，禁止未经处理的污水直接排放。库区的生活垃圾同样威胁到水体质量。处理好库区居民及未来游客的生活垃圾必须未雨绸缪。收集和处理生活垃圾可以采取“村负责收集，乡负责运输，县负责处理”的思路。

3. 采取生态修复措施

在滩坑水库建设中，一个旧的生态系统被破坏，一个新的生态系统将形成。在这个破旧立新的过程中，按照滩坑水库水资源综合利用的要求，对库区生态进行修复是十分必要的。生态修复的重点是生态公益林建设和生态景观林建设。

根据《青田县生态建设规划》及《景宁畲族自治县生态建设规划》，滩坑—大奕水库库区大约可以建设60万亩生态公益林，青田县和景宁畲族自治县各占一半。大奕水库库区以及滩坑水库至大奕水库的沿线大约需要建设15万亩生态公益林。这样，生态公益林建设的总面积为75万亩。对此必须实施严格保护，大力实施植树造林、封山育林和退耕还林。坚决杜绝滥砍滥伐的现象，尤其是在库区复建过程中，要特别注意防止林木砍伐从160米等高线以下延伸到160米等高线以上，森林防火工作务求细致，最大程度发挥出生态公益林的生态效益和社会效益。

由于小溪流域山体森林茂密，生态保持良好，林相相当丰富，阔叶林、色叶树种等逐渐增多，具有较好的生态景观。但是，仅仅依靠现有的这部分生态景观林是无法满足旅游者的要求的，并且在滩坑库区及周边产业开发和交通建设过程中，也存在破坏现有的生态景观林的可能，因此有必要加强生态景观林建设。生态景观林建设需要结合建设地具体特点，主要布局于旅游节点、重点旅游开发区周围和环湖周围山地等。根据区域国土面积及生态公益林等规划，可以考虑建设10万亩生态景观林，青田县与景宁畲族自治县各占一半。

4. 落实生态补偿机制

生态补偿是指生态服务受益者对生态服务提供者所给予的经济补偿。生态补偿是对人类的某种活动所产生的生态建设及环境保护的正外部性所给予的补偿。在青田—温州水权交易中，尽管温州市从大奕水库直接引水，但是大奕水库位于小溪下游，青田县和景宁畲族自治县都为提供优质水资源做出了贡献，因此对两个县提供一定的生态补偿是十分必要的。不过，需要区分工程补偿和生态补偿两个概念。工程补偿是指对水利工程和环境工程建设所需要投入的补偿，生态补偿是指对生态环境保护所做出的贡献的补偿。

（三）适度发展水经济是补充

没有发展就不可能有保护。滩坑水库库区除了适度发展产业准入制度许可的产业外，适度发展临水经济和涉水经济是可能的，也是必要的。

1. 水上旅游业的开发

旅游产业是滩坑水库库区未来经济发展的支柱产业。滩坑水库旅游产业开发将以滩坑水库超过70平方公里的水面和众多库区岛屿为主，开发山水特色的旅游资源，把滩坑库区建成水上观光、运动和休闲的重要旅游区；加快旅游基础设施建设，打造休闲养生为重点的旅游集镇。虽然滩坑库区旅游资源丰富，旅游产业发展大有可为，但是，为避免旅游资源的过度开发而影响滩坑水库水生态环境，必须对旅游产业实施严格的准入制度。在旅游项目的引进上，要鼓励大项目，限制小项目，对单个项目的资本投入设立最低控制线；鼓励高档次项目，限制低档次项目，将稀缺旅游资源配置到高利润率的项目上；鼓励环境友好型项目，禁止环境污染型项目，立足于发展生态旅游。滩坑库区分别属于青田县和景宁畲族自治县，应按照属地管理的原则，划定某些水域及其水景用地作为旅游区域。旅游开发必须严格执行《丽水市滩坑库区旅游开发总体规划》，避免无序开发。

对于青田县而言，不仅要发展滩坑库区的旅游产业，而且要推进滩坑水库到大奕水库乃至三溪口电站之间的旅游带（可称作“小溪旅游带”）的开发。如果说滩坑水库旅游属于“面”上开发，那么，小溪旅游带属于“线上开发”；如果说滩坑水库旅游需要两县之间的协调，那么小溪旅游带则完全可以由青田县自主开发。要抓紧做好该旅游带的规划。

2. 水上航运业的发展

滩坑水库的水上旅游资源十分丰富，加上库区居民的正常出行，要求库区配备一定量的交通船、观光船、快艇和私家游艇。这些不可避免地涉及到库区航运权的问题。但是，水面的有限性意味着游船容量的有限性，因此，需要对水上航运权进行总量控制。有限的航运权在两个县之间进行分配要考虑航运条件、库区人口、旅游布局等因素。水上航线的开辟和交通工具的添置不仅要经过航运部门的审批，而且要与旅游部门、环保部门进行协调。

3. 水上养殖业的发展

滩坑水库拥有超过70平方公里的水域面积，具有发展水产养殖的良好条件。如果运用得当，青田县和景宁畲族自治县将从渔业小县迅速转变为渔业大县。但如果渔业发展没有合理限制或发展过度，必然影响水体质量，不仅会影响渔业发展，甚至会影响到滩坑库区整体开发。因此，滩坑水库渔业发展必须以保护生态环境为前提，而且在管理上也要吸取温州珊溪水库和丽水紧水滩水库的教训，借鉴绍兴汤浦水库和杭州千岛湖模式的经验。基于滩坑水库将作为饮用水水源的构想，滩坑水库水上养殖业的发展思路是：第一，适度放养保水鱼，向水体投放一些有利于提高水体质量的鲢鱼、鳙鱼等鱼苗，以每亩10公斤的产量进行测算，可以达到每年1060吨。第二，禁止网箱养殖，保障水环境安全。国内部分水库水产养殖的经验说明网箱养殖水面占库区水域面积可以达到0.1%到0.2%而不至于影响水库的水质。以该比例确定网箱养殖面积，滩坑水库不过100—200亩，从中所得的养殖收益是有限的。为了保障主体功能，不如禁止网箱养殖。第三，放养鱼的捕捞权按照水域归属在两个县之间进行分配。

4. 水电资源的开发

小溪流域除了滩坑水电站外，还存在诸多水电资源的开发潜力：一是大奕水电站的开发，二是三溪口电站的开发，三是青田抽水蓄能电站的开发。由于这些水电资源均在青田县境内，同时，滩坑电站已经由浙能集团作为开发主体进行开发，使得大奕水电站和青田抽水蓄能电站等项目的开发都与浙能集团具有紧密的关联性。因此，在这些项目的开发中，既要保障开发主体的权益，又要保障青田县作为资源拥有者的权益。

5. 水业经济的发展

如果滩坑水库和大奕水库库区生态环境保护成效显著，那么，不仅可以将富余的水资源供给温州市等缺水地区，而且可以发展类似于“农夫山泉”的水制品企业。第一，大奕水库的建设可以保证水环境质量；第二，优质水制品的市场需求呈现递增趋势；第三，金温铁路和甬台温铁路开通与联网，可以降低水制品的运输成本；第四，包括青田县华侨在内的浙江商人具有良好的企业家才能。因此，在青田发展水业经济是可能的，可以考虑在两个水库大坝附近安排一个纯净水或矿泉水企业。

6. 水景房地产业的开发

随着生活水平的不断提高，人们对住房需求的档次不断上升：一是从公寓需求上升到别墅需求，二是从非景观房需求上升到景观房需求。滩坑水库周边的缓坡地正好适合于水景别墅的开发。据房地产专家分析，一般水景房的房价至少比非水景房高出30%。而滩坑水库周边的水景别墅属于至尊高档水景别墅，其水景对房价具有乘数效应。作为著名“侨乡”的青田其居民拥有巨额的储蓄存款，这必将产生“需求创造自己的供给”的效应。

四、主要工程

（一）青田—温州引水工程

1. 工程取水口

青田—温州引水工程的可能取水口有两个：一是滩坑水库，二是大奕水库。滩坑水库引水方案引水线路较长，投资也相应较大，工程的建设对滩坑电站、大奕电站的发电影响较大，而滩坑电站作为华东电网中重要调峰电站，枯水年份引水的需求会与电网调度产生矛盾。同时，滩坑水库消落深度大，不便于进水口的布置。而大奕水库引水方案线路短，投资相对较小，工程建设不会对滩坑电站发电产生影响，同时，大奕水库为滩坑水库的反调节水库，其自身的调节能力（调节库容 500 万立方米）可以满足引水工程的日调节要求，大奕水库的正常蓄水位 36.5 米，死水位 35.0 米，亦能满足重力自流引水的要求。因此，小溪引水工程建议取水口位置选择大奕水库，进水口位于大奕水库的右岸。

2. 工程线路

根据浙江省水利水电勘测设计院2004 年所作的《温州瓯江小溪引水工程设计方案研究》的成果，小溪引水线路中，“大奕—青天—石郭”段线路方案比较确定，石郭下游根据线路走向有北、中、南三个布置方案，考虑到青田县的供水及便于施工的要求，建议采用北线方案为工程线路的首选方案。该引水线路基本沿小溪、瓯江南岸布置，在青田县水南设置一支洞出口，引水线路在下岙附近穿越一瓯江支流四都港，采用埋管穿越；穿越支流后，线路向东偏北方向沿瓯江南岸布置，在上埠头附近跨越戌浦江，隧洞出口（温州引水出口）位于郭溪北侧的黄坑附近，与规划的曹坪水厂衔接。见图 4 - 1。

3. 工程估价

依据《浙江省水利水电工程费用定额及概算编制细则》（1999 年）、《浙江省水利水电建筑工程预算定额》（1998 年）、《浙江省水利水电工程施工机械台班费定额》（1998 年）及其他有关规定和文件，结合浙江省水利水电勘测设计院 2004 年编制的《温州瓯江小溪引水工程设计方案研究》，估算得出小溪引水工程的静态总投资为 13.2 亿元，考虑到未来投资建设时利息率变化和物价上涨因素，实际总投资额可能会有所变化，但其变化范围应在 20% 的浮动范围之内，故未来实际总投资额大约为 14 亿—17 亿元。

4. 资金渠道及投资机制

青田—温州引水工程资金需求量较大。可以考虑的筹资方式包括：商业银行贷款、发行债券、政府拨款和建设基金等方式，其中政府拨款和银行贷款是两种最主要的筹资方式。结合青田—温州引水工程具体情况和中国现状，可供该工程建设使用的筹资方式包括政府财政支持和国内与国际贷款融资。

可以考虑通过项目发起方——温州市自来水总公司自身作为项目建设和管理的主体，或由其出资成立一个小溪引水工程项目管理公司，由项目公司通过银行贷款等多渠道进行筹资活动，资金到位后项目公司将进行项目建设的招标活动并负责建设过程中的监督。项目建成后，项目管理公司可以自己进行工程运营的管理或者移交给专门的工程运营公司，工程的收益由项目公司获得，贷款等债务资金的偿还由工程项目公司负责。

参照目前省内大型水利工程项目的资本结构，股本金与借贷金的比例一般为3:7。据此，小溪引水工程需 9.2 亿元债务资金。这些资金全部由温州自来水总公司或其组建的项目公司向国内商业银行或国家开发银行借款筹集。贷款利率按国内商业银行 5 年期以上长期贷款利率计算，为 5.94%。该方案虽然资金成本最大，但贷款期也相对较短，同时工程的建设不会受到资金到位不及时的影响，融资风险小。因此，该方案在小溪引水工程债务资金融资过程中具有综合优势。

（二）大奕电站开发工程

根据《瓯江流域综合规划》，大奕水电站是瓯江流域小溪支流的最末级水电站，坝址位于小溪滩坑水库下游仁宫乡寺岱村附近，距青田县城15.5公里，河床覆盖层主要为冲洪积砂卵石层，厚13—22米。工程坝址以上集水面积3447平方公里，年径流量40.6亿立方米，多年平均流量为125立方米/秒。水库正常蓄水位36.5米，与滩坑水电站发电尾水衔接，发电尾水位18.00米，下接三溪口水电站正常水位。总库容4200万立方米，正常库容3600万立方米，调节库容500万立方米，库容系数0.13%。平均发电水头17.5米。设计装机2×3.2万千瓦，年发电量1.54亿千瓦时，装机利用2750小时。

大奕水库淹没土地2030亩，淹没房屋5.225万平方米，需要移民2700人。工程静态投资5.08亿元。单位千瓦静态投资9071元/千瓦，单位电能静态投资3.30元/千瓦时。

大奕电站是以滩坑发电水库为主的尾水再利用工程，符合发电量最大、梯级枯水期最小和出力最大等最优调度准则，可实现调峰容量最大和发电量最大两个目标，并改善滩坑水库下游生态环境和小溪的航运条件，是项目投资效益较好的水电站。

大奕电站开发的目的是两个：一是发电，利用滩坑电站的尾水发电，充分利用水能资源；二是供水，作为青田—温州引水工程的取水口，承担蓄水池的功能。

因此，大奕电站的建设不仅关系到广大群众的切身利益，同时也是青田县城以及温州引水工程的取水口，因此，及早做好大奕电站的前期调研和规划工作就显得尤为重要。建议成立由县发改局牵头，有水利、环保、土管等部门以及相关乡镇的领导构成的专门机构，与上级相关部门（如省发改委、省水利厅、省环保厅）充分沟通，了解动态，积极争取；同时要综合考虑县域经济社会发展目标，听取各涉水利益方的代表意见，尽早编制好项目规划书。

（三）滩坑—大奕库区生态建设工程

为保证滩坑—大奕库区的水体质量以及滩坑库区旅游业的可持续发

展，必须加强滩坑—大奕库区生态建设，主要包括以下两个方面：

1. 生态公益林建设工程

滩坑—大奕水源保护区内的生态公益林主要为水源涵养林。如前所述，在水源保护区内，规划建设生态公益林面积约75万亩，其中青田境内45万亩，景宁境内30万亩。目前，滩坑库区生态公益林的补偿标准为每年15元/亩，该标准明显偏低，建议将补偿标准逐步提高到30元/亩。以此推算，库区每年的生态公益林补偿金额为2250万元左右。如果按照现行的各级财政分担比例，即：省级及以上财政负担8/9，县财政负担1/9，那么，除去县财政承担部分，滩坑库区生态公益林建设每年可以争取到省级及以上补偿资金2000万元。

2. 生态景观林建设工程

滩坑—大奕水库库区生态景观林的建设需要结合建设地具体生态特点和产业开发要求，主要分为旅游节点、重点旅游开发区周围和环湖周围山地三类。库区共需建设10万亩生态景观林，青田和景宁各5万亩。根据专题报告五的研究结论，大约需要投资3200万元。该投资属于一次性投资。

（四）滩坑—大奕库区环境保护工程

1. 城镇污水处理工程

滩坑—大奕水源保护区内仍有6万人口及其游客污水处理十分重要。根据专题五的研究结果，整个库区污水处理设施建设成本为2400万元，年运行费用为200万元。

2. 垃圾收集与处理工程

库区内没有大型工业，因而库区以生活垃圾为主。生活垃圾的来源分成两部分：一部分是留在库区的6万居民每天生活所产生的；另一部分则是库区游客所产生，主要分布在旅游景点、旅游线路和居住酒店。根据库区生态环境保护规划，滩坑库区生活垃圾收集率大于80%，无害化处理率大于80%。因此，滩坑库区垃圾收集与处理可采取浙江省其他地区的一般思路，即“村负责收集，乡负责运输，县负责处理”。居民区的收集与处理由于便于集中，相对旅游区简单许多。根据专题五的研究结果，滩坑库区垃圾收集设施的建设成本大约为420万元，每年的运营成本大约420万元。

（五）青田抽水蓄能电站工程

青田抽水蓄能电站工程以双坑口电站为上水库，以滩坑水库为下水库。该工程从技术层面看是基本可行的，但在中短期内，青田抽水蓄能电站缺少必要性。理由是：第一，从地理位置来看缺乏优势。青田县处于华东电网、浙江电网的末端，尽管“福州北—金华双龙”的500千伏输送线路与其距离较近，但该输电线路目前并未提供开口接入，同时青田与西电东送金华落点的距离超过120公里，且附近没有核电厂、风力电厂，因此，从地理位置上看，青田与电网负荷中心的距离较远。第二，从技术经济指标看缺乏优势。与目前浙江省待建和在建的12个项目相比较，青田项目的距高比规定的指标要好，为4.28—5米，但是水头并不占优势，仅为300—350米，低于大多数已有的备选项目（平均水头在500米左右），有些备选项目，如天荒坪、九龙电站的水头均超过了750米，因此，青田抽水蓄能电站的技术指标仅处于中下水平。第三，从现有政策及规划看缺乏优势。浙江省对于抽水蓄能电站项目采取“推二备三”的思路，即：在2010—2020年间重点建设天荒坪二期和仙居电站；至2020年选择天台九龙、建德乌龙山、缙云方溪三个站址列为备选项目；此外，将奉化溪口二期作为宁波地区的备选项目。同时省发改委为了防止各地出现无序、恶性竞争，出台了相关规划及政策要求。

不过，由于外部环境的变化会导致抽水蓄能电站的建设条件发生变化。青田县抽水蓄能电站建设具有一些潜在机会。如果出现下列外部环境变化，则可以适时将抽水蓄能电站提上议事日程并进行初步的技术勘探工作：一是电网合并。即金华—福州北的500千伏输电线路提供本地接入口，或者华东电网与福建电网合并时，将会重新产生对调峰的需求。海西（福建）经济区的开发所导致的电力需求的迅速增长，使得这种情况成为可能。二是新增电源。如果在青田县附近新增核电站、大型火电厂、风力发电站等电源建设项目，这将对抽水蓄能电站产生新的需求。这两个外部环境的变化是完全可能的。因此，青田抽水蓄能电站可以作为一个重大工程的备选方案。

五、对策建议

（一）加强组织协调

滩坑水库水资源综合利用是一个美好的蓝图，但是，由于涉及众多主体之间的利益关系，可能面临极大的交易费用。为此，必须加强组织创新，协调各方利益。

1. 争取省政府有关部门的支持

滩坑水库属于扶贫工程。如何使水库真正发挥扶贫功能，不仅是青田县政府的事情，也是省政府的职责。库区需要有一些具有造血功能的经济项目。因此，要积极争取省政府相关部门的支持，例如，争取省发展和改革委员会在工程立项中的支持，争取省水利厅在水权交易以及水资源费处置中的支持，争取省旅游局在旅游开发中的支持。

2. 建议丽水市政府成立滩坑水库管理委员会

滩坑水库是一个跨区域的水库，库区内的生态环境建设与经济社会发展必须加强政府协调。通过成立丽水市滩坑水库管理委员会，可以承担起产权界定保护的功能、公共产品提供的功能、产业准入规制的功能、各方利益协调的功能等。

3. 建议注册成立青田县控股的大奕水库水资源开发公司

滩坑水库水资源综合利用引发的利益争夺主要在于水权交易。根据本课题的研究结论，如果开展青田—温州水权交易，那么，理想的取水口在大奕水库，而大奕水库在青田县境内，因此，有充分的理由成立由青田县控股的大奕水库水资源开发公司。大奕水库水资源的开发与北海公司的水力发电的稳定性、景宁等地的生态保护的好坏都有着紧密的关系，因此，可以考虑北海公司、丽水市以及景宁畲族自治县入股大奕水库水资源开发公司。这样，大奕水库的水权出让只需要由公司出面与水权需求方谈判即可，大大简化参与谈判的经济主体的数量。

4. 充分重视社会组织的作用

在水生态保护和水资源开发利用中，社会组织可以发挥重要的作用。在一些重大工程上马前，在一些重大决策形成前，要尽可能多听取社会各界代表的意见，使滩坑水库水资源综合利用成为真正的民心工程。

（二）加快规划编制

滩坑水库库区开发已经有了旅游总体规划和水产养殖规划。但这两个规划均属专项规划。为了防止滩坑库区的无序开发，避免两个县之间的开发冲突，丽水市发改局应抓紧启动《丽水市滩坑库区开发总体规划》，并要求各个专项规划服从于总体规划。

青田县则要做好各个专项规划的准备工作：第一，将本课题报告进一步转化为规划，争取将《滩坑水库水资源综合利用规划》纳入浙江省“十二五”专项规划，以规划带动项目的启动与实施；第二，启动《青田县滩坑—大奕水库库区产业发展规划》，将库区的旅游产业、房地产业、航运产业、水电产业、水制品产业、养殖产业、生态农业及其土地利用等做出统一谋划，规范开发秩序；第三，启动《青田县滩坑—大奕水库库区环境保护规划》，通过规划的编制和实施保障库区水环境质量目标的实现。

（三）明确实施策略

滩坑水库水资源综合利用可以形成一系列的工程项目，主要包括青田—温州引水工程、大奕水电站建设工程、滩坑—大奕库区生态建设工程、滩坑—大奕库区环境治理工程、青田抽水蓄能电站工程、滩坑水库旅游开发工程以及与之配套的小溪旅游带开发工程等。

这些工程项目要按照轻重缓急进行梳理和分类，明确近期、中期和远期的工作任务。上述工程项目策略安排如表4-1所示。

表4-1表明，在“十二五”规划制订时，应将大奕水电站建设工程、滩坑—大奕库区生态建设工程、滩坑—大奕库区环境治理工程、滩

坑水库旅游开发工程等纳入规划之中。在“十三五”规划制订时，应将青田—温州引水工程作为重中之重项目纳入规划。跨区域水权交易是一个漫长的谈判过程，在“十二五”时期就应启动青田—温州水权交易及其引水工程的前期准备和谈判工作。随着引水工程的实施，小溪旅游带开发的条件就渐趋成熟，因此，小溪旅游带开发要作为中期实施的项目予以考虑。在“十四五”规划制订时，要将青田抽水蓄能电站的前期论证纳入工作之中，根据内部条件与外部环境的变化择机考虑该工程的启动问题。

表 4－1　　滩坑水库水资源综合利用工程实施的策略安排

工程项目名称	重大/重点/一般	近期/中期/远期①
青田—温州引水工程	重大	中期
大奕水电站建设工程	重点	近期
滩坑—大奕库区生态建设工程	一般	近期
滩坑—大奕库区环境治理工程	一般	近期
青田抽水蓄能电站工程	重大	远期
滩坑水库旅游开发工程	重点	近期
小溪旅游带开发工程	一般	中期

（四）推进机制创新

滩坑水库水资源综合利用的每一个项目、每一个工程的实施，都需要积极推进机制创新，特别是产权制度创新和投资机制创新。

1. 产权制度创新

① 近期是指“十二五”时期要实施的，中期是指“十三五”时期要实施的，远期是指“十四五”以后实施的。

滩坑水库的水权包含着极其丰富的内涵，主要有发电权、养殖权、航运权、旅游权、引水权等。发电权属于北海公司所有，该公司对当地已经给予了一定的补偿。其他产权则要按照浙江省常务副省长陈敏尔参加丽水市代表团讨论时所讲的“当地资源，当地管理，当地开发，当地享用”的精神逐个予以界定、分配和落实。如果“当地”涉及两个或两个以上的行政区，那么，由上级政府予以协调。这需要政府、企业和公众的共同努力。

2. 投资机制创新

滩坑水库水资源综合利用涉及众多建设工程，需要大量的资金投入。投资机制创新是保障工程项目实施的重要方面。总体上讲，要强调项目投资的民营化。典型的公共产品项目由政府投资，例如，生态公益林建设的补偿资金；具有部分社会公益性的项目，采取企业投资、政府补助的做法，例如青田—温州引水工程，可以争取上级政府的一定补助；典型的私人产品项目，采取完全的企业投资的做法，例如库区旅游开发项目等。

（五）重视形象策划

本课题研究表明，滩坑水库水资源综合利用有可能成为全国水资源开发与水环境保护有机结合的典范，有可能成为全国水资源多级开发和循环利用的典范，有可能成为以水资源的综合利用促进区域经济协调发展的典范。因此，青田县及其相关地区和部门，都要从促进区域经济协调发展的高度，加强形象策划和宣传，不断扩大“滩坑水库”的无形资产价值。要利用各种渠道使之成为各类试点、示范和典型。例如通过发展和改革系统成为水资源循环利用的循环经济的示范项目，通过环境保护系统使之成为跨区域水环境保护的先进典型，通过水利系统使之成为水权交易的成功范例。

第二节 青田—温州水权交易的方案设计

一、青田—温州水权交易的可行性分析

(一) 区域间水权交易发生的条件分析

1. 水资源可持续利用性

水资源属于可再生资源，但如果开发过度其再生能力将会不断削弱，所以水权转让要适应经济社会发展对水的需求，统筹兼顾生活、生产、生态用水，充分发挥水资源的综合功能，实现水资源的可持续利用。

2. 水资源存在稀缺性

水权交易能够发生的前提是水资源具有稀缺性。当水资源供给充裕时，它被认为是取之不尽用之不竭的，即使它在人类的生产生活中扮演很重要的角色，也难以促成水权交易的发生。当水资源具有一定稀缺性时，才能作为一种有价的要素进行交易。资源性缺水、水质性缺水、结构性缺水、工程性缺水、管理性缺水都是水资源稀缺性的具体表现。

3. 水权交易净收益的显著性

我国现阶段还没有水权交易的相关法律法规。现有的水权交易都是交易双方商定的。之所以会存在这样的情况，是因为水权交易对交易双方都存在着显著的净收益，能够达到“双赢”的状态。

4. 水资源计量技术的可行性

水权交易是将水作为一种特殊的商品进行买卖，水权的交易必然要建立在水资源计量技术的可行性基础之上。

(二) 青田—温州水权交易的可行性

温州市多年平均水资源总量为132.6亿立方米，人均水资源拥有量

为 1760 立方米，[①] 低于浙江省平均水平。改革开放后，温州市经济快速发展，水资源短缺的问题逐渐凸显。而青田县境内小溪的平均径流量为 129.7 立方米/秒，平均年径流量为 40.9 亿立方米，随着小溪流域的开发，优质水资源的可利用量大大增加。温州缺水而青田富水，能否通过水权交易，进行水资源的优化配置，提高水资源的利用效率成为了双方都十分关注的问题。

从水资源可持续利用的角度看，即使在枯水年份，青田县在满足中心城市生活用水需求、工业用水需求和小溪河道生态环境需水之后，大奕水库仍有大量的富余水量。在大奕水库主功能为城市供水方案下，2015 年、2020 年、2030 年和 2050 年大奕水库可输出水量分别为 22.5 亿立方米、22.4 亿立方米、22.2 亿立方米和 21.8 亿立方米。在大奕水库近期以发电为主，远期发电与供水并重的功能定位方案下，2015 年、2020 年、2030 年和 2050 年大奕水库可输出水量分别为 1 亿立方米、4.9 亿立方米、7.5 亿立方米和 12.4 亿立方米。在大奕水库发电、供水并重的功能定位方案下，2015 年、2020 年、2030 年和 2050 年大奕水库可输出水量分别为 13.1 亿立方米、13 亿立方米、12.8 亿立方米和 12.4 亿立方米。如果水权交易的引水量小于富余水量，就不会对本地的水生态和水环境造成大的影响。因此进行青田—温州水权交易，能够较好地处理经济发展与生态保护的关系，达到水资源的可持续利用。

从水资源的稀缺程度来看，温州市存在资源性缺水、工程性缺水和水质性缺水并存的现象。随着珊溪水库赵山渡引水配套工程、楠溪江引水及配套工程等一系列水利工程的建设，温州市的工程性缺水将有所缓解但仍会存在水质性缺水与资源性缺水的情况，特别是对于乐柳平原、温州平原、瑞安平原等平原地区情况更加严重。根据专题报告二的测算，即使是温州市实施了供水规划并推行了强节水方案之后，到 2020 年还会出现 0.9 亿—1.4 亿立方米的缺水量，到 2030 年缺水量将达到 12 亿立方

① 温州市水利局：《温州市水资源综合规划》，2003 年。

米，如果考虑到产业重化后缺水量进一步加大，2020 年缺水量将达到 10.5 亿—11.1 亿立方米，2030 年将达到 27.2 亿—27.6 亿立方米，2050 年将达到 13.5 亿—14.2 亿立方米。在这种情况下，跨流域引水将成为温州解决水资源短缺的首选方案。

从水权交易净收益的显著性来看，对于温州市，预计 2020 年拥有的水资源就无法满足自身的发展，缺水将制约当地的经济发展，通过水权交易，可以有效地解决水资源短缺的问题，可以保证当地产业结构的转型，增加地区竞争力，同时可以提高居民的用水满意度，将会产生很好的经济社会效益。对于青田县，滩坑水库建成后，正常蓄水位以下总库容可达 35.2 亿立方米，调节库容 21.26 亿立方米，而且水质将保持在Ⅱ类水之上。在经过发电、养殖、旅游开发等多重开发之后，再将尾水引到温州，可以充分利用富余的水，将其转换为经济价值，可以大大提高水资源的综合效益。可见，青田—温州的水权交易可以使交易双方达到“双赢”。

从水资源计量技术的发展来看，省内已经有多起水权交易的案例，引水工程的建设、引水管道的铺设以及计量设备装备操作等方面都有了比较成熟的技术，因此从技术层面上来看，青田—温州的水权交易是可行的。

二、浙江省内跨区域水权交易案例分析

（一）东阳—义乌水权交易的基本内容

东阳和义乌两市毗邻，位于浙江省中部的金（金华）衢（衢州）盆地，同处于钱塘江重要支流金华江上游。

如表 4－2 所示，从经济发展水平来看，2000 年义乌市人均地区生产总值就已经达到 17945 元，东阳市为 12794 元，义乌经济比东阳更发达。但是从水资源情况来看，却是义乌缺水，东阳富水。义乌市平均水资源总量为 7.19 亿立方米，人均水资源 1130 立方米，远低于浙江省 2100 立

方米和全国2292立方米的水平，而东阳市拥有横锦水库和南江水库两座大型水库，水资源总量16.08亿立方米，人均水资源2126立方米，高于浙江省的平均水平。随着经济的发展，水资源的不足已经成为义乌市经济社会发展的瓶颈。

表4-2　2000年部分地区人均地区生产总值与水资源拥有量指标比较①

	浙江	东阳市	义乌市	嵊州市
人口（万人）	4677	78.79	66.84	73.99
地区生产总值（亿元）	6036.34	100.67	119.24	95.49
人均地区生产总值（元）	13461	12794	17945	12921
人均水资源量（立方米）	2100	2126	1130	1700

由于干旱，义乌市曾经几度出现“水危机”，每次都是靠上级政府协调度过难关。但是单纯依靠行政协调的手段，往往只能解决临时性问题。对处于城市化迅速推进中的义乌市而言，不能采取临时抱佛脚的策略，而必须寻求长久之计，由此萌生了到东阳购买水权的想法，并多次进行交涉。

2000年11月24日东阳、义乌双方举行了水权转让协议签字仪式。水权交易协议的主要内容为：一是义乌市一次性出资2亿元购买东阳横锦水库每年4999.9万立方米水的永久性使用权。二是水权转让后水库原所有权不变，水库运行、工程维护仍由东阳负责，义乌按当年实际供水量每立方米0.1元支付综合管理费（包括水资源费、工程运行维护费、折旧费、大修理费、环保费、税收、利润等所有费用）。三是从横锦水库到义乌境内段引水工程由义乌规划设计和投资建设，其中东阳境内段引水工程的有关政策处理和管道工程施工由东阳市负责，费用由义乌承担。2005年1月6日，从横锦水库到义乌的引水工程正式通水，东阳—义乌水权交易取得正果。

① 沈满洪：《水权交易制度研究：中国的案例分析》，浙江大学出版社2006年版。

（二）余姚—慈溪水权交易的基本内容

余姚市市域总面积1527平方公里，其中山区为805平方公里，平原433平方公里，常住人口83万人。余姚市属北亚热带季风气候，全市多年平均降水量1547.1毫米，水资源总量为11.30亿立方米，平均每人水资源占有量为1330立方米，会出现周期性和规律性用水紧张。

慈溪地处甬绍平原北部，总面积1360.63平方公里，多年平均降水量为1346.8毫米，较浙江省多年平均降水量低15%左右，多年平均水资源总量为6.394亿立方米，由于境内湖少河小，人均水资源占有量仅为450立方米，为浙江全省人均水平的1/4。慈溪市历来缺水，属于经济强县，水资源贫困县，特别是优质的水资源奇缺。20世纪80年代中期上级政府为了解决慈溪的水荒，特地将余姚梅湖水库所在地横河镇划归慈溪。光靠一个镇的划拨还是难以彻底解决慈溪水资源短缺的问题。进入20世纪90年代，由于人口的增加，慈溪市人均水资源拥有量进一步下降，与此同时本不丰富的水体还遭受污染，成了优质水资源的贫困户。当时城市饮用水直接从河网取水，水质为Ⅲ类，有时还劣于Ⅲ类，存在着资源性缺水与水质性缺水并存的问题。

余姚市面山临江，拥有三座中型水库，水质均为Ⅱ类或优于Ⅱ类，优质水资源量相对丰富，除了向城镇供水外，还有富余的水可用作其他产业。一边是慈溪人不得不取用不达标的水经处理后作为饮用水，一边是余姚人将优质水作为灌溉用水、工业用水和环境用水，慈溪市产生了到余姚引水的想法。经过两市政府、水利等相关部门的调研、评价、分析和协商之后，于1999年7月28日达成了“余姚、慈溪供（引）水协议”。协议规定余姚市梁辉水库向慈溪市供水，供水期为15年，前3年每年供水1000万立方米，后12年每年供水2000万立方米，供水保证率为90%；慈溪市向余姚市一次性支付补偿水库工程折旧费3500万元，供水输水管道由慈溪市铺设，慈溪市向余姚市提供15年无息借款2000万元，供水期满后归还；原水价格为0.28元/立方米，原则上以5年调整一次。2001年7月1日，梁辉水库正式开始向慈溪市供水，至2009年6

月 12 日，累计供水已达到 12129 万立方米。

（三）绍兴—慈溪水权交易的基本内容

由绍兴市区、绍兴县和上虞市三家股东投资 10 亿元人民币合建的绍兴汤浦水库，总库容 2.35 亿立方米，年蓄水量 3.6 亿立方米，是Ⅰ类优质饮用水水质水源。根据设计，该库拥有 100 万立方米的日供水能力，而在 2003 年，向三家股东实际供水只为 40 万立方米/日，还有 60 万立方米/日的水富余。

慈溪市人均水资源占有量仅为 450 立方米，由于特殊的地形，慈溪市的优质水资源开发难度大，随着杭州湾跨海大桥的开通，杭州湾新区的建设以及滩涂面积的增加，慈溪市水资源缺口进一步加大。为了缓解水资源供需矛盾，慈溪市已经实施了梁辉水库引水工程、姚江引水工程等境外引水工程。但是梁辉水库引水量较小，姚江引水属于应急工程，最终还是难以完全解决慈溪方的缺水问题。根据《宁波市水资源综合规划》的预测，在 95% 的供水保证率下，预期 2010 年，慈溪市优质水缺水量将达到 6500 万立方米，2020 年将达到 7300 万立方米，如没有新的水源补充，优质水的缺乏将成为城市发展的瓶颈。

为使汤浦水库早日发挥设计功能，同时也为慈溪早日解决部分优质水源之需，经过 12 轮的谈判，2003 年 1 月 9 日，绍兴市汤浦水库有限公司与慈溪市自来水总公司正式签订了供水合同，合同内容包括：自 2005 年 1 月 1 日起至 2040 年 12 月 31 日止 36 年内，汤浦水库将向慈溪市提供每日 20 万立方米的引水权，以 18 年为界分两个阶段实施。

第一阶段 2005 年 1 月 1 日—2022 年 12 月 31 日，供水总量 118260 万立方米，前 3.6 年按日供水量 10 万立方米计算，即每年供水量 3650 万立方米，后 14.4 年按日供水量 20 万立方米计算，即每年 7300 万立方米，第二阶段另行商议；第一阶段慈溪市将投入 5.14 亿元建设 50 多公里的输水管线和水厂，并向汤浦水库支付水权转让费 1.533 亿元，此间慈溪可从汤浦水库引入 12 亿立方米优质原水，并另行支付水价；水价标准可享受汤浦水库三家股东单位执行的政府定价，协议订立时为每立方米 0.40 元，此后可随政府定价的调整而调整。

第二阶段的供水价格及补偿费另行商定。同时交易双方还约定，汤浦水库拒绝为除绍兴市、绍兴县、上虞市、慈溪市之外的第五方供水。引水工程于 2004 年 11 月 29 日正式开工建设，2007 年 9 月 3 日正式通水。

三、浙江省内水权交易案例的经验总结

浙江省内发生的三例水权交易，从时间发生前后来看先是余姚—慈溪的水权交易，然后是东阳—义乌的水权交易，最后为绍兴—慈溪的水权交易[①]，从交易的内容来看，也是各不相同，各有利弊，如表 4-3 所示。

表 4-3　　浙江省内三例水权交易案例比较

内容	东阳—义乌	余姚—慈溪	绍兴—慈溪
签约时间	2000 年 11 月 24 日	1999 年 7 月 28 日	2002 年 12 月 28 日
交易主体	卖方：东阳市人民政府 买方：义乌市人民政府	卖方：余姚市人民政府 买方：慈溪市人民政府	卖方：绍兴市汤浦水库有限公司[②] 买方：慈溪市自来水总公司
交易数量	每年 4999.9 万立方米	前 3 年每年供水 1000 万立方米，后 12 年每年供水 2000 万立方米	第一阶段供水总量 118260 万立方米。前 3.6 年按日供水量 10 万立方米计算，即每年供水量 3650 万立方米；后 14.4 年按日供水量 20 万立方米计算，即每年 7300 万立方米

① 由于余姚—慈溪引水协议没有采用水权交易的概念，因此，一般将东阳—义乌的水权交易称为国内首例水权交易。

② 绍兴市汤浦水库有限公司是由绍兴市、绍兴县、上虞市三家政府共同出资组建的有限责任公司，于 2001 年 3 月投入运行，公司主要负责汤浦水库的综合管理及合理开发，主要职责是安全可靠供水、防汛调度和库区管理。

续表

内容	东阳一义乌	余姚一慈溪	绍兴一慈溪
交易价格	1. 一次性支付2亿元的转让金； 2. 向供水方支付当年实际供水0.1元/立方米的综合管理费（含水资源费、工程运行维护费、折旧费、大修理费、环保费、税收、利润等所有费用）； 3. 综合管理费中除水资源费应按浙江省有关文件规定中生活用水、其他用水的平均价进行调整外，其余费用一次商定	1. 慈溪市向余姚市一次性支付补偿水库工程折旧费3500万元； 2. 慈溪市向余姚市提供15年无息借款2000万元，供水期满后返还； 3. 按每立方米0.28元的供水水价，水价每5年调整一次	1. 慈溪方面向绍兴一次性支付水库建设补偿费1.533亿元； 2. 原水价格执行绍兴市政府定价，与绍兴市民享受同水同价，现价为每立方米0.4元。可随政府定价的调整而调整； 3. 第二阶段的供水价格及补偿费再另行商定
交易期限	永久性转让	供水期15年	第一阶段2005年1月1日到2022年12月31日共18年
工程造价及施工	1. 引水工程由义乌市规划设计和投资建设； 2. 东阳境内段引水工程的管道工程施工由东阳市负责，费用由义乌市承担； 3. 引水计量设备等由义乌投资建设，双方共同管理	供水输水管道由慈溪市铺设	1. 整个输水管网由慈溪市自来水总公司自行投资、建设、运行和管理，工程全部费用约为5.14亿元； 2. 引水工程管道全长53公里，通过沿途的加压泵站，每日最大输水量可达25万立方米

对三起水权交易的经验进行总结可以发现，虽然在交易内容上各有不同，但在交易中遵循的相关原则还是相同的。

（一）地方政府主导的原则

1. 水权交易要以地方政府为主导

水权是水资源的所有权、使用权、收益权、决策权和让渡权等组成的一组权利束。水权作为一组权利束，不同的权能是可以分离的。按《水法》规定，水资源的所有权归国家所有，国家对水资源实行统一管理和宏观调控，各级政府及其水行政主管部门依法对水资源实行管理。

实际操作中，除了水资源所有权之外，水权的其他权利总是自觉、不自觉地授权给了地方或部门，再由地方的水行政主管部门授权下一级水行政主管部门、企业、用水户等。

在市场交易过程中，由于信息不对称等因素的存在，分散主体之间水权交易的交易成本十分高昂，难以实现用水户之间供求的空间跨越，而地方政府可以与其他地方政府建立一种交易成本相对较低的协商机制，使交易有利可图。而政府作为社会公共利益的代言人，可以避免水权交易中有损地方整体和长远利益的事情发生，有效弥补市场机制的不足。基于以上两方面原因，区域间水权交易必然要由地方政府主导。在东阳—义乌和余姚—慈溪的交易中，谈判的主体都是地方政府的相关部门，比如水利局、发改局，签约的主体是双方的人民政府，而绍兴与慈溪之间的水权交易表面上看谈判主体与签约主体是绍兴市汤浦水库有限公司与慈溪市自来水总公司，实际上两家公司均是代表地方政府意志的政府全资控股公司。可见，在水权交易的实践中，地方政府起着主导作用。

2. 地方政府可以直接或间接参与水权交易

降低交易成本和促进公共利益两个因素决定了我国区域间水权交易必须以地方政府为主导，而地方政府参与水权交易的方式又可以分为直接参与和间接参与两种类型。东阳—义乌、余姚—慈溪的水权交易都可以看做是地方政府直接参与型，而绍兴—慈溪的交易可以看做是地方政府间接参与型。

两种参与方式各有利弊。地方政府直接参与水权交易的优点是可以代表地方的整体利益，而缺点是需要协调各方的利益，协商成本较高，并且会承受较大的政治舆论压力。当然，当面临较大的政治舆论压力时，采取广泛的民主协商是必要的。比如余姚—慈溪的水权交易，由于是向区域外供水，余姚市内部存在着不同意见，余姚市政府在水权出让问题上非常谨慎。市政府多次召开了由计委等综合部门和水利、规划、城建、环境、重点办等涉水部门参加的会议，分析和研究这一问题。还召开了有关老同志参加的座谈会，听取他们的意见。市政协领导还对全市的水资源进行实地考察，并于1998年4月28日召开的九届三次主席会议上通过了主席会议建议案，向市政府提出了建议。在大量调查研究和广泛听取各方面意见的基础上，最后由市人大于1999年7月15日做出了余姚向慈溪供水的决议。从余姚—慈溪的交易情况来看，广泛的民主协商收到了很好的效果，一方面通过多方论证与广泛地征求意见达到了科学决策，使协议的条款对余姚比较有利，控制权仍然掌握在余姚手中，另一方面广泛发扬了民主，统一认识，使水权交易的阻力降到最低。

地方政府间接参与水权交易具有两个优点：一是可以避免政府职能定位的混淆，减少交易的政治压力，容易促成交易的成功；二是交易双方都是市场主体，可以采用更市场化的方式来商定交易的水量、价格、期限，交易的效率更高。而这种交易方式最大的不足就是公司的目标函数与当地政府的目标函数存在着差异，容易出现只顾自身的眼前利益而难以代表整体的长期利益的情况，特别是卖水方。在绍兴—慈溪的水权交易中，其实早在汤浦水库建设时，慈溪市政府就曾派出相关人员前去绍兴洽谈共同投资建设汤浦水库并引水事宜，但是由于绍兴政府存在较大的政治舆论压力以及部门间利益难以协调，最终谈判破裂。谈判破裂后，慈溪政府才转向梁辉水库引水，但是慈溪市经济快速发展，仍然面临着缺水的状况，在这种情况下，慈溪市政府才再次将目光投向了汤浦水库。这次双方都采取低调处理的方式，由慈溪市自来水公司与汤浦水库有限公司进行谈判，有效地避开了绍兴政府方面的压力，最终经过12次谈判达成交易协议。

（二）本地供水优先原则

本地供水优先原则包括两个内涵：一是在本地生活、生产、生态用水满足后富余的水才能用于水权转让，并要留有一定余量；二是在枯水年份要率先保证本地供水的安全。本地供水优先原则体现在水权交易中就是“留有余量、数量可调、时间有限”。

1. 留有余量

各地区经济发展程度各异，需水发生的时段也有所不同，人口的增长与迁移以及经济结构调整等多方面因素都会增加本地水资源的需求量，为了更好地体现“本地供水优先原则”，交易双方在确定交易水量时要做到留有余量。比如东阳采取横锦水库扩（续）建、库区灌区改造和梓溪流域的开发两大举措，使横锦水库年供水量增加了1亿立方米，将其中5000万立方米水权转让给义乌后，东阳市仍有5000多万立方米可供自身发展，余姚市则是测算了未来15年内在满足自己的正常合理需求之后，将会有2000万立方米水量可以外供，因此将交易数量确定为2000万立方米/年，绍兴汤浦水库管理局则是考虑了水库的年供水能力是100万立方米/日，交易谈判时向绍兴市、绍兴县、上虞市三方实际供水量只为40万立方米/日，即使向慈溪供水20万立方米/日，仍有40万立方米/日的余量来满足本地的经济社会发展的需要，三例水权交易都较好地做到了为本地发展留有余量。

2. 数量可调

即使是计算最精确的供水需水预测，总还是会与实际的情况有出入，特别是当遇到大旱等不可抵抗的外力时。为了在各种突发情况下保证本地供水的安全，在交易时应该商定水量可调整。

为了体现数量可调的原则，余姚市是通过设定供水保证率的方法来实现的。根据有关规定，饮用水安全供水的保证率要达到95%，余姚市认为这是针对本地供水所提出的要求，在实际供水中本地的供水具有优先权，所以将向慈溪供水的保证率设定为90%。在正式供水的第二年，余姚市政府又与慈溪市政府协商，签署了补充协议，以明确在枯水年份，余姚市有权利单方面进行限制供水以保障本地的供水安全。这一条款在2004年起到了重要的作用，2003年大旱年，余姚市1月1日至11月17日降雨量为828毫米，仅为多年平均1302.8毫米的63.6%，梁辉水库水位告急，所以在2004年余姚市单方面限制了对慈溪市的供水，从6万立方米/日降到4万立方米/日，最低降到1万立方米/日，由于事先确定了供水保证率并签署了补充协议，避免了有关争议，达到了和谐供水的目的。

在绍兴—慈溪的水权交易中，约定遇到枯水年份，慈溪市与绍兴市、绍兴县、上虞市三方供水量同升同降，并保持总供水量1∶2的比例不变。这也可以看作是数量可调的方式，它更多的体现了慈溪市居民与绍兴市居民“同等国民待遇的原则”，而较少体现了“本地供水优先的原则”。东阳—义乌的水权交易中，供水数量5000万立方米是固定不变的，即使东阳市内出现缺水也不能限制向义乌供水，这是完全违背本地供水优先原则的做法。

3. 时间有限

我国的土地使用权出让是有年限的，居住用地70年，商业用地40年，而水资源作为一种特殊的商品，一种战略资源，其使用权在转让时理应也有期限。另外由于未来水资源供求的不确定性，为确保本地供水的优先满足，也应该设定一定的交易期限，以便在交易时间到期时进行协商调整。

余姚—慈溪、绍兴—慈溪两例水权交易就较好地做到了“时间有限”的原则。余姚—慈溪交易中，双方商定后认为交易年限最长不能超过工程使用寿命期（梁辉水库、陆埠水库工程使用寿命为50年），最后结合不同水平年供需均衡分析计算结果将交易期限设定为15年。绍兴—慈溪交易中，根据汤浦水库的工程使用年限确定交易年限为36年，分两个阶段，其中真正达成实质性交易的仅仅是前18年，之后18年的水权交易内容都需要进一步协商。而在交易期限方面，东阳—义乌的水权交易遭到了较多的质疑，水资源使用权能否永久转让尚缺乏法律依据。

（三）有偿转让和合理补偿的原则

三例水权交易案中，水权交易的“水”都是水库水，由于其融入了人类的社会劳动，所以不是纯粹的自然水，更准确、严格地说是工程水（商品水），工程水（商品水）使用权的转让必然要求转让是有偿的，并且在保证供水的量与质时必然会涉及多方利益，因此还需要进行合理的补偿。

“有偿转让”的原则是指要遵循市场交易的基本准则，对水权出让方给予一定的经济利益补偿，三起水权交易买方付给卖方一定的转让费。东阳—义乌交易是一次性支付2亿元的转让金，并按0.1元/立方米的价格以及实际供水量计算综合管理费；余姚—慈溪的交易是一次性支付水库工程折旧补偿费3500万元，提供2000万元无息借款，并按照0.28元/立方米的价格以及实际供水量计算原水费；绍兴—慈溪的交易则是一次性支付1.533亿元水库建设补偿费，并按照0.4元/立方米的价格以及实际供水量计算原水费。

"合理补偿"又可以从两个层面来理解：一是补偿费考虑的内容是否合理，二是补偿费价格设定是否合理。

从现有的水权交易来看，补偿的内容主要包括两部分：一部分为工程补偿费（水库建设补偿费、水库工程折旧费）；另一部分是原水费。工程补偿费是根据水库工程的投资费用、折旧费用等进行概算的，主要还是取决于交易双方的讨价还价能力。原水费包括的内容在三起交易中又各有不同。东阳—义乌交易中，0.1元/立方米的综合管理费包括水资源费、工程运行维护费、折旧费、大修理费、环保费、税收、利润等所有费用，余姚—慈溪0.28元/立方米的原水价格名义上包括水资源水价、工程水价和环境水价三部分，但实际上只包括了水资源水价和工程水价两部分，因为余姚市认为这部分供水量使用后，在慈溪市自己境内排出，不涉及余姚的水环境容量问题，因此没有计入单位水价当中。绍兴—慈溪交易的原水价格是与绍兴市民同水同价的，初始价格为0.4元/立方米，包括水资源费、工程水价。从三起水权交易价格的内容来看，都包括了资源水价、工程水价，而对于环境、生态的补偿费几乎没有涉及，东阳—义乌水权交易中也只是环保费略有提及。三起交易转让的都是水库弃水，由于上游来水量的减少，下游的生态环境必然会受到影响，而对于库区的农民因为要维持水库的水质放弃了发展的权利，这两方面都需要进行补偿，同时库区的植被保护和水体保护费用也应该计入生态补偿费用中。

从补偿费价格设定来看，三起案例都将水资源费单独列出，并根据国家的规定进行调整，不同的是东阳—义乌交易采用固定价格，将各项费用一次性商定，而余姚—慈溪、绍兴—慈溪的水权交易都将费用设定为可调整的，余姚—慈溪的水权交易是每5年调整一次，由双方协商决定，绍兴—慈溪的水权交易则是盯住绍兴市水价进行调整。与固定水价相比，可调整的水价更加合理，更能保证卖方的利益，并且有利于水资源利用效率的提高。东阳—义乌的水权交易为永久性水权转让，2亿元的一次性补偿款看似高价，但由于是永久性的转让摊派到每立方米的原水中的价格为0，那么每立方米0.1元的综合管理费可以看作是水权转让的真正价格，其中水资源费为0.01元/立方米，除此之外工程运行维护费、折旧费、大修理费、环保费、税收、利润等所有费用加总为0.09元/立方米，与其他两起交易相比水价已经偏低，对于卖水方是不公平的，随着经济的发展和物价的上涨，这一价格会更加偏低，根本不足以对生态环境以及库区农民进行补偿，不利于水资源的可持续利用。

（四）产权明晰的原则

由于水资源具有流动性，且经常是跨越多个行政区域、上下游之间分布不均匀，因此其界定比较困难。但水权转让必须以水资源产权明晰为前提，否则很容易造成纠纷。

相邻的嵊州市就曾对东阳—义乌水权交易提出了异议，原来东阳市在出让5000万立方米水使用权的同时进行了梓溪流域的开发，采取的实际上是“库内损失流域外补”的做法，将本来要流入嵊州市内的数千万立方米水资源“挪”作他用，这对嵊州南山水库10万亩农业灌溉、嵊州市城市供水将造成严重影响，同时也使一些国家已投入大量资金建设的水利工程难以发挥效益。因此嵊州市多次向省政府打报告抗议，一度使交易受阻。

造成这种水权纠纷的原因是多方面的，但最主要的原因是水权界定不清楚。东阳与嵊州之间的冲突根本问题在于事先梓溪流域没有明确的水权分配方案。处于梓溪流域上游的东阳市当然存在开发的优先权，但由于梓溪流域的水资源总量是有限的，因此东阳市的开发权首先受到生态用水的约束，同时又受到下游习惯用水的约束。这样，东阳市引水是否造成外部性，取决于梓溪流域的水权制度的初始安排。

（五）交易双方收益显著原则

地区间水资源稀缺性不同，通过水权交易能够达到水资源的优化配置，提高水资源的利用效率。交易能够发生的根本原因是双方都能够通过水权交易获得显著的经济社会效益，达到“双赢”。

以余姚—慈溪水权交易为例，陆埠水库是距梁辉水库 7 公里的一座中型水库，每年弃水有 2000 多万立方米，余姚市投资 7400 多万元开凿隧道将陆埠水库与梁辉水库连通，从而将这部分弃水转让给慈溪。7400 多万元的投资中，有 3500 万元是由慈溪方支付的，也就是余姚市水权转让的成本仅仅为 3900 多万元，以每年 2000 万立方米，平均价格 0.37 元/立方米（原来价格为 0.28 元/立方米，2006 年调整为 0.46 元/立方米），期限 15 年来计算，光原水费收益就有 1.11 亿元，而且在供水期满后，隧道工程还能继续使用，为余姚市本地的供水服务，具有明显的经济和社会效益。对于买水方慈溪市来说，梁辉引水在一定程度上缓解了慈溪市的水资源紧缺状况，不仅从数量上保证了居民的用水安全，而且从供水质量上大幅提高了居民的用水满意度，减少了居民购买桶装水的用水开支，同时增强了城市的辐射力和对外开放的吸引力。

在收益显著性原则下，交易双方既要考虑短期收益，更要考虑长期收益，这一点对于卖方尤为重要。在东阳—义乌水权交易中，就是一种看似高价实为低价的交易。对于卖水方东阳市节约 5000 万立方米水权的成本只有 3880 万元（横锦水库和灌区项目改造的投资），而将其转让给义乌后可以获得 2 亿元资金以及每年约 500 万元的供水收入，表面上来看经济效益非常可观。但是考虑到永久性水权转让，供水总量将会趋向于无穷大，而水权价格将趋向于零。

四、青田—温州水权交易的方案设计

在我国水权交易还处于探索阶段，由于缺乏相应的法律法规，水权交易的合法性一直存在着争议。前水利部部长汪恕诚就曾就专家的质疑提出:“不能因为没有法律依据而轻易否定某种新生事物。……作为政府,第一,要积极推进有利于水资源优化配置,提高用水效率,实现水资源可持续利用的各项改革。第二,要抓紧研究制定各种法规,正确引导改革并把改革的成果用法规的形式肯定下来。”[①] 2005 年 1 月 20 日,水利部印发了《关于水权转让的若干意见》(以下简称《意见》),对水权转让进行规范与指导。因此,青田—温州水权交易的方案是根据《意见》的相关规定,借鉴省内三例水权交易案例的经验基础上设计的。

(一)水权交易主体确定及参与方式选择

1. 水权交易的主体确定

青田—温州水权交易中卖方利益将涉及多个经济主体,有浙江省政府、丽水市政府、青田县政府、景宁县政府、浙江省能源集团有限公司、浙能北海水力发电有限公司[②]。这些主体之中青田县政府、丽水市政府、浙能北海公司三者处于核心地位,可以作为青田—温州水权交易的交易主体。青田县政府,作为滩坑坝址所在地以及未来的引水口大奕水库的所在地,青田县必将作为最主要的利益方参与交易。丽水市政府,作为景宁和青田的上一级政府,两县间的工作必然需要丽水市政府出面进行协调,所以在交易中必然需要丽水市政府的介入。浙能北海水力发电有限公司,大奕水库取水口的建设必然要涉及浙能北海公司。另外由于大奕水库的发电供水调节库容仅为 500 万立方米,如果引水只能起日调节的作用,在枯水期如果滩坑水库数日不发电则引水工程就会无水可引,因此这就需要与上游的滩坑电站进行联合调度,这也必然需要浙能北海公司的参与。由丽水市政府、青田县政府、浙能北海公司三方组成的卖方交易团队,需要协调好上级、平级、下级三方面的关系。

---

① 《汪恕诚就专家来信谈水权转让》,《中国水利报》2001 年 3 月 1 日。

② 浙能北海水力发电有限公司于 2003 年 7 月在杭州注册成立,是由浙江省电力开发公司、浙江东南发电股份有限公司以及丽水市国有资产经营有限公司按 65%、25%、10% 的股份组成的有限责任公司。公司致力于瓯江滩坑水电站的建设、水力发电及电力经营、水力电力资源的开发。

首先，对上要协调好与浙江省政府的关系。根据《温州瓯江小溪引水工程设计方案研究》中的数据，2020 年温州市预计向小溪引水 1.89 亿立方米，2050 年预计引水 8.5 亿立方米，根据本课题的测算，建议青田—温州水权交易的数量为 8 亿立方米左右，数量远远超过 5000 万立方米每年，必然需经省政府的审批。从已发生的三例水权交易案中可以发现省政府对于水权交易一直是持宽容、支持的态度，虽然不必将其作为直接参与水权交易的主体，但是争取省政府的支持是非常必要的。同时浙能集团是省属的国有独资有限公司，如果要浙能北海公司参与水权交易，省政府的批准与支持非常重要。

其次，平级要处理好与景宁县的关系。为了保证大奕水库引水水质达到Ⅱ类以上，滩坑水库的水质也基本上要保持在Ⅱ类。而滩坑水库的大部分集雨面积在景宁县境内，景宁县生态环境保护的好坏直接关系到滩坑水库水质的好坏，如果进行水权交易，温州市必定要求优质的饮用水，因此要重点协调好与景宁的关系。

此外，对下要处理好与大奕电站库区农民和滩坑库区农民的关系。滩坑库区内还生活着五万多农民，生活垃圾、生活污水以及旅游开发所产生的废弃物都将对滩坑水库的水质产生重大影响，要将水质维持在Ⅱ类以上，除了地方政府直接的基础设施投入，还需要争取库区农民的支持。而对大奕电站，如果建造将会产生两千多名移民，移民工程中的污染物清理以及移民后农民的安抚，这些都需要青田县政府负责。所以在处理与下级库区农民的关系中要以青田县政府和景宁县政府两方为主，丽水市政府为辅。

2. 政府主导的间接参与方式

从现有的水权交易案例的经验来看，东阳—义乌、余姚—慈溪都是由当地政府直接介入交易，而绍兴—慈溪是由政府控股的公司进行交易的。政府直接介入交易，需要通过广泛的民主协商，并且会承受更多的政治压力，而且青田—温州的水权交易卖水方涉及多个利益主体，如果由政府直接介入水权交易，民主协商的成本将会很高，各方的利益也比较难以协调，所以建议借鉴绍兴—慈溪的经验，采用政府控股的公司作为交易主体。卖方可由青田县政府、丽水市政府、北海公司三方共同出资组建大奕水库水资源开发有限公司作为水权交易的主体，进行市场化运作，与景宁县政府等其他主体的协调也由公司出面、政府配合。按照“当地资源，当地管理，当地开发，当地享用”的精神，作为大奕水库坝址所在地的青田县，对于当地资源具有管理、开发、享用的优先权，因此大奕水库水资源开发有限公司应由青田县政府控股。与大奕水库水资源开发有限公司相对应的，买水方温州市可以由温州市自来水公司作为代表。在交易过程中要牢牢把握“政府调控和市场机制相结合原则”，具体操作可以由双方的公司进行，政府还是要做好监督，防止出现有损地区整体利益以及长远利益的情况出现。

（二）水权交易的数量确定

在确定青田—温州水权交易可能交易区间时，要同时考虑供需双方的水资源情况。对于卖水方，《意见》中涉及到水权交易数量的规定主要有两条：一是取用水总量超过本流域或本行政区域水资源可利用量的，除国家有特殊规定的，不得向本流域或本行政区域以外的用水户转让，二是为生态环境分配的水权不得转让。根据规定，青田县只有在保证本地生产、生活与生态用水安全的基础上才能向区域外转让水权，为了保证本地的供水安全，必须选取枯水年95%保证率下测算青田县富余水量。另外，为了达到多功能用水要求，合理利用大奕水库水资源，充分发挥其经济效益，建议选取方案二（近期以发电功能为主，远期发电、供水并重）作为大奕水库的功能定位。基于以上两个理由，本专题在确定卖水方可输出水量时选取的是大奕水库枯水年份方案二条件下的可输出水量。

对于买水方，首先温州市从小溪引的水主要是作为优质的生活用水以及部分的工业用水，因此本报告在确定青田—温州水权交易的数量时要以温州市优质水缺水测算结果为参考的。其次，小溪引水的供水区域主要为温州市区和洞头县，按照《浙江省城乡饮用水安全保障规划导则》的规定，要求温州市市区的水量保障率不低于97%，其他地级市及县级城市不低于95%，一般农村地区不低于95%，所以温州市缺水的数量至少要在95%的保证率下进行预测。最后，在同样的条件下，各个地区一般是先尽可能立足于区域内解决供水问题，只有在区域内水资源都已经开发并采取了强节水方案的条件下仍有缺口才会向区域外引水，因此选取强节水方案下并且实施供水规划条件下的缺水量作为参考。

如表4－4所示，给出了不同水平年、不同情景下温州市的缺水量，并结合交易双方供需平衡的分析，给出青田—温州水权交易的引水数量区间。在充分考虑青田县中心城市需水、小溪生态用水以及大奕水库多功能用水的前提下，大奕水库2020年、2030年、2050年的可输出水量分别为4.9亿立方米，7.5亿立方米，12.4亿立方米，在水权交易谈判时，青田方可以以此作为交易量的上限。另外，根据《温州市水资源综合规划》（2003），温州市2030年优质水缺水严重，规划小溪引水工程向市区供水为4.5亿立方米，而根据《温州瓯江小溪引水工程设计方案研究》中的数据，2020年温州市预计向小溪引水1.89亿立方米，2050年预计引水8.5亿立方米，由此可见，规划专家对小溪引水数量的基本判断是8亿立方米左右。而本课题报告专题报告二的研究表明，如果温州市参照宁波市的重化工业发展模式，那么，2020年、2030年、2050年温州市的缺水数量将是10亿立方米、27亿立方米、13亿立方米。由此，建议青田—温州水权交易的数量为8亿立方米。可以根据谈判时温州市重化工业发展的情况做适当上浮，上浮数量大约2亿立方米。

表4－4　　青田—温州水权交易引水量区间测算　　单位：亿立方米

年份	大奕水库枯水年份方案二下可输出水量	温州市强化节水方案下优质水缺水量			
		实施规划供水	引水数量区间	重化且实施规划	引水数量区间
2020	4.9	0.89	0.89—4.9	10.35	≤4.9
2030	7.5	11.88	≤7.5	26.93	≤7.5
2050	12.4	0	0—12.4	13.37	≤12.4

根据本课题专题一表1－21、专题二表2－33的测算数据整理而得。

注：青田富余水量和温州市的缺水量均是在枯水年P＝95%保证率下测算的结果。

（三）水权转让费的确定

根据《意见》，水权转让费的确定应考虑相关工程的建设、更新改造和运行维护，提高供水保障率的成本补偿，生态环境和第三方利益的补偿，转让年限，供水工程水价以及相关费用等多种因素，其最低限额不低于对占用的等量水源和相关工程设施进行等效替代的费用。从省内已发生的三例水权交易的案例来看，有些方面符合了《意见》的相关精神，而在有些方面还有所欠缺。在三起水权交易中，都考虑了工程的补偿款，并且一次性支付，而对于原水费主要包括工程水价和水资源费两部分，忽略了为提高供水保障率的成本补偿，生态环境和第三方利益的补偿，这就是造成三例水权交易案例库区生态保护资金不足的重要原因。

根据规定并借鉴已有的经验，青田—温州水权交易在水价确定时也可以分为两部分，一部分为工程补偿款一次性付清，另一部分为原水费，按量收取。工程补偿款金额确定时重点要考虑大奕电站的建设、更新改造和运行维护费用以及引水管道铺设中对青田县产生的影响。原水费在确定时主要应考虑五方面：一是水资源费，这可以根据国家相关规定确定；二是工程水价，可以将工程的相关建设维护费用摊入单位水中；三是对生态环境的影响，发电后流入河道的水对于下游具生态功能，可以根据交易前后对生态环境的影响计算；四是对第三方利益的补偿，主要是针对库区农民（包括大奕与滩坑）以及上游的县市，他们为了保持水库水质而牺牲了发展的权利，要进行一定的补偿；五是交易期限，一般来说交易期限越长，这部分水权的期权价格越高，转让费也越高。水权转让费的数目最终取决交易双方的谈判能力，但是最低限额不能低于卖方为开发这部分水权所付出的成本。另外，为了使各项补偿费更真实地反映水资源的稀缺性，原水费最好采取可调整的价格。

（四）水权交易的期限确定

《意见》中对水权转让期限作了如下规定：水行政主管部门或流域管理机构要根据水资源管理和配置的要求，综合考虑与水权转让相关的水工程使用年限和需水项目的使用年限，兼顾供求双方利益，确定水权转让的年限。从现有的交易来看，除了东阳—义乌的交易采用了永久性水权转让，余姚—慈溪、绍兴—慈溪两例交易中采用的是有期限的交易，在确定交易期限时综合考虑了工程的使用年限以及自身用水的供需均衡，不仅符合《意见》的精神，而且有力保障了卖水方自身的供水安全。

所以，根据相关规定并借鉴余姚—慈溪的交易经验，青田与温州进行水权交易中需要主要考虑两方面情况，一是大奕水库的工程年限，二是青田县自身水资源的供需平衡结果，采用阶段性交易期限。根据《温州瓯江小溪引水工程设计方案研究》的工程测算，小溪引水工程的建设期将为 4 年，生产期为 40 年，而其中前 15 年是工程的还贷期，所以为了促成双方的交易达成，也需要兼顾温州市的利益，在期限上予以考虑。

（五）水权交易的收益分配

水权交易收益的分配应该分成两部分来处理：一是工程补偿费的分配，二是原水费的分配。

工程补偿费主要是支付部分大奕电站的建设、更新改造和运行维护费用以及因引水管道铺设对青田县造成影响进行的补偿，因此会涉及青田县和北海公司两方。对于北海公司来说，电站建设、运行维护的费用已经摊入到了电价当中，从发电收益中就可以获得补偿，而青田县将承担大奕电站建设的全部移民工作以及管道铺设的协调工作，因此在工程补偿费分配中应该以青田县为主，适当考虑北海公司的利益。

在原水费分配时，应该考虑滩坑水库扶贫工程的特殊性，同时要兼顾生态保护补偿以及对第三方的补偿。原水分配主要包括：一是水资源费，按照《浙江省水资源费征收管理办法》，年取水量在 5000 万立方米以上的取水由省行政主管部门负责征收，但考虑到滩坑水库作为扶贫项目的特殊性，这部分费用应该返还给地方，或由地方直接收取，作为青田县等地方政府的非税收入，纳入地方财政。二是大奕水库移民补偿，为了建造取水口，当地的移民作出了很大牺牲，所以在交易的收益中需要提取部分费用对移民进行补偿。三是库区的农民，库区农民（包括大奕库区以及滩坑库区）为了将水库的水质维持在Ⅱ类以上放弃了很多发展的机会，增加了库区的垃圾处理以及污水处理成本，所以在交易中的提取一定比例用于库区乡村的基础设施建设；第四是库区的生态保护，库区的植被保护、景观林建设、水体养护等，可以在每吨原水价格基础上按一定比例提取专门的环保基金进行库区生态保护。

第三节　滩坑及大奕水库库区生态保护思路与对策

一、滩坑及大奕水库生态保护的总体思路

（一）滩坑及大奕水库水生态保护的质量目标

根据《青田县生态环境功能规划》，滩坑库区生态功能定位为西南部水源涵养与自然景观保护生态环境功能小区，属于限制准入区，该区域将以生态保护、农业生产为主，严格限制工业开发规模和城镇建设规模，禁止新上高污染工业项目。大奕库区则定位为大奕坑水库饮用水源保护生态环境功能小区，属于禁止准入区，该区域不得进行任何形式的开发，水环境质量标准为Ⅰ类，因此后面的产业准入不需要考虑大奕库区。

至于滩坑库区水环境质量目标的制定，需要考虑如下因素的影响：第一，根据浙能集团方面提供的资料显示，滩坑水库在蓄水达到160米后，由于水自身的自净能力，库区水质必定达到Ⅰ类，加上滩坑水库将是青田乃至瓯江最大的水源地，具有巨大的生态效益和潜在的经济效益。尽管在生态功能区划分上，由于经济发展的需要，滩坑水库未被划入饮用水源保护地。但是，作为不可多得的最大水源，无论从未来经济发展还是饮水需要以及子孙后代的利益着想，都需要对滩坑库区内水资源进

行严格保护。第二，滩坑库区内剩下的移民生活出路以及青田县现实经济情况又不允许只对滩坑水库水资源进行保护而不开发利用，因此Ⅰ类标准显然要求过高，这样只会限制库区的经济发展。但是，过低的水生态质量要求既不能有效推动以生态经济为主的发展需要，也浪费了巨大人力物力投资换来的滩坑水库良好水质，并且考虑到滩坑库区生态环境敏感性的特点，过低的水生态质量目标有可能造成当地生态环境的恶化。因此将滩坑水库水生态保护的质量要求定在Ⅱ类不仅满足经济开发的要求，也满足了生态环境敏感性的要求，较好地兼顾库区发展与保护的双重目标。同时，为了未来青田自身饮水以及水权交易的需要，建议将滩坑水库水生态保护质量要求定在Ⅱ类的同时，要求多数指标能够达到Ⅰ类。

而大奕水库主要是双重功能：一是发电，二是供水。作为向温州市和青田县中心城镇供水的水源，尤其是作为远距离引水的需水方——温州市，当然希望引到的是优质水，因此，建议大奕水库水生态保护质量要求确定为Ⅰ类。

（二）滩坑及大奕库区生态保护的指导思想和原则

1. 指导思想

库区生态保护应以科学发展观为指导思想，牢固树立以人为本、全面、协调、可持续的观念，按照滩坑及大奕水库水生态保护优先的要求，遵循发展与保护并重、统筹局部与全局的利益、兼顾当前与长远利益的原则，通过落实包括生态公益林、生态景观林、城镇污水处理厂、垃圾收集和处理工程在内的四大项目，在严格保护水生态的同时统筹合理开发水库水资源，实现水资源的经济效益、社会效益和生态效益的最大化，促进库区经济、社会和环境的协调可持续发展。

2. 基本原则

(1) 发展与保护并重的原则。滩坑及大奕库区水生态保护是为了发展，而发展又是为了更好的保护。因此不能简单地把发展和保护对立起来，以为保护就是要放弃发展，那样就失去通过巨大人力物力投入换来的优质水资源，也浪费当初生态环境功能区规划特意避开饮用水保护区定位的良苦用心，同时也不能为了发展而忽视保护，忽视保护的发展必然是不可持续的。尤其是在滩坑库区水资源综合利用中，既包含旅游和渔业等开发，也包括将来的水权交易，两者都是发展，但两者得以实现的基础是保护，因此在滩坑库区保护和发展必须并重，不可偏废一方，必须把发展和保护放在同等重要的地位。

（2）统筹全局与局部利益的原则。滩坑及大奕水库水资源的综合利用涉及到许多不同的主体利益。其中最核心的主体当然是青田县。而在水权交易中，丽水市、库区老百姓、温州市和景宁县的利益都有所涉及。从全局角度出发，如果水资源的综合利用和生态补偿能够顺利实现，那么各方利益都有增进的可能。但从各方自身利益角度来看，由于滩坑水库水资源的综合利用特别是在水权交易中，有些主体获得直接收益如青田县、丽水市、温州市，而另外的主体如景宁县和库区包括青田和景宁两部分老百姓却因为要承担主要保护的责任，如果不进行一定的生态补偿，利益反而受损。如果只有青田县获得收益，而不对库区老百姓进行补偿，那么景宁县和库区老百姓很有可能放弃对水生态的保护，这样水资源的综合利用也很难实现。因此，处理全局和局部的关系既要各方各尽所能，也要通过合理的生态补偿协调好各方的利益关系，保证水资源的综合利用顺利实现。

（3）兼顾当前与长远利益的原则。滩坑水库所在的青田县和景宁县在浙江省属于经济欠发达地区，加上滩坑水库建成后可开发的旅游资源和渔业资源相当丰富，因此青田县和景宁县各自对滩坑水库水资源的开发寄予厚望，开发滩坑水库水资源的愿望非常强烈。然而，如果不做好长期规划，不对滩坑水库产业准入、产业开发等进行合理必要的限制，那么必然造成各种产业进入滩坑库区，对当地的水资源进行过度开发。短期内，由于产业的开发可能会给青田县和景宁县政府带来大量的财政收入，然而在长期中，由于各种产业泥沙俱下，很有可能对库区当地水生态环境造成破坏，一旦破坏，滩坑库区发展的支柱产业——旅游业将由于优质旅游资源的退化而受到损害。另外，随着经济发展，青田县将选择从小溪取水，那么滩坑水库水质的好坏将直接影响到未来青田县自身用水的安全。因此，综合利用过程中切忌只看眼前利益，不做长远打算，无论是从青田县和景宁县自身经济发展状况还是从未来青田县可能的取水出发，都必须兼顾当前利益与长远利益。

二、滩坑及大奕水库库区生态环境建设的重点工程

结合滩坑及大奕库区周边生态环境的特点，主要有以下四大水生态保护的重点工程：

（一）生态公益林建设工程

生态公益林指生态区位极为重要或生态状况极为脆弱，对国土生态安全、生物多样性保护和经济社会可持续发展具有重要作用，以提供森林生态和社会服务产品为主要经营目的的重点的防护林和特种用途林。包括水源涵养林、水土保持林、防风固沙林和护岸林等；自然保护区的森林和国防林等。

根据《青田县生态建设规划》，青田县全县规划建设生态公益林82200公顷（约合1233000亩），其中滩坑水库包括北山镇、万阜乡和岭根乡合计有有307076亩，而根据景宁县方面的资料，景宁县现有生态公益林为97万亩，滩坑水库部分有30多万亩。因此，两县位于滩坑水库的生态公益林合计超过60万亩。

同时，大奕水库的建设将导致青田县境内的水源保护区的生态公益林面积会有所增加，大奕水库位于青田仁宫乡，仁宫乡现有117660亩生态公益林。另外，滩坑距离大奕16.5公里，沿线也需要建设生态公益林，假设沿江两岸500米或者山脊为界，建设生态公益林，那么生态公益林面积大约为8.25平方公里，需要建设的生态公益林为12400亩。

综合以上数据，滩坑—大奕水源保护区的生态公益林面积总和接近75万亩。如何建设和保护好这75万亩的生态公益林就成为两县面临的

重要任务。通过生态公益林规划建设，以重点建设项目为载体，大力实施植树造林、封山育林和退耕还林。保护方面，要对这75万亩生态公益林实施严格保护，坚决杜绝滥砍滥伐的现象，尤其是在库区复建过程中，要特别注意防止林木砍伐从160米等高线以下延伸到160米等高线以上，森林防火工作务求细致，最大程度发挥出生态公益林的生态效益和社会效益。

根据青田县资料显示，生态公益林的补偿标准为每年15元/亩，则总投资为1125万元/年。而省级及以上与县财政负担比例为8:1，因此滩坑库区生态公益林可以争取到的省级及以上补偿大约为每年1000万元。实际调研结果表明，15元/亩的补偿标准明显偏低，不足以激发林农的保护积极性。预计补偿标准将逐步提高到30元/亩。那么，由此可以获得省级及以上的生态保护投入为2000万元，县级财政投入为250万元。见表4－5。

表4－5　　不同补偿标准下水源保护区的生态补偿投入

补助标准（元/亩）	补助总额（万元）	省级及以上投入（万元）	县财政投入（万元）
15	1125	1000	125
20	1500	1333	167
30	2250	2000	250

（二）生态景观林建设工程

从滩坑库区自身森林条件来说，由于小溪流域没有大型工业污染源，周围山体森林茂密，生态环境一向保持较好，尤其是景宁境内，不仅植被茂密，而且林相也相当丰富，阔叶林、色叶树种等逐渐增多，具有较好的生态景观。而在滩坑库区的支流流域，由于长期以来交通条件不便，不少地块保留有完好的原始次森林，植物树种丰富，树形优美，具有较好的观赏性。因此，单就自身条件而言，滩坑库区生态景观林便存在先天优势。

但是，仅仅依靠现有的这部分生态景观林是无法满足旅游者的要求的，并且在滩坑库区及周边产业开发和交通建设过程中，也存在破坏现有的生态景观林的可能，因此就有必要进行生态景观林建设工程。

生态景观林建设工程需要结合建设地具体特点，主要分为旅游点、重点旅游开发区周围和环湖周围山地三部分。

在生态景观林的建设过程中，一部分由政府投资栽种类似乔灌木花卉、色叶树种等，另一部分由农户自己改造、政府出钱补贴进行人工梯田农作物改良，还有一部分可以由农户自筹或者引入外来资金栽种类似杨梅树、桃树、梨树等各类水果树。

由于滩坑库区青田部分有327.46平方公里的国土面积，即为49.2万亩，由于生态公益林接近26万亩，除去必要的道路建设和居民居住需要可知还有20万亩可供用作生态景观林，由于原始遗留的生态景观林数量也非常之多，不需要进行另外的建设，那么需要进行生态景观林建设的面积大约为5万亩。考虑到滩坑库区适合于优质晚熟杨梅和早熟梨发展，杨梅和早熟梨投资标准为1000元/亩，考虑到产量限制，不妨设杨梅和早熟梨总共建设1万亩，阔叶林改造2万亩，其中造林、补植0.5万亩，抚育改造1.5万亩，投资标准分别为300元/亩、100元/亩，造林更新2万亩，投资标准为150元/亩。共计投资为1600万元。

以上估计仅仅是青田县部分，如果按照青田与景宁的生态景观林建设按照1:1的比例进行推算，那么，共需要建设10万亩，总投资约为3200万元。

（三）城镇污水处理工程

目前大约有6万人留在库区，这部分居民的生活污水处理是否得当直接关系到滩坑水库水资源综合利用的成败。另外，随着滩坑库区旅游产业或其他产业的开发，随之而来的必然是污水处理问题，而目前库区内基础设施较为落后，基本没有污水处理系统，因而城镇污水处理工程的重要性不言而喻。

目前滩坑库区生态环境保护目标中要求农村生活污水净化处理率大于30%，这同青田县其他限制准入区要求是一样的。因此可以考虑采取如下措施：对于人员集中的城镇和大型村落采取集中污水处理方式，对于相对独立的旅游设施则采取就地生化处理的形式，禁止未经处理的污水直接排放。旅游区范围和上游禁止发展污染企业，禁止将工业污水、生活污水直接注入库区水域，保证水质清洁。

由于未来滩坑库区休闲旅游度假开发大部分在青田，而青田方面酒店等住宿单位主要集中在北山镇，因而未来北山镇污水处理将成为重中之重。下面就对北山镇污水处理工程的成本进行大致核算。

计算依据：

（1）污水处理费用：根据浙江省现状，发达地区污水处理费为1.2元/立方米，其他地区也不低于0.8元/立方米。因此污水处理费用为0.8—1.2元。

（2）根据《丽水市滩坑库区旅游规划》，北山镇常住人口为3000人，每天用水量为100升。

（3）根据《丽水市滩坑库区旅游规划》，库区游客住宿数量达到每天4000人次（含服务人员），每天用水量为250升。

（4）污水净化处理率根据生态环境保护要求至少为30%，实际计算中可以变动。

（5）由于不同的污水处理率所要求的污水处理厂处理设施体积不同。根据处理设施800元/立方米和管道为50元/米的建设要求。

根据以上依据，污水处理设施建设成本如表4-6。

表4-7则显示不同情形下北山镇污水处理设施年运营费用。按照情形三测算，北山镇建设污水处理池的成本大约603.2万元，年运行费用为50万元左右。由于库区的常住总人口为6万人，但由于库区居民并不集中，分散居住的村民应当遵循就地生化处理即可，考虑到青田县自身城镇化率在2015年将达到50%，而滩坑库区肯定要低于这个水平，加上全国城镇化水平目前为45.68%，因此我们不妨选取48%作为库区城镇化率，那么有大约2.88万人需要依赖污水处理工程解决生活污水问题，则整个库区污水处理设施建设成本为2400万元，年运行费用为200万元。

表 4－6　　北山镇污水处理设施建设成本

污水处理池建设成本（万元）	管道建设成本（万元）	人工成本（万元）	总成本（万元）
情形一：31. 2	200	320	551. 2
情形二：52	200	320	572
情形三：83. 2	200	320	603. 2

注：情形一、二、三分别对应污水净化处理率要求为 30%、50% 和 80% 的情形，在三种情形下，污水处理设施至少为 390 立方米、650 立方米、1040 立方米。管道设定为 40 公里，人工建设周期为 8 个月，每月支出为 40 万元，则人工费用为 320 万元。倘若污水处理厂需要扩大，建成日处理能力为 2000 立方米甚至更高，那么建设成本自然超过 1000 万元。

表 4－7　　北山镇污水处理工程年运营费用表

年用水量（立方米）	污水净化处理率（%）	污水处理费（元/立方米）	总费用（万元）
474500	30	0. 8	11. 4
		1. 0	14. 2
		1. 2	17. 1
474500	50	0. 8	19. 0
		1. 0	23. 7
		1. 2	28. 5
474500	80	0. 8	30. 4
		1. 0	37. 9
		1. 2	45. 6

（四）垃圾收集与处理工程

由于库区内没有大型工业，因此库区的垃圾以生活垃圾为主。在前面的城镇污水处理工程中也提到，目前仍然有大约 6 万人留在库区，这部分居民所制造的生活垃圾显然不容小视，另外随着滩坑库区旅游开发全面展开后，各个旅游景点以及游客所到旅游线路和居住酒店也会产生大量生活垃圾。因此，如何处理这些生活垃圾就成为当务之急。按照库区生态环境保护规划要求，滩坑库区生活垃圾收集率大于 80%，无害化处理率大于 80%。为了保持滩坑库区自然环境，不使垃圾废液渗入土壤或水体，应遵循如下思路加强垃圾管理。

总体来说，垃圾收集和处理都遵循“村负责收集，乡负责运输，县负责处理”的思路。居民生活区的垃圾收集与处理相对于旅游区而言，便于集中，但是由于滩坑库区居民多为农民，与外界交流不多，这样的垃圾处理工程初期可能需要较多的环保教育工作和资金投人。而旅游区则可以在旅游景区设立垃圾集中收集点，在旅游步道和游赏区域设立造型别致的垃圾桶，并进行定人定时收集至垃圾总站，进行集中外运处理。

根据浙江省内包括诸暨、嘉兴等的经验，在农村垃圾处理资金的筹措上，普遍采用县（市）补助，镇（乡）配套、集体经济和农户出一点“三家抬”的方式，其中，超过50%的垃圾处理成本由政府承担。在城乡一体化搞得较好的农村，开征了垃圾处理费，向农民适当收费。下面对垃圾收集与处理工程所需经费进行大致测算。

计算依据：

（1）滩坑库区有6万居民，根据《浙江省农村生活垃圾区域特征及循环利用对策》，每人每天大致产生1公斤垃圾。

（2）库区旅游人数达到5000人次（含服务人员），每人每天产生1.5—2.5公斤垃圾，取2公斤做计算依据。

（3）生活垃圾收集率下限按照80%计算，80%依据《青田县生态环境功能区规划登记表》得到。

（4）垃圾无害化处理率下限按照80%计算，80%也依据《青田县生态环境功能区规划登记表》得到。

（5）根据宁波市经验，垃圾无害化处理（一般为焚烧处理）成本为每吨100元，卫生填埋则为每吨70元。考虑到滩坑库区交通条件的不便，在成本基础上加上10元作为修正，因此垃圾无害化处理成本为每吨110元，卫生填埋则为每吨80元。

（6）垃圾中转站建设标准为20万元，各乡镇均设置1个，垃圾池建设费用为1万元，各村设置4个。保洁员工资为800元/月，每村为2到4名，取中间值3。垃圾运输车辆为3万元/辆，各乡镇均有1辆。以上数据参考浙江绍兴和泰顺、江西上犹和辽宁海城的经验，都做了必要的修正。

（7）滩坑库区青田部分原有 10 个乡镇 80 个行政村，景宁方面经调整剩下 3 个乡镇 26 个行政村，青田方面北山镇剩余 25 个行政村，岭根乡剩余 12 个行政村，万阜乡有 8 个行政村，共计 6 个乡镇 71 个行政村。

以上即为垃圾收集与处理初始建设费用与年运营费用大致测算，见表 4－8 与表 4－9。

表 4－8　　滩坑库区垃圾收集与运输相关成本

垃圾中转站建设成本（万元）	垃圾池建设成本（万元）	垃圾运输车辆费（万元）	总费用（万元）
6 × 20 = 120	71 × 4 × 1 = 284	3 × 6 = 18	422

表 4－9　　滩坑库区垃圾收集与处理年运营费用

垃圾量（吨/年）	垃圾收集率（%）	垃圾无害化处理率（%）	人工成本（万元/年）	总成本（万元/年）
25550	80	80	204.48	417.06
	90			443.63
25550	80	90	204.48	423.19
	90			450.53

可见，滩坑库区垃圾收集设施的建设成本大约为 422 万元，按照 80% 的垃圾收集率和 80% 的垃圾无害化处理率，每年的运营成本大约 420 万元。

由于将滩坑库区青田和景宁部分不加区分算在人口中，如果要单独剥离出青田或景宁方面所需费用，只需要按照上述方法计算即可。

三、滩坑库区生态保护的产业政策

滩坑库区生态保护遵循“按照不同的水功能划分不同的水产权”的原则，通过划分产权的方式可以保证各种产业进入和退出的自由，以提高水体利用效率。

（一）产业准入政策

滩坑库区主要生态服务功能包括水源涵养、生物多样性维持、自然景观和历史文化遗产保护。因此该地区的产业准入要求可以概括为：严格控制产生水污染的项目，适度发展休闲观光旅游业，重点建设滩坑库区休闲旅游区，重点培育滩坑库区优质晚熟杨梅发展区、早熟梨发展区。

由于滩坑水库经济发展的最大优势就在于库区自身优越的生态环境条件和特色资源条件，因此滩坑水库必须建立严格的产业准入制度。库区目前尚无规模型工业企业，也没有严重的污染企业，库区旅游区域及其小溪流域以后也不得引进皮革、造纸、化工等污染企业。而库区旅游开发和其他产业的发展，都要以环境保护和生态建设为前提，确保库区生态环境的总体品质在经济发展过程中得以持续体现，尤其是库区上游生态保护工作更要细致和严格。库区经济发展应以旅游产业为核心产业，其他产业包括农业、渔业、林业和加工业都应该纳入到旅游产业之中，组成发达的旅游经济综合体，这样既能保证库区生态环境的质量，也能保证留在库区的6万城乡人口实现就业和增收，避免他们因维持生计而破坏环境。

根据不同的水功能划分不同的水产权的原则，建议将产业准入政策转为包括养殖权、航运权、旅游权、发电权等一系列产权的组合，即产权束。产权的排他性说明渔业养殖和航运所需水域不能发生重合，否则无法界定养殖与航运的优先权。需要特别说明的是，滩坑水库尽管拥有超过70平方公里的水域，但并不是所有的水域都适合开发，尤其当滩坑水库蓄水达到160米时，滑坡处有66处之多，滑坡处附近的水域既不适合渔业养殖，也不适合航运，因此这些区域的开发需要特别小心。在此基础上，通过统筹规划，主要是从滩坑库区整体开发的角度划定养殖水域、航运水域、旅游水域的范围，之后在青田县和景宁县之间按照一定的标准进行分配，分配完之后采取竞标招标的方式引导投资者前来投资，这样可以保证各项产权流转顺畅。

（二）水上养殖权的总量控制及其分配

滩坑水库为浙江省第二大水库，拥有超过70平方公里的水域面积（约合10.6万亩），具有发展水产养殖的良好条件，如果运用得当，青田县和景宁县将从渔业小县迅速转变为渔业大县。但如果渔业发展没有合理限制或发展过度，必然影响水体质量，不仅会影响渔业养殖，甚至会影响到滩坑库区整体开发。因此，滩坑水库渔业发展必须要以保护生态环境为前提，而且在管理上也要吸取温州珊溪水库和丽水紧水滩水库的教训，吸收绍兴汤浦水库和杭州千岛湖模式的经验，统一管理权限，避免各自为政的局面。

就渔业开发规划而言，一般应遵循如下程序：

1. 首先应科学界定水面的可养量

要依据水域的水源、类型、营养盐和浮游生物状况以及养殖方式确定该水域的养殖容量。在确定可养量的过程中，必须从库区综合开发的视角考虑水产养殖。最好能做到水产养殖和畜牧业、生态农业以及水上旅游等发展规划溶为一体，做到优势互补、相辅相成、相得益彰。

2. 合理安排布局

要根据水域开发程度、经济技术水平，积极引导渔农开发交通、经济相对落后的地区和闲置的水域，做到横向平衡。在同一水域，应根据交通、水流、水质等综合因素合理确定可养区和养殖区的养殖限量。

滩坑水库渔业养殖也应遵循上述程序。先实行总量控制，再在两县间按照一定的标准分配，最后进行招标引入投资者。三峡的经验说明，网箱养殖水面占库区水域面积的0.1%到0.2%，对水质并无影响。但是对于滩坑水库水面而言，即使以0.2%计算，所能分配的网箱养殖水域也不过212亩，对于库区居民而言，无法带来太多的经济收益，加上网箱养殖对水域的影响并非完全可控，稍有不慎，可能造成水体富营养化，千岛湖就是前车之鉴，因此与网箱养殖带来的收益相比，其成本过于昂贵，完全可以放弃网箱养殖，在总量控制的前提下实行放养。

因此，滩坑库区养殖开发实行“禁止网箱养殖，总量控制，实行放养”的方针，通过一定的标准测算得出库区可供放养的容量，然后在两县间按照水域面积或者水体容量进行分配。养殖权在两县分配完毕之后，由两县对各自的养殖权采取竞标拍卖的方式吸引投资者。因而养殖权具有有偿使用的性质，当然养殖权作为产权也可以有偿转让。

（三）水上航运权的总量控制及其分配

滩坑水库拥有超过70平方公里的水域，水上旅游资源丰富，加上库区居民的正常出行，都要求库区配备一定量的交通船、观光船、快艇和私家游艇，因而也不可避免地涉及到库区航运权的问题。

航运权的分配可以遵循如下程序：

1. 确定游船数量

根据《丽水市滩坑库区旅游开发总体规划（征求意见稿）》有关内容，滩坑库区大型游船和交通船的总量应控制在150艘以内，同时库区的船只建议采用轻污染和无污染的动力船舶，这主要是考虑到水质保护的要求。

2. 划定库区航运线路即航运权的分配

库区航运线路包括旅游线路和交通线路：交通线路享有优先权，因为必须保证库区居民的出行方便，这个在两县间按照人口集中、就近化原则进行分配。然后对剩余的游船在两县间进行分配，分配的依据主要是旅游线路的旅游资源的丰富程度、潜在旅游需求、线路长短。

3. 航运线路的招标和管理

航运线路招标采取竞拍方式，竞拍初始价格受航运线路、船只载客多少、经营年限和该线路分配到的船只限额等因素影响，形成错落有致的价格。至于航运权的管理，则由两县分别管理各自水域内的航运。

（四）旅游产业的准入与管理

旅游产业是滩坑水库未来经济发展的支柱产业。由于滩坑库区旅游资源丰富，旅游产业发展大有可为，为避免旅游资源的过度开发和利用影响滩坑水库水生态环境，必须对旅游产业实施严格的准入政策和管理。

依据《丽水市滩坑库区旅游开发总体规划（征求意见稿）》，滩坑库区旅游产业开发将以滩坑水库超过70平方公里的水面和众多库区岛屿为主，开发山水特色的旅游资源，以旅游业为龙头带动库区经济的协调发展，通过旅游农业、旅游渔业、旅游林业和旅游加工业的合理发展，推动生态环境的建设与资源的高效利用。

根据前面提到的不同水功能划分形成不同的水产权，也可以将旅游产业开发看做旅游权的分配。和前面提到的养殖权和航运权分配方式一样，在严格保护生态的前提下，划定水域作为旅游区域，然后进行分配与管理。由于青田县关于滩坑水库旅游产业开发规划已经涉及到景宁县，因此滩坑水库可以考虑成立滩坑水库旅游开发总公司，由两县按照协商好的比例各自出资，这样既可以整合现有的旅游资源，防止恶性竞争，也可以协调好两县利益，保证管理顺畅，避免出现各自为政的局面。旅游产业准入政策也主要依据上述规划进行，对不符合该规划要求和可能对生态环境有潜在威胁的产业不得引进。至于旅游权的分配，依然可以采取竞拍的方式进行。

（五）发电权的分配

滩坑水库本来的设计目的是发电，而发电所需要的水来自滩坑水库，因此也存在青田和景宁县之间关于发电权的分配。然而，作为滩坑水电站的建设方和未来大奕水库可能的建设方，浙能集团在发电权的分配中占据举足轻重的地位。因此，发电权的分配必须同浙能集团协商。在协商过程中，青田县应充分强调本地提供水资源的重要性和本县作为贫困县应在分配中予以倾斜，另外，也可以寻求国家法律层面上的支持，对于水电站发电收益国家已有明确规定，地方财政也应获得一定分成。而在青田和景宁关于发电收益的分配中，需要强调的是两县在发电中所处的地位和作用并不相同：景宁方面负责保证水质，避免水中过多杂质，青田方面则因为存在天然落差而成为电站建设选址的不二选择，并且青田自身也承担着保护好水质的责任。因此，青田方面获得大部分的发电收益的是应当的，但也需要对景宁方面做适当补贴，这种补贴可以激励景宁方面更好地保护水质。

四、滩坑及大奕水库库区生态保护补偿机制

（一）生态补偿的必要性

生态补偿一般是指生态服务受益者对生态服务的提供者所给予的经济上的补偿。相对于环境污染损害赔偿而言，生态补偿是对人类的某种活动所产生的生态环境的正外部性所给予的补偿。而在青田—温州市未来的水权交易中，尽管温州方面是从大奕水库直接引水，但是大奕水库位于滩坑水库下游，滩坑水库为提供优质水资源作出了贡献，因此青田和景宁县都需要得到合理的生态补偿，否则两县市很难有长久保护的动力。因此本部分主要分析青田和景宁两县的生态补偿，其主要依据在于：（1）青田方面为了保护滩坑水库作出了很大的贡献，而滩坑水库的水质好坏对于青田—温州水权交易的成功与否至关重要，并且大奕水库被列入水源涵养地和未来的引水工程取水口所在地，需要补偿；（2）景宁县也承担保护滩坑水库水质的重任，当地为此作出较多牺牲。因此两县有充足的理由要求获得生态补偿，因而要将青田景宁两县的生态补偿作为主要问题分析研究。

1. 生态保护的机会成本

机会成本的概念源自微观经济学，一般理解为指任何决策必须在可能的选项中作出一定的选择，被舍弃掉的选项中所能带来的最高价值即是这次决策的机会成本。

生态保护的机会成本可以分为两部分：一部分是库区所在地政府为了保护生态环境而开展的生态公益林、生态景观林等工程，这些工程建设既包括滩坑水库也包括大奕水库，这部分尽管有国家资金补贴，但是库区所在地政府也必须从自己的财政资金中划拨一部分作为工程资金；另一部分则是库区居民由于生态保护的要求而不得不退耕还林，库区也因为生态保护的要求不得不放弃一部分可以引进的产业，这部分放弃的

耕地收入和放弃引入的产业税收可以称之为牺牲掉的发展机会，当然也属于机会成本的一部分。

从滩坑库区水生态保护角度出发，青田县和景宁县都负有生态公益林、生态景观林建设、城镇生活污水处理工程和农村生活垃圾处理工程的任务，这些工程都需要大量的资金。由于两县属于经济欠发达地区，财政状况相对省内绝大部分县市属于非常紧张状况，因而要从本就不多的财政资金中划拨足够的资金来保护生态环境，资金问题非常突出，需要上级政府补贴和其他渠道的补偿。

从发展机会的角度来看，滩坑库区6万居民主要以农业为收入来源，由于生态保护的需要，不得不退耕还林。如青田和景宁两县所辖滩坑库区合计有接近60万亩生态公益林，在大奕库区也有1万多亩生态公益林，这些很大程度上都是通过退耕还林所得到的。尽管国家对退耕还林实行补贴，但每亩耕地每年105元的补贴和每亩耕地每年20元的生活补助①对于库区居民而言，并不足以解决他们生活的问题。而从产业发展的角度来看，青田县大部分区域位于小溪上游，尽管还存在部分空间发展工业，如青田经济开发区等，然而这些开发区也受到生态环境的诸多约束，无法发展重工业。而景宁方面由于地理位置的局限，保护生态环境任务很重，因此包括重工业在内的污染产业都不得引进，工业发展可以说非常艰难。这些可以看做为了生态保护而放弃掉的发展机会，需要得到经济补偿。

以上就是青田和景宁两县为水生态保护所付出的机会成本，倘若不对两县进行合理的生态补偿，长此以往，两县很难有继续严格的保护的动力，如在其他许多地方已经出现因退耕还林标准过低，农民不愿意放弃土地建设生态公益林的现象，这些将来难保不在滩坑库区出现。

2. 生态保护的激励机制

由于机会成本由两部分构成，那么相应的生态保护激励机制也可以

---

① 以上数据来源为国务院前副总理曾培炎2007年7月27日“在退耕还林补助政策座谈会上的讲话”，具体可见 http：//www. gov. cn/ldhd/2007－08/30/content_ 732155. htm

看做两种：一种是上级政府财政转移支付，其目标是类似生态公益林等生态保护工程；另一种则是水权交易收益分配，根据“谁受益、谁支付”的原则，既然温州市享受到优质的水资源，也应该支付相应的补偿给库区居民和政府部门。

（1）工程项目的补偿机制——上级政府财政转移支付。目前，全国各省都在积极构建生态保护激励机制，浙江省作为全国第一个实施生态补偿机制的省份，在生态保护的激励机制建设中走在全国前列。根据《浙江省人民政府关于进一步完善生态补偿机制的若干意见》（以下简称《意见》），目前浙江省省级财政逐步增加预算安排，重点支持“生态公益林建设”、“城乡环保基础设施和环境监测监控设施建设”、“下山脱贫”以及水土保持、自然资源保护、城乡环境综合整治等生态补偿效益明显的工作。这方面资金的安排使用，着重向欠发达地区、重要生态功能区、水系源头地区和自然保护区倾斜，特别是要优先支持生态环境保护作用明显的区域性、流域性重点环保项目。由于青田县和景宁县自身的经济发展状况、地理位置、生态功能都满足《意见》的要求，因此前面提到的包括生态景观林在内的三大工程都可以寻求省级财政转移支付，而关于生态公益林省里也设有专项资金，完全可以争取。这既可以减轻两县面临的财政压力，也可以给两县从事生态保护事业以更大的激励。

（2）库区居民补偿机制——水权交易收益分配。未来青田县和温州市将进行水权交易，虽然温州市设计的方案是从大奕水库直接引水，但是滩坑水库位于大奕水库上游，根据温州市方面的引水要求，大奕水库自身的库容很难平稳地保证温州市所需水量，需要滩坑水库平稳发电给下游的大奕水库供水方可供给温州足够的水。因此温州市虽然是从大奕水库直接引水，但滩坑水库为大奕水库平稳供水有较大贡献，而滩坑水库居民为大奕水库能有优质水资源向温州供水作出非常大的贡献，包括诸如退耕还林这样牺牲发展机会的行为。如果没有滩坑水库及小溪上游的生态保护工作，大奕水库很难有优良的水资源，那么温州市也无法享受到优质供水。根据“受益者付费”的原则，温州市既然享受到优质的水资源，那么也应当为此付出相应的费用，因此未来的供水价格中自然应该包括生态保护的成本，通过这部分收益返还给库区居民，既在部分程度上解决了库区居民的收入问题，也可以更好地激励库区居民自觉保护生态环境，还为温州市方面享受到优质供水奠定了稳定的基础，应该可以算作双赢的选择。

3. 生态保护的资金投入

从上面介绍的生态保护的激励机制可以看到，生态保护的资金投入主要源自上级政府的转移支付以及水权交易的部分收益。

（二）生态补偿对象的确立

生态补偿对象是指对于生态保护产生积极影响行为的实施主体，包括作为行为的实施主体和不作为行为的实施主体。在滩坑水库水生态保护工作中，作为行为的实施主体自然是两县的环保部门、林业部门、农业部门、水利部门、旅游部门等相关政府部门和库区所在乡镇政府。而库区居民不作为行为的实施主体。

1. 相关政府部门

在滩坑库区生态保护中，政府发挥了主导作用。环保部门主要负责水环保工作，林业部门主要负责生态公益林、生态景观林等工程的建设，农业部门则负责退耕还林工作和农业面源污染的处理，水利部门负责水产养殖工作，旅游部门则负责旅游产业开发工作，库区所在乡镇政府负责生活垃圾收集和处理以及城镇生活污水处理工程，这些工作都需要相关部门投入大量人力物力，因此它们是作为行为的实施主体，因而是生态补偿对象。

2. 库区居民

库区居民和企业则是不作为行为的实施主体。库区居民本来习惯靠山吃山、靠水吃水的生活方式，现在因为水生态保护而不得不放弃这样的生活方式，并且还需要退耕还林[①]才能保证生态保护的成功，对于库区居民而言，重新寻找别的生活方式无疑是困难的，虽然国家也对退耕还林有补助，也鼓励大家做护林员，但是这些很难解决库区居民的就业问题，因而他们也需要得到补偿。

（三）生态补偿主体的确定及资金来源

生态补偿主体在理论上应该是生态保护的受益者。由于生态环境的公共产品特性，所有人都是环保行为的受益者。因此，他们的代表——国家就是补偿主体。相应地对某种特定的环境因子，特定区域的代表——地方政府也是补偿主体，同时在工业企业中对污染治理投入较少的企业是经济利益受益者，也是补偿主体。

在滩坑水库水生态保护中，补偿主体显然应当包括上级政府如中央政府、浙江省政府和丽水市政府。但由于未来的水权交易，温州市会因为得到清洁而稳定的水源供应而成为滩坑水库水生态保护的受益者，因此补偿主体也必须加入温州市政府。

资金来源根据不同的补偿主体分为两种情况：

1. 上级政府——转移支付

基于生态保护是一种公共产品或准公共产品这一属性，补偿资金从政府财政中直接支出，通过财政转移支付的方式实施，这部分资金主要用于支持地方政府生态保护工程的建设。国家关于生态公益林建设设有专项资金，完全可以争取。而目前，浙江省关于生态公益林等生态补偿的上级政府财政转移支付已经较为健全，地级市政府也有专门配套的资金用于生态公益林建设，因此完全可以通过项目包装的方式向省市级以及中央政府申请资金。

2. 温州市居民——水权交易付费

基于生态保护是一种具有很强正外部性的行为，按照“谁受益、谁

---

① 尽管退耕还林也可以栽种经济林，但是根据国家规定退耕还林中生态林至少要占到80%的比例，留给经济林的空间本来就不足。加上经济林不仅补助期限短、补助金额少，而且经济林的栽种对于库区居民而言，存在较大的困难，所以库区居民损失非常之大。

支付”的原则，由生态保护成果的享受者支付相应的费用。温州市居民由于未来的水权交易而享受到滩坑水库生态保护成果，因此水权交易中供水价格必须包含生态保护成本，这部分价格主要用于补贴库区居民，补偿他们失去的发展机会，在青田—温州水权交易分配必须体现这一点。

（四）生态补偿标准的确定

关于生态补偿标准应该分两部分。一部分是生态保护工程的补偿，这部分标准相对确定，无论是生态公益林还是生态景观林，都有明确的文件说明补偿标准，需要讨论的只是补偿标准的高低。目前更重要也更为关键的是第二部分，即库区居民的生态补偿标准的确定问题。关于库区居民生态补偿标准的确定，目前主要有机会成本法和费用成本法两种方法，当然这里说的机会成本法和费用成本法只是一个大类的描述，当应用到实践中时需要不同的操作程序和考虑不同的影响因素。一般说来，机会成本法由于考虑的因素较全面，因而得出的补偿标准较高；而费用成本法只考虑为生态保护所投入的资金，因而得出的补偿标准较低。在滩坑库区生态补偿标准的确定中，应该结合这两种方法。主要采用费用成本法，在费用成本法的基础之上加入青田和大奕库区居民因发展权受限的损失作为补偿总额，具体操作程序如下①：

补偿总额的确定可以采取下面的公式：

补偿总额＝生态保护的直接投入（BI）＋库区居民发展权受限的损失（DL）

BI＝生态公益林建设净投入＋生态景观林建设净投入＋农村生活垃圾收集和处理净投入＋城镇污水处理净投入＋污染治理净投入

之所以在直接投入里面都采用净投入是因为上述提到的这些工程都可能通过项目包装的方式从国家或省市级财政拿到相应的补贴，这部分

① 本方法相对于一般机会成本法为考虑产业发展受限带来的损失，因为这部分不仅难以量化，而且目前丽水市政府决定在丽水经济开发区中划出一块地用作景宁经济开发区，到目前为止，该开发区也没有完工，因此无法根据该开发区税收来抵减发展权受限的损失，因此本方法不考虑产业损失。

补贴已经算在前面的生态工程补偿标准，不能在后面重复计算，因此取净投入，并且净投入都取年数据。

DL =（库区居民不进行生态保护时的人均收入水平 - 因退耕还林获得的人均补助[①]）×库区居民人数

由于退耕还林存在许多不同的方式，因而需要对退耕还林获得的补助进行分类。由于不同的退耕还林方式所得到的补助期限、金额都不同，因此就存在这样一个问题：有的期限长如退耕还为生态林补助期限为8年，但退耕还林为经济林期限则为5年，至于补助的标准两者都为每年每亩105元，但如何把8年和5年的数据统一到一起就存在困难。根据国家的规定，补助周期完成以后不再延长。因此可以采取这样的方式，退耕补助可以按照周期分解到每年计入，如果周期结束，这部分补助就不再考虑，即不再计入公式。因此，根据以上的公式可以得到生态补偿总额为（BI + DL）。然后将这部分补偿总额分摊到青田—温州水权交易中的引水量，在原有水价的基础之上加上这部分即为来自大奕水库的水价，这也符合"谁享受，谁补偿"的原则。

① 这里说的补助既包括国家补贴，也包括随之而来的少部分农民可以申请成为森林防护员所得到的收入以及经济林带来的更高收益，之所以统称补助是为了公式表达清楚，但并不是不考虑后者。

第五章
节约用水论①

中国的人均水资源拥有量只有世界平均水平的四分之一，而每万元GDP的水资源消耗量是发达国家平均水平的四倍。解决水资源的短缺问题的研究思路正经历着“四个转变”，即由“水资源开发利用优先”向“节约保护优先”的转变，“重供给管理、轻需求管理”向“供给管理与需求管理并重”的转变，由“重技术创新、轻制度创新”向“技术创新与制度创新并重”的转变，由“重工程建设、轻政策设计”向“工程建设与政策设计并重”的转变。这“四个转变”都必须坚持把节约保护放在首要地位，建立在节约用水制度构建的基础上，建立良性、有效的经济、技术、社会（包括道德）的节水机制，建设节水型经济社会。因此，对节约用水的相关制度进行深入研究，具有十分重要的现实意义。

---

① 本章是在沈满洪教授主持完成的浙江省水利厅委托重大调研项目“节约用水的相关制度研究”课题成果的基础上修改而成的。原课题报告由七个部分构成，本章选取了其中的四个部分。参加课题研究的主要成员有高登奎、陈庆能、朱莉莉、丁毅诚等。

第一节　节约用水配置性制度

市场机制和政府干预都是资源配置的重要方式。以产权保护为前提、以价格机制为核心的市场机制是资源配置的基础，以价格管制和数量管制为主要手段的政府干预可以在一定程度上防范市场失灵。因此，价格管理、数量管理和产权管理都是资源配置的重要方式。结合节水制度问题，本节主要阐述三种节约用水配置性制度：一是水权制度，二是用水定额管理制度，三是水价制度。建立节水水价制度实在迫在眉睫，建立用水定额管理制度显得刻不容缓，建立节水水权制度需要积极推进。

一、水权制度

（一）水权制度的内涵

1. 水权的定义

水权，即水资源产权，它是指在水资源稀缺的条件下，围绕一定数量水资源用益的财产权利，它反映各种决策实体在水资源用益中的权利义务关系。这一定义可以看出以下几个基本点：第一，水权的本质不是水资源本身，而是水权主体对水资源的某种权利而产生的收益。第二，水权主体的收益权必须借助社会经济活动来实现，而社会经济活动又涉及到水权主体之间或者水权主体与社会其他主体之间的交易关系，因此，水权反映的是借助人与物（水资源）的关系表现出来的人与人之间的社会经济关系。第三，水权的具体内容可以归结为水资源的所有权和在所有权基础上的水资源经营权和使用权等一系列收益权。

对于简单的资源，资源权利和资源本身是结合在一起的，而对于复杂的资源来说，对资源的权利和资源本身是相分离的，水资源正是这样复杂的资源。水资源具有流动性和循环再生性，水权的客体直观上是一定数量的水资源，实质上是围绕一定数量水资源用益的一束权利，可以形象地称为“水权束”。“水权束”可以有很多种不同的划分，本项研究根据水资源的特点和我国水资源管理的实际状况，认为“水权束”主要有所有权、转让权、收益权和使用权四项权能。由于“水权束”的各项权利是可以分割的，仅“水权”一词而言，可以指“水权束”中单项的权利，也可以是复数的权利或整个“水权束”。

2. 水权制度的内涵

水权制度是借助于保护、节约和高效利用水资源这个客体以实现水权主体的水资源产权收益的目的，达到自然、人和社会和谐发展而围绕水权的划分、界定、实施、交易、保护和调节而建立的一系列经济制度的总称。该定义背后还隐含以下几个基本点：

(1)“水权制度”中的核心范畴是“水权”。“水权制度”始终以“水权”的划分、界定、实施、交易、保护和调节为具体内容。可见，“水权制度”中的核心范畴是“水权”，“水权制度”与“水权”有相同的主体和客体。“水权制度”包括两个方面的主体：一是与水权束中的公共权力（所有权）相对应的公共主体，即政府（包括国家和各级地方政府），二是与水权束中私人收益（经营权和使用权）相对应的私人主体，即各个与水资源用益权相关的单位和个人。“水权制度”的客体是水资源。水权制度本身、水权制度主体和水权制度客体这三者具有密不可分的关系。保护、节约和高效利用水资源这个客体，是为了维护水权主体的水资源产权利益；实现水权主体的社会经济利益，又必须重视保护、节约和高效利用水资源这个客体本身；而达到保护、节约和高效利用水资源这个客体，以及实现水权主体的社会经济利益，必须建立合理的水权制度这个强有力的工具（手段）。

(2) 水权制度的目的是实现水权主体的社会经济利益。建立合理的水权制度能起到保护、节约和高效利用水资源这个客体的作用，进而实现水权主体的社会经济利益。水权制度本质上是为了实现水权主体的社会经济利益，而对水资源这个客体的保护、节约与高效利用只是其表现形式。水权主体的社会经济利益主要是指与水资源用益权相关的单位和个人的经济利益，它是水权束中的私人收益的具体体现。水权主体的社会经济利益也包括国家利益和社会利益，它是水权束中的公共权力的具体体现。由于水资源的特殊公共性的特征，公共主体（国家和地方政府）的利益就表现在生态用水、用水安全及其可持续性。公共主体利益的实现最终必然利于私人主体，增加私人主体的收益，从这个意义上来讲，公共主体对水资源行使的政治权力，实际上也可以视为财产权利的内容之一，是行政管理权和财产权的复合，其本质还是为了实现水权私人主体的私人收益。

(3) 水权制度包括水权制度安排和水权制度结构，而水权制度安排则包括正式的水权制度安排和非正式的水权制度安排。水权制度安排是指人们围绕水资源用益权相关的各种特定经济活动中的行为准则。它既包括正式的水权制度安排，也包括非正式的水权制度安排（或称为社会习俗）。正式的水权制度安排是指水权的法律表现形式，如水权界定制度、水权交易制度、水权保护制度等一系列水权制度，它属于法权的范畴。非正式的水权制度安排主要是指与社会文化和习俗相延承的一些习惯做法，如水权的依附土地占有原则、公共水资源取水的先占原则、上游具有优先取水占用原则等一系列社会默认的习惯，它是属于事实水权的范畴。当这种事实水权获得了法权的形式，就成为具有法律意义上的权利关系。法权必须以客观的水权为基础，而事实水权也不一定能及时地、充分地获得法权形式。水权制度结构是指一个社会中各种水权制度安排的总和。在一个经济社会中，即使单一的水权制度安排非常精致与合理，也不能发挥有效的社会经济效益。单个的水权制度安排作用的实现需要其他水权制度安排的支撑。例如，单一的水权界定制度不能使经济社会实现水资源配置的帕累托改进而导致水资源配置扭曲，它必须借助于水权交易制度和水权保护制度来实现水权主体的经济效益。只有水权制度结构合理才能使各个单一的水权制度安排发挥特有的作用，才能使水权制度安排的结合发挥“1+1>2”的整体效应。因此，在建立水权制度时，既要注重各种水权制度安排的精致与合理，更要重视水权制度的有机组合——水权制度结构。

(二) 水权制度变迁对促进节水的作用机理分析

水权制度变迁源于现有水权制度的非均衡，即人们在现有水权制度的约束和规范下理性地从事各种经济活动，其结果却逐渐偏离了水资源有效配置这一目标，并最终违背了人们追求最大福利的初衷。换言之，“水权制度非均衡”指的是在既定水权制度的约束下的最优行为——即个人理性，并未实现水权制度理性，其结果却没有与适宜水权制度所对应的结果相吻合。由此可见，利益的刺激和诱导不但是不同经济利益主体从事各项经济活动的核心驱动力，也是导致水权制度变迁的根本动因。

水权制度安排之所以会被创新，是因为现有水权制度安排无法实现潜在利益的最大化，从而使人们产生了对新水权制度安排的需求，也就是只有当水权制度创新的预期收益大于预期成本时，人们才会产生对新水权制度的需求。影响水权制度变迁收益的因素主要是水资源的相对价格的变化（稀缺程度的变化），而影响水权制度变迁成本的因素主要有社会习惯、文化传统以及水资源计量和管理的技术水平等因素。当变迁的预期收益大于预期成本时，水权制度变迁就会发生。此外，新的水权制度要能有效发挥作用，除了上面阐述的预期收益增加和动态交易成本减少外，还必须使新水权制度下水市场运作的静态交易成本足够低廉。

水权制度不仅影响水资源的有效配置，而且也影响人们的各种经济行为，其功能多种多样，其基本的功能主要表现在：第一，约束功能。水权制度的约束功能规定了水权主体不能作为的方面，例如不能污染自己拥有的水资源、不能超标排放污水等，如果违反水权制度的一些规定，水权主体将会受到不同程度的惩罚。因此，水权制度的约束功能能起到保护水质和实现水资源的可持续开发和利用的作用。第二，激励功能。水权制度能够为水权主体提供一定程度的合理收益预期，不断激励水权主体努力高效利用自己拥有的水资源从事各项生产性经济活动，从而增加水权主体和整个社会的福利。从这个意义上来讲，水权制度的激励功能能起到提高水资源的利用效率的作用。第三，高效率配置水资源功能。水权制度重新确定了水权主体对水资源的行为权利关系，从而决定了水资源在各行为主体之间的分布状态。水权制度影响水资源配置及其利用效率，合理的水权制度总是使水资源的利用向高收益方向流动，从而有利于单位产值耗水量的减少，从这个意义上来讲，水权制度的高效率配置水资源的功能能起到节约水量和提高水资源的利用效率的作用。水权制度的高效率配置水资源的功能通过水权交易制度来实现。从上面的论述可以看出，水权制度的三个主要功能都是节约用水的内涵，都能起到节约用水的作用。

（三）我国水权制度的缺陷及其原因分析

1. 我国水权制度的缺陷

我国经过几十年的艰苦探索，在水权制度和水资源管理方面取得了很多成功的经验。2002 年修订的《中华人民共和国水法》（以下简称《水法》）更是对指导我国水资源优化配置发挥了巨大的作用。但是，认识事物的内在规律是一个漫长的过程，水资源又是一个极其复杂的自然资源，“公共性”非常突出，建立合理的水权制度更是需要长期的摸索。目前，我国（省）水权制度还存在一些缺陷，主要表现在以下几个方面：

（1）水权不明晰。水权束中的所有权、转让权、收益权和使用权都存在缺陷。首先，水资源所有权实现形式缺乏明确规定，理论上强调国家所有权或集体所有权，实质上归部门或者地方调配，“所有者缺位”问题没有解决。《水法》第 3 条规定：“水资源属于国家所有，即全民所有。农业集体经济组织所有的水塘、水库中的水，属于集体所有。”该条款虽规定了水资源的国家所有权，但是未规定国家如何实现这一所有权。《水法》第 9 条规定，国家对水资源实行统一管理与分级、分部门管理相结合的制度。令人遗憾的是，我国水法目前缺乏“水权”的明确界定，不仅给水资源市场流转的实践埋下了巨大的隐患，而且对以市场为导向的水资源管理改革的发展构筑了不可逾越的障碍，这些实际上是对水资源管理权的规定，而不是对所有权行使主体的规定。其次，水资源转让权（水权交易）没有取得合法地位。国家从未对水资源转让权的合法性作出任何规定，用水者不能通过水权转让获得用水权，只有通过行政程序获取取水权来达到目的，而取水权一旦获得，就成为刚性权利，导致水资源配置失衡等一系列矛盾不能通过水权转让重新配置水资源而得到缓解和解决。再次，难以体现水资源的收益权。由于“水资源所有者缺位”，水资源所有者的收益权就得不到体现。最后，水资源的使用权方面还存在一些弊端。虽然《水法》规定了取水许可制度，但实际上该制度并没有赋予用水者明确的使用者主体地位，用水者的用水权利既不具有长期稳定性，也不具有转让用水权的权利，用水者无法通过流转市场机制获得用水权，只能通过行政程序获取水权，而这种取水权一旦获得，就成为一种刚性权利无法让渡。这样，资源的开发利用主体在水资源的使用上不可避免地会采取“取水最大化”的取向，其带来的后果是水资源配置失衡、资源浪费与短缺并存的严重生态问题。

(2) 水权初始分配和再分配缺乏具体的规定并有失公平。我国（省）的水资源初始分配一般是基于事实水权，经济发达的地区或单位占有水资源多，经济落后的地区或单位占有水资源少，有失社会公平。我国（省）的水资源的再分配基本上由政府垄断，主要靠的仍是行政划拨，政府对水资源的无偿或低价供给造成水资源价格严重扭曲，造成“市场失灵”和“政府失灵”，致使用水粗放增长，浪费严重，既缺乏效率又不公平。

2. 我国水权制度现有缺陷的原因分析

我国的现有水权制度在过去很长的一段时间内，还是合理和实用的，对经济发展起到了巨大的促进作用。只是近几年来，情况变化了，“文明的惯性”、“制度惰性”等方方面面的因素才导致现有水权制度的不合时宜。具体来讲，导致我国水权制度现有不足的原因主要有以下几个方面：

(1) 水资源稀缺程度增加。在水资源丰裕的情况下，各个用水单位都能以很小的成本获得所需要的水资源，现行的水权制度在指导这个时期的水资源配置是运行畅通的。随着经济的发展，水资源越来越显示出稀缺性，有的地区还成为制约经济发展的瓶颈资源。经济生活围绕水资源的纠纷越来越多，在现有水权制度内不能得到解决，不能获得在合理水权制度下的潜在利益，整个社会福利的帕累托改进不能够实现。可见，现行水权制度存在不足的最原始的原因是水资源的稀缺程度增加。

（2）合作成本过高导致社会自发的诱致性水权制度变迁难以实现。水权制度诱致性制度变迁需要水资源相关利益者乃至全社会的参与和支付相应的合作成本才能够实现。如前所述，由于个人的机会主义倾向，在现有水权制度不合理，需要变迁到新的合理的水权制度的过程中，人们往往采取“搭便车”的态度，不愿意支付变迁的合作成本，这样水权制度的诱致性制度变迁难以实现。即使人们不采取机会主义倾向，并且都有一种改变现有不合理的水权制度的强烈愿望，愿意支付一定的变迁成本以实现潜在的利益，由于参与者众多、参与者的不对称性较大、社会机制又不健全等原因，导致需要支付的合作成本是非常巨大的，使得人们望而却步。因此，合作成本过高导致社会自发的诱致性水权制度变迁难以实现，从而使社会不得不接受处于低水平均衡的现有水权制度。

（3）管理成本支付不够导致政府主导的强制性水权制度变迁供给不足。当社会对新的合理的水权制度有强烈需求的时候，而社会机制又不能导致现有水权制度的诱导性制度变迁，政府主导的强制性水权制度变迁就成为必然选择。但是，现有水权制度的强制性制度变迁需要政府支付巨大的管理成本，由于政府在管理成本方面的支付不足，造成水权制度强制性制度变迁存在严重的“政府缺位”。此外，对现有水权制度的变迁，提高整个社会的整体福利，必然会损害某些水资源方面享有的既得利益集团的利益，克服既得利益的阻力也需要耗费一定的社会成本，这又加剧了政府主导的强制性制度变迁供给的不足。

（四）建立水权制度的策略选择

建立有效的水权制度涉及经济、文化等方方面面，在短期、中期和长期又有不同的侧重点，因此，建立有效的水权制度必须统筹兼顾地提出总体思路，这一总体思路中应包括短期、中期和长期三个阶段的内容。下面从指导原则、变迁方式、推进方式、水权交易市场、水权交易的主体、水资源配置的优先次序、水权制度内容和节约用水效果等八个方面详细阐述建立有效水权制度的总体思路，并且从短期、中期和长期分析其不同的侧重点。

1. 指导原则

建立有效水权制度的目的是为了实现人、水生态和经济的和谐发展和可持续发展，尊重人的生存权和发展权，维护人的生存权、发展权以及水生态环境权的统一。针对浙江省水资源、经济和社会的实际情况，建立水权制度的指导原则在短期、中期和长期应该有所不同。在短期，由于浙江省经济离发达国家还有较大差距，发展经济就是当前迫切而又紧要的任务，而水资源紧缺程度不是很高，生活用水能够得到保障，水资源使用方面的社会公平问题还不是很突出，所以在保证生活用水的基础上，应该把有限的水资源分配到最有效率的地区和单位，牺牲相对较落后地区和单位的当前利益（牺牲短期公平），实现经济的高速发展。因此，短期的指导原则应该是效率优先、兼顾公平，即“效率 + 公平”。在中期，由于经济的高速发展，水资源的紧缺程度变得越来越尖锐，生产性用水的大量增加将威胁到生活用水安全，加上社会已经积累了相当的社会财富，效率此时应该让位于公平。因此，此时的指导原则应该是“公平优先、兼顾效率”，即公平 + 效率。在长期，经济已经高度发达，效率问题不是主要矛盾，并且效率问题能够通过市场机制本身得到解决，水权的代内公平和代际公平就显得非常重要。因此，此时的指导原则应该是公平。综上所述，建立水权制度的指导原则应该是：短期为效率 + 公平；中期为公平 + 效率；长期为公平。

2. 变迁方式

通过前面对强制性水权制度变迁和诱致性水权制度变迁的详细分析，很自然就可以判断短期、中期和长期的水权制度变迁方式。在短期，水权制度变迁方式应该是政府主导的强制性制度变迁，特别是推动初始水权在区域之间的分配。在中期，水权制度变迁方式应该是以政府主导的强制性制度变迁为主，辅以市场机制和社会机制实现的诱导性水权制度变迁。在长期，市场机制和社会机制高度完善，此时的水权制度变迁应该主要是诱导性水权制度变迁。

3. 推进方式

水权制度的推进方式不能是“一刀切”，而应该是因地制宜、逐步推进，以点带动线、以线带动面。在短期，推进方式应该是水权制度改革的社会试点。在中期，推进方式应该是进一步扩大社会试点的范围的线状推进。在长期，推进方式则是全地区全面推进。

4. 水权交易市场

培育和发展水权交易市场应该遵循从易到难的原则。在短期，水权交易市场应该是一级水权交易市场——区域水权的初始分配。在中期，水权交易市场应该是一级水权交易市场和二级水权交易市场——区域政府之间的水权交易。在长期，水权交易市场应该是一级、二级水权交易市场和三级水权交易市场——用户之间的水权交易。

5. 水权交易主体

在短期，由于水权交易市场主要是一级水权交易市场，水权交易主体主要是上下级政府。在中期，由于水权交易市场是一级和二级水权交易市场，水权交易主体是上下级政府、同级政府和用水单位。在长期，由于水权完全界定、水权交易完全市场化，水权交易的主体主要是用水单位，但是政府还必须对生态用水负责，它也必须根据水生态阈的状况参与水权交易。当水生态阈较大时，政府应该在水权市场上卖出水权；当水生态阈较小时，政府应该在水权市场上买进水权，以保证生态用水安全。因此，在长期政府也是水权交易的主体。

6. 水资源配置的优先次序

在短期，由于水生态还具有一定的生态阈空间，此时水资源配置的优先次序应该在保证生活用水的基础上尽可能满足生产用水，即“生活用水+生产用水”。在中期，随着经济的发展，生产用水大量增加，水生态阈缩小，此时水资源配置的优先次序应该是在保证生活用水的基础上适当考虑生态用水，即“生活用水+生态用水”。在长期，经济高度发展，水生态阈受到严重威胁，加上生活水平提高使人们增加奢侈性用水，此时水资源配置的优先次序应该是优先考虑生态用水的基础上适当照顾人们的奢侈性生活用水，即“生态用水+生活用水”。

7. 水权制度内容

在短期，水权制度的内容主要是建立水权界定制度。在中期，水权制度的内容主要是进一步完善的水权界定制度和水权交易制度。在长期，水权制度的内容主要是水权交易制度和水权监督保护制度。

8. 节约用水效果

水权制度的逐步推进对节约用水的效果也是逐步提高的，随着时间的推移，水权制度对节约用水的效果的影响越来越明显。

二、用水定额管理制度

（一）用水定额管理制度的内涵

用水定额是指在一定期限内、一定约束条件下、一定范围内对某些用水单位所规定的水资源消耗数量。用水定额管理制度是指用水管理部门依据核定的用水定额对用水户进行监督管理，从而起到对社会各行业及用水户实行用水总量控制、达到节约用水作用的一种经济制度。用水定额管理制度的这一定义有以下几层含义：

第一，它体现了从重视水资源供给管理向重视水资源需求管理的转变，有利于利用市场管理手段（经济手段）达到节约用水的目的。以前在解决用水矛盾的时候，一味追求从工程技术的角度来扩大水资源供应。这种解决办法带有浓厚的“重工程技术管理、轻制度建设；重供给管理、轻需求管理”的色彩。现在，这种解决办法已经被实践证明是缘木求鱼。为此，水资源管理从重视供给管理向重视需求管理转变是必然选择。这种转变使得利用市场经济手段来解决水资源供需矛盾成为可能。并且，运用市场经济手段在解决水资源供需矛盾的时候，市场经济手段又可以分为两种：一是累进加价收费；另一种是用水定额交易。累进加价收费是先确定价格，然后让市场确定总的用水量；而用水定额交易是先确定用水总量，然后让市场确定价格。

第二，用水定额是随着节约用水技术的改进、节约用水管理水平的提高而变化的管理指标，用水定额在时间上具有与时俱进的动态平衡性。用水定额不是铁律，不能一经确定就不再更改，而是要随着经济技术等条件的变化适时作出相应调整。同节水先进国家和地区相比较，我国水资源利用效率还不够高，特别是生产用水的水资源利用效率还有再提高的余地。在今后的节约用水工作中，我们要做到“单位产值的用水量减少或者单位用水量的产值增加，经济规模扩大而用水规模不增加或者用水规模也增加但是增加的比例小于经济规模增加的比例”，理想结果是做到“经济规模扩大而用水量零增长或负增长”。为此，随着节约用水技术的改进和节约用水管理水平的提高，我们在用水定额管理过程中要尽量做到“计划水量 = 上年度计划水量 × （1 - 递减率）”，努力提高水资源的利用效率。因此，用水定额是随着节约用水技术的改进、节约用水管理水平的提高而变化的管理指标，用水定额在时间上具有与时俱进的动态平衡性。

第三，用水定额是一定区域内的用水指导标准，用水定额在空间上具有因地制宜的静态平衡性。用水定额是一定区域用水的指导标准，要根据区域水资源的状况和用水效率来确定用水定额，没有普遍适用的用水定额。这是因为各区域的经济技术水平、水资源丰缺程度等现实条件不同，要依据这些影响用水的相关条件来确定用水定额。在我国，水资源丰缺程度存在较大的差别、经济发达程度也具有很大的不同，建立全国统一的用水定额管理制度显得不合时宜。在水资源短缺、经济技术水平发达的地区，全国统一的用水定额往往落后于他们的节约用水能力范围，从而起不到进一步提高节约用水技术和节约用水管理水平的目的；

而在水资源丰富、经济技术落后的地区，全国统一的用水定额往往超出他们的节约用水能力范围，从而强烈抵制用水定额而使得统一的用水定额起不到节约用水的目的。此外，用水定额也应该根据来水、降水的情况（水资源的年际变化）做适当的调整，以便更大程度提高水资源效率，使水资源为社会创造更多的社会财富。因此，确定用水定额一定要以本地区的各种影响用水的相关条件为依据，充分考虑现时水资源条件和经济技术水平，形成本地区特定条件下的用水定额体系，使得用水定额在空间上具有因地制宜的静态平衡性。

（二）用水定额管理制度对节约用水的作用机理

用水定额管理制度可以通过两种手段达到用水定额管理的目的：一是计划手段，二是市场手段。

计划手段是指在水资源特别紧缺的时候，利用行政权威强制规定用水户（单位）在一定时间内的用水量，它是用水单位（户）必须遵守的硬性约束。例如，浙江省玉环县等水资源特别紧缺的市县在枯水年就曾经使用这种硬性定额管理，有效地达到了节约水量和解决水资源供需矛盾的目的。在水资源特别短缺的地区面对枯水的年份（月份），使用这种硬性定额管理的计划手段可以达到两个结果：一是减少用水量，二是保证居民生活用水和生态用水，从而有利于实现水资源的可持续开发和利用。这两个目的都是节约用水的内涵，从这个意义上来讲，用水定额管理制度通过硬性定额规定的计划手段达到了节约用水的目的。

市场手段没有计划手段的强制性定额规定，而是“软性定额”约束。它通过两个方面的作用机理来达到节约用水的目的：一是累进加价，二是用水定额交易。累进加价是指在一定的定额内实现“福利性水价”，超过这个定额的一定范围内实现较高的水价，用水量过多则实现超高水价。在经济学理论中已经反复证明过价格机制能够起到节约资源和提高资源的利用效率的目的。同理，用水定额管理制度中的累进加价市场手段也能够起到节约水量和提高水资源的利用效率的目的。用水定额交易是指用水单位（户）之间的水资源使用权交易，它能够达到在水资源使用量一定的情况下，通过市场交易使得水资源自动流向水资源配置效率较高的地方（用水单位）。此外，水资源利用效率低的单位（用户）也因为能通过用水定额交易获得收入而减少或者停止粗放用水，从这个意义上来讲，用水定额交易能够起到节约用水的目的。综上所述，通过累进加价和用水定额交易这两个市场手段而实现的用水定额管理制度能够达到节约用水的效果。

（三）用水定额管理制度建设的策略选择和建设内容

1. 推行用水定额管理制度建设的策略选择

用水定额制定过程中的策略选择主要从以下六个方面考虑：

（1）在用水定额管理的起步阶段，用水计划或者定额的制定宜在用水户近几年平均水平的基础上通过某种方法得到，不宜追求制定全国各个行业甚至每一种产品“科学”的用水定额。尽管这样制定用户的用水定额有“鞭打快牛”的弊端，但是它在实际生活中具有操作性强的优点。从全国范围来看，每个省制定的所谓用水定额都没有可操作性，都是“一纸空文”，以此为基础的用水定额管理就成为“水中月、镜中花”；相反，以用水户历年用水量为基础的定额管理在现实经济生活中确实初见成效。随着这个意义上的用水定额管理的逐步深入，行业甚至成熟产品的“科学”用水定额也就渐露端倪，加上企业作为“经济人”的理性和市场化的力量，最初的“鞭打快牛”弊端也就逐步消失。

（2）制定单位用水户用水定额的时候，一定要加入水平衡测试确定的合理用水水平系数，以此激励单位用水户防堵本单位内水的“跑、冒、滴、漏”。例如，可以按如下公式制定某个单位用水定额：单位用水定额=合理用水水平系数×前三年实际用水总量的平均值。这里，

$$\text{合理用水水平系数}=\frac{\text{单位末端水管的出水总量}}{\text{单位入户水管总量}}$$

一般来讲，这个数字至少要达到95%才能称之为“合理用水水平系数”，如果低于95%，就需要找出原因解决“跑、冒、滴、漏”问题，从而提高用水水平系数。这样的计算用水定额的方法能促使用水单位努

力通过水平衡测试提高用水系数，防止“跑、冒、滴、漏”引起的浪费。

（3）“抓大放小”，坚持点面结合、分步实施、滚动推进。如果对所有单位用水户采取“一刀切”的方式，则现实条件还不具备（如统计计量信息等），加上这样做的社会操作成本也是非常高昂的，还会引起社会不稳定，是得不偿失的。先应该对“大用水户”进行定额管理，起到示范作用和积累经验，然后对“中用水户”进行定额管理，最后才全面推进。因此，从社会成本和现实可行性来讲，必须坚持点面结合、分步实施、滚动推进。

（4）用水计划或定额的制定应该做到用水总量控制，用水定额管理制度的目的要逐步实现“经济较快增长，用水零增长甚至负增长”的目标。为此，可以采取如下方法制定用水计划定额：

单位用户有三年以上用水数据的：

单位用户年度用水定额＝合理用水水平系数×前三年实际用水总量的平均值×105%（105%＝100÷95，即假定各企业平均合理用水水平系数为0.95）

单位用户有两年以上用水数据的：

单位用户年度用水定额＝合理用水水平系数×前两年实际用水总量的平均值×105%

单位用户有一年以上用水数据的：

单位用户年度用水定额＝合理用水水平系数×前一年实际用水总量×105%

首次申请用水计划核定或者实际用水不满一年的，其计划用水定额按照设计年用水量核定。

（5）对于水资源缺乏地区，制定用水定额要以促进节约用水为主要目标，鼓励人们提高用水效率，以实现“经济发展适度增长、水资源使用零增长”的目标。对于这些地区，应该进行产业结构调整，限制高耗水行业的准入，推广节约用水工艺，提高水资源重复利用率，逐步实现工业用水的零增长用水模式。在用水定额制定方面，应当采用我国传统的用水定额计算方法，并根据可利用水资源总量，按照以供定需的方法计算各行业用水量。

(6) 对于水资源丰裕地区，制定用水定额要促使人们合理用水，减少废污水排放量为主要目标。这些水资源丰裕的地区，往往经济发展相对落后。因此，应鼓励他们充分利用水资源的资源优势，尽可能用水资源替代其他相对较稀缺资源，从而为本地区创造更多的社会福利。用水定额应该在污水的排放方面给予一定的限制，而不是限制他们使用原水或自来水。

2. 用水定额管理制度建设的主要内容

用水定额管理制度建设是以用水定额为核心，以法律法规为保障，以信息技术为技术支撑，以市场经济理论为主要管理手段的公共管理体系。用水定额管理制度建设的主要内容包括：

(1) 法律法规体系。《中华人民共和国水法》(2002) 为取水定额管理提供了法律依据。同时，浙江省还适时颁布了相应的地方性法律法规，保障了定量管理工作的顺利展开。今后应在此基础上不断完善法律体系，制定完善的水量计量、上报、奖惩等法规，推进取水定额管理工作的深入开展。

(2) 定额体系。定额的制定从资料的收集、数据的获取、数据分析与处理、定额计算分析、定额管理的效果模拟、定额管理的政策分析等整个过程都要有科学的程序，保证定额符合当地的水资源条件、经济发展水平和用水水平，达到提高水资源利用效率、促进节约用水的目的。

(3) 水价管理体系。水价管理体系和取水定额管理体系的建设都需要完善水价体系，因此，建立合理的水价形成机制是形成合理的水价管理体系的关键，为此必须做到三点：第一，要尽快修订和完善水价法规和政策。第二，要完善水价的确定程序，充分体现用水户参与管理的原则。第三，要调整水价的决策机制。

(4) 信息通道体系。在定额的过程中，计量系统不完善、信息共享困难、有效数据的缺失已经成为当前实施定额管理的主要障碍。取水定额管理体系的建设需要有畅通的信息通道作为技术支撑。用水管理部门、统计部门、土地管理部门、执法部门、用水单位等应建立信息共享机制，保证取水定额管理过程中的信息畅通。

三、水价制度

(一) 水价制度的内涵

水价制度是指以水资源的供求关系为基础，通过一定范围公众参与的社会机制合理分配水价各构成成分之间的比例关系，并选择合适的水价表现形式以实现水资源优化配置，达到经济、社会和生态可持续发展目的的一种经济制度。这一定义可以从以下几个方面来理解：

第一，由供求关系决定的水价是水资源稀缺性大小的重要杠杆。水价的形成和决定以水资源的供给和需求为基础，供给大而需求小会导致低水价，供给小而需求大会导致高水价。政府对水价的管理和调整要以水资源的供求状况为依据。

第二，水价制度的建立必须通过一定范围公众参与的社会机制来实现。水价制度的建立必须有政府、供水公司、大型用水单位和社会公众代表广泛参与，制定水价和修改水价时必须召开水价听证会。这样，各方面的利益和要求有所考虑，避免了行政垄断制定水价导致的水资源配置扭曲。

第三，水价制度必须合理安排水价构成成分之间的比例关系。水价构成中有水资源价值、供水成本、合理利润、环境成本等成分，合理水价中必须包含各项成分，并且各项成分之间具有合理的比例关系。如果水价中没有完全体现各项成分或者比例关系不合适，都会对经济社会发展产生不利影响。

第四，水价制度必须因地制宜安排水价的表现形式。水价形式有单一式水价形式、两部制水价形式和阶梯水价形式。这三种水价形式也可以季节性波动，从而使它们带有季节性水价的色彩。水价制度必须根据当地的实际情况选择适合地方特点的水价形式，在水资源季节波动性较大的地区，应该考虑季节性因素，使水价形式随季节性波动。

（二）水价构成和水价形式

1. 水价构成

随着水资源价值理论的逐步成熟、水环境保护意识的不断增强和市场经济的快速发展，水价的构成理论也逐步完善。2000 年 10 月，时任水利部部长的汪恕诚在《水权和水市场——谈实现水资源优化配置的经济手段》的讲话中提出“水价有三个组成部分，即资源水价、工程水价和环境水价。资源水价是水资源费，卖的是使用水的权利；工程水价是生产成本和合理利润，卖的是一定量和质的水体；环境水价是水污染处理费，卖的是环境容量。三者构成完整意义上的水价。”他在 2003 年出版的《资源水利——人与自然和谐相处》一书中再次强调了这一观点。现在这一观点得到了普遍接受，认为水价由资源水价、工程水价和环境水价三部分组成。

三者构成完整意义上的水价，也称为“三元水价”。用公式表示为：

$$P = P_1 + P_2 + P_3$$

式中：P 表示水价，P_1 表示资源水价，P_2 表示工程水价，P_3 表示环境水价。

资源水价是水资源资产归国家所有在经济上的实现，即国家作为水资源资产的拥有者，让个人或企业使用水资源所获得的报酬，即水资源税。它包括：水资源耗费的补偿；水生态环境影响的补偿（如取水或调水引起的水生态变化）；为加强对短缺水资源的保护、促进技术开发、促进节约用水、保护水资源和海水淡化技术进步的投入等。资源水价作为取得水权的机会成本，受到需水结构和数量、供水结构和数量、用水效率和效益等因素的影响而不断变化。不同的用水户，在不同地区、不同时间、使用不同水源的不同量的水，其资源水价是不同的。国家根据水资源和经济社会发展情况主动调整资源水价，就能引导人们自觉调整用水结构和数量，实现水资源的优化配置。

工程水价是指通过具体的或抽象的物化劳动把资源水变成产品水进入市场成为商品水所花费的代价，包括生产成本、费用、利润和税金。供水企业将资源水转化为商品水，必然包括生产成本（直接材料费、直接工资和其他直接支出）、费用（管理费用、财务费用和营业费用）、税金（营业税、所得税）和合理利润。

环境水价是指经过使用的水排出用户范围后，污染了他人或公共的水环境，而为治理污染和保护水环境所付出的代价。它是为获得排污的环境容量必须支付的环境代价，可以通过治污的机会成本计算，即污水处理设施的生产成本和产权收益。水资源资产根据其用途可分为工业用水、农业用水、服务业用水、生活用水等四种，这四种用途都对水环境产生不同程度的污染。根据权利义务对等原则，应针对其污染程度分别制定不同的环境水价。因此，环境水价的确定可以由专家根据不同行业对水环境的污染程度来制定不同的费率。

2. 水价形式

水价的基本形式主要有三种：一是单一水价，二是两部制水价，三是阶梯式水价。实际生活中的水价形式也可以是这三种水价形式的复合。此外，对于水资源季节性波动和年份波动较大或者需求波动较大的地区，也可以使水价形式随季节和年份波动以达到最大的水资源利用效率。

（1）单一水价。单一水价是计划经济时代由政府制定的、兼顾各类用水户利益的一种福利水价，曾经起到维持社会稳定和促进经济增长的作用。但是，随着经济的发展，这种单一水价逐渐显示出其弊端。这种水价往往很少考虑水资源的商品价值和水的正常成本，造成了水价结构单一、缺乏弹性、不利于调整等后果。历史经验和现实都表明，这种水价和单一的价格结构既不利于水资源的节约利用，也不利于供水事业的发展，更不利于水资源的优化配置与合理使用。单一水价存在下列两大缺陷：

第一，水资源短缺与用水浪费并存。在单一水价下，用水越多意味着享受的社会福利越多而付出的水费代价却很小，所以低水平的单一水价助长了用水浪费现象。这也是造成许多地区水资源短缺、用水效率低下、水资源浪费严重现象的根源之一。

第二，造成用水福利分配不均匀，有失社会公平。在我国收入较为平均的时期，单一水价被视为一种全民享有的社会福利，带有浓厚的"福利"色彩。但近些年来，随着经济的发展，我国居民之间的贫富差距存在拉大的现象和趋势。由于贫富差距的存在，高收入者为了追求更高的生活质量，对生活用水的消费会远远大于低收入者的用水量，以满足其日益多样化的"奢侈性"用水需求。在单一水价下，这显然造成了高收入者过多侵占用水福利的不公平现象。

（2）两部制水价。在不同水文年份可利用水量以及供水区需水量都有相当大的不确定性的地区，为了保证供水工程正常运行和用水单位利益，宜采用两部制水价。两部制水价由容量水价和计量水价组成。容量水价是指用水单位（户）使用供水设施所需承担的资产投资成本补偿费用，它用于补偿水利工程正常运行、维护和管理的相关费用。不论哪种水文年型，用不用水，受益地区、部门或用水户都要按期交纳容量水费。计量水价是指水价中扣除容量水价部分后，按量收费的部分，多用多收、少用少收。

容量水价的作用是为了保证供水企业回收其管网建设投资、进行新的管网投资和旧的管网技术改造。供水管网设施的资产投资不仅数额大，而且供水投资和建设在规模上要有一定的超前性。如果这种资产投资没有所要求的固定补偿，供水企业的发展是难以为继的，也就难以保证供水的需要。并且，为了减少管网的跑冒滴漏、提高供水技术水平，供水企业也需要投入资金开展技术研发。这些投资都是用水单位（户）不管"用不用水"、"多用水还是少用水"都需要承担的容量成本。计量水价的作用在于贯彻"多用水多交费"的原则，以达到合理用水和节约用水的目的。

两部制水价的最大优点就是可以增加供水企业的收入，缺点是增加贫困群体的经济负担。因此，推行两部制水价时，应辅以其他的政策措施来克服其缺陷。

(3) 阶梯式水价。阶梯式水价是指在合理核定居民用水及各类企业营业用水基本用量的基础上，对定量以内的用水实行低价，超过基本用水量的部分实行超量累进加价；对公共服务用水实行低价，对合理工业生产用水实行中价，对营运用水实行高价。如果使用的水超过基本用量，则超出的部分采取另一阶梯的水价标准收费。阶梯水价的实质是运用价格杠杆促进节约用水，保护水资源。阶梯式水价可以根据实际需要分为多个阶梯，如图 5-1 所示。

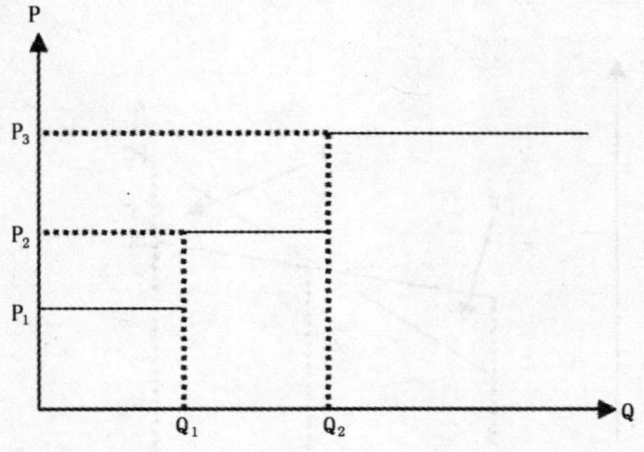

图 5-1　阶梯式水价（增阶梯）示意图

阶梯式水价可以分为增阶梯和降阶梯式水价两种。增阶梯水价指随着用水量的增多，水价越高。降阶梯式水价则相反，使用水量越大，水价越低。在水资源紧缺的地区实行的是增阶梯，增阶梯水价达到节约用水的目的。水资源丰富地区实行的是降阶梯，降阶梯是鼓励更多地使用水资源以谋求更大的社会福利。合理的阶梯式水价，既能使用户基本需求不受影响，又能满足用户更多使用水资源的需求，实现水资源的优化配置和经济社会的可持续发展。

阶梯式水价的作用主要体现在以下五个方面：

第一，有利于人们树立和强化节水意识。水资源短缺已成为制约经济社会可持续发展的突出问题，这就要求在市场经济体制下，充分认识水资源的经济属性，实现水资源从自然资源向经济资源转变，发挥价格杠杆和市场机制在水资源配置和水需求调节等方面的作用，促进节约用水，提高用水效率。实行阶梯式水价，拉开级差，增大调节力度，有利于树立和强化节约用水意识。

第二，可以有效缓和低收入者支付能力与水价按边际成本定价高的矛盾。由于水资源越来越紧缺，它的边际成本越来越高，如果按边际成本定价，将会超过低收入者的购买能力，他们的用水权利会受到侵害，但是，如果水价定得过低，供水企业的成本得不到补偿，供水将难以为继，为了解决这个矛盾，对低收入者实行低价供水，以保障其用水权利，企业低价供水的亏损由高用水量者进行补偿。如图 5－2 所示。

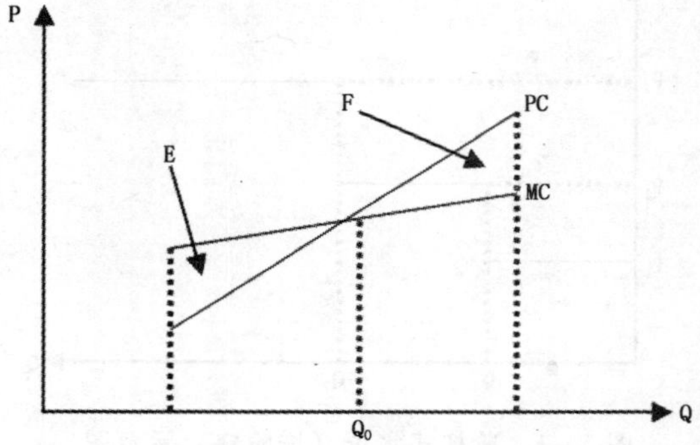

图 5－2　阶梯式水价与边际成本的关系

图 5－2 中，MC 表示边际成本曲线，也就是供水企业的供给曲线，PC 表示阶梯式水价曲线。用水量在 Q_0 以下，PC < MC，用水单位（户）以低于 MC 的价格 PC 购水，获得高于买价的效用——MC 减去 PC 的差额，可以看成是政府福利；用水量 Q_0 在以上，PC > MC，用水者以高于 MC 的价格 PC 购水，效用减少，减少量是 PC 与 MC 的差额，为用水者的负效用，用水量越大，负效用越大。用水的负效用可以抑制高用水者的用水行为，实现节约用水的目的。对于供水企业来说，Q_0 以下的亏损（E 区域）由 Q_0 以上高于 MC 实现的利润（F 区域）来补偿。

第三，体现了公平与效率的统一。一般地，用水量在 Q_0 以下的是低收入者，他们得到相当于 E 的福利，用水量在 Q_0 以上的是高收入者，他们多付出 F 的费用。这样通过阶梯式水价实现了社会财富的再次分配，增进社会公平。此外，能够承担较高水价的用水单位，一般具有较高的水资源边际收益，从而使得水资源流向利用效率较高的地方，提高了水资源的配置效率。因此，阶梯式水价体现了公平与效率的统一。

第四，有利于促进水资源的可持续利用。阶梯式水价扩大了不同分段的价格差异，采用这种分段定价结构，将在一定程度上遏制水资源的浪费及不合理的低效利用现象，如果用户消耗水量超过一定的数量，就必须支付高额的边际成本，这种水价属于意愿支付的范围，是消费者偏好的选择结果。如果用户不愿支付高价，就必须节约用水、杜绝浪费。这对于促进节约用水，提高用水单位的节约用水意识，具有重要的促进作用，有利于水资源的充分利用和保护，有利于推动中水回用和污水再生利用，有利于促进节约用水技术的开发和应用，实现水资源的良性循环和可持续利用。

第五，可以保证供水企业成本补偿和扩大再生产。水费收入是保证供水企业进行成本补偿和扩大再生产的主要资金来源。长期以来，我国一直采用单一的水价模式，水价偏低，造成供水企业无法实现成本补偿和自负盈亏的良性发展机制。阶梯水价对超过基本水量的用水单位(户）执行高额的边际成本价格，这种高额的边际成本价格有助于水管单位获取更多的资金以用于管道改造、技术更新、水资源的开发以及水污染的治理，同时有利于水管单位提高供水质量，改善供水环境和扩大再生产。

实施阶梯式水价需要具备三个要素：一是需要完备的计量设施。完善的计量设施是阶梯式水价实施的前提条件。首先必须达到一户一表、水表出户、抄表到户。如果缺乏计量设施，无法准确地计量用户的用水量，就无法确定其利用的水量是多少，无法划分基本水量和超定额水量。二是需要科学的阶梯定额。阶梯式水价并非简单意义上的涨价，与目前水价最大区别是，它不再是单一水价。合理的阶梯定额是阶梯式水价顺利实施的基础。对于工业用水，根据行业特点和企业规模核定基本用水定额，确定阶梯标准；对于居民用水，根据本地区的实际情况确定每户每月或每人每月或者每季度的基准用水量；对于服务业、机关、学校等结合实际情况核定基准定额。合理的基本定额标准是满足其基本需求，阶梯定额则是以节约与限制为前提。三是相应法律法规的支持。阶梯式水价需要完备的政治、行政和法规等作为支撑。目前，尽管有相应的法规作为支撑，但还是不完备的，如何使其达到可操作性的程度，需要制定进一步的实施细则。实施细则一定要尽可能考虑各个方面的因素，使之具有可操作性。

（三）水价制度对节约用水的作用机理分析

合理的水价制度（阶梯式水价制度或两部制水价制度）通过作用于用水单位和供水单位两个客体来达到节约用水的目的。在用水单位方面，由于水价中将包含环境水价（此外，还有限制污染排放和治理污染的相关政策的约束），污染越严重环境水价越高，在经济学中经典的“价量的反向原理”的作用下使得他们自觉减少污染，达到了保护水质和节约水量的目的；用水超额加价，使得水资源流向边际收益高的用途中，从而提高了水资源的利用效率。在供水单位方面，合理水价制度会增加他们的收入，使他们有资金进行技术研发、管网改造和铺设中水回用管道设施，减少供水过程中的跑冒滴漏现象，达到节约水量和实现水资源可持续开发和利用的目的。

节约水量、保护水质、提高水资源的利用效率和实现水资源的可持续开发和利用都是节约用水的内涵。因此，合理的水价制度起到了节约用水的目的。

（四）实施节约用水水价制度的策略

合理水价制度的建立涉及社会经济生活的方方面面，既影响到经济发展，又牵涉到社会稳定与公平。因此，节约用水水价制度的建立是一项复杂的系统工程，必须科学合理地逐步推进节约用水水价制度改革。

下面将从几个方面来探讨建立节水水价制度的实施策略。

1. 提高水价

提高供水价格，既是建设节水型社会的现实需要，也是保障水务投入、实现可持续发展的需要。从国际比较来看，供水价格还有较大的上涨空间，外资高溢价收购地方水厂股权就是基于这一考虑。同时政府也制定了相关规划，提出建立反映市场供求状况和资源稀缺程度的价格形成机制，这一切都预示着水价上涨将会是一个长期过程。提高水价有其客观必要性和现实可行性。提高水价是节约资源、保障水厂投入的客观需要。基于节约资源、供水成本以及保障水厂建设投入等方面的考虑，浙江省水价有进一步上涨的驱动力。从长期看，浙江省水价的提高将是一个缓慢的过程，一方面使水务行业实现全行业扭亏为盈或者适当盈利，调动水企业的生产积极性，增加水供给；另一方面通过提高用水和排（污）水成本，引导用户节约用水，提高水资源的利用效率。

2. 水价构成成分中应加大资源水价和环境水价的比重

浙江省进行水价制度改革之前，应科学分解和分析水价的构成成分，定量界定各成分水价，再形成完整终端水价。浙江省的水价构成成分应包括资源水价、工程水价和环境水价。资源水价的得益主体是国家（或代表国家的地方政府），主要用于因用水而导致的对水资源耗费的补偿和对水生态改变的补偿而投入的水资源保护和促进节约用水技术进步而进行的投资。资源水价对水生态的可持续性发展是必要的和必须的，合理水价中应该包括资源水价。在我省的实际经济生活中，水资源费还很低，各种形式水资源的水资源费结构还有待进一步完善，有的县市还没有征收水资源费，以致使国家对水资源的产权利益没有得到体现，通过水资源费优化水资源配置的手段没有激活。工程水价是供水单位的运行成本和合理利润，合理利润一般取社会平均利润形式，它是维持供水的稳定性和可持续性所必须的，它在水价中占有较大的比重。环境水价用于水治理污染，它是用水可持续性的必要保证，提高水价中必须首先考虑的提高环境水价，以提高污水治理率和改善水生态环境。

此外，也应因地制宜灵活调整各种水资源的比价，以抑制某种水资源的过度使用，保护水生态环境。例如，可以在地下水开采量较大的地区，提高地下水和地表水的比价，有效压缩地下水的开采量。

3. 逐步实现先进的两部制水价和阶梯式水价形式

应改变目前的单一形式水价，因地制宜地逐步建立起先进的阶梯式水价形式或两部制水价形式。在供水设施比较完善的地区，宜采用阶梯水价形式；在供水基础设施还需要投入较大的地区，考虑采用两部制水价形式，以筹集供水基础设施投入资金。并且，为了充分利用阶梯式水价形式和两部制水价形式的优点，也可以采取混合的水价形式。例如，在供水基础设施还需要投入较大的地区，采用两部制水价形式的同时，还可以对其计量水价部分实行阶梯式水价形式，从而使水价形式形成复合状态，即“复合形式”。对于阶梯式水价形式也不应该纯粹是“增阶梯”形式，对于水资源丰裕的地区，也可以采用鼓励用水以充分发挥水资源的资源效益的“减阶梯”形式。例如，衢州市，水资源丰富，经济相对落后，为了充分利用水资源优势，就可以采取这种“减阶梯”的阶梯水价形式。此外，对于水资源季节性波动或年际波动较大的地区，也应该考虑这种季节性波动因素，从而使水价形式带有季节性的色彩。季节性水价形式无非是在原有水价形式的基础上使水价按比例随季节而波动。

第二节　节约用水技术性制度

节水从长远来看必须依靠科技进步，而节水技术进步需要制度的激励。农业节水涉及面十分广泛，节水潜力也十分巨大，农业节水需要公共服务的支撑。循环用水是提高水资源利用效率从而实现节水目的的重要方面。由于节水技术创新激励制度和循环用水制度的节水传导机制都是“制度创新——技术创新——节约用水”模式，因此，将这两项制度通称为“节约用水技术性制度”。

一、节水技术创新激励制度

（一）节水技术创新激励制度的内涵

1. 节水技术创新的含义与特征

节水技术是指能提高水资源利用效率或效益、减少水损失、能替代常规水资源的各项技术。节水技术主要包括直接节水技术和间接节水技术，前者主要是指能直接减少水资源损失的各项技术，而后者主要是指能通过水资源的循环利用来节约水资源的各项技术。节水技术也可以分为农业节水技术、工业节水技术和城镇生活节水技术。

节水技术创新是以节水技术的构思新颖性和成功实现性为特征的非连续性事件，它涉及节水技术的创意、研发、试验、生产、使用以及推广等一系列过程，它始于系统性的创意、研发而终于市场实现，可以是全新的节水技术，也可以是改进的节水技术。节水技术创新具有以下特征：

第一，节水技术创新的基本要素是不确定性、高风险性与高收益性并存。节水技术创新的不确定性存在于创意、研发、实验、试生产以及市场实现等阶段，主要包括技术不确定性、经济不确定性和组织不确定性等几种类型；节水技术创新还可能面临市场风险和技术贬值风险；节水技术创新如果获得成功，会带来一定的技术垄断，这种技术垄断往往会给创新主体带来高额垄断利润。

第二，节水技术创新所带来的收益具有非独占性。节水技术创新介于公共品和完全排他性产品之间，具有一定的外部效应。虽然知识产权保护制度使得节水技术创新者拥有垄断性产权，但是，由于节水技术创新具有扩散效应，使得竞争者仍能通过模仿分享创新者的收益。

第三，节水技术创新不仅具有经济效益和社会效益，同时还具有生态效益。节水技术创新能给创新主体带来一定的收益，它也能通过溢出效应给其他相关主体带来一定的利益。此外，它还能节约水资源、改善水质、减少水污染、改善生态环境，具有较强的生态效益。

上述三项特征中，前两项特征是所有的技术创新都具有的，而后一项特征则是节水技术创新所独有的。

2. 节水技术创新激励制度的含义

节水技术创新激励制度是指在节水技术创新活动过程中，制度设计者通过设计适当的制度规则、采用适当的激励性措施，来激发和促进创新主体进行节水技术创新活动的积极性和主动性，从而有效地实现制度设计者既定目标的系统活动和运作规则。这一制度的传导机制是这样的，通过节水技术创新激励制度激发节水技术创新，通过节水技术创新实现节约用水目的。

（二）节水技术创新激励制度的主要内容

本项制度的设计主要是从外部激励的角度出发，也就是从产权、市场、政府等角度出发，来设计相应的激励制度。产权激励、市场激励和政府激励构成了节水技术创新激励制度的主要内容。

1. 节水技术创新的产权激励制度

现代产权经济学认为，明晰的产权能够提供一种激励机制，促进资源的高效利用。产权是指个人或其他人受益或受损的权利。知识产权保护是激励节水技术创新的重要手段。在缺乏知识产权制度的情况下，节水技术创新的溢出效应使创新者不能得到应有的收益补偿，这将抑制创新主体的创新行为，而知识产权的设立则授予了创新者在一定时期内独占节水技术创新收益的权利，解决了具有公共属性的节水技术创新成果的“溢出效应”而导致的“搭便车”问题，使得节水技术创新的私人收益率趋同于社会收益率。因此，建立和健全节水技术创新的产权激励制度的核心是要做好节水技术创新的知识产权保护工作。目前，要重点做好两方面的工作：

第一，制定完善的节水技术知识产权政策和法律体系，通过完整的法律体系来保障节水技术创新者的利益，通过良好的法律环境来倡导人们树立尊重和保护知识产权的公德心。

第二，建立将财政性节水技术项目创造的知识产权授予承担者的制度。由于节水技术创新不仅具有经济效益，而且还具有社会效益和生态效益，因此，许多相关科研项目都是由财政资助进行研究。为了激励财政性节水技术基金项目承担者自主创新的积极性，政府应将该基金项目所创造的知识产权，授予项目承担者，由项目承担者依法运用。单位和完成该项目的科技人员因运用该知识产权产生的利益关系依照有关法律、行政法规的规定执行或者由双方约定。

2. 节水技术创新的市场激励制度

市场在激励节水技术创新方面具有自我组织、自我加强的作用，资源配置效率高。因此，可以通过相关市场制度的完善来形成激励节水技术创新的市场环境，提高制度运行效率。

首先，要形成较为完善的市场交易制度。通过市场交易获取理想的创新收益是激发节水技术创新活动的内在诱因。因此，应形成较为完善的市场交易制度，为此，要建立健全节水技术创新成果交易的系列制度，包括节水技术产权交易制度、节水技术产业化成果交易制度、节水技术交易中介服务制度，以及人才流动、资金融通等促进节水技术创新要素有效组合的制度。另外，要建立健全规范节水技术创新交易秩序的系列制度，以降低节水技术创新主体参与市场交易的交易成本。

其次，要建立规范的市场竞争制度。优胜劣汰的竞争压力，会促使创新主体为维持自身的生存和发展而有效地利用资源，创新主体生存和发展的外部竞争环境以及竞争机制的曳动效应，可以从外部形成持久的动力激励，来激发它的技术创新动力。因此，必须在制度建设方面，有效地打破垄断，加速市场化建设进程，完善市场体系，培育节水技术竞争市场。通过市场体制建设，创造节水技术创新的理想的市场结构和竞争模式，以市场的外在力量来推动节水技术创新。同时，为了避免不正当竞争侵害创新主体的利益，挤占创新主体的市场空间，挫伤创新主体的积极性，应通过制度建设，加大反不正当竞争的力度，来保证竞争行为的规范有序。

最后，要建立完善的中介服务体系。各类节水技术创新主体的资源有限，随着节水技术创新活动的发展，需要有一个健全的节水技术创新中介服务体系为它们提供支持和帮助。因此，应建立健全节水技术中介服务机构，为各类节水技术创新主体提供相关服务。

3. 节水技术创新的政府激励制度

节水技术创新的产权激励制度和市场激励制度存在着许多失效之处，它们并不能保证造就一个最有利于节水技术创新的外部环境，它们失效的地方主要由政府来加以弥补。政府对节水技术创新的激励制度安排，主要是从完善政策制度体系的角度出发，充分发挥政策对节水技术创新的激励作用，形成有利于节水技术创新的政策环境，以减轻创新主体在节水技术创新过程中所面临的各种不确定性、降低它们所面临的风险、降低创新成本、提高创新收益。政府的激励政策主要包括以下几个方面的内容：

（1）财政补贴政策。财政补贴政策主要采取节水技术研发补贴、节水产品生产补贴、节水产品消费补贴等形式对节水技术创新主体进行补偿。节水技术研发补贴是对从事节水技术研发的企业和科研机构进行补贴。这种补贴方式有利于降低创新主体的研发成本，提高它们从事节水技术研发的积极性。节水产品生产补贴则主要是根据节水产品的产量对生产者进行补贴。这种补贴有利于增加节水产品产量、降低生产成本、提高生产企业的经济效益。节水产品消费补贴则是对节水产品的购买者给予一定的补贴，以促进节水产品的推广。

（2）税收优惠政策。税收政策作为政府调控经济最直接的手段，在推动技术创新过程中被世界各国政府广泛运用，税收政策同样也可以用于节水技术创新过程之中。在运用税收政策时，应根据节水技术自身的特性制定相应的政策。

第一，应对所有有研发投入的节水技术创新主体实行优惠政策。只要创新主体当年实际发生了研发支出就应该享受相应的税收优惠政策，这样将激励创新主体增加研发投入。可以根据创新主体的研发投入金额大小，按一定的比例，例如5%—10%的比例进行返还。同时，研发费用还可以税前列支并加以扣除，以降低创新主体的研发成本。此外，研发设备还可以进行加速折旧，以加速研发设备的更新。

第二，完善所得税政策。对企业投资于节水技术创新所获得的利润减征企业所得税；对企业投资于节水技术创新所获得的利润再用于节水技术创新投资者，应退还其用于投资部分的利润所对应的企业所得税；对于进行国家规定项目的节水技术创新的投资应实施税收投资抵免政策；允许企业或者科研机构把用于节水技术创新投资所导致的亏损直接用于抵减其他投资的资本利得；加大亏损结转力度，对于用于特殊项目的节水技术创新投入所导致的亏损可退还一部分以前年度已纳所得税款。

第三，建立节水技术创新准备金制度。对有研发新节水技术愿望但经济实力不足的企业或科研机构，允许按销售收入的一定比例提取节水技术创新准备金，所提取的准备金应免税。

第四，对节水技术创新成果的使用实行税收优惠。可采取对节水技术新产品免征增值税等税收优惠方式进行优惠，以促进新产品的使用。

（3）金融扶持政策。金融扶持政策主要是从分散金融风险、降低融资成本的角度，对节水技术创新活动进行扶持。在实际使用中，可以采取以下几项金融扶持政策：

第一，低息（贴息）贷款政策。低息（贴息）贷款政策可以减轻节水技术创新主体的利息负担，有利于降低它们的研发成本和生产成本。这项政策的主要缺点是：政府需要筹集一定的资金以支持贴息或减息的补贴，贷款数量越大，贴息量越大，需要筹集的资金也越多。因此，资金供应状况是影响这一政策持续进行的关键性因素。该项政策的实施要控制在可以承受的范围内。

第二，各类金融机构尤其是政策性金融机构应对节水技术创新活动采取扶持政策。政策性金融机构应对节水技术专项项目、节水技术成果转化项目、节水技术产业化项目、引进的节水技术消化吸收项目等给予重点支持。同时，商业性的金融机构也应根据国家投资政策及信贷政策，对节水技术创新活动给予信贷支持。

第三，推进支持节水技术创新的多层次资本市场建设。要通过股市等资本市场来分散节水技术创新过程中存在的金融风险，要支持有条件的节水技术创新企业在国内主板和中小企业板上市。要建立加速节水技术产业化的多层次资本市场体系，将资本市场建成节水技术创新投资的主渠道。

第四，成立节水技术创新风险准备基金。要引导社会资金、保险公司以及证券机构，投资于节水技术创新风险准备基金，为节水技术创新提供资金上的支持，同时也降低节水技术创新过程中存在的金融风险。

(4) 政府采购政策。对节水技术创新产品进行大规模政府采购，可以创造和增加节水技术创新产品的市场需求，产生节水技术创新的"市场拉动"效应。这样，便可以使节水技术创新产品在市场开拓期获得比较稳定的市场保证，降低市场风险。政府采购政策主要包括以下两个方面的内容：

第一，政府采购。即政府用财政性资金将节水技术产品购买下来。为了做好节水技术产品的采购，政府必须做好相关工作。首先，要建立节水技术产品认证制度。可以由水利部门会同环保部门等，按照公开、公正的程序对节水技术产品进行认定，从而为节水产品的采购做好技术准备。其次，实行节水技术产品或节水技术的政府首购制度。对节水企业或科研机构生产或开发的试制品和首次投向市场的节水产品或者节水技术，经过水利部门等相关部门认定，符合节水技术发展方向，具有较大市场潜力并需要重点扶持的，由政府进行首购。再次，实施节水技术研发项目的政府订购制度。对于需要研究开发的重大节水产品或技术，经论证后，列入政府科技开发计划，通过政府采购招标方式，面向高新技术企业、高等院校和科研院所开展节水技术研发订购，签订政府订购合同，并要建立相应的考核验收机制。

第二，政府采购后的节水技术的推广和使用。任何技术创新的成果都必须应用于生产、生活中，都必须接受市场的检验，节水技术创新成果也不例外。政府采购部分地解决了节水技术市场需求不足的问题，但是并未解决节水技术的推广及大规模使用的问题。由于节水技术的使用不但具有经济效益，而且具有社会效益和生态效益，这使得节水技术或节水产品的使用者使用节水技术或者节水产品所花费的成本往往高于从中所获得的收益，因而导致他们对节水技术或者节水产品的推广和使用不感兴趣。因此，政府应将其所采购的节水技术以较低的价格甚至免费让给节水产品生产企业使用，以降低节水产品的生产成本，从而降低节水产品的价格，并进而导致节水技术或节水产品的使用者使用节水技术或者产品所花费的成本小于从中所获得的收益。这样便可以促进节水技术的推广和使用。

（5）奖励激励政策。奖励激励政策主要是对在节水技术创新过程中作出重要贡献的人员进行奖励，以调动他们从事节水技术创新活动的积极性。可以采取以下方式对相关人员进行奖励：

第一，设立节水技术创新成果提成奖。即从获得的节水技术创新收益中，提成用于奖励在创新过程中做出重大贡献的技术人员。应根据所获得的节水技术创新收益，每年按一定的比例进行提成。此提成是正常工资和其他奖金的附加部分，不影响参与提成的技术人员的正常工资、年金或其他应得奖金。

第二，设立节水技术成果累计奖。该奖项是针对为节水技术创新事业作出长期努力和贡献的相关人员的积累性奖励，是对长期从事节水技术创新工作相关人员的肯定。该奖项的设立有利于激励为技术创新做出贡献但没有取得技术创新成果的科技工作人员从事节水技术创新活动的积极性。

第三，设立节水技术推广奖。推广节水技术成果具有经济效益、社会效益和生态效益三重特性，而节水技术的使用者往往重经济效益而轻社会效益和生态效益。因而它们对应用节水技术成果的积极性不高，使得节水技术成果的推广难度很大，推广人员的工作更多体现为一种社会公益性质，推广人员的劳动价值无法从市场中得到合理的回报，使技术成果推广人员的积极性受到挫伤。因此，需要政府制定相应奖励政策，对社会上一些社会效益、生态效益明显，而经济效益不明显的重大节水技术成果的推广，依据工作量和应用效果对技术推广人员进行奖励。

（6）科技发展政策。合适的节水技术创新政策对节水技术创新活动的开展起着重要作用。为此，政府应制定促进节水技术创新的科技发展政策，并把它列入国家中长期科学和技术发展规划纲要及相关国家科技开发计划当中。政府应确定节水技术创新研发的重点扶持对象，在资源有限的情况下，政府的科技发展政策应向节水技术创新研发的重点扶持对象倾斜。政府重点扶持的研究项目应当是公共性强、“溢出”效应大、边际社会效益高的节水技术项目。节水技术研发主要包括三个部分：基础性研究部分、应用性研究部分、产品和工艺技术研发部分。这三个部分的公共性和外部性各不相同，因此，政府的支持重点也应有所不同。前两部分的研发具有风险大、应用面广、共用性强的特点，企业往往没有实力进行这样的研发。因此，从政府职能和公共财政的性质出发，基础性研究和共用性强的应用技术研发应当成为政府支持的重点。第三部分是与某一特定市场需求紧密相关，以盈利为目的的产品和工艺技术研发，应当以企业为主，政府主要依靠其他政策激励企业进行相应的产品和技术研发。

（三）节水技术创新激励制度的作用机理

从以上分析可以看出，节水技术创新激励制度主要是通过设置激励性措施，来增加创新主体的创新收益或者减少其创新成本，使其所获得的创新收益大于创新成本来发挥作用的。例如，产权激励制度是通过建立排他性产权，解决了具有公共属性的技术创新成果的“溢出效应”而导致的“搭便车”问题，增加了节水技术创新收益而发挥激励作用的。而市场激励制度则主要是通过降低交易成本，来激发节水技术创新的。政府的激励政策同样是靠通过增加创新收益或者降低创新成本来激发节水技术创新的。财政补贴政策、税收优惠政策可以降低节水技术创新的研发成本、生产成本以及销售成本；金融政策可以降低创新主体的融资成本；而政府采购政策则可以给创新主体带来稳定的收益。总之，使节水技术创新主体所获得的创新收益大于其创新成本，是该项制度设计成功的关键。

（四）实施节水技术创新激励制度的实施策略

1. 研究制订节水关键技术研发清单和项目指南，采取公开招投标方式吸引国内外专家参与研发

省科技部门在以往研究成果梳理总结的基础上，编制《浙江省2008—2020年节水技术研发指南》，其中，在2008—2010年三年时间内，在农业、工业、服务业三大产业选择100项关键技术的研发清单和项目指南，以浙江省科技专项基金的形式向国内外专家公开招标，吸引优秀专家参与浙江省节水技术的研发。

例如，激励科研单位和企业从事农业计量设施的开发，重点激励企业从事具有自动控制技术以及信息网络技术的农业计量设备的开发，来解决浙江省农业用水计量难的问题。同时，采用各种措施激励企业从事喷滴灌、微灌工程、水稻的薄、浅、湿、晒灌溉技术和旱育稀植节水栽培等节水技术的研发，以提高农业节水技术水平。

2. 选择国内外先进适用的节水技术成果，在浙江省节水重点领域和重点区域推广示范

根据浙江省节水工作的重点领域和重点区域的布局，在2008—2010年三年时间内选择300个国内外先进适用的节水技术成果在全省推广。在技术推广的基础上，在“十一五”期末评选产生100个节水技术示范项目，通过示范项目带动全省节水技术的使用和推广。

例如，应大力推广节水型用水器具的使用，推广节水型水龙头的使用，推广非接触自动控制式、延时自闭、停水自闭、脚踏式、陶瓷磨片密封式等节水型水龙头，淘汰建筑内铸铁螺旋升降式水龙头、铸铁螺旋升降式截止阀。应重点推广使用两档式便器，新建住宅便器应小于6升。公共建筑和公共场所使用6升的两档式便器，小便器推广非接触式控制

开关装置，淘汰进水口低于水面的卫生洁具水箱配件、上导向直落式便器水箱配件和冲洗水量大于9升的便器及水箱。

3. 在对现有节约用水经济政策进行分析的基础上，出台浙江省十大节水技术政策

为了使广大科研部门、用水单位和科技人员更加了解省政府的政策导向，在对现有节约用水经济政策进行分析的基础上，出台浙江省十大节水技术政策。按照项目性质分，十大政策中应包括激发基础研究的政策、激发应用研究的政策、激发成果转化的政策、节水技术示范项目政策等；按照经济政策分，十大政策中应包括财政补贴政策、税收优惠政策、金融扶植政策、政府采购政策、科技奖励政策、科技发展政策等。

二、循环用水制度

（一）循环用水制度的内涵

1. 循环用水的特征与含义

循环用水是指根据不同用水对象对水质的不同要求，将水资源划分为不同的层次和级别，上一层次用水对象的出水经过处理后可以成为下一层次用水对象的水源。这样，水资源在整个系统中便按照由高到低的层次，形成类似于生态链的水循环模式，从而形成水资源的循环利用。循环用水具有以下特征：

第一，循环用水是一个以同一层次用水对象为并联、不同层次用水对象为串联的、类似于生态链形式的相互关联的复杂系统。在该系统中，不同用水层次是相互影响和协调的。

第二，循环用水是一个多水源系统，其水源包括常规水源、雨水、中水以及污水等。

第三，循环用水的核心是通过现代技术来实现中水、污水的分类、处理及回用。中水是相对于上水（自来水）和下水（污水）而言的，是将生活污水、工业废水等污水，经过专业处理，达到去除有机物、重金

属离子等目的，使污水水质达到河湖排放标准，再经过混凝、沉淀、过滤以及消毒等工艺或利用膜技术进一步深度处理后，得到的可在一定范围内重复使用的非饮用水。中水回用是一个广义的概念，上一层次用水对象产生的废水经过处理后被下一层次的用水对象使用，就可以认为是中水回用。

循环用水主要包括中水回用和再生水利用。循环用水的核心便是通过现代技术实现中水回用和再生水利用。循环用水具有显著的生态效益、社会效益和经济效益。生态效益主要是指水污染现象受到了有效控制，水质得到了改善，对水资源的保护起到了重要的作用；社会效益是指再生水的利用减少了常规水资源的使用量，缓解了水资源的供求矛盾；经济效益是指能给中水、再生水的生产企业和使用者带来成本节约以及与此相对应的利润增加。

2. 循环用水制度的含义

循环用水制度是指，为了促进中水回用和再生水的开发和利用，使得水资源在整个系统中按照由高到低的层次形成类似于生态链的水循环模式，从而促进水资源循环利用的规则和政策。

（二）循环用水制度的主要内容

循环用水制度是指降低中水、再生水的生产成本、实现循环用水的产业化和市场化的一整套规则和政策。制定合理的水价体系、推进循环用水产业化改革、探索分质供水制度、建立再生水水质保障体系以及建立统一的再生水职能管理部门等构成了循环用水制度的主要内容。

1. 制定合理的水价体系

水价构成不完整、各种用水的比价关系不科学是造成中水回用和再生水利用进展缓慢的原因之一。在市场经济条件下，价格是调节和引导人们消费行为的有力手段。现有的水价并没有充分体现水作为一种商品在市场中应有的价值，不利于中水回用和再生水的利用。现有的自来水水价往往低于中水水价和再生水水价，甚至低于中水的生产成本和再生水的生产成本。而只有当中水水价和再生水水价低于地表水、地下水的价格一定的幅度，低于自来水水价较大幅度，使公众感到使用中水和再生水有利可图，才能促进中水回用和再生水的利用。因此，应采取措施制定合理的水价体系，以促进中水回用和再生水的利用。

第一，形成合理的水价形成机制。应加快推进水价的市场化改革进程，建立以环境成本、资源利用成本以及生产成本等完全成本为基础的价格形成机制。在形成水资源的价格时，应将水资源开发、利用、保护、再生、补偿等因素全部考虑在内，使得水资源价格至少包括资源开发成本、环境退化成本和资源利用成本等成本，而不只是计算资源开发成本。

第二，推行阶梯式水价。所谓阶梯式水价，是指对消费量小于某一额定量的用水额，其价格为某一较低的价格，而对高于该额定量的部分则采用某一较高的价格。由于自来水与中水、再生水互为替代品，因此，自来水水价越高，对中水、再生水的需求也越高，企业从事中水、再生水的生产也越有利可图。然而自来水属于必需品，它的需求价格弹性小，因此对居民日常生活所必须的自来水，应低价供应，而超过居民日常生活所必需的部分则应高价供应。因此，阶梯式水价既保证了居民的日常用水需求，又能有效地抑制浪费用水现象，还能有效地促进再生水的使用。课题组在浙江省玉环县等地的调查结果表明，阶梯式水价有效地促进中水回用和再生水利用。

第三，制定合理的比价关系。制定合理的地表水、地下水、自来水以及中水、再生水之间的比价关系。拉大中水、再生水与地表水、地下水以及自来水之间的价格差，有利于扩大中水、再生水的市场需求，促进中水和再生水市场的形成。

第四，确定合理的中水水价和再生水水价。中水水价和再生水水价的确定主要应考虑自来水水价、中水水质、再生水水质以及生产成本等因素。中水水价和再生水水价应低于自来水水价，以形成差价，刺激中水和再生水的使用；中水水价和再生水水价的确定还要考虑中水水质、再生水水质，应根据不同的水质，确定相应的水价，水质越好，价格越高；中水水价和再生水水价的确定也要考虑再生水的生产成本，中水水价和再生水的水价应高于中水生产企业和再生水生产企业的生产成本，以保证生产企业获利。

2. 推进循环用水产业化

循环用水产业主要包括水的开采、净化、输送、回收处理和利用等环节，其产业主体是自来水公司、中水处理厂以及污水处理厂，同时也包括相应的给水与排水管网系统。循环用水产业的经济特征可以归纳为如下几个方面：

第一，循环用水产业具有自然垄断产业的特征。自然垄断产业是指产品的长期平均成本随产出的增加不断递减的产业，这一特征使得由一家企业提供某一行业的所有产出对整个社会而言是最有利的。如果将循环用水产业从取水到污水处理的各个环节分开考察，则除了自来水公司、中水处理厂、污水处理厂以外，其他环节都具有典型的自然垄断性质。尤其是在自来水管网和下水道等固定网络系统的运营中，通常认为进行重复建设是不符合效率原则的，因而应由一家企业统一进行经营。

第二，循环用水产业的固定资产具有很强的专用性。资产专用性是指资产一旦用于某个行业，那么便很难将它再用于其他行业。专用性越强的资产，其沉没成本越大；专业性越强的产业，产业内企业数目越少。循环用水产业是资本高度密集的行业，并且自来水管网和下水道系统等固定资产等有很长的生命周期，给水处理设施的使用年限至少 20 年，输配水管线管网的使用年限一般都是 50 年、100 年甚至更长。循环用水产业中固定资产专用性很强，其投资一旦形成，就很难被用于其他用途，残值较低，从而形成了巨额的沉没成本。

第三，水环境产业的产品（自来水）和服务（污水处理）缺少替代性，并且这种产品或服务是工业生产和居民生活的必需品，消费者的需求价格弹性较低。

第四，循环用水产业的产品和服务在一定程度上具有“公共物品”和“公益物品”的性质。前者是指循环用水产业中除了能够进行计量的那部分产品和服务之外，常常具有使用的非排他性和非竞争性的特征；

后者是指从公共健康和人道主义的角度出发，政府必须保证低收入人群也能够享受到基本标准的安全和洁净的饮用水及污水处理服务。

第五，循环用水产业的产品和服务具有规模经济和范围经济的特点。前者是指循环用水产业的产品和服务（自来水、中水、再生水以及污水处理等）的长期平均成本随其生产规模的扩大而不断降低；后者是指循环用水产业的产品和服务的联合生产要比由不同企业各自生产的成本更低。也就是说，由一家企业同时提供自来水和中水、再生水的成本要比由两家企业分别提供自来水和中水、再生水的成本要低。

由于循环用水产业具有上述各项特点，在实现循环用水产业化时，宜采取以下措施：

第一，放开污水处理市场。为了实现中水、再生水处理的规模经济，必须开放污水处理市场，将污水交给再生水生产企业进行处理。浙江省目前实行的治污政策采用“谁污染，谁治理”的原则，一般都是由污染者自行治理，这种治污办法分散、重复、效率低、事倍功半、治理成本高。其实，可以改为“污染者负担”的原则，治理污水的费用由污染者负担，至于污水治理，可以由污染者自行治理，但更多的是将污水交给中水或者再生水生产企业，由它们进行专业化处理。这样便可以实现污水处理的市场化，然后通过中水生产企业或者再生水生产企业的规模经济效应，降低污水治理成本，使得由污水处理企业处理的污水成本远低于由排放企业自行处理的成本，实现排放企业和污水处理企业的双赢。

第二，组建水务集团。由于循环用水产业具有规模经济和范围经济的特点，因此，可以考虑组建水务集团，实施供排水一体化，将污水处理厂、中水处理厂以及排水管网与自来水厂合并。成立水务集团后，由集团全面负责自来水供应、污水处理、中水回用以及再生水回用等方面的工作，由集团统一提供自来水、中水、再生水等产品以及污水处理等服务。水务集团可以利用自来水企业现有的技术力量和设施来充实完善中水回用和再生水回用技术设备，可以节约技术投入，提高设备利用率，实现资源共享。同时，水务集团也可以在现有的污水处理厂以及中水处理厂的基础上，增加相应的处理设备，实现中水回用和再生水回用，其成本要比独自新建中水回用和再生水回用厂的成本要低得多。总之，通过组建水务集团，利用循环用水产业的规模经济和范围经济的特点，将大幅度降低中水处理成本以及再生水的处理成本。

3. 探索分质供水制度

（1）分质供水的含义。分质供水是指供水单位根据用户对水质的不同要求，通过不同的管道系统，分别提供多种不同质量的水源，并对各种不同水质的水采用分别计量、分别计价的一种供水模式。按水质的不同，分质供水系统可以提供三种水：自来水、优质饮用水和再生水。由此，分质供水系统一般可采用“双管供水模式”——同时提供自来水、优质饮用水或者同时提供自来水、再生水以及“三管供水模式”——同时提供自来水、优质饮用水、再生水。在本课题中，我们重点研究同时提供自来水、再生水的双管供水模式。

从合理配置、节约和使用水资源的角度来看，根据用户对水质的要求提供不同水质的水、实行分质供水、优质优价，有利于水资源的合理配置与节约。同时，分质供水制度也可以有效降低再生水使用成本，扩大再生水市场。

（2）分质供水的可行性。制度经济学的基本理论认为，当实施某项制度所获得的收益大于实施该项制度所花费的成本时，实施该项制度是可行的。该理论同样适用于分质供水制度。实施分质供水制度的成本主要有：再生水处理成本以及管道运输成本。而实施该项制度所获得的收益主要为：使用自来水所花费的水费与使用再生水所花费的水费之差。

设再生水的平均处理成本为 AC_d；平均管道运输成本为 AC_t；再生水的平均总成本为 AC；设自来水价格为 P_t；再生水价格为 P_r；并假设自来水价格大于再生水价格：即

$P_t > P_r$；则当 $(P_t - P_r) \geqslant (AC_d + AC_t) = AC$ ……………… (1)

满足时，即当再生水价格与自来水价格之差大于再生水的平均总成本时，实施分质供水制度所获得的收益大于实施该项制度所花费的成本，实施该项制度是可行的。

对再生水企业而言，它提供再生水的必要条件为：出售再生水所获得的收益大于它提供再生水的成本，由此可以求得：

$$P_r \geqslant (AC_d + AC_t) = AC \quad \cdots\cdots (2)$$

当（2）式满足时，再生水企业愿意向市场提供再生水。由于我们假设 $P_t > P_r$，因此（2）式也意味着

$$P_t \geqslant (AC_d + AC_t) = AC \quad \cdots\cdots (3)$$

当（1）式和（2）式满足时，无论从制度的角度还是从再生水企业的角度来看，实施分质供水制度都时可行的。因此可以考虑实施分质供水制度。如果（1）式和（2）式取等式，则可以求得

$$P_r = \frac{1}{2}P_t \quad \cdots\cdots (4)$$

（4）式意味着：如果实施分质供水制度，则当再生水价格为自来水价格的一半左右时，二者的价格比例是比较合适的。

当（1）式满足而（2）式不满足时，从制度的角度来看，实施分质供水是可行的，但此时再生水企业将发生亏损，此时，政府可以采用补贴的方式对再生水企业进行补偿，使其愿意提供再生水。

当（3）式不满足时，即自来水价格小于再生水平均总成本时，（1）式和（2）式也得不到满足，此时，无论从制度的角度来看，还是从企业的角度来看，分质供水制度都是不可行的，因此，此时一般不应该采用分质供水制度。

（3）分质供水的模式选择。分质供水模式大致有两种：

模式一：城市分质供水模式。即在某一城市内统一提供分质供水系统。该模式的优点在于便于管理和水质的监测，同时能保证水质的安全性，更为重要的是易于升级处理工艺以满足未来发展的需要。该模式的缺点是供水方式容易受到城市规划、城市现状等方面的影响，实施难度较大，一次性投资较高。日本的大阪市已经广泛采用了这种分质供水方式。目前我国的大庆市也在大力发展类似的分质供水系统并在局部应用

中取得了良好的效果。

模式二：企业内部或者小区内部分质供水模式。即在企业内部或者小区内部单独设计分质供水系统。该模式的优点是：由于管网规模小，基建工作相对简单，可以大幅度减少在城市道路下管道的数量，减少一次性投资。由于供水规模小，可以根据具体的水质来选择处理工艺，比较灵活。缺点是：相对于城市供水模式而言，再生水水质难以得到保障；供水范围小，难以实现再生水处理的规模经济。目前，浙江省已经有不少企业如浪莎袜业、华昌塑胶等在实施该模式。

从成本的角度来看，模式一的再生水处理规模大，容易获得规模经济，因而该模式的再生水处理成本要比模式二的再生水处理成本低。而模式一的供水管道系统设计复杂，铺设成本也高，因而该模式的运输成本要高于模式二的运输成本。在实际工作中，具体选择哪种模式主要取决于二者成本的比较。当模式一的平均处理成本与平均运输成本之和即平均总成本低于模式二的平均总成本时，应采用模式一，反之则应采用模式二。一般而言，在大中城市中，由于规模经济效应而导致的平均处理成本的降低幅度要超过因输水管道扩大而导致的平均运输成本的提高幅度。因此，在大中城市宜采用模式一。而在小城市中，两种模式均可考虑。具体采用哪种模式需考虑二者成本的大小，同时也应考虑其他相关因素。

4. 建立中水、再生水水质保障体系

中水利用、再生水利用的前提条件是它们能用。因此，中水水质、再生水水质必须符合用户的要求、符合相关标准。为此，必须建立中水水质、再生水水质保障体系。首先要制定中水水质、再生水水质标准。应根据中水、再生水的用途制定相应的中水水质、再生水水质标准，要制定中水、再生水用于非饮用的市政、生活杂用、工业、农业等方面的水质标准。其次要按照用户的要求，采取相应的技术措施，使中水水质、再生水水质符合其要求。再次要成立中水水质、再生水水质控制委员，对中水水质、再生水水质进行监控。中水生产企业、再生水生产企业要定期向水质控制委员会汇报水质情况，水质控制委员会有监督中水生产企业、再生水生产企业的权利，一旦发现中水水质、再生水水质不符合相关标准，可以对其进行处罚。若发现有弄虚作假等行为，可以吊销经营执照，严重的可以追究刑事责任。

5. 制定促使中水利用、再生水利用的财税政策

中水和再生水的利用不仅具有经济效益，而且具有生态效益和社会效益。因此，对中水和再生水的利用，政府应给予政策上的倾斜，应给予相关企业一定的补助或者税收优惠。

首先，可设立专项资金，对中水和再生水的利用进行补助。应根据生产规模对中水和再生水利用项目进行相应的补助，也应对中水利用技术和再生水利用技术的推广进行补助。要对中水生产企业和再生水生产企业进行补助，可对中水企业和再生水企业从事相关技术创新活动进行补助，也可对中水生产以及再生水生产进行补助，还可以对中水的使用者以及再生水的使用者进行补助。专项资金的来源主要来自于政府财政拨款，也可以来自于社会各界的捐助等。

其次，应对中水生产企业以及再生水生产企业实施税收优惠政策。中水利用和再生水利用具有生态效益和社会效益，因此相关生产企业应享受环保、税务等相关优惠政策。同时，从事相关设备制造和技术开发的企业、公司、科研院所，也应享受相应的优惠政策。

6. 制定促使中水利用、再生水利用的技术标准体系

目前与中水利用、再生水利用有关的技术标准主要有：《生活杂用水水质标准》和《城市污水回用设计规范》等，这些法规存在着权威性不够、技术规范不全面等缺陷，已不能很好地适应当前再生水利用的需要。

因此，应制定新的促使中水利用、再生水利用的技术标准，建立详细的中水水质、再生水水质标准，制定不同等级和不同用途的中水利用、再生水利用标准，以保证不同用户的用水安全，消除中水、再生水对生态环境和人体健康的不良影响；要加强中水、再生水回用于地下的可行性研究，制定中水、再生水回灌的技术标准；还应根据浙江省的特

点，制定中水、再生水设施规划、设计、施工、验收、运行管理的技术规范，明确在各种情况下推荐的中水、再生水处理工艺、设计参数，并对中水、再生水运行中关于水质监测、运行记录以及人员培训等提出详细的要求。

应建立中水产品、再生水产品生产标准体系，确保中水产品、再生水产品的质量。所有进入中水市场、再生水市场的产品，必须按照标准组织生产。同时，加大质量管理和监督检查力度，建立健全中水产品、再生水产品质量检测网络。应逐步开展中水产品、再生水产品的第三方质量认证制度。

7. 建立统一的水资源职能管理部门

中水利用、再生水利用是一项复杂的系统工程，涉及城市规划、建设、环保、市政、工业、农业以及水利等众多单位与部门。但长期以来，我国的水资源管理体制存在部门分割、城乡分割的弊端，缺乏一个能够统筹各方的、规划及管理水资源的机构，也没有一个统一的机构来协调和规划中水利用、再生水利用。由于中水利用、再生水利用会导致经济利益在不同部门之间的重新分配，势必要求成立一个统一的水资源职能管理部门。另外，中水利用、再生水利用既需要考虑地表水、地下水、自来水及中水利用、再生水之间的配合问题，也需要考虑集中处理与分散处理的线路设计等许多技术性非常强的问题。同样也需要成立一个专门的部门来协调，才能保证中水利用、再生水利用的技术可行性与经济有效性。因此，进行水资源管理体制改革，建立能够统筹各方的水务管理部门，是中水利用、再生水利用的必然要求。水务部门应对中水利用、再生水利用进行统一管理，全面负责安排地表水、地下水、自来水以及再生水的使用量，制定中水工程、再生水工程建设和运行的相应政策和规范，负责对中水项目、再生水项目的监督、论证、方案审查、设计审批、运行维护等方面进行有效管理和监督等事宜。

8. 因地制宜推广中水回用制度

中水回用与再生水利用有许多相似之处，但是，再生水利用一般需要专业公司、专业人员进行专业处理，而且需要的投资大。相对而言，中水回用系统的技术比较简单，投资也比较少。中水回用系统即可以由专业公司统一进行处理，也可以由企业、社区等机构自行处理。由此形成以下两种中水回用模式：区域性集中回用模式和局部范围内回用模式。局部回用模式又可以分为企业中水回用模式、社区中水回用模式、商贸城中水回用模式、工业园区中水回用模式等。企业中水回用模式主要是将企业内部的生产污水经过处理后，用于企业生产、或者用于冲厕、浇灌植物、喷洒地坪等低水质用水。从理论上来说，具体选择哪种中水回用模式主要取决于成本的比较。当区域性集中回用模式的平均总成本低于局部范围内回用模式的平均总成本时，应采用区域性集中回用模式，反之则应采用局部范围内回用模式。但是在实际选择回用模式时，应尽可能采用区域性集中回用模式。在区域性集中回用模式的平均总成本小于或者等于局部范围内回用模式的平均总成本的条件下，以及区域性集中回用模式的平均总成本高于局部范围内回用模式的平均总成本不太大的情况下，都应采用区域性集中回用模式。主要原因是，区域性集中回用模式的中水水质更能得到保证，同时该模式也能实现中水的规模供应如用于生态环境、农业灌溉等对低质水需求量大的地方。因此，应尽可能采用该模式。在大中城市中更应如此。当然，在某些区域，尤其是空间集聚比较强且中水处理和使用能达到规模以上的区域，采用局部范围内回用模式也是可性的。

（三）循环用水制度的作用机理

从以上分析可以看出，循环用水制度主要是通过制定相关措施，来降低中水回用成本和再生水利用成本、实现循环用水的市场化和产业化来发挥作用的。合理的水价体系为循环用水市场化创造了前提条件；而建立统一的水资源职能管理部门，则为中水回用、再生水的利用奠定体制基础。这两项措施为循环用水的产业化、市场化打下了坚实的基础。循环用水产业化改革则通过组建水务集团，来充分利用循环用水产业的规模经济和范围经济的特点，以降低中水和再生水等产品的生产成本；

分质供水制度可以有效地降低中水和再生水处理成本以及利用成本；政府的财税政策则降低了中水生产企业、再生水生产企业的研发成本、生产成本以及再生水利用成本，这几项措施有效地降低了再生水的利用成本。

（四）浙江省实施循环用水制度的政策建议

1. 地级以上城市宜采用大型水务集团模式

由于杭州、宁波等地级以上城市的城市规模比较大，污水处理、再生水的利用容易获得规模经济。因此，这些城市可以充分借鉴深圳、上海等城市的水利发展经验，采用水务集团模式，实施供排水一体化，将污水处理厂、中水处理厂以及排水管网与自来水厂合并，充分利用循环用水产业的规模经济和范围经济的特点，来降低中水处理成本以及再生水的利用成本。由水务集团全面负责自来水供应、污水处理、中水回用以及再生水回用等方面的工作，统一提供自来水、中水、再生水等产品以及污水处理等服务，实现循环用水产业化。

2. 在局部地区试行分质供水模式

分质供水对循环用水制度的推广有着重要的意义，它可以降低循环用水的成本，扩大中水、再生水市场。但是分质供水是一种比较新的供水模式，需要进行可行性分析，同时也需要在条件比较成熟的地区进行试验。本课题的研究表明：当自来水价格大于再生水平均总成本时，便具备实行分质供水的可能性；当再生水价格与自来水价格之差大于再生水的平均总成本时，实施分质供水制度所获得的收益大于实施该项制度所花费的成本，实施该项制度是可行的；当再生水价格大于再生水的平均总成本时，再生水企业能盈利，而如果再生水价格小于再生水的平均总成本时，再生水企业将发生亏损，此时，政府应对再生水企业进行补偿。义乌市、嘉兴市等地的低质水供应丰富，水资源十分短缺，水价较高，已经具备实行分质供水的基本可能性。因此，可以考虑在这些地区试行分质供水模式，而后根据这些地区的实施效果，决定是否应该实行或者推广该模式。

3. 因地制宜实行中水回用模式

浙江省的县级城市的城市规模比较小，如果采用循环用水产业化的模式，难以获得大城市因城市规模大而带来的规模经济效果。因此，应因地制宜地采用各种中水回用模式如企业中水回用模式、社区中水回用模式、商贸城中水回用模式、工业园区中水回用模式等。只要相关单位具备实施中水回用必须具备的两个前提条件：实施主体具有空间集聚的特点：中水的处理和使用量在规模以上，便可以实行中水回用。

第三节 节约用水维护性制度

节水配置性制度和节水技术性制度能有效达到节水的效果还必须具备一些外围的制度支撑，这些支撑性的制度就是节水维护性制度。本节主要探讨三个节水维护性制度：一是节水信息通报制度，二是节水考核制度，三是节水奖惩制度。在节水信息进行实时通报的基础上才能对节水主体实行有效考核，进而实施奖惩等激励和约束措施达到全社会节水的目的。

一、节约用水信息通报制度

（一）节水信息通报制度的内涵

1. 节水信息的定义

信息是客观事物运动状态及关于事物运动状态的表述，它和物质、能量共同构成人类社会生存与发展不可缺少的三大要素。节水信息是表征水资源利用过程中有关数量、质量、分布、联系和规律的数字、文字和图形等的总称，是经过加工的、能够被水资源利用部门、环境保护部门、用水单位和公众利用的数据，是人类在水资源利用与保护实践中认识自然资源和解决水资源配置问题所必需的一种共享资源。

节水信息是一种与水资源利用有关的非实体性、无形的资源，由于信息的可替代、可传输、可扩散和可分享性等特点，节水信息资源具有多样性、灵活性、共享性和可开发性等特征，是水资源节约利用工作的重要资源，是水资源开发、管理和利用的主要内容。

2. 节水信息的需求

不同的节水主体与节水信息有不同程度、不同类型的需求，一般来说，节水信息的需求方主要为政府部门、用水企业和社会公众。政府是节水信息的需求方，如果受到信息不足的制约，政府就不能利用最优方案实施供水计划管理，政府对节水信息的需求主要表现在理性决策、节水仲裁和节水管理等方面。作为水资源利用大户，企业需要利用行业节水信息，判断自己的节水技术与水平，并作出相应的节水决策；另一方面，在一些行业中，水资源作为生产要素之一，是企业竞争力的制约因素，企业污染控制与节水的刺激需要借助于市场节水信息。社会公众也是节水信息的需求者，公众环境权是与知情权密不可分的，公众节水信息掌握程度关系到公众争取权益及可能的决策。公众对水资源信息的了解、对水环境保护的监督是文明社会的重要标志。

3. 节水信息通报的主体

节水信息通报的主体是节水信息的供给方，通过节水信息公开，满足水资源利用主体与管理主体的信息需求。根据节水信息的来源，分为内部管理信息与外部使用信息，相应地，节水信息供给的主体分为节水管理机构和用水户，节水管理机构主要包括省水利厅、各级节水办、各级水质监测站、自来水公司、环保局以及发改、经贸、建设部门；用水户包括农业用水户、工业用水户和家庭。由此来看，节水信息的供给方同时也是节水信息的需求方，如何通过机制设计既可以使节水信息的供给方有动力提供节水信息，满足节水信息需求，又能保证信息准确可靠，实现节水信息对称与公开，这是信息通报制度设计的重点环节。

(二) 节水信息通报制度的作用机理

理论上，在一个信息完全透明且充分流动的理想社会里，不同的节水手段的社会效果差异很小。然而，现实社会的信息往往是不充分和不对称的。从节水角度来说，信息的不对称性主要表现在水资源管理部门与用水户、用水户与用水户、公众与用水户、公众与水资源管理部门之间。一般而言，用水户对生产生活用水信息了如指掌，因而对实际用水量、排污、重复利用所需要的成本也较为清楚，相反，水资源管理部门对这些情况的了解要少得多。用水户如果存在节水空间，他们往往不会自动将数据公开，只有当认为隐瞒数据的害处大于益处时，或者当用水空间不够时，这些信息才会被自动公开。因此为消除信息不对称性，既要制定节水信息通报制度，也要鼓励用水户主动提供与公开更多的数据，通过信息公开，不仅使用水户的情况能够及时被政府管理部门了解，而且使公众了解其节水情况，对水资源利用起到监督作用。

从上述分析中可以发现，节水信息不对称性的存在，是建立节水信息通报制度的必然要求。节水信息的公开，可以直接或者间接促进水资源由低效率向高效率流动。具体来说，由于各利益相关者在水资源利用环节中所处的地位不同，节水信息通报产生的功能也不尽相同。节水信息通报制度的功能：

1. 信息公开与政府节水管理

对于节水管理部门而言，节水信息公开对节水管理都门的工作提出了更高的要求。节水信息公开工作是一项综合性很强的工作，涉及到用水管理的各个方面，主要具有以下四个功能：第一，信息公开有助于改善政府节水决策，通过信息公开，执法者有了足够的信息，就可以控制水资源利用领域，从而使有限的资源配置得到优化；第二，信息公开有助于协调整个社会共同参与管理的潜在手段，通过信息公开，可以改善各种利益相关者的关系，特别是用水户与公众之间的关系，充分发挥公众参与作用；第三，信息公开有助于提高政府水质监理水平，以前政府对企业水质监理工作企业总是表现出不配合与抵触情绪，给水质监理造成障碍，信息公开及其强大的媒体宣传，能迫使企业对其社会形象给予高度重视，使水质监理工作具有更大的主动性与针对性；第四，信息公开有助于节水宣传工作的开展，一般认为，节水宣传所起到的作用相当有限，然而，在信息通报制度中，节水信息宣传是将信息传达至相关群体的最重要手段，它利用信息公开的契机充分动员整个社会参与节水活动。

2. 信息公开与企业节水表现

对企业来说，节水信息公开既是挑战，也是机遇。首先，节水信息公开能提高企业节水的主动性，用不同的节水指标使企业对自身的节水效率一目了然，使公众了解到企业节水活动，能够激励企业为树立良好社会形象而主动提高节水水平。其次，节水信息公开有助于改善企业管理，节水信息公开对企业的压力可以转化为企业节水治污的动力，为了在激烈的竞争中求生存，企业必须改善内部管理水平、节水工艺、节水技术，充分提高水重复利用率等。这些措施不仅可以提高水资源利用率，还会在有限水资源要素的制约下，从根本上改变企业形象，提高企业的生产力和竞争力。第三，信息公开还有助于企业改善与政府的关系，用水企业与企业之间存在着定额分配上的竞争，用水企业与政府之间存在着上下级的监督与指导，信息公开能够将二者的行为清晰地表达出来，在实际操作过程中，给二者提供了一个调和的机会，减少潜在的贪污腐败机会，杜绝不合理的管理决策。

3. 信息公开与公众参与

信息公开工作的开展，能够提高公众和社区节水意识，信息公开的过程也是节水宣传与教育的过程，以浅显易懂、生动活泼的形式将节水行为的评价过程、节水标准和节水效益公之于众使公众充分了解水资源现状与面临压力，这些信息有利于他们在日常生活中注意节水，同时影响他们对企业形象的评价，间接影响企业的节水行为与政府的执法力度。公众在学习和了解节水信息公开程序，进行信访和投诉时，也是能够对政府节水工作起到监督作用，公众节水意识的增加又会对信息公开工作提出更高的要求，增强舆论监督的压力，促进节水政策的公正、公平，形成行政节水管理部门和公众互相促进的良性循环。

4. 信息公开与社会发展

节水信息公开的效益超出了节水本身。信息的公开化意味着政府对信息管制的放松，政府的积极参与一方面是信息公开的基础，另一方面也表明政府鼓励并愿意利用自己对信息的掌握并使其公开透明化来促进社会进步，这是民主政府的标志之一，对一个处于转型期的经济体，是十分有意义的。节水信息通报制度，是环境信息乃至政府各类信息公开的一次尝试，在信息公开过程中，各利益相关者可以对公开的程序、方式和数据的准确性提出不同的意见，充分体现这一过程的民主性，为促进个人及全社会的发展进步而努力。

如前所述，节水信息公开的过程可以促进各方之间的交流与协商，这一过程既是提高水资源利用效率，减少水资源利用量的过程，也是建立信任的良机，通过这一方式缓解社会矛盾，降低社会发展的成本，后面一点乃是节水信息通报制度的深层意义所在。

（三）建立节水信息通报制度的具体内容

建立节水信息通报制度包括两个层面的信息通报：一是政府之间的信息通报；二是代表政府的水行政主管部门属下的节水办公室向整个社会的信息通报。正如三级考核制度一样，节水信息通报制度的这两个层面的信息通报还存在三级形式：省级、地市级和县市级，从而使信息通报呈现出信息丰富多样、通报手段灵活的特色。由于省级、地市级和县市级的信息通报的方式雷同，只是通报范围有区别，本课题对这三个级别的信息通报不予以详细研究。下面围绕上面所讨论的两个层面的信息通报展开讨论。

1. 政府之间的信息通报

政府之间的信息通报，水行政主管部门属下的节水办公室处于核心位置。首先，与节水有关的政府职能部门定期和及时地将各自领域的节水相关信息向节水办通报；然后，节水办整理相关节水信息，并及时在节水办的网上予以发布，政府各职能部门通过节水办信息网了解相关节水信息。

2. 政府向社会的通报

政府向社会通报的信息基本上也是政府之间通报的相关信息，社会可以通过水行政主管部门节水办的网站了解相关节水信息。其中，节水办要对两方面的重点信息在电视、报刊等媒体上予以公布：一是违反节水法规和政策的相关信息；二是节约用水的典型案例和先进经验。从正反两个方面起到促进全社会节水的效果。

（四）实施节水信息通报制度的策略

建立信息通报制度需要全社会参与，是一项复杂的系统工程。下面从指导原则、采集方式、信息评价、通报对象、通报内容与载体、信息反馈等方面来阐述实施节水信息通报制度的策略。

1. 指导原则

建立有效的节水信息通报制度的目的是在于通过公开政府节水管理机构、用水户和公众的节水信息，监督与约束水资源利用过程，协调相关利益者之间的关系，促进社会公平与公正。因此，针对浙江省水资源、经济、社会实际情况，节水信息通报制度建设必须坚持公开、公平、公正原则、坚持客观真实原则、坚持动态管理原则、坚持规范管理原则，以采集节水信息为核心、以信息沟通为手段、以计算机与通信技术为技术支撑、以法律法规为保障，把社会中各类成员联系起来，实现节水工作制度化管理目标。

2. 采集方式

采集水资源信息是通报制度建设顺利开展的基础，是保证通报结果真实可靠的必要条件。浙江省目前水资源信息采集主要以统计用水量为主，通过地区自来水公司、建设、经贸等部门，对各地区用水量数据进行统计，同时辅以抽样调查和水质监测，水资源统计制度仍不完善。结合浙江省目前的采集现状，节水信息可以采用自主性申报与监测性统计相结合的方式。自主性申报可借助水资源信息管理系统，由各用水户定期自觉录入各类节水数据与指标；监测性统计依靠城市自来水公司、城建、环保、发改、经贸、监测站等部门，进一步完善用水统计制度，拓宽节水信息采集渠道，组织专项调查、在线监测、科学分析、计划管理等形式多样的采集形式，充分发挥公众与非政府组织的信息供给作用。

3. 信息评价

信息公开的主要目的是加强约束与激励作用，这就对水资源利用情况等级评判提出了要求。首先，信息公开的内容能够反映同类企业之间的节水效益差异，形成不同企业之间的等级差异。这样，就能够促进节水等级较差的企业提高用水效率。其次，信息公开的等级形式要为广大群众易于理解和接受，符合广大群众的认知，能够给公众较为直接和深刻的印象，便于公众进行评判和形成社会舆论。具体等级评价方式和指标可以参考节水考核指标体系。

4. 通报对象、内容与载体

一般而言，信息通报的对象包括政府节水管理机构和用水户。政府有责任为保证水资源分配过程的公平与公正，而且政府本身的消费行为也是水资源利用的主体。用水户主要以各类用水企业为主，可采用抽样通报的形式，重点为用水示范性企业和用水浪费严重的企业。

信息公开的内容应考虑不同空间尺度的节水信息、不同时间尺度的节水信息、不同内容的节水信息和不同形式的节水信息公开四个方面。应参考节水信息考核指标体系，确定信息通报的各项指标内容。根据信息公开的要求，评价指标体系应为各社会群体所接受，包括专业性水资源管理机构、用水企业、公众以及媒体，注意公开信息的系统全面性、动态与静态相结合、定量与定性相结合、科学性、简明性以及可比性。

信息通报载体可以采用政府节水信息发布会、政府节水信息公报、各新闻媒体（报刊、电视、广播）和政府门户网站等形式，何种方式取决于信息公开的内容与特征，同时，选定通报形式的过程后，可以邀请不同级别评价的企业在通报载体上发表节水行动与经验推广，发挥节水通报制度的约束与激励功能。

5. 信息反馈

信息公开后，用水企业为了保护自身利益，会积极参与数据验证过程。随着信息公开的开展，公众的水资源意识逐渐增强，增加对浪费用水企业的监督和投诉。信息通报制度应该建立节水信箱、节水热线等多样化的反馈机制，便于企业、公众与媒体对信息通报的反馈，促进节水管理部门通报制度的改进。

二、节约用水考核制度

（一）节水考核制度的内涵

1. 节水考核制度定义

节水考核制度，是指针对各部门、各单位所承担的节水工作，应用一系列科学的节水考核指标，对区域、部门和用水户的节水效果进行量化约束与监督管理，实现人、社会与自然和谐发展的一系列制度安排。其实质是为节水目标有效落实提供重要保证，是节水活动过程管理制度化和正式化的体现。与一般的绩效考核制度不同，节水考核制度是一个围绕水资源管理绩效与利用水平的专业性考核制度。它的含义有以下三个方面：

第一，节水考核制度是政府节水管理的一部分，是政府考核体系中评价水资源效率、水生态效益与可持续发展的一项重要内容，其本质属于管理型制度，为政府水行政管理部门掌握宏观节水效益与微观节水效率、实现节水目标的数量管理与节水技术的质量管理提供重要参考依据。

第二，节水考核制度涵盖政府部门、工业企业、农业种植户、城市用水户等各级部门与单位，是对各部门单位节水职责的履行程度与节水表现的综合性评价，其制度评价形式具有经济型制度的基本特征，以强制型的行政手段、法律手段和激励型的经济手段为主，以引导型的教育手段、宣传手段为辅。

第三，有效的节水考核制度必须有一套科学的原则，能对考核对象产生激励与约束的双重功能，是一项重要的管理技术。不遵循科学原则的考核制度或导致错误的判断、或导致无效的结果，给节水活动带来重要的浪费或损失。节水考核制度体系的重点是建立一套科学合理的节水考核指标体系，对各级水资源管理、使用部门的节水工作产生有效的过程管理。

2. 节水考核制度四要素

(1) 考核对象。任何一项考核制度首先应该确定考核的对象是什么。依据水资源使用流程，水资源管理的考核对象可以分为节水管理部门与水资源利用部门两大类型，节水管理部门包括城市水资源行政管理部门、农业用水监督指导部门、工业用水监督指导部门、城市用水监督指导部门；水资源利用部门包括各行业的用水单元，如各类事业单位、企业和家庭。不同的考核对象，其考核的具体目标、方法和责任归属也有所差异。

(2) 考核目标。建立节水考核制度旨在通过对节水过程实行考核管理，明确各部门的节水约束机制与激励机制，实现对水资源合理分配与优化利用的制度化管理，满足人类经济社会不断发展的需要，简言之，建立节水考核制度的目的是实现节水目标的制度化管理控制。

考核目标因考核对象而异。因此，只有对考核目的做进一步区分，才能在规划考核体系、制定具体考核方案和考核制度时做到有的放矢。一般来说，节水管理部门工作重点是城市与部门的宏观节水管理，如节水制度建设、节水技术推广、节水宣传教育等方面，其相应的考核目标侧重于提高基础节水管理水平；而对于水资源利用部门，包括各类事业单位、企业与家庭，这些单位与家庭的节水重点体现在实际节水量与利用率的提高，其相应的考核目标，与节水管理部门相比较，更侧重具体节水效益水平。

(3) 考核方法。一般来说，城市节水的效果最直观地表现为用水量的节约，此外，还表现为其产生的直接经济效益、可计量外部间接效益以及许多难以估量的外部间接效益。所谓直接经济效益是指由于用水量的节约引起相应供水设施投资及运行管理费用的减少；可计量的外部间接效益主要是指因节水而减少排水量、减少污染、改善环境而避免的各种损失（如因水质恶化而产生的水处理费），以及所产生的生态环境效益。由此可见，考核城市节水的水平应充分体现水资源的可持续利用思想，在考察实际节水量的基础上，尽可能体现包括经济效益、社会效益和生态效益在内的综合效益。事实上，这三者在一定程度上是相互关联的，关键在于如何根据考核对象的情况选取适当的、一定数量的节水指标。

建立一套科学合理的节水考核指标体系是整个节水考核制度的基础，也是机制设计的重点。严格地说，节水考核指标应是节水效果考核指标，是衡量城市与各用户用水节水水平的一种尺度。不同的考核指标往往只能反映节水状况的一个侧面，为了全面衡量城市各用水户节水水平，需针对不同的部门类型，制定不同的节水考核指标进行全面评价。

（4）考核责任。为了保障节水考核制度按照规定的要求进行，除上述三个因素外，还需要界定考核责任，考核责任是指考核主体对考核制度的逐级落实与具体实施，使各级执行者能够准确把握对水资源这个客体进行考核的具体目标是什么、每个部门应该做什么、做到什么程度、有些什么奖惩以及什么途径反馈。由于水资源利用形式的多样化，不同部门、不同地区的节水考核责任应该充分考虑地区水资源自然秉赋差异、行业水资源实际利用差异以及地区经济发展、历史延承、文化习俗等条件，做到因地制宜，灵活多样。

（二）节水考核制度作用机理

节水考核制度是实现水资源有效利用的制度保障，不仅影响着水资源的高效利用和合理配置，也影响着人们各类经济活动，其对节水的作用主要表现在两大方面：

1. 约束水资源过度使用

首先，节水考核制度严格规定了各类水资源利用中的限制性活动，比如对各类新建项目必须禁止使用非节水型器具，采用符合国家标准的节水型生活器具，有助于规范和约束水资源利用活动。其次，节水考核制度明确规定了水资源利用活动中不同行业的水资源利用标准，比如，各类工业取水量指标、工业用水重复利用率指标、城市供水管网漏损率指标等，有助于实现水资源配置良性循环与可持续发展。第三，节水考核制度规定了考核结果与惩罚措施之间的关系，对于考核结果不符合预期目标或者单项指标严重违反水资源利用标准的单位和个人，该制度明确了惩罚机制，有效监督和约束了违规行为。

2. 促进水资源高效利用

考核制度能够对示范型节水部门、单位提供一定程度的预期收益。例如，考核制度对于各行业用水部门中评选示范性用水单位予以一定的表彰和奖励；对于同级水资源管理部门中节水活动突出的政府管理部门，记入政府政绩考核体系。因此，节水考核制度能不断激励水资源利用部门和水资源管理部门努力提高水资源配置效率，实现节水的目的。

（三）节水考核制度现状

浙江省在节水考核管理方面取得了很多成功的经验，例如，规定了各地节水指标（如用水量年增长率、单位 GDP 耗水量等）年度工作目标，并将其纳入各级政府领导的考核体系；出台了《浙江省节水管理办法》和《浙江省水资源费征收管理办法》，对用水户节水情况的监督与奖罚作了具体规定；建立了一系列工业用水与城市用水指标，并逐渐完善和推广。从考核的目标与执行情况来看，现阶段主要存在以下问题：

1. 考核主体缺位

现阶段的考核制度中，考核主体常常出现缺位现象。部分地区考核主体责任归属不明确，比如目前一些地区，水利、建设、经贸分别承担着农村、城市和工业的节水职能，水利部门同时承担着全社会的节水职能，但水利管理体制“多龙管水”状况给具体考核对象的确立带来一定困难。一些地区考核主体虽然责任明确，但是由于没有赋予相关权力而形同虚设。例如，杭州市公用事业监管中心设有节水办公室，但是不能有效开展节水管理工作。

2. 考核指标体系不健全

现阶段的考核指标体系除了工业用水指标外，城市用水、农业用水尚未建立较完整的考核指标体系。即使是现有的工业用水指标，虽然分为工业用水重复使用类指标和工业取水水量类指标两大类型，但是这两类指标都不同程度存在着局限性，对于工业节水效率的衡量仍缺乏一个科学合理的指标体系。

3. 惩罚激励制度不到位

惩罚与激励机制是保证节水工作顺利开展的一种重要手段。但是目前执法力度明显不足，许多地区未对超计划、超定额用户加价费缴纳的法律责任和违法处理依据作出明确规定，因此，一旦遇到滞缴或不缴，节水管理部门无法通过法律手段予以处置。此外，不少奖励机制被取消，比如杭州市曾设过节水专项资金，用于节水器具、设施、技术和工艺的推广以及社会化节水工作的开展，但是设立时间不长，节水专项资金和项目拨款、无息贷款和低息贷款都被取消，节水主体奖励措施也未建立，一定程度上制约了节水工作的开展。

（四）节水考核指标体系的构建思路

1. 水资源利用分类与考核环节

水资源利用主要分为城市居民生活用水、工业企业用水、农村用水和其他用水。其中，农业用水是我国需水量最大的产业，工业用水产生的水污染最为严重，城市节水则刚刚起步，潜力巨大。这些都是节水考核的重点。

（1）城市生活用水。城市生活用水包括居民生活用水与城市公共设施用水两部分。居民生活用水为居民在家中的日常生活用水，包括居民的饮用、烹调、洗涤、清洁、冲厕、洗澡等用水。浙江省各个城市由于地理位置、水资源条件不尽相同，所以城市居民节水意识、生活用水水平也存在较大差异。不同城市居民生活用水水平差异主要表现在以下三个方面：一是城市“一户一表”覆盖率不同。这是居民合理控制用水量，进一步实现阶梯式水价管理的基础。二是城市生活节水器具的推广率不同。例如采用优质高效、性价比高的节水型龙头、节水型便器系统、节水型沐浴设施等节水器具的推广率存在很大差异。三是生活中水回用率与污水处理水平不同。

城市公共设施用水包括公共建筑用水、市政用水、消防用水等。通常，城市公共设施用水量与城市分质供水水平、卫生设施配套水平密切相关，同时受到气候、生活水平、供水设施能力等因素的影响。

（2）工业用水。工业用水指工业企业在生产过程中用于冷却、空调、制造、加工、锅炉、净化和洗涤方面的用水以及职工生活和淋浴用水。随着工业的发展，工业用水量也随之增长。一般而言，工业企业生产生活用水水平受下列因素影响：工业结构及其发展水平、工业节水管理水平、工艺节水水平。反映这些因素常见的可量化指标有工业产值增长率、产值部门比率、水循环利用率和万元产值取水量等。随着节水工作的深入开展，工业结构优化与管理节水的作用在逐渐减少，节水的重点逐渐转向工艺节水，依赖于工业企业改造和节水科技的进步，在这种情况下，节水指标的设计也应该适当加大体现企业节水工艺的进步，激励企业不断发挥节水潜力。

（3）农村用水。农村用水主要包括农村灌溉用水与农村生活用水。长期以来，我国农村采用粗放型灌溉的农业方式，使得水资源利用效率较低。我省部分地区自来水管道已通到农村，部分地区农村用水仍以自备水和地下水为主。农业用水效率的高低主要表现在三个方面：一是农业灌溉技术差异，二是农业种植结构差异，三是农事管理水平差异。因此，考核制度的指标设计需要综合考虑上述三个方面差异。

（4）服务业用水。服务业用水主要是从事餐饮、宾馆、旅游、物流、金融保险等服务性行业对资源的生产、服务和生活用水。服务业用水管理的重点是餐饮行业和宾馆行业，它们既是用水大户，又是排污大户，节水潜力巨大，环保潜力也巨大。

（5）其他用水。其他用水主要指除上述用水途径外的管网漏失水量和雨水采集、海水淡化等非常规用水。我省各城市管网流失水量地区差异，部分地区已建立完备的供水管网技术档案，推广管网检漏防渗技术，管网流失率较低；也有部分地区管网设备陈旧老化，不符合环保要求。

对其他用水的考核应注意控制管网漏水率，加快旧供水管网改造，推广应用新型供水管材，同时，鼓励非常规用水开发利用工程。

2. 构建考核指标体系时的“三个结合”

（1）定性指标与定量指标相结合。对任何一个节水管理部门或是水资源利用部门，节水考核应注重定性节水管理考核与定量节水效益考核相结合。定性节水管理是节水考核的基础，也是节水活动产生效益的源泉，只有节水管理制度完善，管理方法科学，管理执行有力，才能源源不断产生节水效益。在基础管理内容方面，应注重考核节水管理制度法规的完善性与指导性，如详细的城市（部门）节水规划和机构职能、地下水管理计划、计划用水与定额管理制度等内容；考核节水交易的制度保障，如节水价格管理制度等内容；考核重大节水工程的公平审核，如节水“三同时”制度（节水设施与主体工程同时设计、同时施工、同时投入使用），保证节水管理的科学性、合理性、完备性与亲民性。定量节水效益是节水管理的工作绩效，是节水工作的成果体现，评价定量节水效益可以通过一系列技术考核指标来体现，如万元地方 GDP 总值取水量，万元工业增加值取水量、工业用水重复利用率、节水型企业覆盖率、农业灌溉系数、城市供水管网漏损率、城市居民生活用水量和节水器具普及率等。需要指出的是，针对考核对象性质的不同，两类考核的权重系数也应有所侧重。节水管理部门应侧重对定性节水管理的考核，水资源利用部门则应加大定量节水效益指标的权重系数，充分体现考核内容对应考核目标的原则。

（2）绝对指标与相对指标相结合。绝对节水数量考核指标可以体现节水的直接效益，便于进行纵向比较；相对节水数量考核指标反映节水趋势，便于地区与企业之间进行横向比较。在考核指标体系设计时，应充分考虑绝对节水数量型考核指标与相对节水数量型考核指标的结合，单一的绝对数量指标不利于反映节水水平的进步与趋势，同样，单一的相对数量指标无法衡量总体的节水水平与直接的节水效益。

（3）“硬性”（强制性）指标与“软性”（鼓励性）指标相结合。

“硬性”（强制性）节水指标是各级部门与单位必须强制参与的节水工作和节水任务，是考核中的必备条件，与强制型机制一样，是具有刚性的约束机制，通过对经济活动主体的强制约束与限制，从而直接影响经济活动的行为决策。如对城市管理部门而言，节水考核制度的“硬性”（强制性）指标可以为：节水法规制度健全，必须具有政府颁布的有关供水、节水、地下水管理方面的法规、规章和规范性文件；节水管理机构健全，必须设立专门的节水管理机构且职责明确，依法对用水单位进行指导管理。“软性”（鼓励性）指标是基于各地区地理、经济、社会、文化发展水平与能力，并结合城市、企业、家庭个体意愿，具有选择性的节水指标，可以作为考核的加分因素，比如重视节水投入、建立节水统计制度、广泛开展节水宣传活动、各类节水型企业和节水型社区等创建活动等。强制性指标与鼓励性指标的结合使用，可以有助于发挥考核制度的约束与激励功能，鼓励考核对象不断优化用水结构，提高水资源利用效率，从而促进水资源配置从低效向高效方向升级。至于怎样区分“硬性”指标和“软性”指标，则要根据实际情况和可操作性具体制定。一般来讲，对节水很重要又具有可操作性的可以列为“硬性”指标；可操作性难度大但是能起到节水作用的则为“软性”指标。“硬性”指标和“软性”指标是与时俱进的。随着技术的进步，原先不可操作的“软性”指标变得具有可操作性，对节水又起到非常大的作用，则可以转变为强制性指标。

3. 三级节水考核指标体系

结合水资源利用分类和我省水资源管理体制的现状，我省节水考核指标体系可以分为三级考核指标体系，如图 5 - 3 所示。一级节水考核指标系统考核行政区域政府；二级节水考核指标系统考核本行政区域内的政府职能部门；三级节水考核指标系统考核用水单位。该三级考核指标系统分为两个层次：第一级和第二级考核系统是对政府的考核，第三级考核系统是对用水单位的考核。

一级节水考核指标系统考核行政区域政府。一级考核指标系统既适

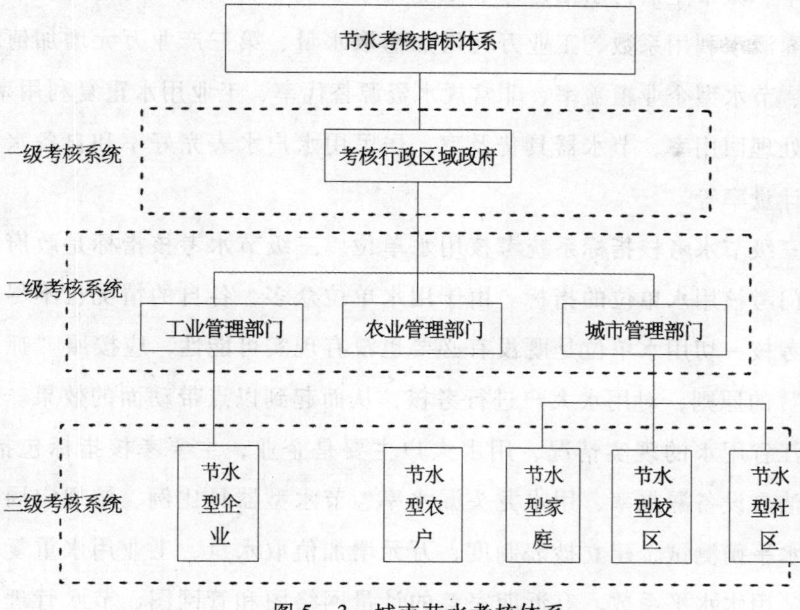

图 5－3　城市节水考核体系

合中央政府考核浙江省政府，也适合浙江省政府考核地级市政府，还适合地级市政府考核县级市或县政府。笼统地讲，一级考核指标就是上级政府考核下级政府的考核指标。由于它是以行政区域划分为依据进行考核的，应该是综合性节水目标考核。针对我省的现实情况（主要针对省考核地级市、地级市考核县级市或县），可以设立如下一级考核指标：节水型社会建设规划、有健全的节水管理机构、节水管理制度齐全、本行政功能区纳污能力、万元地方 GDP 取水量、居民月生活用水量、万元 GDP 取水量降低率、计划用水率、促进节水防污的水价机制、节水投入保障、地表水水功能区达标率、地下水超采程度和水费承受指数等。

二级节水考核指标系统考核本行政区域内的政府职能部门。二级考核指标是指行政区域政府考核职能部门的指标，它既适合省政府考核诸如管农业节水的水利厅、管城市节水的建设厅、管污水治理的环保局、管工业节水的经贸委等，也适合地级政府考核其行政区域内的相应职能部门，还适合县级政府考核其县域内相应的政府职能部门。参照国外省外的一些具体实践，二级考核指标如下：城市供水漏损率、工业污染水治理率、城市生活污水治理率、工业用水重复率、形成集约化的供水框架、灌溉水利用系数、工业万元增加值取水量、第三产业万元增加值取水量、节水型企业覆盖率、非常规水资源替代率、工业用水重复利用率、污水处理回用率、节水器具普及率、居民用水户水表完好率和自备水源供水计量率等。

三级节水考核指标系统考核用水单位。三级节水考核指标是政府职能部门考核用水单位的指标。由于用水单位众多，各自的情况也不尽相同，考核一切用水单位是既没有必要也没有现实可能性，应按照“抓大放小”的原则，对用水大户进行考核，从而起到以点带动面的效果。针对浙江省用水的现实情况，用水大户主要是企业，主要考核指标包括：卫生洁具设备漏水率、用水龙头漏水率、节水型器具比例、按规定周期进行水平衡测试、建立抄表制度、万元增加值取水量、工业用水重复利用率、用水水平系数、有近期完整的计量网络图和管网图、节水管理健全、节水宣传等。当然，有些高校密集的城市，高校的用水数量很大，也应建立对高校的考核指标体系。考虑到浙江省高校不是很密集，规模最大的浙江大学的主体校区（紫金港校区）由于对学生宿舍采取了月定额的管理，抑制了浪费性用水，因此，我省对高校的节水考核就没有对企业的节水考核显得迫在眉睫。

三、节约用水奖惩制度

（一）节水奖惩制度的内涵

1. 节水奖惩制度的定义

节水奖惩制度是指在节水管理及实施过程中对有关机构、单位或者个人的行为进行正面或负面的评价，并给予相应的物质或者精神上的奖励或者处罚，或者要求其实施或停止一定行为的制度。节水奖惩制度的目的在于对节水工作中取得突出成绩的有关机构、单位和个人进行表彰和鼓励，对违反节水法律法规、政策制度或者未能有效履行节水管理职能的有关机构、单位和个人进行批评和鞭策，从而引导其节水行为。节水奖惩制度的作用主要体现在三个方面：首先是直接对奖惩对象的行为产生影响，或激励或鞭策，从正反两方面促进其节水各项工作的开展。其二是完善节水管理的各项制度，通过对节水先进单位和先进个人经验的总结和对节水后进单位和后进个人教训的反思，促进各项制度的完善落实。最后，节水奖惩制度的实施有利于在全社会倡导建设节水型社会的良好氛围，引导全社会的节水行为。

2. 节水奖惩制度的基本类型

从我国节水试点城市和地区的节水奖惩制度实践来看，节水奖惩制度主要可以分为两种类型：竞争性的奖惩制度和非竞争性、非排他性的奖惩制度。

（1）竞争性、排他性的奖惩制度。竞争性、排他性的奖惩制度是指对于奖惩对象的范围有明确的数额限制，实施的结果是，每次仅有少量的主体获得奖励或者接受处罚。这种制度的优点是对于奖励来说竞争性比较强，标准较高，制度实施的成本可以控制在预期的范围内。其缺点是由于排他性比较强，部分主体可能缺少参与的动力，对于惩罚制度来说，由于存在数量上的限制，也可能造成部分主体“不求有功，但求无过”的心态。

（2）非竞争性、非排他性的奖惩制度。这类奖惩制度对奖惩对象的范围不做明确的数量限制，而只设定一些奖励或者惩罚的标准，只要符合这些标准的主体，都予以奖励或给予处罚。这类奖惩制度的优点是无论奖励和惩罚都没有数量的限制，因此不同主体都有参与的动力和积极性。其缺点在于执行成本较高，难以形成较为明确的预期。

对于我省节水奖惩制度的设计来说，涉及对象数量较少、典型示范性质的奖惩项目宜采取竞争性、排他性的奖惩制度。对于对象数量较多、以普及推广为目的的奖惩则宜采用非竞争性、非排他性的奖惩制度。

（二）节水奖惩制度的指导原则

我省节水奖惩制度的设计可以采取“奖励为主、惩罚为辅，奖惩权限适度分离”的原则。

奖励为主、惩罚为辅是指政府在节水管理中多运用物质和精神奖励等正面激励的方法，引导整个社会的自觉节水行为。采取这一原则是因为惩罚手段的运用要受到现行法律制度的限制。政府的节水奖惩行为本质上是一种行政处罚行为。根据行政处罚法第八条的规定，行政处罚的种类大致包括五类：精神处罚——警告；财产处罚——罚款、没收违法所得、没收非法财物；行为处罚——责令停产停业；资格处罚——暂扣或者吊销许可证、暂扣或者吊销执照；人身处罚——行政拘留。而且行政处罚法对行政处罚的设定规定得很严格，地方性法规只能设定除限制人身自由和吊销营业执照以外的处罚，地方政府规章只能设立警告和一定数量的罚款两种行政处罚。因此，地方性法规、规章中对节水奖惩制度中处罚种类的设置是有限的。并且法律、行政法规和地方性法规中已经有不少对节水管理中违法行为的处罚，节水奖惩制度中再次设定行政处罚可能对原有执法机关的行政处罚权相冲突，也加大了企业的负担。加之行政处罚法中还有“对当事人的同一个违法行为，不得给予两次以上罚款的行政处罚”的限制，重复处罚可能构成违法。而奖励措施的设置则没有明确的限制。奖励属于行政法中的授益行政行为（如物质性奖励）或行政确认行为（如精神性奖励）。我国行政法中对授益行政行为和行政确认以及内部行政行为未作明确规定，地方政府对节水奖励措施的规定可以较为灵活，执行的阻力也较小。同时原有执法机关可以继续履行现有行政处罚的执行职能（当然可以也应当加强执法力度），作为节水奖惩制度的一部分。因此，节水奖惩制度的设计宜采取“奖励为主、处罚为辅”的原则。

同时由于节水惩罚制度中的许多行政处罚权利依据相关法律法规被授予了不同的管理部门，要由某一机构来统一实施节水奖惩制度也存在法律上的障碍。因此节水奖惩制度的实施还应以“奖惩权限适度分离”为宜。奖惩适度分离就是将节水奖励的权限授予一个专门负责节水奖励的机构，由其负责实施节水的奖励工作，节水的惩罚的权限则仍有法律规定的相关管理部门执行。

（三）节水奖惩的基本制度

1. 节水奖励制度

节水奖励制度是通过正面激励措施引导节水主体主动实施节水行为，积极履行节水管理职责的制度。节水奖励的方式可以分为物质奖励、精神奖励和政策优惠等。

（1）物质奖励制度。物质奖励主要是通过颁发奖金、奖品等方式对节水先进主体予以奖励。节水奖励制度应当重视宣传性、示范性的作用，不是也不可能是通过物质奖励来改善节水主体的经济状态。因此，奖金的数额、奖品的价值不宜过高，以免形成沉重的财政负担。物质奖励对于各类主体都可以适用。

（2）精神奖励制度。精神奖励主要是通过授予荣誉称号，给予通报表扬等方式对节水主体的行为予以积极评价以鼓励其继续实施节水行为并带动其他节水主体的节水行为的制度。精神奖励对各类主体都适用，尤其对于企业组织更为有效。精神奖励的方式可能增加其声誉，扩大其影响，从而在市场上取得竞争优势，带来间接经济利益。对于企业的荣誉称号、通报表扬，其公告、通报的范围、方式、时间、地点等都对企业宣传的效果有明显影响，因此可以根据企业在节水方面的成绩、贡献规定不同层级的公告、通报方式。

（3）政策优惠制度。政策优惠制度是对节水取得重大成绩、作出重要贡献的企业提供财政支持、税收减免、项目补贴、融资优惠等政策支持的制度。政策优惠制度直接关系到企业运营成本和市场竞争优势，对企业具有重大吸引力。节水项目的财政支持，项目补贴等方式对市、县为单位的节水主体也可以适用。

2. 节水惩罚制度

（1）财产处罚制度。根据行政诉讼法的规定，财产处罚制度包括罚款、没收违法所得、没收非法财物等。财产处罚制度主要适用于用企业以及其他组织违反节水规定的处罚，针对个人的财产处罚执行成本过高，不宜采用。

（2）精神处罚制度。精神处罚可以采取警告、通报批评、取消荣誉称号等方式，几种方式对于各类主体均可适用。在对企业实施精神处罚时，也可以参照精神奖励的办法，根据其违法行为的性质、情节、造成的后果等因素规定不同层级的公告、通报方式。

（3）行为、资格限制制度。根据行政诉讼法的规定，行为、资格限制的方式包括责令停产停业、暂扣或者吊销许可证、暂扣或者吊销执照。这类处罚方式仅适用于企业。

（四）节水奖惩制度的实施手段

1. 节水奖励制度的实施手段

对于节水工作的奖励可以设立以下几个奖项：节水管理奖、节水奖、节水技术开发奖、节水宣传推广奖、水生态保护奖。

（1）节水管理奖。节水管理奖是对在节水管理工作中具有突出贡献的单位和个人的奖励，如实施节水管理取得了重大效果、对节水管理制度创新作出了重大贡献等。奖励方式可以采取授予荣誉称号并颁发奖金的形式予以奖励。节水管理奖采取竞争性、排他性的奖励制度。

（2）节水奖。节水奖是对在模范执行用水计划、节水、提高用水效率中取得突出成绩的用水户的奖励。节水奖应当重点考虑用水效率的提高，而不是单纯用水量的减少。采用先进节水器具、节水工艺节水、废水循环利用、非常规水源利用方面取得突出成绩的用水户的奖励可以列入该奖项。为了促进众多节水主体的节水行为，节水奖宜采取非竞争性、非排他性的奖励制度。

根据奖励主体的不同，可以考虑设立以下奖励项目：

第一，节水型城市奖。该项奖以市、县为奖励单位，可以参照建设部《节水型城市申报与考核办法》，制定本省的节水型城市评价标准和考核奖励办法。考虑到区域和不同经济发展水平的差异，节水型城市的评价标准可以区分为不同的类别。对于符合节水型城市标准的市、县，均按类别给予一定的奖励，奖励可以采取授予“节水型城市”荣誉称号、颁发奖品和奖金、予以通报表扬、对该市（县）的节水项目予以财政支持和项目补贴等。

第二，节水型企业奖。该项奖以企业为奖励单位，可以参照国家发展与改革委员会制定的《节水型企业评价导则》（GBT 7119—2006），结合本省和各行业实际制定本省各行业的节水型企业标准，节水型企业标准可以按照规模等因素分为不同类别，对于符合不同类别节水型企业标准的企业采取不同的奖励措施。对于节水型企业奖励的方式可以考虑授予荣誉称号、通报表扬、颁发奖金、节水项目补贴、税收优惠、融资优惠等政策措施。

第三，节水型社区奖。该奖项以社区（包括居民小区、商业楼宇、政府机关、事业单位等）为奖励对象。节水型社区的评价标准可以考虑节水意识、节水习惯、节水管理制度、节水器具的采用率、节水计划、定额的执行等方面的因素。对符合标准的单位授予节水型小区、节水型楼宇、节水型政府、节水型学校……等荣誉称号，并予以通报表扬，也可以适当颁发奖金奖品。

第四，节水型灌区奖。该奖项以农业灌区为奖励对象。节水型灌区的评价标准可以考虑主要节水设施的建设、节水管理制度的制定和执行、节水器具和技术的运用、节水定额、节水计划的执行、水资源利用效率等方面的因素。符合条件的灌区可以采取授予节水型灌区荣誉称号、通报表扬、颁发奖金奖品、给予财政支持、项目补贴等奖励方式。

第五，节水型家庭、先进节水个人奖。家庭和个人数量众多，统一评选存在一定的困难，可以考虑将节水型家庭、先进节水个人的评选委托给各居民委员会（村民委员会）进行，信息交流委员会的主要任务是制定节水型家庭、先进节水个人的评选标准，并对各居民委员会（村民委员会）的评选工作进行指导监督。节水型家庭、先进节水个人的评选宜采用竞争性、排他性的奖励制度。

（3）节水技术开发奖。节水技术开发奖是对节水器具的设计制造、节水技术、工艺的开发方面作出了突出贡献的单位和个人的奖励。可以采用通报表扬、颁发奖金、授予荣誉称号等方式。节水技术开发奖宜采用竞争性、排他性的奖励制度，以促进节水技术的不断进步。该奖项也可以在科技成果奖评选中予以体现。

(4) 节水宣传推广奖。节水宣传推广奖是对在节水意识的宣传、节水技术的教育、推广等方面作出突出贡献并有重大影响的单位和个人的奖励。可以采用通报表扬、颁发奖金、授予荣誉称号等方式。节水宣传推广奖宜采用竞争性、排他性的奖励制度。

(5) 水生态保护奖。水生态保护奖是对在水生态环境保护中作出了突出贡献、取得了重大成绩的单位和个人的奖励。可以采用通报表扬、颁发奖金、授予荣誉称号等方式。水生态保护奖宜采用竞争性、排他性的奖励制度。

2. 节水惩罚制度的实施手段

除保留现有行政处罚之外，可以考虑新设以下处罚制度：节水管理不力的处罚制度；超计划用水处罚制度；浪费用水处罚制度；环保设施缺陷处罚制度；超标排污的处罚制度。

(1) 节水管理不力的处罚制度。节水管理不力的处罚制度是对节水管理工作中未能有效履行职责导致严重后果的单位和个人的处罚制度。根据严重程度可以给予警告、通报批评、责令检查等处罚方式。节水管理不力的处罚制度主要针对的是政府各个节水管理部门及其负有责任的工作人员。对单位的处罚可以由水资源统一管理联席会议决定，对个人的处罚则可以由所属单位负责，情节特别严重时也可以由联系会决定对其的处罚。

(2) 超计划用水处罚制度。超计划用水处罚制度是对严重超计划用水的用水户给予处罚的制度，根据严重程度，可以给予警告、罚款、通报批评等一种或几种处罚方式，还可以根据当事人的纠正情况渐进式使用几种方式。由于超计划用水处罚制度主要针对的是各类企业和其他组织、社区等，因此其处罚也由各行业主管部门实施较为合适。

(3) 浪费用水处罚制度。浪费用水处罚制度是对严重浪费水资源的行为予以处罚的制度，处罚对象以呈组织形态的用水户为主，从执行成本上考虑一般不涉及个人（有时也可以对严重浪费水资源的个人由有关人员予以口头警告）。根据严重程度，可以给予警告、罚款、通报批评等一种或几种处罚方式，还可以根据当事人的纠正情况渐进式使用几种方式。浪费用水的处罚也由各行业主管部门实施。其他节水管理部门在节水管理职责过程中发现有严重浪费用水的，可以建议主管部门进行处罚。

(4) 环保设施缺陷处罚制度。环保设施缺陷处罚制度是未按环保法的要求配备环保设施或者即使配备了环保设施也不将其投入使用，或者只是偶尔将其投入使用的行为进行处罚的制度（有关环保法律法规对这种行为有处罚规定，但可以设立不同种类的处罚方式）。根据严重程度，可以给予警告、罚款、通报批评等一种或几种处罚方式，还可以根据当事人的纠正情况渐进式使用几种方式。环保设施的检查是环保部门的法定职责，环保设施缺陷的处罚也理应由环保部门实施较为合适。其他节水管理部门在节水管理过程中发现环保设施缺陷的，可以建议环保部门进行处罚。

(5) 超标排污的处罚制度。超标排污的处罚制度是对严重超标排放污染物质致使水体严重污染的用水户（主要是企业）进行处罚的制度，相关环保法律法规也有相关处罚措施，如罚款、限期整改、责令关闭等措施，作为节水奖惩制度中的处罚措施可以考虑采用警告、通报批评等环保法律法规未规定的处罚方式以避免双重处罚。同样，对该行为也可以根据严重程度给予一种或几种处罚方式，或者根据当事人的纠正情况渐进式使用几种方式。环保部门具有的污染监测和查处职责使其在处罚超标方面具有优势，因此该制度也由环保部门实施。其他节水管理部门在节水管理过程中发现有超标排污的，可以建议环保部门进行处罚。

3. 实施节水奖惩制度的保障措施

(1) 组织保障。根据“奖励为主，惩罚为辅，奖惩权限适度分离”的指导原则，全省的节水奖励制度由水利行政主管部门下设的节水办公室为主、其他部门配合的方式组织实施。惩罚制度的实施则仍然由法律规定执行各种行政处罚的节水管理机构实施。为了实现节水奖惩制度相对统一和协调，可以要求各节水管理部门就其负责的节水惩罚制度计划及实施情况向水利行政主管部门下设的节水办公室备案和报告。

(2) 法律保障。节水奖惩制度的实施离不开法律制度的保障。目前实施节水奖惩制度最紧迫的是抓紧制定我省节水奖惩办法，将节水奖惩的项目、实施主体、奖惩对象、奖惩程序、奖惩方式等重要内容用法律的形式固定下来。在这些法律制度还不能一步到位的情况下，可以考虑由水行政主管部门制定节水奖惩暂行规定，其他节水管理部门也可以根据实际情况进行节水奖惩制度的尝试。

(3) 资金保障。为了保障节水奖惩制度的实施，除了法律制度的健全之外，应当有相应的资金保障。可以设立节水奖惩专项资金，其来源包括政府拨款、超计划用水累进加价的资金、罚没所得资金按一定比例缴付和社会各界的捐助等。

第四节　各类节约用水制度比较分析与组合应用

前三节分别从制度内涵、基本内容、作用机理、实施策略等方面对各项节水制度进行了详细阐释。在此基础上，本节将对各项节水制度进行比较分析。首先，对它们进行了分类，概括出它们各自的特点以及适用范围；其次，比较详细地讨论了在制度实施过程中，它们应该如何相互配合；最后，阐释了浙江省实施节水制度的策略选择。

一、各类节约用水制度的分类、特点及适用范围

根据各项节水制度在整个制度体系中所起作用的不同，可以将它们分为三大类：配置性制度、技术性制度以及维护性制度。各项制度的分

类、特点和适用范围的关系可用表5-1来表示。

配置性制度是指界定分配规则的各种制度。根据决策方式的不同，它又可以分为行政性分配制度和市场性分配制度两大类。行政性分配制度是指水资源管理者依靠行政决策进行水资源的分配，而市场性分配制度则是指水资源管理者依靠市场机制进行水资源的分配。配置性制度主要包括以下几项制度：水价制度、用水定额管理制度、水权制度等。其中，水价制度属于市场性分配制度，在价格管制的情况下属于行政性分配制度；用水定额管理制度则属于行政性分配制度；水权制度的本质属于市场性分配制度，但在水权界定等领域也属于行政性分配制度。

行政性分配制度主要是靠行政决策在下级决策实体之间分配水资源。因此，它天然具有保证水资源分配的公平性、水资源使用的安全性等优

表5-1　各类制度的分类、特点和适用范围

制度名称	制度分类	制度特点	适用范围
水价制度	配置性制度	保证配置高效性	水资源的再次分配
定额制度	配置性制度	保证分配的公平性、使用的安全性	水资源的初次分配
水权制度	配置性制度	保证分配的公平性、使用的安全性保证、配置高效性	水资源的初次分配，水资源的再次分配
节水技术创新激励制度	技术性制度	制度本身的运行成本低但资金投入需求大	各大产业和领域均适用
农业节水服务制度	技术性制度	需要政府、生产者及用水户协会的配合	农业节水
循环用水制度	技术性制度	成败与否取决于循环用水成本与普通自来水成本的相对价格	工业节水、城镇居民生活节水
节水信息通报制度	维护性制度	通过提高信息的充分性和对称性激励节水	广泛
节水监管制度	维护性制度	具有行政强制性	广泛
节水“三同时”制度	维护性制度	具有行政强制性	建设项目
节水考核制度	维护性制度	技术性强、显示度大	广泛
节水奖惩制度	维护性制度	具有行政性和社会性	广泛

点。它的主要缺点在于：通过行政配置的水资源往往并不一定符合下级决策实体对水资源的需求，导致部分下级决策实体水资源短缺而另一部分下级决策实体水资源过剩同时并存。因此，行政性分配制度比较适合水资源的初次分配。

（一）配置性制度的特点及适用范围

市场性分配制度是通过不同交易实体之间的利益交易来进行水资源配置的，因而能够提高水资源配置效率。它的主要不足之处在于：难以形成公平性的分配方案，难以兼顾水资源安全的需要，难以顾及不同地区、不同产业和不同用户之间的差别。因此，市场性分配制度不大适合于水资源的初次分配，而比较适用于水资源的再次分配。

（二）技术性制度的特点及适用范围

节水技术性制度主要是通过设计相应的激励机制，激发节水技术创新、促使水资源的循环利用、提高农业用水的效率来发挥作用的。它主要包括三类制度：节水技术创新激励制度、农业节水服务制度以及循环用水制度。

节水技术创新激励制度主要是通过采取产权激励、市场激励以及政府的政策激励等激励性措施，以增加创新主体的创新收益或减少创新主体的研发成本、交易成本、融资成本、销售成本等相关成本，使创新主体所获得的创新收益大于创新成本来激励创新主体进行节水技术创新的。它的主要特点是：它是一种基于市场方式的激励机制，它不具有行政强制性，它并不强制要求各经济主体“做什么”或者“不做什么”，而是以市场为基础，通过改变市场信号，改变政府相关政策，来影响各经济主体的经济利益，引导它们的行为，来发挥作用的。它的适用范围广，既适用于农业节水技术创新、也适用于工业节水技术创新。

循环用水制度主要是通过激励性措施、利用循环用水产业具有的规模经济和范围经济的特点，来降低中水回用成本、再生水利用成本，实现水资源在局部范围内的循环利用。该项制度的主要特点通过采用激励性措施实现水资源在局部范围内的循环利用。它主要适用于工业用水领域以及城镇居民生活用水领域。

（三）维护性制度的特点及适用范围

要使节水配置性制度和节水技术性制度顺利发挥作用，还需要一些支撑性制度，这些支撑性制度便构成节水维护性制度的主要内容。维护性制度并不属于节水制度体系中的核心制度，但是它自身能够发挥激励各个经济主体节约用水的作用，而且能对节水配置性制度和技术性制度的顺利运转起到促进作用。它主要包括以下几项制度：节水信息通报制度、节水监管制度、节水“三同时”制度、节水考核制度和节水奖惩制度。

节水信息通报制度主要是通过节水信息的完备程度来影响其他制度的运行的。节水信息具有不完全性和不对称性的特点。节水信息的这种不完全性和不对称性的特点将增加节水相关制度的运行成本，降低制度运行效率。因此，节水信息制度设计的重点环节是要使得节水信息的供给者有动力提供节水信息，以满足节水信息需求，同时还要能保证提供的信息准确可靠性。这样便解决了节水信息的不完全性和不对称性的问题。节水信息公开和节水信息通报制度便是解决该问题的具体方式。该项制度的主要特点是设计某种合适的激励制度，使得节水信息的供给方有动力提供节水信息。

节水考核制度主要是指通过制定一系列科学的节水考核指标，对各经济主体进行定性或者定量评估的指标体系。该项制度的实质是为节水目标的有效落实提供制度保证，是节水活动过程管理制度化和正式化的体现，也是定额管理制度、监管制度、奖惩制度等顺利运行的基础。

节水奖惩制度是指在节水管理及实施过程中对有关机构、单位或者个人的行为进行正面或负面的评价，并给予相应的物质或者精神上的奖励或者处罚，或者要求其实施或停止一定行为的制度。该项制度的实质是一种行政性、社会性的激励和约束机制。该项制度的特点是：具有一定的行政性和社会性。在实施时，应遵循以“奖励为主、惩罚为辅”的原则。即政府在节水管理中应多运用物质和精神奖励等正面激励的方法，同时辅以少量的惩罚等负面激励方法。

二、各类节约用水制度的实施主体及作用对象

(一) 节水配置性制度的实施主体及作用对象

水价制度的实施主体主要是政府各相关部门以及自来水公司等企业部门从现状水资源管理的部门分工来看，主要包括主管工业用水水价实施的经贸部门以及自来水公司等供水企业、主管农业用水水价实施的水利部门以及相关供水企业、主管城市生活用水水价实施的建设部门以及自来水公司等供水企业、主管再生水水价实施的环保部门以及再生水生产企业。该项制度的作用对象主要是各用水户。工业用水水价的作用对象主要是各工业企业，农业用水水价的作用对象主要是农户，城市居民生活用水水价的作用对象主要是城市居民，再生水水价的主要作用对象是使用再生水的企业以及城乡居民。

用水定额管理制度的实施主体主要是政府各相关部门，主要包括主管工业用水定额的经贸部门、主管农业用水定额的水利部门、主管城市生活用水定额的建设部门。该项制度的作用对象主要是各用水户。工业用水定额的主要作用对象是工业企业、农业用水定额的作用对象主要是农户、城市居民生活用水定额的主要作用对象是城市居民。

水权制度的实施主体主要是水利部门，该项制度的作用对象主要包括水资源所有者以及水权交易主体两类。前者主要包括中央政府、地方政府等水资源所有者。后者既包括企业、城乡居民等单个交易主体，也包括社团、地方政府等集体交易主体。

(二) 节水技术性制度的实施主体及作用对象

节约用水技术创新激励制度的实施主体是政府各相关部门，包括主管科技创新的科技部门、主管工业节约用水技术创新的经贸部门、主管农业节约用水技术创新的水利部门和农业部门、主管城市居民生活技术设备创新的建设部门。该项制度的作用对象主要是节约用水技术创新主体，主要包括从事节约用水技术创新的科研单位和企业以及相关人员。

农业节约用水服务制度的实施主体是主管农业节约用水技术创新的水利部门和农业部门。该项制度的作用对象主要是农业用水户。

循环用水制度的实施主体主要是环保部门。该项制度的作用对象主要是各类容易导致水污染的企业以及从水再生水开发和循环利用的相关企业。

（三）节水维护性制度的实施主体及作用对象

节约用水信息通报制度的实施主体是政府各相关部门，包括负责经济社会发展综合统计的统计部门、负责工业节约用水信息通报的经贸行政主管部门、负责农业节约用水信息通报的水利部门和农业部门、负责城市居民生活用水信息通报的建设部门。该项制度的实施对象则主要包括在节约用水制度实施过程中涉及的有关单位、个人和社会。工业节约用水信息通报制度的作用对象主要是各用水企业和提供工业节约用水产品和服务的相关生产企业；农业节约用水信息通报制度的作用对象主要是各农户，以及提供农业节约用水产品和服务的相关生产企业。城市节约用水信息通报制度的作用对象主要是各城市居民，以及提供城市生活节约用水产品和服务的相关生产企业。

节约用水监管制度的实施主体主要是政府各相关部门。主要包括：主管工业节约用水的经贸部门、主管农业节约用水的水利部门和农业部门、主管城市居民生活用水的建设部门、主管城市节约用水的城市节约用水办、主管污染防治的环保部门。该项制度的实施对象主要包括：农户，城市居民以及用水企业。工业节约用水监管的主要实施对象是各工业企业、农业节约用水监管的主要实施对象是各农户以及供水企业、城市居民生活用水监管的主要对象是各城市居民、水污染监管的主要实施对象是容易导致水污染的企业。

节约用水“三同时”制度的实施主体是各级政府、政府各有关涉水部门及有关执法部门，作用对象是各类建设项目的法人及建设单位。

节约用水考核制度的实施主体是政府各相关部门，包括主管工业节约用水考核的经贸行政主管部门、主管农业节约用水考核的水利部门和农业部门、主管城市居民生活用水考核的建设部门。该项制度的作用对象主要为各用水户，工业节约用水考核的作用对象主要为企业用水户、农业节约用水考核的作用对象主要为农业用水户、城市居民生活用水考核的作用对象主要是各居民用水户。

节约用水奖惩制度的实施主体主要是政府各相关部门，包括主管工业节约用水的经贸部门、主管农业节约用水的水利部门和农业部门、主管城市居民生活用水的建设部门、主管城市节约用水的城市节约用水办、主管污染防治的环保部门。实施对象则主要包括在节约用水制度实施过程中有关的政府、用水户、社区以及个人。

三、各项节约用水制度的相互配合

如前所述，每项节水制度都有其自身的特点和适用范围。因此，在具体的制度实施中，应尽可能发挥每项制度的比较优势，实现优势互补，做到各项制度之间的相互配合。尤其要做到以下制度之间的相互配合。

（一）行政性分配制度与市场性分配制度的相互配合

本章的研究表明，行政性分配制度能够保证水资源分配的公平性、水资源使用的安全性。但是该项制度也容易导致水资源的分配与各需水主体的需求相脱节，使得水资源配置效率低下。市场性分配制度主要是通过不同经济主体之间的利益交易来进行水资源的优化配置的，资源配置效率高，但是，市场性分配制度同样存在缺点，市场性分配制度比较难以形成公平性的分配方案，不能兼顾水资源的安全性需要，难以顾及不同地区、不同产业和不同用户之间的差别。可见，行政性分配制度和市场性分配制度的优缺点正好互补。因此，可以利用行政性分配制度能够保证水资源分配的公平性等优点来弥补市场性分配制度在这方面的不足，同时，也可以利用市场性分配制度的高效率优点来弥补行政性分配制度效率低下之不足。具体来说，在水资源的初次分配时，应以行政性分配制度为主，市场性分配制度为辅；而水资源的再次分配时，则以市场性分配制度为主，行政分配制度为辅。这样行政性分配制度和市场性分配制度相互配合，既保证了水资源分配的安全性和公平性，又保证了水资源分配的高效性。

（二）水价制度与定额管理制度的相互配合

水资源的使用要效率和公平兼顾。对基本的生产和生活用水不宜制定过高的水价。但是，若对其他的非基本的生产和生活用水采用与基本的生产和生活用水相同的水价，将带来水资源的浪费，使得水资源利用效率的低下。因此，为了提高水资源的利用效率，宜对非基本的生产和生活用水制定相对较高的水价。因此，阶梯式水价、超额累进加价是实现效率和公平兼顾的一种较好的水价模式。然而，阶梯式水价、超额累进加价正常发挥作用以制定合理的阶梯定额为前提。因此，在制度实施时，应注意水价制度和定额管理制度的相互配合，制定合理的阶梯定额。

对于工业用水，应根据行业特点和企业规模核定基本用水定额，确定阶梯标准；对于居民用水，应根据本地区的实际情况确定每户每月或每人每月或者每季度的基准用水量；对于服务业、机关、学校等应根据各自实际核定基准定额。合理的基本定额标准是满足其基本需求，阶梯定额则是以节约与限制为前提。

此外，合理的阶梯定额与水价的确定也应考虑水资源的供需状况，当水资源出现短缺时，应提高非基本的生产和生活用水价格，同时适当压缩定额。而当水资源过剩时，则应降低非基本的生产和生活用水价格、同时适当提高定额。当供需大致相当时，则此时的用水定额以及水价是比较合理的。当然，如果考虑调整成本的因素，则一般以应以调整水价为主。

（三）水价制度与循环用水制度的相互配合

中水回用和再生水利用的前提条件是，自来水价格、中水价格、再生水价格高于中水、再生水的生产成本。同时，中水水价和再生水水价低于自来水水价较大幅度，使公众感到使用中水和再生水有利可图，才能促进中水回用和再生水的利用。因此，应采取措施制定合理的水价体系，以促进中水回用和再生水的利用。

要提高水价，确保自来水的价格、中水价格、再生水价格高于中水、再生水的生产成本。

要制定合理的比价关系。制定合理的自来水以及中水、再生水之间的比价关系。拉大中水、再生水与自来水之间的价格差，有利于扩大中水、再生水的市场需求，促进中水和再生水市场的形成。

要确定合理的中水水价和再生水水价。中水水价和再生水水价的确定主要应考虑自来水水价、中水水质、再生水水质以及生产成本等因素。中水水价和再生水水价应低于自来水水价，以形成差价，刺激中水和再生水的使用；中水水价和再生水水价的确定还要考虑它们的水质情况，应根据不同的水质，确定相应的水价，水质越好，价格越高；中水水价和再生水水价的确定也要考虑再生水的生产成本，中水水价和再生水的水价应高于中水生产企业和再生水生产企业的生产成本，以保证生产企业获利。

总之，只有制定合理的价格体系，才实现水资源的循环利用。

（四）节水监管制度与技术性制度的相互配合

节约用水监管制度与技术性制度的相互配合主要体现在节水监管制度对技术性制度的实施主体进行监督和管理，并对违规的主体根据相关规则进行处罚，从而起到保证制度正常运行的作用。主要包括下面几个方面的相互配合：

1. 节水监管制度与节水技术创新激励制度的相互配合

二者的相互配合主要体现在通过监管制度来检测节水技术产品和技术是否具有相应的性能。例如，对节水器具的节水性能进行鉴定并给予相应的评价便是二者相互配合的体现。通过监管，可以起到保证产品质量和产品性能的作用，有利于节水技术和产品的推广。

2. 节水监管制度与循环用水制度的相互配合

对中水、再生水水质的监管。中水利用、再生水利用的前提条件是它们能用。因此，应运用科学设备、仪器、技术、方法对中水水质、再生水水质进行监控，以保证中水质、再生水水质合格。一旦发现中水水质、再生水水质不符合相关标准，应对相关企业进行处罚。若发现有弄虚作假等行为，可以吊销经营执照，严重的可以追究刑事责任。

严格执行“三同时”制度。保证新建、改建、扩建的建设项目，采用先进的节水技术。保证同时设计、同时施工、同时投产使用节水设备，如中水回用设备，以降低水的消耗量，提高水的重复利用率，达到节水的目的。

3. 节水监管制度与农业节水服务的制度的相互配合

二者的相互配合主要体现在以下两个方面：

对农业节水服务的生产者进行监管。在农业节水服务制度中，生产者提供的产品和服务具有一定的垄断性，往往会损害农民的利益。因此，政府主管部门应制定相关的监管制度，对其实施严格的监督管理。农业节水的政府监管制度主要包括资质认证制度、招投标制度、监理制度、专家评审制度等，其中资质认证制度是最重要的制度。资质认证制度是对生产者的从业资质进行审核认可，保证其具备相应的生产能力，资质认证不仅包含企业的资质认证，同时还涉及从业人员的资质认证。企业的资质认证主要检查企业运营行为是否符合国家法律、法规和有关规章制度，并督促达不到要求的企业进行整改，否则取消其资质认可。而从业人员的资质认证可以采用定期、不定期地进行考试和考核的方式来进行认证。此外，也应执行项目招投标制度、监理制度和公众参与制度，对生产者进行严格管理。

对农业用水水权的监管。为了保证农业用水水权交易制度的有效运行，需要水利等主管部门对整个农业用水水权交易过程进行监控。它主要包括交易主体的监管、交易数量的监管、交易价格的监管、冲突解决服务以及惩罚服务等内容。农业用水水权交易主体的监管，主要是对水权交易主体资格及买方水权用途进行审核；农业用水交易数量的监管，主要是为了防止水权过分集中到少数人手中而形成垄断；农业用水交易价格的监管，主要是为了防止在水资源短缺时，对水权的过度炒作；冲突解决服务，主要是为了解决可能发生的矛盾与冲突，保证水权交易的正常运作；惩罚服务，则是对违背规则的用水户及水权交易者进行处罚。

（五）节水奖惩制度与节水技术创新激励制度的相互配合

设立节水技术创新成果提成奖。即从获得的节水技术创新收益中，提成用于奖励在创新过程中作出重大贡献的技术人员。应根据所获得的节水技术创新收益，每年按一定的比例进行提成。此提成是正常工资和其他奖金的附加部分，不影响参与提成的技术人员的正常工资、年金或其他应得奖金。

设立节水技术成果累计奖。该奖项是针对为节水技术创新事业作出长期努力和贡献的相关人员的积累性奖励，是对长期从事节水技术创新工作相关人员的肯定。该奖项的设立有利于激励为技术创新作出贡献但没有取得技术创新成果的科技工作人员从事节水技术创新活动的积极性。

设立节水技术推广奖。推广节水技术成果具有经济效益、社会效益和生态效益三重特性，而节水技术的使用者往往重经济效益而轻社会效益和生态效益。因而它们对应用节水技术成果的积极性不高，使得节水技术成果的推广难度很大，推广人员的工作更多体现为一种社会公益性质，推广人员的劳动价值无法从市场中得到合理的回报，使技术成果推广人员的积极性受到挫伤。因此，需要政府制定相应奖励政策，对社会上一些社会效益、生态效益明显，而经济效益不明显的重大节水技术成果的推广，依据工作量和应用效果对技术推广人员进行奖励。

四、节约用水制度的实施策略

建立有效的节水制度涉及许多方面的问题，在短期、中期和长期各有不同的侧重点，因此本课题主要根据短期、中期和长期各有侧重的原则提出我省节水制度的实施策略。我省短期节水制度的实施重点是水价制度和定额管理制度。短期建设的主要任务是解决水资源短缺的问题。中期节水制度的实施重点是节水信息通报制度、节水监管制度、节水

“三同时”制度、节水考核制度以及节水奖惩制度。中期建设的主要任务是构建节水制度运行的基础。长期节水制度的实施重点是水权制度、节水技术创新激励制度、农业节水服务制度以及循环用水制度。长期建设主要任务是提高水资源的利用效率和效益。

（一）节水制度的短期实施策略

在短期中，节水制度设计的主要任务是要解决水资源短缺的问题，或者说是水资源过渡需求的问题，同时也为要为中长期的制度建设打下基础。从理论上来说，只要通过水价和定额的相互配合，便可以解决水资源过渡需求的问题。因此，水价制度和定额管理制度便构成了短期制度建设的主要内容。

1. 水价制度的实施策略

第一，提高水价。浙江省目前的水价无论从相对价格的角度还是从绝对价格的角度来看都偏低。家庭用水支出占家庭可支配收入约1%左右，而从全球范围来看，家庭用水支出占家庭可支配收入平均约为3%—5%。浙江省11个省辖市城市供水价格差异不大，平均价格为1.81元/立方米，在法国巴黎，城市供水价格折合成人民币为18元/立方米，即使是水资源非常丰富的加拿大城市供水价格也达到折合人民币4元/立方米。因此，应提高水价，通过提高水价来抑制对水资源的过度需求，同时也为节水技术创新激励制度、循环用水制度、农业节水服务制度的实施创造前提条件。

第二，合理安排水价构成中资源水价、工程水价、环境水价之间的关系。目前资源水价、环境水价在总体水价中的比重过低，应不断提高。浙江省2005年平均生活用水价格为1.8元/立方米，而水资源费仅为8分钱/立方米，污水处理费为0.8元/立方米，低于污水处理成本，因此，应提高到环境水价，使其大于污水处理成本。应使资源水价大于水资源的开发和保护成本。通过提高资源水价、环境水价来实现经济发展与水源的开发、保护和环境保护的和谐统一，实现水资源的可持续利用。

第三，实行阶梯式水价和超定额累进加价。在保证基本的生产和生活用水的基础上，利用价格杠杆促进节水，保护水资源。这样既保证了用水的公平，同时也保证了资源的利用效率。实现了效率和公平兼顾。

第四，制定合理的再生水价格体系。要使中水价格、再生水价格高于中水、再生水的生产成本。要拉大中水、再生水与饮用水之间的价格差，为循环用水制度的实施创造前提条件。

2. 用水定额管理制度的实施策略

用水定额管理制度的核心是要确定合理的定额。定额的制定应根据各地区的水资源的状况、水资源效率、节水技术状况等因素来确定，没有普遍适用的用水定额。定额的制定应采用科学的方法。浙江省用水定额制定主要是采用经验统计法这种事后分析方法。这种定额的核定和调整易导致“鞭打快牛”问题的出现。因此，定额的调整不宜太过频繁，以隔3年左右调整一次为宜。同时，应根据浙江省或相应地区的平均节水技术来制定定额，而不应该根据各企业的前几年的平均用水量来核定。这样便可以解决“鞭打快牛”问题。

用水定额的确定也应体现因地制宜方针，应分全省指导性质的用水定额和各地区强制性用水定额，以利于充分利用水资源为全社会创造更多的社会福利。对于水资源丰裕的地区，用水定额的制定要以促使人们合理利用水资源为目标。对于水资源缺乏的地区，用水定额制定要以促进节水为主要目标，鼓励人们提高用水效率，实现“经济发展适度增长、水资源使用零增长”的目标。

（二）节水制度的中期实施策略

在中期，节水制度建设的主要任务是构建节水制度运行的基础，为节水的长期制度建设提供支持。因此，中期节水制度建设的重点是维护性制度，主要包括节水信息通报制度、节水考核制度以及节水奖惩制度。在具体的制度设计中，应重点考虑这些制度与其他制度之间的相互配合问题。由于我们上一节已经详细叙述了各项制度之间的相互配合问题，这里便不再展开讨论。

（三）节水制度的长期实施策略

节水制度建设的核心是提高水资源的效率和效益。因此，在长期，节水制度建设的主要任务是提高水资源的利用效率和效益。长期节水制度建设的重点是：水权制度、节水技术创新激励制度、农业节水服务制度以及循环用水制度。

1. 水权制度的实施策略

虽然目前在浙江省由于建立水权制度的成本过高，使得水权制度难以实行。但是从长期的角度来分析，水权制度仍是节约用水的根本性制度，它能提高水资源的利用效率和效益。明晰的水权界定有利于降低水资源使用时的溢出效应，从而提高水资源的利用效率。合理的水资源初始分配有利于提高水资源的宏观配置效率。而水权交易则提高了水资源使用的效益。因此，从长远的角度来看，当条件成熟时，亦即当建立水权制度所获得的收益大于建立水权制度的成本时，浙江省应建立和推广该制度。此外，也可以首先在玉环县等水资源相对短缺的地区，或者义乌等市场经济比较发达的地区，试行水权制度。

2. 节水技术创新激励制度的实施策略

节水技术创新主要是通过直接降低水资源的消耗，或者通过间接提高水资源的使用效率来提高农业、工业以及城市生活用水等领域的水资源利用效率和效益来发挥作用的。目前，浙江省应采用补贴、税收优惠、提供科研基金等方式，激励企业从事具有自动控制技术以及信息网络技术的农业计量设备的开发，来解决浙江省农业用水计量难的问题。同时，采用各种措施激励企业从事喷滴灌、微灌工程、水稻的薄、浅、湿、晒灌溉技术和旱育稀植节水栽培等节水技术的研发来提高农业节水技术水平。激励企业开发适合浙江省情况的再生水利用设备和中水回用设备，为循环用水制度在浙江省的实施奠定技术基础。应采用补贴等政策大力推广节水型用水器具的使用，要推广节水型水龙头、节水型便器系统的使用，以提高生活用水利用效率。

3. 循环用水制度的实施策略

循环用水制度主要是通过中水回用和再生水利用来实现水资源的循环利用，进而提高水资源的利用效率和效益的。目前，在浙江省的杭州、宁波等地级以上城市则应充分借鉴深圳、上海等城市的水利发展经验，采用大型水务集团模式，充分利用循环用水产业的规模经济和范围经济的特点，来降低中水处理成本以及再生水的利用成本。由水务集团统一提供自来水、中水、再生水等产品以及污水处理等服务，实现循环用水产业化。而在浙江省的县一级城市则应因地制宜地在满足条件的单位推行各种中水回用模式如企业中水回用模式、社区中水回用模式、商贸城中水回用模式、工业园区中水回用等模式。通过中水回用，来实现水资源的循环利用。

第六章
协调发展论[①]

新安江是跨越浙江、安徽两省的钱塘江上游的重要支流，是目前全国不可多见的比较健康的河流。新安江流域是浙江省乃至长江三角洲的重要生态屏障区域，关系到新安江及其下游钱塘江流域以及相邻地区广大群众的生存和发展。杭黄高速公路的开通将加速黄山市的工业化进程，由此可能导致经济发展与环境保护之间的矛盾日益尖锐，使新安江黄山段面临污染加剧的风险，对生态安全构成严重威胁。研究该流域的环境共保问题，对于统筹浙皖两省尤其杭黄两市的和谐发展、统筹人与自然和谐发展、统筹经济发展与环境保护，共同建设生态文明，具有重要的现实意义。

① 本章是在沈满洪教授主持完成的杭州市发展和改革委员会重大招标项目“新安江流域环境共保问题研究”课题报告的基础上修改而成的，原课题报告由八个部分构成，本章选取其中的六个部分，课题组主要成员有许云华、谢慧明、陈敏、王宝娟等。

第一节　新安江流域主体功能定位

新安江流域总体上属于生态环境极敏感的欠发达区域，从浙皖两省以及长江三角洲地区（以下简称长三角或长三角地区）乃至国家全局的战略高度出发，对新安江流域进行正确的主体功能定位，不仅能保护和建设新安江流域的生态环境，而且可以促进传统发展模式的改变，有利于实现新安江流域的可持续发展。

一、新安江流域的特殊价值

新安江流域特有的环境生态价值、风景旅游价值、水资源价值及经济发展价值决定了它的特殊地位。

（一）环境生态价值

新安江流域属于生态环境极敏感区域，是长三角地区重要的生态资源。流域内生态环境绝佳，物种丰富，植被覆盖率达到90%以上。新安江库区是中国面积最大的森林公园，是浙皖两省乃至长三角地区人民的共同宝库，也是浙皖两省经济合作的重要纽带。在《国家重点生态功能保护区规划》（2006—2020年）中，新安江流域生态功能保护区属于水资源涵养生态功能保护区中的新安江上游森林生态功能保护区，是浙江、安徽两省和长三角地区的重要生态屏障。在《浙江省生态功能区划》中，新安江流域生态功能保护区属于浙西北山地丘陵生态区中的千岛湖流域森林、湿地生态亚区。

（二）风景旅游价值

新安江素有“山水画廊”的美称，流域内拥有两大国家风景名胜区，是“杭州——千岛湖——黄山”名山名水名城黄金旅游线上的璀璨明珠。千岛湖风景名胜区是两江一湖（富春江、新安江、千岛湖）国家级重点风景名胜区的主要组成部分，是国家首批4A级旅游区、国家级生态示范区，也是中国面积最大的森林公园，被誉为“天下第一秀水”。黄山是新安江流域的5A级国家风景名胜区、世界自然与文化遗产、世界地质公园[①]，黄山市是中国继北京后第二座同时拥有两处以上世界自然与文化遗产的城市。黄山号称“天下第一奇山”，资源丰富、生态完整，具有重要科学和生态环境价值，自然景观与人文景观俱佳。

（三）水资源价值

新安江流域水资源丰富，2007年新安江流域黄山段水资源总量为87.67亿立方米，其中地表水资源76.94亿立方米；浙江段钱塘江流域水资源总量为285.06亿立方米。在《国家重点生态功能保护区规划》（2006—2020年）中，新安江流域生态功能保护区是长三角地区重要的优质战略储备水源。根据《浙江省水功能区、水环境功能区划》，除个别渔业用水区、景观用水区外，新安江水库及其集雨区是浙江省最为重要的饮用水源保护区，也是钱塘江流域水资源调配的关键枢纽。基于新安江流域丰富的水资源和优越的地形地貌特征，新安江流域建造了大量的水利工程，基本解决了各个地区生产、生活用水的问题，同时也缓解了各地经济发展面临的电力短缺问题。如新安江水库，在正常高水位海拔108米时（黄海），库容178.4亿立方米，湖水能见度达14米，属国家Ⅰ类水体。新安江水库给钱塘江流域下游地区的发展提供了重要的水资源保障，并对下游工业和钱塘江的水体净化起到了不可估量的作用。

（四）经济发展价值

新安江流域9县（市、区）总体上均属于欠发达地区，目前工业化与城镇化发展呈加速的趋势。新安江流域经济发展可以促进流域内不同

---

① 1990年黄山被联合国教科文组织世界遗产委员会确定为世界文化和自然遗产，列入“世界遗产名录”。1999年黄山风景区内的西递、宏村两处古民居再次因其保存良好的传统风貌被列入世界文化遗产。

区域间的协调发展，并为流域的环境保护提供物质条件，而环境保护有利于经济的可持续发展。

二、新安江流域主体功能定位的总体思路

推进形成主体功能区是“十一五”规划《纲要》提出的一个重大战略。新安江流域主体功能分区是落实科学发展观，统筹城乡发展、统筹区域发展、统筹人与自然和谐发展的重大举措，关系到新安江流域9个县（市、区）乃至浙江、安徽两省及长三角地区经济社会发展的全局和长远发展。

（一）新安江流域主体功能定位的指导思想

新安江流域主体功能定位的指导思想是：以科学发展观为指导，全面落实构建社会主义和谐社会的战略思想，根据资源环境承载能力、现有开发密度和未来发展潜力，统筹考虑未来新安江流域人口和经济的基本格局，引导形成主体功能定位清晰，人口、经济、资源、环境相互协调，公共服务和人民生活水平差距不断缩小的区域协调发展格局。

（二）新安江流域主体功能定位的主要原则

新安江流域主体功能定位的主要原则：

一是坚持以人为本原则，引导人口与经济在流域空间合理、均衡分布，逐步实现不同区域和城乡人民都享有均等化公共服务。

二是坚持集约开发原则，引导产业相对集聚发展，人口相对集中居住，形成以城市群为主体形态、其他城镇点状分布的城镇化格局，提高土地、水、气候等资源的利用效率，增强可持续发展能力。

三是坚持尊重自然原则，开发必须以保护好自然生态为前提，发展必须以环境容量为基础，确保生态安全，不断改善环境质量，实现人与自然和谐相处。

四是坚持城乡统筹原则，防止城镇化地区对农村地区的过度侵蚀，同时，也为农村人口进入城市提供必要的空间。

（三）新安江流域主体功能定位中应当处理好的若干关系

根据上述指导思想和主要原则，新安江流域主体功能定位和分区规划要妥善处理好几个方面的关系。

一是处理好发展与保护的关系。发展是第一要务，发展必须建立在科学合理、有序适度开发的基础上。新安江流域9县（市、区）正处于工业化、城镇化加速发展的阶段，发展经济的愿望和要求特别强烈。在工业化初期最先也最容易发展的往往是那些技术含量低、对生态环境有负面影响的原材料工业。这些产业在大多数对环境保护没有特殊要求的区域可行，而新安江流域是生态环境极敏感区域因而是不可行的。杭黄等高速公路的开通加速了皖南地区的工业化进程，由此可能导致经济发展与环境保护之间的矛盾日益尖锐。新安江流域主体功能定位和分区要在开发中既明确优化开发、重点开发区域，又要根据资源环境承载能力划定限制、禁止开发区域，实现流域的又好又快发展。

二是处理好政府与市场的关系。新安江流域主体功能定位是对流域空间开发的战略设计和总体布局，应当根据主体功能区的定位，合理配置公共资源，同时要充分发挥市场配置资源的基础性作用，完善法律法规和区域政策，综合运用各种手段，引导市场主体的行为符合主体功能区的定位。

三是处理好整体与局部的关系。推进形成主体功能区要从全局利益出发，谋求经济社会整体利益、长远利益的最大化。在不同区域之间要做到局部服从整体，整体兼顾局部。在主体功能与其他功能的关系上，主体功能区要突出主要功能和主导作用，同时不排斥其他辅助或附属功能。优化开发和重点开发区域的主体功能是集聚经济和人口，但其中也要有生态区、农业区、旅游休闲区等；限制开发区域的主体功能是保护生态环境，但在生态和资源环境可承受的范围内也可以发展特色产业。

四是处理好行政区与主体功能区的关系。主体功能区需要打破行政区界限，改变完全按行政区制定区域政策和绩效评价的方法，同时，主体功能区规划的实施，也需要依托一定层级的行政区。

五是处理好保持稳定与动态调整的关系。主体功能区一经确定，不能随意更改。禁止开发区域要严格依法保护；限制开发区域要坚持保护优先，逐步扩大范围；重点开发区域可根据经济社会发展和资源环境承载能力的变化，适时调整为优化开发区域。

三、新安江流域主体功能定位

新安江流域主体功能的合理定位，是构建以主体功能区为基础的流域开发格局、促进流域协调发展和可持续发展的前提。

（一）新安江流域主体功能总体定位

根据新安江流域主体功能定位的指导思想与主要原则，新安江流域主体功能总体上定位是“限制开发地区”。在妥善处理新安江流域生态保护与经济发展关系的基础上，走“经济生态化，生态经济化和生态系统与经济系统之间的协调发展”[①]之路，实现生态与经济的良性互动、上游与下游的协调发展，逐步形成缓解资源环境矛盾、打破行政区划分割、促进区域分工和优势互补的人口、经济、资源、环境相协调的可持续发展格局。

妥善处理环境保护与经济发展关系，特别需要贯彻以下三大战略：

1. 经济生态化战略

这就是要求任何经济活动既要遵循经济规律，又要遵循生态规律，使经济活动建立在不损害生态环境的基础之上。从逆生态化的“黑色经济”、“白色经济”向环境友好型的“绿色经济”的转变就是经济生态化的过程。

2. 生态经济化战略

这就是自然界的所有物品不能仅仅考察其生态价值，还要考虑其经济价值，不能将它们当作免费使用的自由物品，而是宝贵的生态资源。

① 沈满洪：《生态经济学》，中国环境科学出版社2008年版。

因此，要赋予生态服务与生态产品以合理的价格。所谓“绿水青山就是金山银山”就是指生态经济化。在生态经济化的背景下，保护生态就是保护生产力。

3. 生态经济协调发展战略

这就是要求生态系统和经济系统不是相互冲突的，而是协调发展、和谐共生的。[①] 从区域内部看，经济系统不能突破生态系统的极限，生态系统要兼顾经济系统的需要。从区域之间看，一个区域的经济系统不能侵占另一个区域的生态系统。

（二）新安江流域主体功能分区

新安江流域属于生态环境极敏感区域，是长三角地区重要的生态资源，需要妥善处理好开发与保护的关系。推进形成新安江流域主体功能区的目的，就是要根据新安江流域不同区域的资源环境承载能力、现有开发密度和发展潜力，突出新安江流域发展的总体要求，统筹谋划未来人口分布、经济布局、国土利用和城镇化格局。根据前面的主要原则和总体定位，新安江流域划分为优化开发、重点开发、限制开发和禁止开发四类主体功能分区。

1. 优化开发分区

这主要是经济和人口高度密集、环境资源承载能力开始减弱的地区，主要方向是产业结构优化升级和转变经济增长方式。在政策导向上，首先是制定产业优化和转移导向目录，在资源消耗、环境影响等方面实行更加严格的产业效能标准，设定高于全国平均标准的产业用地门槛，并先行实施城镇建设用地增加与农村建设用地减少“挂钩”的政策。主要包括新安江流域9县（市、区）的城区等。

2. 重点开发分区

这主要是经济发展潜力大、基础设施和创业环境有待改善的地区，未来经济规模将进一步壮大，而且是产业和人口转移的重要载体。政策

① 沈满洪：《生态经济学》，中国环境科学出版社2008年版。

导向上主要加大基础设施建设的投资支持，有针对性地适当扩大建设用地供给，支持重大产业项目及配套能力建设等。主要包括新江流域9县（市、区）的重点开发区等。

3. 禁止开发分区

禁止开发区域范围比较明确，主要是依法设立的各类保护区域，包括国家级自然保护区、国家级世界文化自然遗产保护区、国家重点风景名胜区、国家森林公园、地质公园等五类。需要对核心保护区内的人口搬迁、对区内居民给予补贴补助等。主要包括黄山风景名胜区、千岛湖风景名胜区等。

4. 限制开发分区

这主要是森林、水土流失地区和重要的水源补给区、蓄滞洪地区和自然灾害频发地区。政策上包括建立生态保护补偿机制（公共支付的生态效益补偿基金、制定受益者补偿制度和建立有利于限制开发区域生态保护的税费制度）和加大财政转移支付支持、引导生态移民、扶持和培育特色优势产业等。新安江流域9县（市、区）除优化开发、重点开发、禁止开发三类分区以外的区域均属于限制开发分区。

四、新安江流域主体功能实施

要使得新安江流域总体上作为“限制开发区”的功能定位予以实施，必须要有特殊的载体。从浙皖两省以及长三角地区乃至国家全局的战略高度出发，设立“新安江流域国家级生态保护示范区”是一个可能的战略选择。这样，不仅能保护和建设新安江流域的生态环境，而且可以促进传统发展模式的改变，以较低的资源代价和环境代价换取较高的经济社会发展速度，达到经济效益、社会效益和环境效益的统一，实现社会经济的持续发展。

（一）新安江流域国家级生态保护示范区的内涵

新安江流域国家级生态保护示范区是以生态学和生态经济学原理为

指导，以协调经济、社会发展和环境保护为主要对象，统一规划、综合建设，通过资源的合理配置和高效利用，实现新安江流域生态良性循环、经济社会持续健康发展并具有示范意义的相对完整和独立的和谐流域。新安江流域国家级生态保护示范区范围主要包括浙江省杭州市的淳安、建德2个县市和安徽黄山市的屯溪区、黄山区、徽州区、歙县、休宁县、黟县及祁门县三区四县，是一个突破传统行政区划限制、既相对独立又对外开放的“社会—经济—自然”的复合生态系统。通过新安江流域国家级生态保护示范区的建立与实施，寻求一种人与自然共生、经济与环境“双赢”并具有示范意义的成功模式。

（二）新安江流域国家级生态保护示范区的建立

新安江流域的环境保护涉及浙江与安徽两省省级、市级、县级三级行政管理体制，不同区域的行政层级间协调的交易费用很高。以新安江流域9县（市、区）为基础，成立新安江流域国家级生态保护示范区，将有利于形成区域间相互促进、优势互补的互动机制。以新安江流域国家级生态保护示范区作为环境共保平台，成立新安江流域管理委员会，统筹、平衡新安江流域各县（市、区）发展与环境共保，是协调省际（浙江与安徽）、市际（杭州与黄山）合作的具有很高可行性的方式。这一平台的建立，有利于打破行政区划的限制，促进生产要素在区域间自由流动，引导产业的梯度转移，统筹新安江流域的生态保护与经济社会发展。

新安江流域国家级生态保护示范区的设立，有利于国家和新安江流域两级主体功能区划体系的建立和实施。国家根据目前国土空间开发的现状与问题、未来的发展趋势以及各区域在全国的战略分工定位，提出确定国家级主体功能区的全国统一标准。新安江流域管委会依照确定国家级主体功能区的标准，结合新安江流域本身的实际情况，提出确立流域的主体功能分区标准。国家对于新安江流域管委会确立的标准提出指导性原则和要求，具体标准由流域管委会根据自身资源环境承载能力、现有开发密度、发展潜力的国土空间分布特征，以及在全国国土空间开发格局中的分工定位，提出相应的主体功能区划标准，确定功能分区。这无疑有利于逐步打破行政区划分割、改善政府空间开发管理的方式和机制，统筹区域发展，是市场经济条件下政府对于国土空间开发体制和机制方面的一项重大创新。

（三）新安江流域国家级生态保护示范区的分类管理政策

“十一五”规划纲要提出，要根据资源环境承载能力、现有开发密度和发展潜力，统筹考虑未来我国人口分布、经济布局、国土利用和城镇化格局，将国土空间划分为优化开发、重点开发、限制开发和禁止开发四类主体功能区，按照主体功能定位调整、完善区域政策和绩效评价，规范空间开发秩序，形成合理的空间开发结构。新安江流域国家级生态保护示范区参照四类主体功能区的标准，划分对应的四类功能分区标准：优化开发主要是优化发展的内涵，转变传统的工业化和城市化模式，减轻资源环境压力；重点开发主要是加快工业化和城市化进程，在提高经济增长质量和效益基础上壮大经济规模，集聚人口；限制开发主要是保护好自然生态，因地制宜地发展资源环境可承载的特色产业；禁止开发主要是控制人为因素对自然生态的干扰，严禁不符合主体功能定位的开发活动。

以新安江流域国家级生态保护示范区作为环境共保平台的新安江流域管理委员会，成为对流域不同功能分区实施分类管理的主体。分类管理的区域政策是新安江流域国家级生态保护示范区的保障条件。对不同的主体功能区实行分类管理政策，即在财政政策、投资政策、产业政策、土地政策、人口政策等方面实行区别对待。见表6－1。

表6－1　新安江流域不同主体功能分区的分类管理政策

	优化开发区	重点开发区	限制开发区	禁止开发区
财政政策	优化发展内涵	提高经济增长质量和效益的基础上壮大经济规模	增加用于公共服务和生态环境补偿的转移支付	增加用于公共服务和生态环境补偿的转移支付

续表

	优化开发区	重点开发区	限制开发区	禁止开发区
投资政策	转变传统的工业化和城市化模式	支持基础设施建设，加快工业化和城市化进程	支持公共服务设施建设和生态环境保护	支持公共服务设施建设和生态环境保护
产业政策	转移占地多、消耗高的加工业，提升产业层次	加强产业配套能力建设，推进工业化	发展特色产业	不能发展
土地政策	集约用地，提高土地利用效率	适当扩大建设用地供给	实行严格的土地用途管制	严禁生态用地改变用途
人口政策	鼓励人口集聚	鼓励人口集聚	引导人口自愿平稳有序转移	引导人口自愿平稳有序转移
绩效评价	经济结构、资源消耗、自主创新	经济增长与质量效益	突出生态保护弱化经济增长	生态环境保护

第二节　新安江流域环境共保的机制构建

落实新安江流域主体功能定位，建设新安江流域国家级生态保护示范区，实现流域经济、社会、生态的可持续发展的目标，必须以科学的机制为保障。新安江流域环境共保机制不是单一的机制，而是综合的制度结构，主要包括别无选择的强制性机制、权衡利弊的选择性机制和道德教化的引导性机制。

一、别无选择的强制性机制

别无选择的强制性机制是政府采取行政手段、法律手段或必要的经济手段对各个经济主体的环境保护作出强制性的规定，往往以命令—控制的形态出现，使微观经济主体别无选择。从20世纪各国生态保护和可持续发展活动来看，政府一直扮演重要的角色，并均采取了相应的禁令、罚款等强制性政策。我国太湖流域环境保护中禁止含磷洗衣粉的使用、万吨产量以下的小造纸厂的关停、“十一五”时期的节能减排的约束性指标的设定等均属于强制性机制。

新安江流域水环境保护问题既关系到区域内部的经济发展与环境保护的矛盾冲突，又关系到上游保护、下游受益或上游污染、下游受损的矛盾冲突。强制性机制是解决此类市场失灵所导致的环境难题，从而实现社会福利最大化的重要机制。新安江流域环境保护涉及到跨省界、市界、县界的三级行政区域，只有基于强制力的政府作为才可能解决诸如此类环境污染的系列问题。

党的十七大报告已经为环境保护与经济发展指明了方向：“增强发展协调性，努力实现经济又好又快发展。转变发展方式取得重大进展，在优化结构、提高效益、降低消耗、保护环境的基础上，实现人均国内生产总值到2020年比2000年翻两番”。新安江流域是一个空间概念，涉及中央和地方两级政府在环境保护和经济问题上的成本投入与利益分享问题（如图6－1所示）。在水环境质量监测问题上政府间需要多方协调，需要两省、两市在处理新安江流域环境共保问题上的积极姿态，比如：沿江而下一对一的县（市、区）监测体制有待早日建立；流域跨界的淳安—歙县断面监测体系需进一步完善，街口断面地点选择是否合理需要进一步考证，杭黄间的水质监测结果公开透明力度需要进一步加强等。

在强制性机制的作用下，现代政府一般采取行政干预、法律干预和

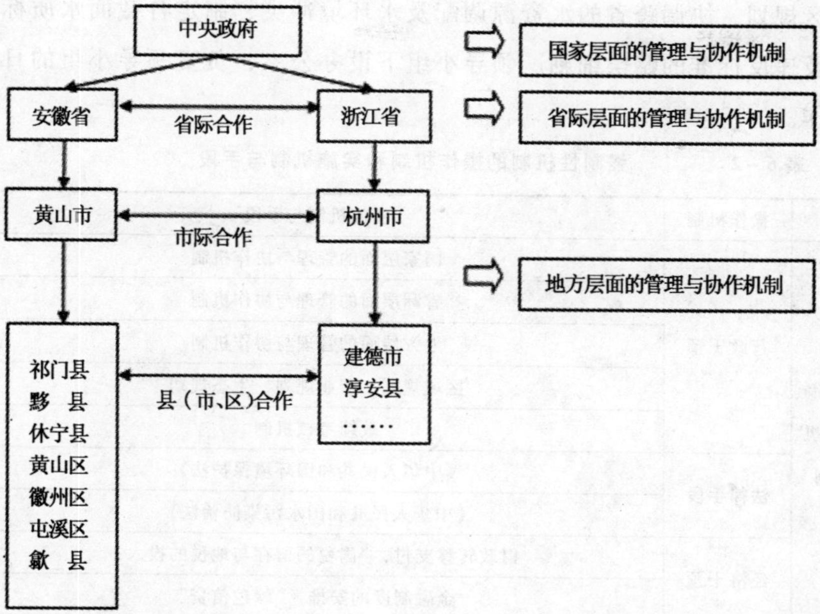

图 6-1 新安江流域各级政府合作机理示意图

经济干预三种方式。行政干预通常以“禁令”的形式，明确禁止某些可能破坏生态环境的生产经营活动或资源利用活动。法律干预则表现在国家制定的各类法律、法规、规章等。强制性经济干预则直接体现在政府的财政转移支付和相应的金融制度安排上。强制性机制的具体运作方式和操作模式见表 6-2。行政干预是强制性手段中最为直接、也是见效最快的机制，是目前新安江流域环境共保问题上应该采取的主导性机制。它主要包含四个层面：国家层面的管理与协作机制、省际层面的管理与协作机制、地方层面的管理与协作机制以及区域、产业、生态的规划。其中，三级地方政府具有各自的功能和今后工作的重点。

（一）国家层面的管理与协调机制

成立“新安江流域国家级生态保护示范区领导小组”，由国家环境保护部门牵头，发展改革部门、水利部门、财政部门等相关部门及皖浙两省的领导参加。领导小组负责制定新安江流域的主体功能区及生态功能区规划，协调跨省的水资源调配及水环境冲突，制定各截面水质标准以及违反标准的赔偿细则。领导小组下设办公室，负责领导小组的日常工作。

表 6－2　　强制性机制的操作机制和实施机制与手段

	操作机制	实施机制与手段
强制性机制	行政干预	国家层面的管理与协作机制
		省际层面的管理与协作机制
		地方层面的管理与协作机制
		区域规划、产业规划、生态规划
		政绩考核机制
	法律手段	《中华人民共和国环境保护法》
		《中华人民共和国水污染防治法》
	经济干预	财政转移支付，“国税的留存与地税的投入”
		金融制度的安排，“绿色信贷”

注：财政转移支付是重要的强制性机制，然其实施方式通常是通过生态补偿机制加以落实。

（二）省际层面的管理与协调机制

建立由浙皖两省领导及相关部门、太湖流域水资源管理机构及杭州、黄山市的领导参加的新安江流域环境共保委员会，负责协调两省、两市在环境共保中需要交流合作的重要问题和可能出现的争议问题。现阶段工作的重点是杭黄战略合作，与杭州市部分产业的转移与黄山市产业承接工作。

（三）地方层面的管理与协调机制

在新安江流域跨省环境共保机构制定相应规划、标准和细则后，地方政府应严格实施规划、执行标准和细则，管理好新安江流域本县（市、区）管辖范围内的环境问题。同时，积极联系企业，承接企业的搬迁；转变政府职能，发展本地经济；从而提高本地人民生活水平。

二、权衡利弊的选择性机制

权衡利弊的选择性机制是指在可持续的前提下，从影响成本和效益入手，推动环境问题解决过程中私人成本和社会成本的重合与对应，建立价格与成本之间相对准确的反映机制，并以此为前提引导当事人进行行为选择①。与强制性机制不同，选择性机制更加偏向于市场手段，具有诱致性和节约性的优良品质。环境共保的选择性机制主要有生态保护补偿机制、水权交易机制、税率杠杆机制等。

1. 生态保护补偿机制

生态保护补偿机制是广义的概念，包括污染环境的补偿和生态功能的补偿，即是指对损害资源环境的行为进行收费或对保护资源环境的行为进行补偿，以提高该行为的成本或收益，达到保护资源与环境的目的。生态环境保护具有正外部性，如上游支付保护成本下游获取生态收益。这就导致了生态保护成本在流域主体之间分担不均，生态保护收益在流域之间分配失当，生态环境保护的积极性和内在的激励机制严重缺乏。因此需要政府在生态保护问题上，通过制度创新和外部政策调节建立一套市场和政府融合的选择性补偿机制。

国内外的经验表明，生态公益林的补偿方式是目前普遍接受的方式。从国内外生态公益林补偿的方式和办法（表6－3）来看，主导型的补偿机制是政府的转移支付，其次是市场模式。政府对林业的转移支付在英、美、法等国运作较为完善且收效显著；市场机制的运作也在日本等地得到了经验验证，其中四川青城山旅游景区内行业间的转移补偿也是市场机制的成功实践。

2. 水权交易机制

新安江流域水资源丰富，水资源的开发与利用是新安江流域环境共

① 沈满洪：《生态经济学》，中国环境科学出版社2008年版。

管、社会和谐的关键。当前新安江流域环境问题主要是水环境问题，涉及水权的界定以及水污染权的配置等。

表 6－3　　部分国家和地区生态公益林补偿方式和操作办法

国家/地区	补偿方式	主要操作办法
英国	政府投入对林业的扶持，政府对林业补贴	国有林收入不上缴，私有林主营阔叶林给予补贴
美国	政府投入对林业的扶持，政府对林业补贴	政府购买生态效益，提供补偿资金
法国	政府减免森林资产税收	私人造林地免除 5 年地产税
日本	对直接收益部门征收补偿费	向下游水的使用者收费以补偿河流上游林主
德国	市场交易模式	允许生态林效益按照法律规定进行销售，并建立“生态账户”
四川青城山	行业间的转移补偿	青城山风景区门票收入的 25% 归林业部门
河北承德地区与津京地区	财政收入的转移致富	北京、天津每年分别给该地区丰宁县补偿 100 万元/亩和 40 万元/亩
甘肃祁连山	征收资源费	从收益地区征收水资源费的 3% 用来保护水源涵养林

注：根据沈满洪所著《生态经济学》，（中国环境科学出版社 2008 年版）第 389－390 页归纳整理得到。

政府主导的环境保护模式是现阶段环境治理中所采取的主要方式。然而行政手段的作用日益受到法律、制度的约束。因此，在环境保护手段选择上日趋多样化。正如温家宝总理所说的：“做好新形势下的环保工作应从主要用行政办法保护环境转变为综合运用法律、经济、技术和必要的行政办法解决环境问题，自觉遵循经济规律和自然规律，提高环境保护工作水平"[①]。然而，水权交易主体是否确定、水权界定是否具有相应的制度安排、交易所获得收益是否明确、市场条件是否成熟是环境共保采取水权交易机制的前提条件。一旦条件成熟，水权交易自然而然便会形成。

现阶段，作为水权交易机制之一的水污染权交易机制在局部地区获得了成功。它是"洋为中用"的结果，是伴随着整个环境管理制度不断演进而逐步兴起的一个非常有效的手段，是符合新安江流域环境共保工作制度化、法制化、规范化要求的制度选择。水污染权交易机制的基本内容一般包括：实行排污许可证制度，政府向企业发放排污许可证。企业则根据排污许可证向特定地方排放特定数量的污染物。在这一制度下，每家厂商都必须有许可证才能排放，每张许可证都明确规定厂商可以排放的数量。任何厂商的污染物排放，在没有排污许可证的情况下，都将遭受严厉的惩罚；排污许可证及其所代表的水污染权是可以买卖的，企业等经济主体和政府可以根据自己的需要，在市场上买进或卖出水污染权；企业节约下来的污染物排放指标，将成为一种"有价资源"，既可在企业与企业间进行商业交换，又可"储存"起来以备自身扩大发展之需。

新安江流域环境共保问题中水权和水污染权的界定困难重重，这就限制了市场机制在新安江流域环境共保中发挥作用的空间。但是伴随着新安江流域市场化水平和城镇化水平的不断提高，伴随着排污监测技术和污染处理技术的不断提升，伴随着"整个环境制度演变都是从浓度管理、浓度控制开始，随后转变为总量控制，包括排污许可证制度、环境影响评价制度和责任追究制度等，最终将趋向环境功能控制。"[②] 地方政府、各类企业和社会民众均对环境资源的界定将越来越清晰，环境管理

① 温家宝：《全面落实科学发展观，加快建设环境友好型社会——第六次全国环境保护大会上的讲话》，2006年4月18日。

② 陈加元：《推行排污权交易势在必行意义重大（内部整理稿）——在嘉兴市调研排污权交易时的讲话》，2008年2月29日。

也将越来越到位。

3. 税率杠杆机制

税率杠杆调节机制是由财政转移支付衍生而来的市场手段。政府主导的产业布局和产业升级模式具有交易成本高、信息不对称等计划弊端，而税率的杠杆调节是一项激励性的经济政策，能够有效地调节企业的空间布局，优化产业的梯度发展方式。

表 6－4　选择性机制的操作机制和实施机制与手段

<table>
<tr><th></th><th>操作机制</th><th>实施机制与手段</th></tr>
<tr><td rowspan="7">选择性机制</td><td rowspan="2">生态保护补偿机制</td><td>生态公益林补偿方式</td></tr>
<tr><td>行业间互补</td></tr>
<tr><td rowspan="3">水污染权交易机制</td><td>市场交易模式</td></tr>
<tr><td>许可证方式</td></tr>
<tr><td>水污染权交易平台</td></tr>
<tr><td rowspan="2">税率杠杆机制</td><td>单向付费方式</td></tr>
<tr><td>双向付费方式</td></tr>
</table>

税率的杠杆机制功能与种类繁多。如排污税，这是政府在企业向环境排放污染时向企业征收的一种税收。排污税的增设一来表明政府主导的产业发展模式倾向于低能耗、环保型的产业，二来也通过增加企业运营成本的方式，限制企业的污染排放，并通过成本的比较优势适度转移或承接该类企业在本地区的发展。再如资源税（资源费）。这是政府针对某一地区资源开发过程中分配不均所采取的一种税收调节政策，也是一改“单向付费”为“双向付费”解决纠纷机制的有效手段。因为下游补偿上游的“单向付费”机制违反了国际社会普遍接受的“污染者付费原则”。并且一般来说，因为下游拥有处理污染的先进技术与雄厚资金，下游补偿上游的“单向付费”机制并不符合效率原则。而资源税的征收是一种“双向付费”机制的设计，它是一种流域跨界水污染纠纷调解的有效方式之一，能协调污染者与保护者的利益冲突，并及时地将税收收入返还给环境保护者，最终实现资源开发与利用过程中的公平性。总之，

权衡利弊的选择性机制是环境共保参与主体在激励相容约束条件下所作出的行为选择。新安江流域环境共保选择性机制的操作机制和实施机制与手段见表6-4。

三、道德教化的引导性机制

引导性机制是环境质量持续改善的长效机制，具有深远的战略意义，与资源节约型、环境友好型社会的总体要求相符，与生态文明、和谐流域的具体规则相一致。在制度经济学中，引导性机制被定义为靠人类长期经验而形成的规则和道德约束，由于被足够多的人所采用，从而成为传统并被长期保持下去，并通过由个体而组成的共同体[①]。引导性机制的产生不是来源于政府、法律等外部因素，而是通过一系列内在的规则实现对个体环境行为的规范。经验研究表明，东南亚各国引导性机制的实施不仅非常普遍，甚至发挥着不可替代的作用。因此，法律制度不够完善，经济发展相对落后的特殊国情决定着引导性机制依然是我国区域环境保护和新安江流域环境共保问题中的重要机制。

（一）筹建社团组织，打造新安江学派

新安江流域具有独特的自然环境与深厚的文化底蕴，可以鼓励成立新安江流域环境保护协会、新安江诗画社、新安江文学社等，组织开展新安江采风、新安江夏令营等活动的开展，积极打造新安江学派，以利于在新安江流域环境率先树立和落实科学发展观、生态文明观和和谐文化观等。

（二）加强舆论引导，设计新安江专题活动

加强流域历史文化、流域经济发展、流域生态文明的宣传是现阶段新安江流域环境共保上应当着重强调并部署落实的舆论机制。加强对新安江流域生态经济化与经济生态化典型事迹的宣传，拍摄新安江流域专

---

① 沈满洪：《生态经济学》，中国环境科学出版社2008年版。

题片，组织开展“新安江之夏”文艺会演等提升新安江流域环境共保的社会影响力。

（三）开展知识普及，提升新安江生态文明水准

“环境资源”理念的灌输，有利于环境政策的开展与落实，有利于提高全民的环保意识，有利于“蓝天、碧水、绿色、清净”式家园的构建。它在输出价值观的同时也开拓出新的投资方式，提高资源的配置效率。要加强“环境资源”理念的灌输和相关环境知识的输出。推广资源节约型的生产方式与生活方式，推广循环经济的发展模式和相关技术。

道德教化的引导性机制是保障新安江流域环境共保的长效机制，只有“政府—百姓”一条心，“企业—民众”和谐处，充分发挥出舆论的影响力，充分发挥群众保护环境的积极性和监督环境的自觉性，才能使新安江流域经济、社会、环境、文化可持续发展真正得以实现。

四、新安江流域环境共保机制的比较与选择

新安江流域主要涉及浙江省杭州市和安徽省黄山市两个地级市。新安江环境共保问题和“新安江流域国家级生态保护示范区”的建设要求两省、两市必须建立起合作共保的环境保护新型机制，必须建立全流域一体化的、共同遵循的别无选择的强制性机制（大棒）、权衡利弊的选择性机制（胡萝卜）和道德教化的引导性机制（牧师）。

无论是强制性机制、选择性机制还是引导性机制，它们在主动性、约束性、灵活性和时效性等方面都有各自的特点（如表6－5所示）。

此外，环境保护的手段多样、形式各异。但是，强制性机制依然是现阶段新安江流域水资源开发与环境共保过程中最为重要的机制。具体来说，行政机制是新安江环境共保问题中的主导性机制，法律干预是其他所有机制得以顺利运行的重要保障，市场机制高效率、低成本的优势在环境共保中也发挥着重要的作用。新安江流域横贯浙、皖两省，两省间经济实力差距较大，环境质量差异显著。因此，政府主导的转移支付

制度和强制性的行政管理体制是解决新安江流域水资源利用、水资源开发与流域环境共保之间矛盾的主导机制。

表 6－5　　三种机制的比较

比较项目	强制性机制	选择性机制	引导性机制
主动性	被动执行	主动执行	自愿实行
约束性	行政约束	要素约束	行为约束
灵活性	僵硬	比较灵活	灵活
时效性	立竿见影	经济周期	文化周期
时期性	事后性	事先性	事先性
经济效率	低	高	一般
技术推动	阻碍技术进步	加快技术创新	一般
政策成本	制定制度成本低、维护成本高	制定制度成本高、维护成本少	事实过程漫长，结果不确定，但一旦实施成功，后期成本小

资料来源：由沈满洪：《生态经济学》，中国环境科学出版社 2008 年版，第 395 页归纳整理得到。

总之，基于新安江流域经济、社会、环境发展的现状，通过经济、环境、社会三者目标实现的内在机理分析，新安江流域生态保护补偿机制、环境损害赔偿机制、产业梯度转移与合理布局机制、环境保护与协调机制是现阶段新安江流域环境共保问题上最为重要的运作机制（表 6－6）。只有做到补偿与赔偿的有机结合，政府协调与财政转移支付的

表 6－6　　现阶段三大机制的实施重点的对比分析

三大机制	操作机制	重要程度
别无选择的强制性机制	环境损害赔偿机制	☆☆☆☆
	产业梯度转移与合理布局机制	☆☆☆☆
	环境保护与协调机制	☆☆☆☆
	法律干预机制	☆☆☆
	经济干预机制	☆☆

续表

三大机制	操作机制	重要程度
权衡利弊的选择性机制	生态保护补偿机制	☆☆☆☆
	水污染权交易机制	☆☆
	税率杠杆机制	☆☆☆
道德教化的引导性机制	绿色社团的推动	☆
	生态文化的营造	☆
	环境知识的普及	☆

注：☆越多表示程度越高。

有机结合，经济发展与环境保护的有机结合，才可能实现新安江流域经济繁荣、环境优良、流域和谐的目标。

第三节　新安江流域生态保护补偿机制构建

新安江流域在环境保护中面临着环境保护成本及其环境保护收益的主体的不一致性。在保护者和破坏者、受益者和受害者之间的环境责任及其权利存在分配不公现象。这不仅使新安江流域的环境保护面临很大困难，而且也威胁着流域内不同地区间和不同人群间的和谐发展。要解决这类问题，必须建立一种能调整相关主体环境利益及经济利益的分配关系、激励生态环境保护行为的生态保护补偿机制。

一、新安江流域建立生态保护补偿机制的必要性

新安江流域建立生态保护补偿机制是实行生态保护外部性内部化的需要，是解决流域环保资金不足的需要，也是实现地区间协调发展的需

要，具有重要的战略地位。

（一）新安江流域建立生态保护补偿机制是实行生态保护外部性内部化的需要

生态保护补偿机制是通过一定的政策手段和制度创新，实行生态保护外部性的内部化，对生态保护作出贡献的地区和单位给予适当的补偿。新安江流域各地区高度重视对流域的环境保护，不断加强对环保的投入。以上游地区的黄山市为例，作为全国水土保持重点项目之一，上游地区黄山市水土流失综合治理项目已经得到了水利部门的批准实施。对水土流失严重区域建造了拦沙坝、江边护岸等工程设施，建成沿江护岸近百公里，总投资10亿元。各类水库的除险加固工程，总投资1亿元。1982—2004年黄山市已开展水土保持小流域综合治理50条，累计治理水土流失面积893平方公里，总投资1亿元，其中国家投资2698万元，地方配套3495万元，群众自筹4439万元。再以浙江省的淳安县为例。1960年建成蓄水的新安江水库，通过淳安县人民几十年来的努力，水质一直保持在Ⅰ—Ⅱ类，成为浙江省钱塘江流域主要水源地。淳安县人民为此付出了巨大的努力，每年政府环保投入占GDP的3.5%以上。从1999年开始，淳安县建立了全省首个县市环境保护专项基金——千岛湖保护专项基金。每年从县财政和千岛湖旅游门票等收入中挤出一块资金，专门用于千岛湖保护工作，到2006年，已投入18306万元，占全县GDP的2.716%。

可见流域上游地区为改善全流域的生态环境作出了重大的、不可替代的贡献。这种贡献意味着这些地区自身利益的重大牺牲。这种牺牲实质上是一种内部不经济性，而对下游地区则带来了外部经济性。如果不能合理地解决这种内部性、外部性的差异，特别是使上游地区的牺牲或损失得到应有的经济补偿，上游地区保护生态的主动性将受到打击，积极性相应下降，最终将使流域水环境安全受到威胁。因为如果上游继续砍伐森林、毁林开荒实行自给自足，不仅破坏了上游本地的自然环境，而且会严重破坏整个流域的生态系统功能，从而威胁到整个流域经济的安全。即使全流域由环境状况较好时的的外部经济将转为环境状况恶化时的外部不经济性。因此，建立生态保护补偿制度，对生态保护作出贡献的地区和单位给予适当的补偿，解决好生态产品这一特殊外部性内部化问题和公共产品消费中的“搭便车”现象，就可以激励人们从事生态保护。

（二）新安江流域建立生态保护补偿机制是解决流域环保资金不足的需要

初步预计“十一五”期间，我国环境保护投资占 GDP 的 1.4%—1.5%，预计总投资金额在 13000 亿元左右。而新安江流域地区的环境保护力度将更大，预计“十一五”期间新安江流域环保投资占流域 GDP 的 3%—5%，如果期间 GDP 年增长率不低于 7.5%，以环保投资占 GDP 3% 的比例测算，5 年的环保投资将达到数十亿元。据国外经验分析，在经济高速增长时期，环保投入要在一定时间内持续稳定达到 GDP 的 1%—1.5% 才能有效地控制污染，达到 3% 才能使环境质量得到明显改善；一个国家或地区环境质量开始得到改善，平均每年人均 GDP 达到 3000 美元左右，才有可能拿出足够的资金来保护环境。而新安江流域黄山市 2007 年人均 GDP 仅为 1863 美元，淳安县 2007 年人均 GDP 为 2698 美元，可见要实现新安江流域环境质量的有效改善，流域上游地区还面临艰巨的任务。仅靠当地政府是难以解决如此巨大的环境保护投入资金的，需要通过市场经济的手段来扩展环保投资渠道。正如温家宝总理在第六次全国环保大会上提出的“三个转变”中关于“从主要用行政办法转变为综合远用法律、经济、技术和必要的行政办法解决环境问题”的指示，“经济办法”主要就是市场经济体制下的生态保护补偿机制，只有在资源开发和环境保护过程中的利益相关者之间建立环境共建共管、利益和风险共享共担的友好合作机制，才能真正解决环境保护和治理资金不足的问题。

（三）新安江流域建立生态保护补偿机制是实现流域社会协调发展的需要

新安江流域的生态资源是由社会共享的。新安江流域为各地区提供了优质水源、调节流量和气候、调节地下水位以及生物多样性等生态服务，从旅游、生活、生产等各方面创造经济效益和生态效益。然而，流域上游地区往往担负着保护上游生态的重任，而下游地区则享受生态保护的收益，如果不对保护区居民给以补偿显然有失公平。建立生态保护补偿机制就是为了体现公平、公正原则。通过生态保护补偿机制，缩小流域地区之间经济发展水平的差距。

二、新安江流域生态保护补偿机制的模式选择

流域生态保护补偿机制的选择，按照实施主体和运作机制的差异，大致可以分为市场补偿机制和政府补偿机制两大类型。

（一）流域生态保护补偿的市场补偿机制

市场补偿机制主要是指流域上下游之间，按照双方协议，由下游地区支付上游地区保护和改善环境的投入，或者是买断上游地区的发展权，是市场交易主体利用经济手段参与环境市场产权交易，从而自发参与生态环境改善活动的总称。① 与依附财政转移支付的政府间接补偿相比，市场补偿是流域生态服务受益者对保护者的直接补偿，通过市场补偿机制，上游生态保护者与下游生态受益者之间实现“对接”，各利益主体通过市场机制享受其权力并承担相应的责任，实现各自的利益诉求。

1. 市场补偿形式

市场补偿方式主要有以下几种：产权交易市场、一对一交易、生态标记等形式。一是实行水权和水污染权交易等转让机制，例如，浙江省

① 刘峰江、期海明：《生态市场补偿制度研究》，《昆明理工大学学报（社会科学版）》2005年第3期。

东阳—义乌的水权交易，嘉兴市秀洲区的水污染权交易等；二是实行一对一交易，这种类型常见于流域上下游之间生态环境服务交易，如美国纽约市与上游 Catskills 流域之间的清洁供水交易就是这种形式①；三是生态标记，实际上是对接受生态环境服务的间接消费者给予信赖的认证体系，其初衷是希望选出各类产品中的生态保护领域的佼佼者，予以肯定和鼓励。在我国典型的案例就是农夫山泉品牌的生态标记。农夫山泉公司在每瓶水中拿出一分钱捐献给水源地，企业的这种行为赢得了人们的尊重。

2. 市场补偿的弊端

市场补偿存在如下缺陷：首先，补偿难度大。流域市场补偿首先要确定哪些群体属于生态受益者，哪些是生态供给者。与此同时，市场补偿还要在补偿标准、补偿形式等方面进行协商和谈判，这一过程可能要经过多次反复，也可能难以达成双方都满意的结果。其次，补偿行为短期性。市场补偿是流域下游生态受益者根据其受益情况对上游进行补偿，市场补偿各主体由于更多关注个体利益而不是生态利益，导致其广泛的短期行为。最后，市场补偿缺乏相关法律法规配套。到目前为止，我国从法律方面还没有对生态保护补偿作出明确法律规定，既然不能对上游进行强制性的生态保护补偿，那么只能依靠下游的自觉行为，这必然导致生态保护补偿的不确定性。

（二）流域生态保护补偿的政府补偿机制

政府补偿机制是以国家或上级政府作为实施和补偿主体，以区域内下级政府或农牧民为补偿对象，以国家生态安全、社会稳定、区域协调发展等为目标，以财政补贴、政策倾斜、项目实施、税费改革和人才技术投入等为手段的补偿方式。② 根据中国的实际情况，政府补偿机制是目前生态保护补偿的最主要形式。

---

① 靳乐山、左停等：《支付流域生态环境服务：市场的作用》，《生态保护与建设的补偿机制及政策国际研讨会投稿论文集》，中国环境科学出版社 2006 年版，第 171—183 页。

② 生态补偿机制课题组：《中国生态补偿机制与政策研究》，http://www.cciced.org，2006 年 11 月 13 日。

1. 政府补偿的形式

从国内的实践来看，政府补偿方式中包括下面三种：一是财政转移支付，即通过公共财政支出将其收入的一部分无偿的让渡给微观经济主体或下级（同级）政府主体支配使用所发生的财政支出。财政转移支付多是专项性的补助，转移支付的款项必须用于指定的项目，实行“专款专用”。如“退耕还林（草）工程”、“三北及长江流域防护林体系建设工程”等都是通过中央财政转移支付完成的。二是政策补偿，即由上级政府对下级政府权力和机会的补偿。受偿者在授权的范围内，制订一系列创新性的政策，促进发展并筹集资金。在浙江省金华市，金磐扶贫经济开发区的“异地开发”就是一种典型的政策补偿模式。三是建立生态保护补偿基金，即由政府、非政府、机构或个人拿出资金支持生态保护行为或项目。由于受国家的财政体系影响较小，操作比较容易，但是这种形式的资金是有限的。关于生态保护补偿基金最为典型的案例就是“森林生态效益补助基金”。

2. 政府补偿的弊端

首先，补偿资金来源单一、资金缺口大。在我国生态保护补偿制度中，政府补偿的资金来源基本是排污收费、征收的生态保护补偿费以及财政专项拨款。而且省级以下的财政转移支付制度极不健全，财政支付不到位的现象经常发生，生态建设资金难以保证。其次，资源定价体系不合理。以政府为主导的生态保护补偿的定价是政府在有限理性的条件下作出的评判，但一般政府对生态资源定价较低，这往往会刺激人们对有限资源的过度消费，引发更大规模的生态破坏。另外，政府补偿中除了存在信息不对称外，官僚体制本身的低效率、寻租的可能性以及政府预算优先考虑领域的转移，都可能影响政府补偿的实际效果。

（三）新安江流域生态保护补偿机制模式的选择

在新安江流域生态保护补偿机制的构建中，市场补偿机制和政府补偿机制各有其明确的适用范围。

第一，从流域的规模来看，由于新安江流域跨皖浙两省，流域面积广，涉及的居民、企业、地方政府以及其他利益相关者众多，市场补偿机制不能很好的实施。况且新安江流域生态保护涉及国家生态安全，因此政府有更大的义务对生态进行投资和补偿，在这种情况下，生态保护补偿以政府补偿为主。

第二，从流域生态产权界定的清晰程度来看，如果受益主体以及补偿对象难以清晰界定，宜采用政府补偿方式，如果补偿主体明确，宜选择市场补偿方式。在新安江流域的上游地区的黄山市可能认为其对流域的水生态作出了很大贡献，要求下游的淳安地区对其进行补偿；同时淳安县也认为其对新安江流域特别是千岛湖的优质水源保护作出了巨大贡献，要求下游的建德地区对其进行补偿，以此类推将难以确定到底补给谁，又由谁来补？因此，在生态保护补偿过程中，由于新安江流域生态保护补偿的范围、主体、对象及其责任、权利、义务不清晰，应该引入政府机制实现流域最高政府对生态供给者的间接补偿。

第三，从流域交易主体多少来看，市场补偿机制交易的双方要求基本上是确定的，只有一个或少数几个潜在的买家（某城市市政供水企业、某水力发电站、某特殊用水企业如矿泉水企业或酿酒企业、某灌区等），同时只有一个或者少数几个潜在的卖家（某一个中小流域）。交易的双方直接谈判，或者通过一个中介来帮助确定交易的条件与金额，该中介可能是一个政府部门、非政府组织或者是一个咨询公司。但是，新安江流域涉及杭州市和黄山市的多个县市，涉及到千家万户的厂商、企业以及家庭的需求，在这种情况下，市场补偿机制就不能有效地达到生态保护补偿的目的。只能通过政府补偿机制由流域最高政府通过财政转移支付等措施来为流域优质水源作出贡献的地区、单位及居民等给予间接补偿。

第四，从流域交易成本大小来看，按照市场补偿机制“谁受益谁补偿”的原则，在市场主导的生态保护补偿过程中，作为补偿的主体，流域下游要确定上游补偿对象、与上游讨价还价，同时还要监督上游生态行为，将涉及大量的交易成本。另一方面，一个区域既是上游区域的下游也是下游区域的上游，它的代表——该区域政府在和上游区域或下游区域就水源保护补偿进行讨价还价过程中承受的不利因素必定反映到它和下游地区或上游区域的讨价还价中，容易产生“层层加码、关关提价”的情形，这样形成的巨额交易成本必定是水资源保护补偿的区域之间的自愿交易夭折。以新安江流域黄山市内的休宁县、歙县、祁门县、绩溪县、黟县以及杭州市的淳安县、建德市、桐庐县（如图6－2）为例，可以说明这种巨大的交易费用。

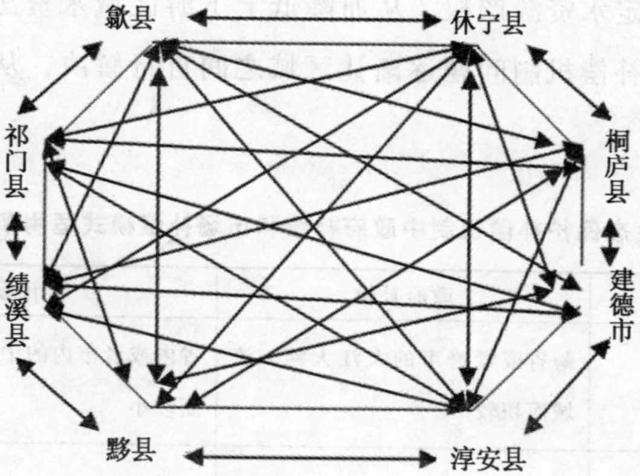

图6－2　新安江流域市场补偿模式下各地区之间巨大的交易费用

例如，黄山市的休宁县要求歙县增加补偿费用，进而祁门县、绩溪县、黟县要求淳安增加补偿费，而淳安必定也对建德有同样的要求，进而对桐庐、富阳和萧山提出类似要求；反过来，桐庐要求建德提供来水的水质标准，建德必定对淳安有同样的要求，进而黟县、绩溪和祁门等，这样层层加码也必定导致对水质的吹毛求疵。这一分析还仅仅考虑了相邻区域政府之间的讨价还价，如果一个区域政府不只和相邻区域政府讨价还价，还和流域内的其他区域讨价还价，则情况更加复杂，交易费用更加高昂。因此下游区域补偿给上游区域是得不偿失，下游区域政府不应该成为水源保护补偿机制的补偿主体，事实也证明在目前水资源产权界定不清晰的情况下，上下游区域之间达成水资源交易只是特例，绝大多数情况下还是必须要依靠流域内最高级政府的行政介入。

可见，在现实中，从新安江流域规模大小、生态产权界定明晰程度、交易费用大小以及交易主体的多少来看，政府补偿模式应该在新安江流域生态保护补偿中发挥主导作用，表 6 – 7 对流域生态保护补偿机制的政府补偿和市场补偿模式的适用条件进行了比较。

但是随着生态危机的凸显，从长期来看，政府应该培育完善的市场机制，科学界定水资源产权，从而降低上下游区域水资源交易费用，将流域生态保护补偿机制问题逐渐让区域之间自行解决，从而增加效率和社会总财富。

表 6 – 7　生态保护补偿机制中政府补偿和市场补偿模式适用条件

	政府补偿	市场补偿
流域规模的大小	跨省或者跨市的大江大河，流域面积较广	省内或者市内的中小流域，流域涉及面较小
流域生态产权界定的清晰程度	交易的双方不能明确确定，受益主体以及补偿对象难以清晰界定	交易的双方基本上是确定的，受益主体以及补偿对象可以清晰界定
流域交易主体的多少	流域利益相关者的数量较多，涉及的居民、企业、地方政府以及其他利益相关者众多	流域利益相关者的数量较少，只有一个或少数几个潜在的买家或卖家
流域交易成本的大小	交易费用较小	交易费用极端高昂

此外，环境保护的手段多种多样、形式各异。但是，强制性机制依然是现阶段新安江流域水资源开发与环境共保过程中最为重要的机制。具体来说，行政机制是新安江环境共保问题中的主导性机制，法律干预是其他所有机制得以顺利运行的重要保障，市场机制高效率、低成本的优势在环境共保中也发挥着重要的作用。新安江流域横贯浙、皖两省，

两省间经济实力差距较大，环境质量差异显著。因此，政府主导的转移支付制度和强制性的行政管理体制是解决新安江流域水资源利用、水资源开发与流域环境共保之间矛盾的主导机制。

三、新安江流域生态保护政府补偿机制分析与实施

新安江流域各地区对水资源的利用是基于政府拥有的水资源分配权而产生的。对于水资源上游地区因保护生态环境等造成额外的负担或特别的损失（包括经济、环境负担与损失），国家作为公权主体给予相当的补偿，也是公平原则的基本要求。因此，在现阶段的新安江流域生态保护补偿机制设计上主要以政府补偿为主，有必要梳理好政府在这一机制中的作用与地位。

（一）新安江流域政府补偿机制的补偿主体和受偿主体分析

1. 新安江流域生态保护补偿机制的受偿主体分析

新安江流域生态保护补偿机制的受偿主体是对新安江流域生态保护有积极影响的实施主体。具体来说，上游地区（特别是水源区）的政府和公众显然符合受偿主体的范畴。

由于新安江流域生态环境保护的需要，上游地区居民的经济行为受到严格约束，导致他们的生活水平上升缓慢甚至下降，这就给社会埋下了不稳定的隐患。同时，这些地区居民因流域水资源保护而失去发展机会，其人均收入和中下游地区存在很大差距，这种不公平排除自然差异，就是因为保护使得地区之间产生的差异。为了建设和谐社会，追求“保护公平”，上游地区居民是新安江流域生态保护补偿机制最紧要的受偿主体。

另一方面，上游地区由于环境保护而经济发展受到制约，很多创造财政收入的企业都实行了“关、停、并、转”，导致这些地区政府的财政收入锐减，例如淳安县 2005 年下半年以来，全县新关停并转企业 10 家，对财政收入直接影响 2046 万元。同时，由于水资源保护，这些地区

政府在垃圾清理、污水处理、水源保护工程建设、植物造林等环保投入方面的财政支出大大增加，导致这些地区政府财政雪上加霜。例如淳安县筹集资金 4474 万元投入千岛湖镇配套污水管网改造和南山污水处理厂建设[①]，这对于一个财政收入不大的县财政来讲是不堪重负的。因此，新安江流域上游水资源保护地区政府是当之无愧的生态保护补偿机制最紧要的受偿主体。

2. 新安江流域生态保护补偿机制的补偿主体——流域最高政府

从理论上看，补偿主体应该是流域生态环境保护的受益者，由于新安江流域涉及安徽浙江两省，几乎全流域居民都是生态环境保护的受益者，因此他们的代表——流域最高政府就是流域生态保护补偿机制的补偿主体。由流域最高政府作为补偿主体主要是考虑到现阶段新安江流域的水权还不明晰，由利用流域水资源受益的群体作为补偿主体的话，会产生无穷无尽的交易成本，使得补偿机制不能很好的实施。作为新安江流域生态保护补偿的实施整体——流域最高政府，具有双重身份，即作为新安江流域经济价值的所有人主体和作为新安江流域生态服务功能的行政管理主体。由流域最高政府作为补偿主体具有较大优点：一是可以省却流域各区域相关主体间的利益博弈；二是可以从大局入手更好地调配流域资源；三是减少交易过程中的交易成本，使得补偿机制顺利开展。当然流域最高政府作为补偿主体，并不排除市场补偿机制，在一些交易主体关系较明确的情形中可以选择市场补偿机制。特别是由一些生活或生产过程中向流域排放污染物，影响流域水量和水质的个人、企业或者单位作为补偿主体，对这些补偿主体征收排污费等手段，真正的做到谁破坏、谁补偿。

（二）新安江流域政府补偿机制的补偿方式

1. 对新安江流域上游生态环境保护地区居民的补偿

新安江流域上游生态环境保护地区居民为了实施对流域环境保护，

① 淳安县人民政府办公室：《淳安县水源保护工作情况汇报》，2007 年 3 月 26 日。

其经济行为收到严格约束，也失去了较多发展机会，比如这些地区居民为了涵养水源而植树造林所花费的费用，为了保护流域水质而放弃养禽畜的行为。有些居民甚至因为生态保护连基本的生活都不能保障，为此新安江流域生态保护政府补偿机制要求对这些居民给予补偿。

对居民的补偿方式可以采用以下几种：第一，是资金补偿。在新安江流域政府补偿机制对居民进行补偿的实践中，资金补偿应当成为最主要的补偿方式。从我国生态保护补偿的实践来看，资金补偿在建立生态保护补偿机制中起到了主要作用。资金补偿的方式主要有补偿金、赠款、减免税收、退税、信用担保的贷款、补贴、财政转移支付、贴息等。第二，实物补偿。实物补偿是指运用物质、劳力和土地等要素进行生态保护补偿，解决新安江流域居民的部分生产要素和生活要素问题，改善居民者的生活状况，为增强和恢复进行流域水资源保护和水环境建设的能力提供物质基础。第三，智力补偿（技术补偿）。智力补偿（技术补偿）主要是指由流域上级政府开展智力服务，向受补偿地区居民提供援助性技术咨询和指导，给受补偿地区培养技术人才和管理人才，输送各类专业人才，以提高受补偿地居民的生产技能、技术含量和组织管理水平，在知识技能方面向受补偿地区居民进行补偿，通过向流域居民提供先进的技术，大力发展生态农业、循环经济，降低污染，提高收入。第四，就业补偿。可以要求水务集团增加从流域周边地区招用工数量，适当解决保护区内青年的就业问题，缓解流域居民的经济压力。

2. 对新安江流域上游生态环境保护地区政府的补偿

为了贯彻上级政府关于可持续发展的理念，新安江流域上游地区的政府不断加大对流域的环保投资力度，关停并转了一些可能对流域环境造成影响的企业，这不但加大了该流域地区政府的财政支出压力，同时减少了地区政府的财政收入。如果既要这些地区政府保护好流域的生态环境，又不给予适当的补偿，显然有失公平。为此新安江流域生态保护政府补偿机制要求对这些地区政府给予适当补偿。

可以通过以下一些途径对新安江流域上游地区政府进行补偿：第一，

加大财政转移支付力度。在财政转移支付改革中对流域上游地区政府增加农村社会保障支出、生态功能区因子和现代化指数等因子。同时每年都适当安排一部分专项资金给流域上游地区政府，专门用于流域内的各种生态保护的基础设施建设。第二，鼓励地区政府进行环境税制改革。对严重破坏生态环境的生产生活方式利用税收手段予以限制，如对高污染高能耗产品等的生产销售征税，对环境友好、有利于生态环境恢复的生产生活方式给予税收上的优惠等。第三，给予地区政府适当的政策倾斜。流域上游地区政府在授权权限范围内，可以利用上级政府给予制定政策的优先权和优惠待遇，根据新安江流域不同区域的不同资源、人口、经济、环境状况确定不同的发展方向和发展目标，制定一系列政策，着力于区域生态环境的恢复和重建，积极探索区域经济发展模式，合理开发、利用水资源，促进流域水资源保护和区域经济协调发展。

（三）完善新安江流域政府补偿机制的对策建议

新安江流域生态保护补偿政府补偿机制属于区域间的生态保护补偿，涉及不同的行政区域，在开展生态保护补偿的过程中不仅需要区域政府间的协调，还需要流域最高政府的调控。从更高角度来理解“污染者治理、开发者保护、利用者付费、破坏者补偿”这一原则，逐步完善政府在这一机制中的主体作用，建立社会筹资机制，通过政府专项投入、银行贷款、社会捐助、资本市场融资以及利用外资等各种方式筹集资金，实现新安江流域各地区的和谐发展。

1. 建立以水源保护为主要内容的经济补偿机制

建立新安江流域生态保护补偿机制的政策指向的重点是水源保护。在新安江流域的环境保护过程中，新安江流域上游地区为保证新安江流域的环境，不发展有污染的工业，逐步关掉原有的工业企业，如淳安县，已关掉数十家企业，并对剩下的企业进行环保技术改造，每年经济损失5000多万元。作为流域生态保护补偿主体的流域最高政府应该对这些地区给予经济补偿，补偿资金可以来源于水费，管理由流域最高管理机构或者协调机构负责。

2. 制定流域生态保护补偿法规与规章

在建立政府补偿机制的同时，应该尽快建立流域生态保护补偿的法规与规章。作为对这一机制的支撑和保障，利用法律法规对流域上下游地区政府之间的部分财政收入进行重新分配，建立公平合理的激励机制，使整个流域发挥出整体最佳的社会、经济、环境效益。为此，要尽快完善相关法律法规，解决政府在生态保护补偿中的法律地位，明确有关税收、财政转移支付和补偿资金筹集、运作和管理等政策方面的问题。

3. 培育流域补偿的监督保障体系

建立政府补偿机制需要加强政府干预，需要地区政府还有流域最高政府来补充和完善相关的法律和法规，有效征收和合理利用生态保护补偿费，建立补偿费的征收和使用监督机制以及流域生态保护补偿的信息公开制度和奖惩制度，使财政补偿资金更好发挥激励和引导作用。

4. 积极促进多方面的社会参与

只有政府参与的流域生态保护和补偿是不够的，还应该鼓励中介机构等非政府组织以及流域保护志愿者的参与和加入，并接受社会和舆论的监督，这样才能调动群众积极性，确保流域政府补偿顺利进行。

第四节 新安江流域产业梯度转移与合理布局

产业梯度转移是经济发展不平衡性的必然结果。由于资源供给或产品需求条件的变动，区域比较优势发生变化，杭州及“长三角”地区的产业顺应这一变化，通过跨区域直接投资，把部分产业的生产转移到发展中区域，在产业的空间分布上表现为该产业由发达区域向发展中区域转移。承接杭州等东部地区的产业转移，是促进新安江流域产业合理布局与产业结构优化的现实需要与必然选择。

一、新安江流域区域产业结构梯度

产业的梯度状况决定着产业转移的方向。如果从新安江流域源头直至钱塘江入海口这样一个大的范围来考察，存在着明显的流域产业梯度。这就意味着有可能进行产业的梯度转移和合理布局。

表6-8反映了2007年新安江流域不同区域的产业结构状况比较。参照表6-9中国社会科学院课题组的工业化发展水平评价标准，新安江流域9县（市、区）2005年以美元计算的人均GDP不足2000美元，9县（市、区）中人均GDP最高的建德市已处于工业化初期末、工业化中期前半阶段，屯溪区、黄山区、徽州区、歙县、黟县、祁门县、淳安县共7个县（市、区）处于工业化初期，而休宁县则仍处于传统农业社会阶段。黄山市以2005年价格计算的人均GDP仅为1798美元，整体上仍处于工业化初期阶段，而杭州市则已进入工业化后期阶段。

表6-8　2007年新安江流域不同区域经济社会发展状况

区域	2005年人均GDP（美元）	三次产业结构比例	工业对GDP的贡献度（%）	城镇化率（%）	第一产业就业比重（%）
屯溪区	1723	8.8:32.4:58.8	20.54	77.98	7.00
黄山区	2466	15.5:29.1:55.4	20.05	23.18	57.14
徽州区	1623	15.8:51.8:32.4	45.58	25.55	47.83
歙县	1430	16:44.6:39.4	37.5	12.79	71.76
休宁县	1241	25.2:33.9:40.9	22.68	13.05	67.07
黟县	1361	22.8:36.4:40.8	25.27	19.32	54.55
祁门县	1485	14.9:35.3:49.8	26.55	21.43	63.06
淳安县		20.4:40.8:38.8	32.43	16.06	53.05
建德市		12.2:59.6:28.2	55.55	24.58	
9地平均	<2000	16.8:40.4:42.8	31.79	25.99	
杭州地区	>6000	4.1:50.2:45.7		48.15	
黄山地区	1798	14.3:37.9:47.8	27.66	23.84	57.34

目前，黄山市已初步形成机械、电子、化工、建材、丝绸、医药等

六大工业体系，但企业规模、行业规模均偏小。2007 年末，黄山市规模以上工业企业 331 家，其中仅 24 家工业企业主营业务收入超过亿元；全市规模以上工业企业完成产值 151.2 亿元，规模以上工业企业平均产值仅 4568 万元；建德市规模以上工业企业 560 家，完成工业总产值 232.8 亿元，平均产值仅 4158 万元；淳安规模以上工业企业 128 家，完成工业总产值 825.64 亿元，平均产值 64503 万元①。由于新安江流域工业企业及行业的整体规模偏小，不能产生产业集聚效应。

表 6－9　　我国工业化发展水平评价指标与标准

基本指标		前工业化阶段	工业化实现阶段			后工业化阶段
			工业化初期	工业化中期	工业化后期	
1. 人均 GDP（经济发展水平）（美元）	1995 年	610—1220	1220—2430	2430—4870	4870—9120	9120 以上
	2000 年	660—1320	1320—2640	2640—5280	5280—9910	9910 以上
	2005 年	745—1490	1490—2980	2980—5960	5960—11170	11170 以上
2. 三次产业产值结构		A＞I	A＞20%，且 A＜I	A＜20%，I＞S	A＜10%，I＞S	A＜10%，I＜S
3. 制造业增加值占总商品增加值比重（%）		20 以下	20—40	40—50	50—60	60 以上
4. 人口城市化率（%）		30 以下	30—50	50—60	60—75	75 以上
5. 第一产业就业人员占比（%）		60 以上	45—60	30—45	10—30	10 以下

二、新安江流域区域产业协作基础

新安江流域主要涉及杭州市与黄山市的相关县（市、区），黄山市在承接杭州及长三角地区产业转移、并与杭州市展开产业协作方面存在着较高的可行性。

① 淳安规模以上工业企业平均产值高具有一定的特殊性，2007 年排名前 2 位的分别是农夫山泉浙江千岛湖有限公司、农夫山泉杭州千岛湖饮用水有限公司，产值分别达到 82 亿元和 67 亿元。

(一) 要素禀赋条件

表6-10表明，杭州、黄山两市在技术、土地、资本、劳动力、环境质量等要素禀赋方面存在着很大的差异。杭州在技术、资本、制度及劳动力素质方面具有显著的优势，但劳动力成本高、工业用地紧缺。而黄山市具有丰富的低成本劳动力资源和相对宽裕的土地①，但囿于相对落后的技术、短缺的资本以及缺少机制灵活的民营经济支撑，发展相对缓慢。由此可见，两市在要素禀赋方面存在较好的产业互补和产业协作基础。

目前，杭州及“长三角”地区对外扩张的中小型传统技术型的民营企业数量众多，它们凭借灵活的机制，以低成本、高市场占有率来参与国内外市场竞争，降低生产经营成本成为其产业转移的根本动力。劳动力资源丰富、工资成本低的地区，环境容量大、环保成本低的黄山市是这些产业转移的首选承接地区之一。黄山市整体上仍是欠发达地区，是传统的农业区及新型旅游区。2007年黄山市总人口148.0万人，其中农业人口112.7万人，占黄山市总人口76.2%，将有相当多的农业人口从第一产业转移到第二和第三产业。劳动力资源不仅规模大，而且成本低，和资源相对紧缺、劳动力成本上升的杭州等东部地区的互补性很强。此外，工业用地指标差异也成为两市展开协作的基础之一。2007年杭州市出台工业用地节约集约利用新政策，对小企业不单独供地，而黄山市相对宽裕的工业用地将吸引杭州企业到黄山发展，并借此吸纳杭州的先进技术和充裕资本。黄山市动植物资源及旅游资源丰富，环境质量优良，也有利于与杭州旅游服务业的合作。

(二) 产业支撑条件

黄山市目前已初步形成机械、电子、化工、建材、丝绸、医药等六大工业体系，具备的一定的产业协作基础。杭徽高速、铜黄高速相继建成通车，黄塔（桃）、绩黄相继开工建设，黄祁高速工程已批复，黄千

① 黄山市的十个开发区仍有相当大比例的闲置工业用地，可供企业使用。

高速公路列入省高速公路网建设规划。2007 年全市乡乡通油路的目标提前实现，全市通水泥（油）路率达 83%，年末等级公路总里程 4470 公里，其中高速公路达 193 公里。目前，杭州到黄山的行车时间由原来 6 个小时缩短至 2.5 小时。黄山机场、高速公路等基础设施的逐步完善为产业转移提供了重要的条件。丰富的人力资源、完善的劳动力市场都能增强承接区域的产业吸引力，发达的交通体系、便捷的物流服务也能为产业的顺利转移提供扩散通道。

表 6－10　　杭州市与黄山市要素禀赋优势比较

要素	杭州	黄山
技术	技术先进	技术相对落后
资本	资本充裕	资本稀缺
制度	民营经济发达，有制度优势	民营经济欠发达，制度活力不足
土地	工业用地紧缺	工业用地指标宽裕
劳动力	劳动力成本高	劳动力成本低廉
环境质量	环境质量良好	环境质量优良

（三）市场需求条件

目前杭州市等地区产业转移以中小型企业、消费性产品、装备制造业的中间投入产品生产企业为主。因此，消费品的需求、装备制造品的中间投入品的需求以及目的地市场发育程度（直接影响到产品的销售成本）都直接影响承接地吸引外来转移产业竞争力的大小。黄山市人口仅 148 万人，而安徽人口将近 6500 万人，消费市场容量大。同时黄山毗邻长三角经济圈。长三角经济圈是全国最大的经济圈，其地区 GDP 相当于全国 GDP 的 20%，且年增长率远高于全国平均水平，从而能为企业发展提供更为广阔的消费市场，并满足企业中间产品需求和技术需求。

（四）公共服务支持

除硬环境建设外，黄山市近年来积极构建投资软环境，降低产业转移的综合商务成本，具备较强的承接产业转移的竞争力。具体表现为黄山市政府办事效率高，服务意识强，注意调控经济方式，法制环境健全，具有良好的外部环境。此外，政府还逐步完善居民最低生活保障制度，探索建立失地农民养老保险制度，稳步推进城镇化建设。对外加大招商引资力度，出台各类优惠政策，积极融入浙江经济带和长三角经济圈，投资环境明显改善，2007 年全年利用外资 10287 万美元，同比增长 56.4%。

三、新安江流域产业布局与产业发展导向

（一）新安江流域产业布局

新安江流域产业布局的总体方向是从区域发展的总体战略布局出发，根据资源环境承载能力和发展潜力，实行优化开发、重点开发、限制开发和禁止开发等有区别的区域产业布局。优化农业区域布局，促进优势产业和特色产业进一步集聚。进一步推动工业企业向开发区、工业功能区集中，依托新安江流域内的开发区（园区），建设生态农业基地、生态工业园区。市区重点发展高技术产业和都市型工业、面向工业的生产性服务业。开发区根据城市规划，因地制宜调整生产布局，打造无污染、有特色的生态工业园区。乡镇着重建设特色生态农业园区。

（二）新安江流域产业发展导向

新安江流域产业发展要全面落实科学发展观，促进经济社会持续健康发展。根据国家及浙江、安徽省最新公布的有关产业政策，新安江流域产业发展导向目录分为鼓励发展、限制发展、禁止发展三类。鼓励发展生态农业和现代农林业，生态工业，生物、医药、信息等高新技术产业，交通、环保等基础设施产业，软件、创意、信息服务、旅游等服务业，机械制造、纺织服装等加工业等产业。限制发展技术落后、高能耗、耗水多和有一定污染性的产业。禁止严重污染环境的产业，以及饮用水源保护区、风景名胜区内的建设项目。

四、新安江流域区域的“共赢”发展

以新安江流域国家级生态保护示范区作为环境共保平台，以新安江流域管理委员会来统筹、平衡新安江流域各县（市、区）的发展与环境共保，在政府层面、产业层面和企业层面展开协作，促进新安江流域上下游间的协调发展。

（一）跨行政区域的异地开发

在政府层面设立跨行政区域的异地开发园地，突破行政区划壁垒。

1. 设立跨行政区域的“异地开发区”——“飞地”

杭州向内地梯度产业转移已是必然趋势。在黄山地区设立“黄山杭州产业飞地经济区”，以优良的服务、合理的地价及合适的投资强度，甚至出租厂房的形式吸引杭州的企业到黄山投资。通过打破行政区划限制，把杭州的资本、技术和项目放到行政区属于黄山的工业基地或工业园区。通过成立“飞地”的双边协调委员会，共同开发、共同组织招商推介、共同推广基地品牌、共享基地收益。通过嫁接杭州先进的技术和理念，共同创建都市型工业功能区和创意等新型产业功能区。

2. 建立土地流转交易中心

加快土地流转是生产力发展的必然要求，对于促进农业规模化经营，发展现代农业、建设社会主义新农村是非常必要的。为此，应建立农村土地流转交易中心，探索建立一套不同于过去农村土地经营权流转的新模式。它是通过土地流转交易中心，推进农用土地从农户间的自发流转向组织化、有序化方向发展，范围更大，方式更多样化，目的是优化土地资源与劳动力资源的合理配置。通过建立土地流转交易中心，推行农村土地流转制度，吸引杭州市等的生态高效农业经营者到黄山投资、经营，实现跨地区的农业规模化经营。

（二）跨区域产业转移与协作

在产业层面，通过承接产业转移与产业发展相结合，促进产业结构升级和经济转型。承接产业转移是当前欠发达地区经济实现跨越式发展的一种方式，也是提升产业竞争力、实现科学发展的发展战略。承接产业转移关键是要主动与发达地区共建产业转移园区或基地，共享产业转移成果。在产业转移中应重视环境保护，促进本地区的技术创新，提升传统产业技术，引导民营企业参与产业转移，提高欠发达地区的就业机会。出台配套政策，安排专项资金，落实具体责任，寻找合作对象，着力推进产业转移园区建设，全力承接好杭州地区的产业转移。接受跨区域产业转移与协作，做好园区对接，各类生态农业、生态工业园区是承接产业转移的主要载体。

1. 生态农业园区

在重点农业乡镇建立生态农业园区，利用黄山优良的环境质量和相对低廉的劳动力成本，开展无公害产品的种植、养殖，扩大有机食品的深加工，开发黄山特色产品和品牌。鼓励经营者规模化、专业化经营，积极开展循环经济试点，把生态农业园区同时开发为生态观光农业，充分结合、利用黄山市的优质旅游资源。

2. 生态工业园区

对黄山市承接产业转移进行整体规划，将各个产业尤其是重点发展的优势产业、主导产业在区域内的布局勾画出一个基本的框架，按照比较优势禀赋状况和地区分工原理，排出各地区支持发展和限制发展的产业序列。其次，要在承接产业转移过程中认真执行国家的各项宏观调控政策，提高市场准入门槛，提升引进产业的层次，合理规划和大力建设现有的工业园区，发挥工业园区的产业集群效应。

把基地建设作为承接产业转移的关键环节和基础工程来抓，增强转移基地的承载能力。抓住杭州产业梯度转移契机，制定园区产业集群发展规划，进一步修改、完善园区的控制性详规，不断优化园区的区域分工和产业布局，有针对性地引进大项目、大企业向工业园区集中，形成各具特色和优势的企业集群及产业集群。加快工业园区基础设施建设步伐，增强园区吸引力，提高承载能力。重点解决园区建设投入问题，多渠道筹措资金，不断完善投入机制，鼓励和吸引多种投资主体以多种方式参与园区基础设施建设。通过制定灵活的园区经营政策，大力推进园区的体制创新、政策创新和服务创新，改善园区发展环境，做到“四个充分利用”。

（1）充分利用黄山现有开发区的基础，优化基础设施等产业支撑条件，将承接产业转移与产业发展相结合，促进产业结构升级和经济转型，打造专业化产业区。

（2）充分利用黄山市相对宽裕的用地指标和劳动力成本优势，结合杭州充裕的民间资本，吸引杭州企业来黄山投资建厂，打造现代化的制造业基地，与杭州的总部经济形成区域分工和协作。

（3）充分利用黄山市丰富的劳动力资源和农业、工业基地，承接纺织服装等劳动密集型企业的转移，发展外销以及“两头”在外的现代加工业。

（4）充分利用杭州市等发达地区的先进技术，发展高新技术产业，提升产业档次，优化工业结构。并充分利用杭州的高新技术改造黄山市的传统产业和优势产业，促进产业结构的演进和工业结构的高度化。

3. 现代服务业

升级传统服务业，拓展新型服务业，大力开拓现代服务业。

（1）建立杭州—黄山大旅游圈。发展现代旅游业，实行杭州—黄山旅游业的强强联合，形成整体形象和规模优势，加强优势旅游资源的整合和合作。依托沪杭、杭徽高速公路，联合上海、杭州两市，将黄山的自然风光与杭州的旅游休闲、上海的都市风光结合起来，共同打造一条“名城名湖名山”为特色的国际黄金旅游线。有效整合旅游资源，构建“长三角”区域大旅游经济圈，扩大和丰富旅游度假服务的内涵和外延。

（2）试点并推广工农业特色旅游。选择部分经济效益与生态效益良好的生态农业园区、生态工业园区进行试点，推出并推广工农业旅游项目，发展集自然与人文景观旅游、生态农业与生态工业休闲旅游一体的具有新安江流域特色的现代旅游业。

(3) 鼓励发展软件、创意产业。在黄山设立软件和创意产业园区，并与杭州的软件产业与创意产业展开多方面的合作，促进软件外包、工业设计创意、建筑景观设计、动漫游戏业、教育培训业等现代服务业的发展及壮大。

(4) 建立物流园区服务区。物流功能区布局从物流方式和发展区域两方面考虑，以黄山机场和杭徽高速公路为依托，建设都市配送型、产业基地型、行业分拨型等物流服务基地，为落户黄山的制造企业提供便捷的物流服务。

(5) 进一步拓展宾馆、餐饮等服务行业。依托杭州—黄山大旅游圈，实现宾馆、餐饮等服务业与旅游资源的优势互补与配套。

(三) 跨区域的企业间协作

黄山本地企业要认真研究国家产业政策和国际国内市场发展趋势，围绕新安江流域发展规划和自身技术改造、产品开发、市场开拓需要，有重点、有针对性地推出自己的招商引资项目，突出做好品牌的对接。充分利用区域内的特色资源、特色产品，通过承接杭州市的产业转移，着力打造自身品牌，同时大力引进外地知名品牌，努力提高产品知名度和市场竞争力。

着力引进战略投资者和战略合作伙伴，瞄准知名企业，引进产业配套项目和优势资源深加工项目。以新安江流域国家级生态保护示范区建设为契机，创新招商引资方式，运用园区招商、项目招商等多种载体，采取自主招商、委托招商等多种方式，通过以商引商、以民引商等多种渠道，有效、灵活地开展招商活动，切实提高招商效果。

大规模承接产业转移，必须要有大批的管理和技术人才以及合格的产业工人作保障，要加强产业发展急需的各层次人才队伍建设。职业技术院校积极拓展符合企业用工需求的专业，通过与杭州等地的高校联合和定向培训等形式，开展职业技能培训，不断提高黄山地区劳动者的职业技能，为转移企业提供数量足够、技能熟练的劳动用工，增强竞争力。

第五节 新安江流域环境保护合作与协调机制构建

新安江流域环境共保工作的展开，需要上下游区域政府的配合，需要企业之间的合作，更需要民众的积极参与，为此，应从政府间合作与协调机制、企业间合作与协调机制和社会公众合作与协调机制入手，建立新安江流域环境保护合作与协调机制。

一、新安江流域环境保护政府间合作与协调机制

政府是新安江流域环境共保的领导者，在环境保护合作方面起着领导和协调作用。据此，可以考虑建立"新安江流域管理委员会"之类的紧密型组织，也可以考虑建立"杭—黄战略合作与协调委员会"的松散型机构。现将两种方案作一对比分析。

（一）方案一：建立新安江流域管理委员会

设立由中央环境保护主管部门、水利管理主管部门、浙江省政府、安徽省政府、杭州市政府、黄山市政府、用水户代表和流域机构负责人组成的新安江流域管理委员会，旨在进一步加强新安江流域的统一管理，更好地协调流域管理与区域管理的关系，加强流域生态环境保护。

1. 新安江流域管理委员会的组织架构

新安江流域管理委员会应是新安江流域管理决策中心，享有流域最高权力，负有全面责任。委员会政府的派出机构，列入国家的行政序列，由国家法规明确其职责、权限和隶属关系。全面负责流域水资源的开发、利用、治理、配置、节约、保护以及水土保持等活动的决策工作，并对关系到全流域水、土和环境资源可持续利用的重大问题作出决定。

新安江流域管理委员会成员设主任一名，副主任及委员若干名。委员会成员地位完全平等，都有权发表意见，并且遵循少数服从多数的原则，实行平等协商、共同决策。流域管理委员会下设日常执行机构，在委员会闭会期间代表委员会行使职权，负责监督和保证委员会决议、决定的贯彻执行，并在委员会授权范围内制定政策、做出决定。每年定期召开会议，遇到特殊事情可以召开专题会议。目前的流域管理机构可成为委员会执行机构的主体，对新安江流域行使管理和监督职能。

2. 建立新安江流域管理协调委员会

就目前而言，建立“新安江流域管理委员会”也许还存在一定困难。一方面，在目前的行政序列构成中，流域管理委员会的行政级别难以确定；另一方面，设立流域管理委员会需要上报全国人大，要经过全国人民代表大会审议，程序比较复杂。因而实行流域管理委员会制度还需要一个过程。因此可以先考虑一种过渡方案，即在新安江流域建立非法定行政主体的流域管理协调委员会，待条件成熟时，再转变为法定行政主体的流域管理委员会。流域管理协调委员会的构成以及职责与流域管理委员会一致。同时，也将目前的流域管理机构作为协调委员会的日常执行机构。

（二）方案二：建立杭—黄战略合作与协调委员会

为了加强在新安江流域的环境保护合作与政府协调，可以建立“杭—黄战略合作与协调委员会”。

1. 杭—黄战略合作与协调委员会的职能

杭—黄战略合作与协调委员会为准常设性质，负责承办流域环境保护与合作工作的贯彻落实，协调推进合作事项的进展；组织编制新安江流域环境共保的战略合作与协调的综合规划及有关的专业或专项规划并负责监督实施；组织杭—黄产业梯度转移与合作的相关工作；组织有关部门拟定新安江流域生态保护示范区的政策法规，并负责有关法律法规的实施和监督；交流、探讨、推进新安江流域生态保护示范区建设中的新情况、新问题，促进沟通与协商；检查并报告流域环境保护合作建设进展情况；发布新安江流域生态保护示范区建设公报等。

2. 杭—黄战略合作与协调委员会的组成

杭—黄战略合作与协调委员会由浙江省及杭州市代表团、安徽省以及黄山市代表团的相关人员组成。杭—黄战略合作与协调委员会实行双主任制，由杭州市和黄山市各选派主任委员一名，委员若干名，联络秘书一名。主任委员的职责是：主任委员对杭—黄战略合作与协调委员会会议负责，定期或不定期主持召开协调委员会的会议；汇总并确定会议议题和议程；负责以适当的方式协调新安江流域生态保护示范区建设中出现的问题。联络秘书的职责是：当届组织会议承办地联络秘书任秘书长，负责执行协调委员会会议交办的事项；起草、报送、印发新安江流域生态保护示范区建设有关文件；负责组织会议和协调会议的准备工作；执行会议交办的事项，编辑印发新安江流域生态保护示范区建设简报等。

（三）方案一与方案二的比较

新安江流域管理委员会为政府派出机构，列入国家的行政序列；是紧密型的组织机构，每年定期召开会议；主任由国家部门任命，列入国家公务员编制；委员会具有常设机构，执行委员会的日常职责；具有法律赋予的管理流域的权力。因此，具有对流域环境问题协调成本小（交易成本小），能够通过法律权力更好地实施流域环境保护合作工作。但是，流域管理委员会由于常设机构的存在，可能会加大行政成本，特别是管理机构的管理费用。同时也可能产生官僚作风和寻租活动等现象。

表 6－11　　紧密型组织与松散型组织的比较分析

比较内容	新安江流域管理委员会	杭—黄战略合作与协调委员会
性质	政府派出机构（紧密型） 拥有常设机构	松散型的政府合作组织 准常设机构
设立难易程度	设立流域管理委员会需要上报全国人大，要经过全国人民代表大会审议，程序比较复杂	设立比较简单，只要浙江省和安徽省有关部门协商一致，并报经环境保护、水利行政主管部门即可

续表

比较内容	新安江流域管理委员会	杭—黄战略合作与协调委员会
协调费用大小（行政权力大小）	由于拥有最高权力，委员会的决议具有强制性和权威性，即行政区权力较大，所以协调费用较小，执行力度较大	由于组织的性质，不具有行政能力和法律约束力，因此协调费用较大，执行力度较小
管理费用问题	由于设有常设机构，将存在较大的管理费用，同时存在潜在的寻租活动等可能	管理费用较小，但是由于受省级行政单位甚至市级的干扰，存在较大的隐形费用

杭—黄战略合作与协调委员会是准常设机构，是政府间的松散型组织，不需要确定行政级别也不需要上报全国人大，因此设立程序比较简单。同时，其管理费用也较小。另一方面，由于保护和协调委员会缺乏明确的行政权力，将很难有力地落实环境保护合作工作，同时在协调过程中将存在较大的协调费用。

两种方案在性质、设立难易程度、协调费用大小（行政权力大小）以及管理费用等方面的比较如表 6－11 所示。

因此，在构建新安江流域政府环境保护与合作协调机制的时候，应该充分考虑流域现存问题的重要程度，以及政府所具有的资源，建立能够更好促进流域环境保护工作的政府协调机制，不论是建立新安江流域管理委员会还是杭—黄战略合作与协调委员会，都不能离开这个初衷。

二、新安江流域环境保护企业间合作与协调机制

企业在推动新安江流域环境保护合作与协调机制中发挥重要作用，据此可以发挥新安江流域不同地区企业的比较优势，构筑企业生态链，大力发展新安江流域循环型产业。

（一）发挥新安江流域企业比较优势

企业比较优势主要表现为企业因在不同区域所形成的某些有形或无

形要素在数量或质量上超过竞争对手。这些有形或者无形要素有的是由于自然条件造成的，有的是因为地理因素造成，还有的是因为企业内部因素造成的。尽管生产要素价格具有平均化的发展趋势，但生产要素的空间转移成本仍然会导致企业所处区位的某些要素成本和外部交易费用的节省，因此在建立新安江流域环境保护与协调发展机制的同时，应该充分发挥企业区位优势。

相比较新安江流域上下游地区企业来看，上游地区企业有充分的劳动力资本优势，劳动力成本低，自然资源丰富，具有优越的旅游资源，因此应该加快发展劳动密集型产业，如旅游业、农业等。另一方面上游地区人力资本优势不明显，应该加大教育和科研的投入力度，推动技术创新。为此，可以向先进企业学习其先进技术，培养高级管理人才。上游地区对新安江流域的环境保护至关重要，在经济发展的过程中，尤其要注意对环境的影响，要严格禁止污染严重的企业，有限制的发展某些企业；下游地区经济较发达，但是资源特别是土地资源稀缺，劳动力成本高，应该扬长避短，发展资本密集型产业、高新技术产业等。因此，下游地区应该积极推动产业梯度转移，将需要较多自然资源的企业或者产业积极转移到上游地区，并指导上游地区企业做好承接转移工作，只有这样才能充分体现不同地区企业的比较优势。下游地区的发展同样要考虑环境问题，只有这样才能实现流域的和谐发展。

（二）构建上下游企业生态链

企业生态链是指考虑了环境因素以后的同一行业或产业中的上下游企业通过具体分工、紧密合作形成的一种链条式关系，它可以将行业或产业中众多不同角色的企业有机联系起来，形成良性互动，从而有效整合社会资源，提高整体效益。企业生态链强调的是在环境约束下的两个环节之间的连接与交互，注重的是考虑环境成本下的产业内部各种资源的流动。

企业在以利润最大化为经营目标的时候，往往忽视了环境问题，认为环境是免费资源，从而产生了污染环境的负外部性。对于新安江流域的环境保护合作与协调来说，必须将生态环境作为一种资源进行考虑，从而使企业从单纯的价值链构建转移到生态链的构建当中去。

为此，协调上下游企业之间的关系，需要建立一条畅通的企业生态链。这里包括上下游之间良好的业务合作。创建风险共担利益分享机制，上下游企业要有命运共同体的意识，如果不顾流域环境问题，盲目发展经济，只会使企业的发展受阻。因此，以新安江流域国家级生态保护示范区建设为契机，运用园区招商、项目招商等多种载体，构建上下游企业生态链。

（三）构建新安江流域企业循环经济

循环经济是要求企业以资源的高效利用和循环利用为核心，以“减量化、再利用、资源化”为原则，以低消耗、低排放、高效率为基本特征，符合可持续发展理念的经济增长模式。将传统的“资源—产品—废弃物排放”的单向式直线过程转变为“资源—产品—废弃物排放—再生资源”的反馈式循环过程，是“大量生产、大量消费、大量废弃”的传统企业经济增长模式的根本变革。① 要实现新安江流域环境共保，客观上要求企业转变传统的经济增长方式，采用循环经济发展模式，做到资源高效合理配置和废弃物的再利用，使新安江流域的经济、社会走持续、健康的发展轨道，同时保障环境安全。

根据技术发展程度以及资源可用程度来看，不同地区和企业可以实行不同的循环经济手段，既可以实行资源跨产业循环利用模式，实行加大的杜邦模式，也可以实行农副产品循环利用模式、建立生态工业网络和建立社会性废物回收再利用体系等。建德市的新安化工就是循环经济的典型案例。新安化工在生产草甘磷时存在氯甲烷的排放，研发人员成功地回收了氯甲烷，而且回收成本远低于氯甲烷的市场价格；紧接着，企业经过市场调查，将氯甲烷就地使用，用作生产有机硅的原料；在有机硅生产过程中又存在稀盐酸的排放，研发人员又成功地解决了稀盐酸

① 段宁：《清洁生产、生态工业和循环经济》，《环境科学研究》2001年第6期，第3—6页。

的回收问题，盐酸的回收成本相当于盐酸的市场价格；企业进一步将收集起来的盐酸用于草甘磷的生产。两种废弃物分别成为两种产品生产的原料投入，这是经典的循环经济模式。新安化工的例子说明在新安江流域发展循环经济的潜在可能。

三、新安江流域环境保护社会公众合作与协调机制

流域环境保护是一项全民性的公益事业，一方面，公众作为一种非政府的社会力量，可以将民意真实地反馈给政府，有助于政府对流域环境问题的全方位管理；另一方面，公众参与环境保护，有利于公众环境意识的提高，使公众对环境政策由消极观望转换为积极响应和合作。建立新安江流域环境保护公众合作与协调机制可以从以下几方面入手：

（一）完善新安江流域环境保护与合作的信息披露机制

社会公众参与新安江流域环境保护与合作的一个重要前提，就是政府环境信息公开。政府环境信息公开，可以使公众时刻掌握环境动态，同时也可以使社会公众有的放矢地开展工作。新安江流域各级政府应建立健全环境信息披露制度，并确保信息的准确性、全面性以及完善性，为社会公众参与流域环境保护提供有利保障。

建立新安江流域环境保护信息披露机制需要全流域参与，是一项复杂的系统工程，针对新安江的实际情况，信息披露机制的建设必须坚持公开、公平、公正的原则。通过设立新安江环境保护网站、新安江环境保护报等信息通报载体，同时建立流域管理委员会的年度流域环境保护工作汇报，总结流域环境保护工作进展以及工作中的不足之处。

（二）建立新安江流域环境保护与合作的公众参与机制

1. 监督政府以及企业的环保工作

公众通过报刊、杂志、电视、网络等传播媒体对环境保护方面的决策、政府环境保护管理行为发表意见以促进政府环保政策的科学化、合理化，环境管理的法制化。同时，公众还可以对各企业遵守环保管理制

度方面的表现发表意见，以表扬先进、鞭策后进、揭露不法。另一方面政府可以通过其网站和定期通报等方式进行政务公开，接受公众监督。同时政府通过向参加听证会、论证会、专家咨询会的公众征求对新安江流域环保管理机构政策法规制定以及重大工程项目建设等的意见。

2. 促进新安江民间环保组织的成立

可以根据需要推进民间自发组成的新安江流域环境保护协会、新安江诗画社等环保民间组织。通过流域环保民间组织加大环境资源保护活动，开展各种环境服务和环境公益活动。由流域环保民间组织进行环境宣传教育活动，通过发放环保宣传资料，举办讲座、培训和开展环境公益活动等方式，向社会和公众宣传、传播环保知识、环境理念、环境责任、增强公众保护环境的自觉性。

3. 举办一系列与新安江环境保护有关的活动

通过举行一年一度的新安江之夏文化节，让社会更加了解新安江的过去、现在和未来，让公众明白保护新安江的历史重任；通过举办新安江旅游节，更大程度地发展新安江的旅游业，在旅游的同时又不忘环境教育；举办大（中）学生新安江夏令营，向年轻的一代灌输新安江流域环境保护的意识，同时让年轻一代从小事做起保护环境。

4. 设立热线电话或者流域最高政府领导信箱

设立热线电话或者信箱，使公众能够将其意见及时通过该热线或者信箱传达到新安江环境管理部门。公众也可以通过热线电话或者信箱来对其发现的违反环境管理制度的行为进行举报，为政府稽核提供线索和依据。

第六节　新安江流域环境共保的政策建议

跨越浙皖两省的新安江流域的环境保护工作关系到新安江和钱塘江

下游地区的1000多万群众的生存和发展。从政策层面制定新安江流域环境共保的措施对统筹浙皖两省尤其是杭黄两市的和谐发展、统筹人与自然的和谐发展、统筹经济发展与环境保护的矛盾，共同建设生态文明，具有重要的现实意义。

一、新安江流域环境共保的人口政策

新安江流域属于生态环境敏感区，确保其生态环境安全的前提是实现人口与生态环境关系的协调，即流域内人口规模适当、人口分布合理，同时消除流域内居民的生产、生活对生态环境的消极影响。

（一）制定人口集聚政策

居民生活垃圾的排放、化学农药的使用等造成的面源污染都会影响流域生态环境。按照新安江流域功能定位，逐步将限制开发区和禁止开发区等生态环境极其敏感区域的居民迁移至优化或者重点开发区内，减少生态脆弱区的人为污染。同时，在人口或土地规划时，提高居住地的集聚规模，避免或防止居民自行居住在生态脆弱区内。

人口转移和集聚一方面由于生态脆弱区内居民减少，人为破坏生态环境现象可以得到缓解，有利于生态环境保护；另一方面也有利于地方政府公共事业的管理与完善，地方政府可以集中财力、物力在集中居住点上加大公共投入，改善居民生活环境，同时集中居住又提高了居民的组织化程度，从而降低了制度成本，提高了公共投入产出水平。另外，从反贫困角度来看，受环境保护的限制，生态脆弱区内生产经济活动受到极大限制，区域内居民收入水平普遍不高，通过移民和集聚可以改善其生产、生活条件，提高其收入水平。同时在移民过程中采取配套措施，提高移民的自我发展能力，建立生态移民的反贫困机制。

鼓励人口集聚已经有成功的经验，例如，杭州市萧山区在“适度提高农居点用地的集聚规模”、“控制建制镇数量，扩大建制镇规模”的规划下，规定农民不能自选地方自建房子，只能在批准的地区内集体建房，从而有效扩大了居住地的集聚规模，保护了生态脆弱区的生态环境。

（二）加强人口素质建设

人口素质的提高有利于形成良好的生态环境保护意识。一般来讲，人口素质高，认识和掌握自然规律、经济规律、生态经济规律的自觉性会相应增强，从而有利于人们掌握保护资源、环境的知识和技能，生态环境意识随之提高。人口素质的提高也有利于科学文化素质的提高。而科学文化素质的提高，必然带来生产力的进步、生产效率的提高，从而使得流域内社会资源利用效率的提高。

加强人口素质建设首先应该重视流域内的学校教育，从孩童起灌输环保意识；其次应加强“环境资源”理念的灌输和相关环境知识的输出，如组织新安江社团、画廊等宣传普及环保知识，大力加强全民的环境意识和生态意识。

人口素质的提高一方面靠家庭教育和社会教育，另一方面靠学校教育。基于黄山市优越的区位条件和未来的发展需要，可以考虑将黄山学院升格为黄山大学。由杭州市和黄山市合作共建。通过黄山大学的建设为新安江流域经济社会的协调发展提供坚强的人才保障。

（三）做好人口控制工作

人口激增会使得人们对资源需求与供给的矛盾日益尖锐化。对于新安江流域生态敏感区，人口增长过多、过快都会对流域的生态环境带来巨大压力。人口增长不仅仅局限于当地常住居民的增长，对于杭黄两地来说，千岛湖—黄山旅游线带来的旅游人口的增长对该流域生态环境的影响更是巨大的。游客对旅游环境的破坏引起的生态环境的恶化、与旅游环境不协调的行为都会对整个流域的生态环境产生重大影响。

第一，继续严格执行计划生育与人口控制政策，控制流域内上下游地区常住人口的规模，减少面源污染增大的可能性。

第二，探索实施按照旅游景点容量控制游客人数政策。旅游景点的容量限制一方面可以缓解景区接待压力，维持游览秩序，另一方面保护了生态环境。我国九寨沟风景区等在黄金周旅游期间分时限量接客、拉萨在长假期间限制游客数量的做法已经取得了经验。因此，在新安江流域也可以实施按照旅游景点容量在旅游淡旺季分别规定游客数量，以达到环境保护的效果。

二、新安江流域环境共保的经济政策

生态环境保护具有正外部性，新安江流域环境共保不仅涉及到区域间公共产品提供的外部性问题，也涉及到政府间基于成本收益分析的合作问题，建立一套可以让各级地方政府互利共赢的激励机制，对于实现跨流域的环境共保非常重要。

（一）财政政策

新安江流域环境共保需要大量资金的投入。为此，可以考虑设立新安江流域环境共保基金，由专门机构进行管理，统一调配使用。

1. 环境共保基金的来源

（1）国家财政支出。新安江库区是浙皖两省乃至“长三角”地区人民的共同宝库，是浙皖两省经济合作的重要纽带，同时也是中国面积最大的森林公园，而一旦建立“新安江流域国家级生态保护示范区”，其环境保护的意义将更加显著。因此，从国家财政上设立专项环保资金是合适的。可以考虑在新安江流域各级政府的国税中划拨一定比例作为专项资金。

（2）地方财政投入。在地方财政收入中按照一定比例划拨流域环境共保专项资金。税收的根本是“取之于民、用之于民”，将部分地税用于环境保护，可以让老百姓更直观地感受到环保收益。

（3）资源税费的征收。抽取水资源费、排污费等资源税费的一定比例纳入环境共保基金，通过税费的杠杆调节机制，鼓励企业发展低能耗、环保型产业，限制企业对资源的使用和污染排放。

（4）其他来源，如接受国际组织、非政府组织、企业以及民间人士的援助和捐赠。

2. 环境共保基金的使用

(1) 新安江流域生态保护补偿机制的经费支出。

(2) 用于跨区域的、没有明显的赔偿主体的生态保护补偿或者污染损害赔偿，直接作用于受害者或者受损者。

(3) 用于各种区域间环境保护设施投入，如城乡环保基础设施和环境监测监控设施建设等。

(4) 可以用于生态环境保护优惠贷款，对于开展生态环境保护和治理项目，基金可以为其采用低息或免息等方式，提供优惠贷款，以达到鼓励其开展的目的。

(5) 用于维持新安江流域环境保护政府间的合作协调机构运作的行政费用。

3. 环境共保基金的管理

与新安江流域环境保护政府间的合作与协调机构相对应，可发起设立新安江流域环境共保基金。基金理事会具体负责跨流域环境共保基金的征收、分配和管理运作。理事会成员可以由两地政府管员、上级政府管员、专家学者组成。理事会成员可由常务理事会、秘书长、专家委员会和地方利益相关方代表组成。

常务理事会作为日常工作机构，成员主要采用聘请、派驻和指定的形式，并定期轮换。理事会共同讨论并决定资金使用的方法和数额，资金的拨付流向，并对全过程实施监督。同时，主持和解决环境共保有关各方之间的摩擦、纠纷，监督参与环境共保各方的行为，及时制裁违纪和违法行为，确保环境共保活动顺利开展。当然，该理事会也不仅是行政机构，而是一个新型的机构投资者。理事会可以按照市场经济的基本原则，委托专业性的资产管理机构对环境共保基金进行投资运作，并在日常投资决策和风险管理中充分发挥国内外咨询公司和专家学者的作用，确保环境基金的保值、增值。

(二) 产业政策

1. 制定产业准入、升级政策

(1) 国家通过立法规制生态产业技术市场的准入规则，规范环境技术的市场交易行为。目前国家已经出台《产业结构调整指导目录》、《钢铁产业发展政策》、《电石行业准入条件》等一系列国家产业政策，严格控制存在严重污染的产业。2006 年 8 月，国家环保总局又公布了火电项目、热电项目等环境报告书受理条件，从产业政策、发展规划和 SO_2 控制角度提高项目准入门槛。

(2) 上下游地区加强协调，充分考虑经济发展和环境承载能力，结合国家产业政策，按照优化开发、重点开发、限制开发和禁止开发的不同功能要求，明确不同区域功能定位，合理规划和优化产业结构及空间布局，制定不同的环境准入政策。在限制开发和禁止开发功能区内，设立工业准入门槛，优先发展先进制造业和现代服务业，严格禁止污染行业在流域内发展，提高工业企业排放标准，逐步关停本地现有污染企业，严格禁止下游地区污染性企业到源头投资。具体来说，各类综合规划、专项规划及开发建设规划必须按规定进行环境影响评价，未经环境影响评价的规划不得审批。凡不符合国家环保法律法规和标准的建设项目，发展改革部门不得批准立项，国土部门不得批准用地，金融机构不得融资，电力部门不得供电。建立高污染行业新上项目与地方节能减排指标完成进度挂钩、与淘汰落后产能相结合的机制。

(3) 鼓励企业升级改造，扶持企业运用先进技术改造传统产业，减少污染物排放总量，特别是新增污染物的排放量，推进传统产业的生态化转型和产业结构的优化升级。

2. 推进产业梯度转移与承接

保护新安江源头地区不被污染是新安江上下游各级地方政府的使命，杭黄两地应加强合作，接受跨区域的产业转移与协作，鼓励无污染的劳动密集型、技术密集型和资本密集型企业转移到新安江流域。在推进产业梯度转移与承接过程中出台配套政策，做好园区对接，全力承接好杭州等东部地区的产业转移。

(1) 土地支持。上游地区有相对充裕的用地指标，对科技含量高、经济效益好、资源消耗低、环境污染小的产业转移项目，优先用地预审，优先安排用电、用气、用水计划和指标，确保项目及时落地、按期投产。

(2) 劳动力支持。上游地区往往具有劳动力成本优势，上下游地区都应该加强人才培训，为转移企业提供数量足够、技能熟练的劳动技工。

(3) 资金支持。对严重破坏生态环境需要关闭的企业予以经济补偿，协助企业妥善安置人员，进行债务处理。

(4) 税收支持。对于轻度污染的企业利用税收手段予以限制，对环境友好、有利于生态环境恢复的生产企业给予税收上的优惠等，如对其产业转移企业缴纳的税费地方留成部分实施先征后返。鼓励软件产业、创意产业落户上游地区，对该类无污染企业可以实行税收减免等优惠。

(5) 金融促进。利用政策性资金服务企业，充分发挥融资平台的融资优势，利用软硬性贷款等政策性资金，支持鼓励产业转移企业的发展，支持和鼓励融资平台对产业聚集和开放型经济贡献度大的骨干企业和项目进行直接投资或者通过资本运作等手段进行参股、控股。

三、新安江流域环境共保的环境政策

(一) 总量控制与环境资源有偿使用政策

总量控制是根据整体环境的使用功能要求及自净能力，对污染源排放污染物总量实现控制的管理方法，基本出发点是保证环境使用功能的质量限制要求。新安江流域协调管理机构制定区域环境质量规划，拟定主要污染源及各企业的污染物排污总量，弄清污染物在环境中的扩散、迁移和转移规律及对污染物的净化规律，计算出环境容量，再根据上下游地区发展的需要核定总量控制目标。

目前，我国已形成了环境评价、“三同时”制度、排污许可、排污收费、污染物排放总量控制等一系列总量管理制度，从国家到地方相应的环境检查工作体系也已建立。由于新安江流域水权和水污染权的界定目前还比较困难，水权交易制度和水污染权交易机制并没有得到充分发挥。但是伴随着新安江流域市场化水平的不断提高以及排污检测技术和污染处理技术的不断提升，环境资源有偿使用政策将更加有效。

（二）生态保护补偿与环境污染损害赔偿政策

按照“谁受益谁补偿，谁污染谁赔偿”的原则建立新安江流域生态赔偿与环境污染损害赔偿机制。加强市场机制与政府机制的合作，加强浙皖两省政府的合作，加大财政支付转移力度，对生态保护者进行有效补偿，提高保护生态环境的积极性。完善司法机制，加强行政机制、社会化机制和民间机制的建设，向环境污染受害者进行赔偿。

（三）环境功能管理政策

结合总量控制，根据主体功能区的不同定位，限制开发区和禁止开发区水资源质量必须达到一定标准，因此必须建立新安江流域环境共保监测监控制度。

1. 建立地区之间的相互监测监控机制

不仅在上下游地区之间如杭州和黄山之间，也要在上游地区之间如祁门县和黟县之间，下游地区之间如淳安县与建德市之间建立在线监测机制，利用在线电子监测系统对出入境的水体质量变化情况进行监测，根据水体变化判断地区环境保护的实施情况。通过上游监测下游，下游监测上游，上下游地区相互监督相互制约相互激励，促进环境保护的进行。

2. 将环境功能管理与政府绩效评价挂钩

通过监控出入境水的质量，可以得到流经本地区水体质量与总量的变化情况，将水体保护情况纳入政府绩效考核评价当中，从而激励地方政府更有效地主导本地区环境保护的进行。

第七章 政策创新论[①]

漳卫南运河是海河流域五大水系之一，由漳河、卫河、卫运河、漳卫新河和南运河组成，流经山西、河南、河北、山东四省及天津市入渤海，流域面积37700平方公里。漳卫南运河流域跨界污染问题引发的省际纠纷，使得环境问题演变成经济问题、社会问题和政治问题。在市场化改革全面深化的背景下，以漳卫南运河流域为例，探索跨界水污染管理的经济政策具有特别重要的意义。本章在对漳卫南运河水环境及其水环境管理政策进行评价的基础上，提出跨界水污染管理的经济政策框架及其保障措施。

① 本章系沈满洪教授主持完成的中澳环境与发展合作项目“跨界水污染管理的经济政策框架研究”的课题报告基础上修改而成的。该项目的研究对象为漳卫南运河，而政策结论要求具有推广意义。报告由沈满洪执笔，魏楚参与课题调研和报告修改。

第一节 流域水环境状况及水环境保护的困境

一、漳卫南运河水环境状况

（一）漳卫南运河水环境总体状况的纵向比较

根据《海河流域水资源公报》，漳卫南运河 1998—2007 年水质状况见表7－1。表7－1可见，漳卫南运河水质状况十分恶劣，属于全国水质状况最恶劣的河流之一。以 2007 年为例，优于或达到 III 类水质的河段的百分比只有 12.5%，劣于 III 类水质的河段的百分比高达 87.5%，其中，劣于 V 类水质的河段的百分比为 77.5%。与 1998 年相比，水质状况略微有所好转；与 2003 年相比，水质状况仍在下降。

表 7－1　　漳卫南运河 1998—2007 年水质状况

年份	优于或达到 III 类水质的河段的占比（%）	劣于 III 类水质的河段的占比（%）	劣于 V 类水质的河段的占比（%）
1998	5.2	94.8	79.6
2003	26.7	73.3	65.5
2004	17.3	82.7	76.5
2005	18.1	81.9	73.3
2006	16.4	83.6	77.9
2007	12.5	87.5	77.5

数据来源：《海河流域水资源公报》，1998、2003—2007 年。

（二）漳卫南运河功能区水质达标状况的纵向比较

漳卫南运河管理局自 2003 年 10 月起开展了漳卫南运河局辖内的水功能区水质监测和评价工作，并发布《漳卫南运河水功能区水质状况通报》。评价标准为:《地表水环境质量标准》(GB3838－2002)。评价方法是:单因子评价法。评价项目有:水温、ph值、溶解氧、高锰酸盐指数、化学需氧量、五日生化需氧量、氨氮、挥发酚、氰化物、六价铬、氟化物、总磷、砷、汞、铜、铅、锌、镉等18个项目。漳卫南运河局辖范围内的水功能区共8个，涉及漳河、共产主义渠、卫河、卫运河、南运河和漳卫新河等6条河流和岳城水库，水功能区代表总河长702公里。2004年以来每个季度或每个季度最后一个月份的评价结果如表7－2所示。

表7－2表明，2004年以来漳卫南运河水功能区水质不达标率高达66.7%—100%，平均为76.5%。这就是说，四分之三以上的水功能区不能达到规划要求。

表7－2　2004年以来漳卫南运河水功能区水质达标情况

时间	功能区达标率(%)	功能区不达标率(%)	功能区水质监测数(个)
2004年1—3月	28.8	71.4	7
2004年4—6月	28.8	71.4	7
2004年7—9月	28.8	71.4	7
2004年10—12月	28.8	71.4	7
2005年1—3月	28.8	71.4	7
2005年4—6月	33.3	66.7	6
2005年7—9月	28.8	71.4	7
2005年10—12月	28.8	71.4	7
2006年3月	28.8	71.4	7
2006年6月	25	75	4
2006年9月	20	80	5
2006年12月	25	75	4
2007年3月	14.3	85.7	7
2007年6月	16.7	83.3	6

续表

时间	功能区达标率（%）	功能区不达标率（%）	功能区水质监测数（个）
2007年9月	20	80	5
2007年12月	20	80	5
2008年3月	0	100	6
2008年6月	33.3	66.7	6
2008年9月	20	80	5
2008年12月	20	80	5
2009年3月	16.7	83.3	6

数据来源：漳卫南运河管理局水资源保护处：《漳卫南运河水功能区水质状况通报》，2008年第1－42期，漳卫南运河网。

（三）漳卫南运河功能区水质状况的横向比较

《海河流域水污染防治规划（2006—2010）》指出："漳卫南运河水系七个跨省界断面中，除浊漳河王家庄断面外，其余六个均未达到'十五'计划目标要求"。[①] 这足见"十五"时期漳卫南运河跨界水质状况之恶劣。

表7－3显示的是2008年11月漳卫南运河水功能区水质状况。之所以选择该月度的数据，是因为该数据与较多季度或月份的监测与评价结果相近。表7－3可见，漳卫南运河上游区域水质状况相对较好，岳城水库水源地保护区、共产主义渠河南新乡市鹤壁市开发利用区达到水功能区目标，而漳卫南运河中下游的水功能区全部没有达标，豫、冀、鲁三省跨界河段水质极为恶劣。

（四）漳卫南运河流域水污染排放的纵向与横向比较

漳卫南运河流域属于海河流域的重要组成部分。由于缺乏漳卫南运河流域水污染排放的完整的统计数据，这里以海河流域部分省（市）1995—2010年化学需氧量（COD）的排放量作为比较分析的对象。见表

① 资料来源：《海河流域水污染防治规划（2006—2010）》第四条"水环境质量状况"。

表 7-3　　2008 年 11 月漳卫南运河水功能区水质状况

序号	水功能区名称	河流（水库）名称	监测断面	行政区	水质现状	水质目标	是否达标	与上月比污染趋势	主要污染物
1	岳城水库水源地保护区	岳城水库	库心	冀	Ⅱ	Ⅱ	是		
2	共渠河南新乡市鹤壁市开发利用区	共产主义渠	大碾桥	豫	Ⅲ	Ⅴ	是		
3	卫河河南开发利用区	卫河	小河桥		劣Ⅴ	Ⅴ	否	加重	挥发酚、氨氮、总磷、COD_{cr}
			杨庄桥		劣Ⅴ	Ⅴ	否	加重	挥发酚、氨氮、总磷、COD_{cr}
4	卫河豫冀缓冲区	卫河	龙王庙	豫→冀	劣Ⅴ	Ⅴ-Ⅳ	否	持平	总磷、氨氮、COD_{cr}
5	卫运河冀鲁缓冲区	卫运河	北馆陶	冀Ⅱ鲁	劣Ⅴ	Ⅳ	否	减轻	总磷、COD_{cr}
			先锋桥		劣Ⅴ	Ⅳ	否	加重	总磷、I_{Mn}、COD_{cr}
			白庄桥		劣Ⅴ	Ⅳ	否	加重	COD_{cr}、I_{Mn}、总磷、氨氮
			四女寺		劣Ⅴ	Ⅳ	否	减轻	总磷、COD_{cr}、I_{Mn}
6	南水北调东线输水保护区	南运河	第三店	鲁→冀	劣Ⅴ	Ⅱ	否	加重	氨氮、总磷、COD_{cr}、I_{Mn}
7	漳卫新河冀鲁缓冲区	漳卫新河	袁桥	冀Ⅱ鲁	劣Ⅴ	Ⅳ	否	加重	总磷、I_{Mn}、COD_{cr}
			吴桥		劣Ⅴ	Ⅳ	否	加重	氨氮、总磷、I_{Mn}、COD_{cr}
			王营盘		劣Ⅴ	Ⅲ	否	加重	总磷、COD_{cr}、氨氮、I_{Mn}
			辛集		劣Ⅴ	Ⅲ	否	减轻	COD_{cr}、I_{Mn}

数据来源：漳卫南运河管理局水资源保护处，《漳卫南运河水功能区水质状况通报》2008 年 11 月（总第 39 期），漳卫南运河网。

7-4。表 7-4 可见，海河流域所属的山西省、河北省、河南省、山东省和天津市，从 1995—2010 年的 15 年期间，COD 的排放量总体上呈现出持续下降的状态。以此类推，十多年来，漳卫南运河 COD 的排放量呈现持续下降的趋势。

表 7－4　　1995—2010 年海河流域部分省（市）COD 排放量　　单位：万吨

省（市）	1995	2000	2005	2010
山西省	16. 2	11. 9	13. 8	11. 8
河北省	100. 5	70. 7	66. 1	56.2
河南省	53. 0	25. 7	17. 2	15. 4
山东省	49. 2	12. 9	20. 3	16. 6
天津市	39. 6	18. 6	14. 6	13. 2
合　计	258. 5	139. 9	132. 0	113. 2

数据来源：《海河流域水污染防治规划（2006－2010）》，《海河流域水污染防治“十五”计划》。其中，1995 年、2000 年、2005 年的数据为实际排放量，2010 年的数据为规划目标。

表 7－5 为漳卫南运河 1980 年—2000 年废水入河量和 COD 入河量的情况。表 7－5 说明，1980—2000 年的 20 年间，漳卫南运河废水入河量呈现递增趋势，COD 的入河量，于 20 世纪 90 年代末期达到高峰，在总量控制的背景下，“十五”以来呈现出下降的趋势（结合表 7－4 加以推测）。但是，废水排放量的逐年递减并未导致水功能区水质的改善。

通过上述分析可知，30 年来漳卫南运河废水入河量经历了先是上升（20 世纪 90 年代以前）后是下降（20 世纪 90 年代末期以来）的变化趋势，但目前劣于Ⅴ类水质河段和水功能区水质不达标率均超过四分之三以上，其中，漳卫南运河上游（山西省境内部分）水质相对较好，而中下游（河南省、山东省、河北省和天津市境内部分）水质十分恶劣，属于全国水污染最严重的流域之一。

表 7－5　1980—2000 年漳卫南运河废水入河量和 COD 入河量

年份	废水入河量（亿吨）	COD 入河量（万吨）
1980	4. 18	—
1985	5. 23	—
1990	6. 07	13. 06
1998	7. 35	20. 49
2000	8. 4	19. 5

数据来源：《海河流域水污染防治“十五”计划》；刘传武等，漳卫南运河水污染问题及对策措施，水信息网，http：//www. hwcc. com. cn，2002 年 2 月 25 日。

二、漳卫南运河流域水环境保护的困境

（一）水量与水质的矛盾十分尖锐

漳卫南运河流域地处温带半干旱、半湿润季风气候区，属于湿润和干旱地区的过度带。根据海河流域水资源综合规划成果，漳卫南运河 1956—2000 年多年平均降水量为 549 毫米，全流域每年人均水资源拥有量为 212 立方米①，只有全国平均水平的 1/10，世界平均水平的 1/35。

由于人口众多、经济发展迅速，在工业化进程中，漳卫南运河流域水污染状况不断加剧，水污染物排放量突破了水环境承载能力，导致水质恶化，3/4 以上的水功能区不能达标。

水环境质量与水资源数量是密不可分的。水量的多少与水质的优劣，存在四种组合：一是“水量多，水质优”，二是“水量多，水质劣”，三是“水量少，水质优”，四是“水量少，水质劣”。相对而言，水量多容易保持水质优，水量少较难保持水质优。而漳卫南运河存在的现象正是水量少与水质劣的并存，“有河皆干，有水皆污”就是对该流域的经典概括。

① 漳卫南运河水资源概况，http：//www. zwnj. gov. cn，2008 年 10 月 17 日。

（二）上游与下游的矛盾十分尖锐

漳卫南运河全长932公里，山西与河北、河北与天津、山西与河南、河南与河北之间均存在上下游的关系。在省与省、市与市、县与县的上下游之间呈现出多重矛盾：第一，上下游争水矛盾突出。由于漳卫南运河流域的水资源总量是给定的，上游多用了，下游就得少用；下游想多用，上游就得少用。根据漳卫南运河管理局的分析，漳河、卫河上游水资源的过度开发，导致两河下泄水量大幅度下降甚至无水可泄。① 由于上下游水资源的此消彼长的特性，导致上下游争水矛盾。第二，上下游水污染纠纷突出。由于流域水资源的流动性特征，上游的污水排放必然影响下游的水环境质量。上游污水排放的负外部性导致上下游之间的水事纠纷不断。第三，上下游保水矛盾突出。下游的经济社会发展要求上游加强水环境保护，上游加强水环境保护意味着要禁止某些产业发展而付出较大的机会成本。由于上游水环境保护的正外部性导致上下游水环境保护成本分摊的矛盾。

（三）左岸与右岸的矛盾十分尖锐

漳卫南运河不仅存在上下游之间的关系，由于作为一条界河，还存在着左右岸之间的关系。河南与河北、河北与山东之间均属于左右岸的关系。左右岸之间同样存在争水矛盾、水污染矛盾和水环境保护的矛盾。在世纪之交的几年中，关于漳卫南运河的水污染问题的报道频出。② 其中关注的焦点之一就是漳卫南运河河北省与山东省跨界水污染纠纷问题。

---

① 漳卫南运河管理局：《漳卫南运河水生态环境恢复对策初探》，水信息网，http://hwcc.com.cn，2002年3月27日。

② 代表性的报道有：1998年8月4日，《中国环境报》的《黑水·黑水》；1999年1月5日，《中国水利报》的《黑水之争》；1999年3月12日，《中国市场报》的《沧州人该当呼喊，德州污染应早日结束》；1999年10月20日，《人民日报》的《卫运河水何日清》；1999年11月9日，《中国水利报》的《沉重的伤痕》；2000年4月30日，《中国环境报》的《80万铺就排污路》；2001年4月13日，《人民日报》的《导污工程纷纷上马，警惕莫成污染搬家》；2001年9月21日，《齐鲁晚报》的《滨州4名全国人大代表呼吁加强漳卫新河污水治理》；2001年12月6日，《中国青年报》的《甩不掉的污水绕无棣》等等，中央电视台和各地电视台也进行了大量的报道。

（四）地上与地下的矛盾十分尖锐

依靠漳卫南运河流域自身的地表水资源和引黄工程水资源均不足以解决水资源短缺问题，地下水成为该流域的主要水源，农业灌溉大多以地下水为主。漳卫南运河秤沟湾以上2000年总供水量为45.18亿立方米，其中，当地地表水量10.60亿立方米，地下水供水量31.05亿立方米。可见，地下水成为主要水源，占总供水量的68.7%，而地表水只占总供水量的23.4%。[1]

地下水的过度开采，导致地下水水位的下降和大漏斗的形成。例如，以天津、沧州、德州为中心的大面积的深层地下水漏斗区已达2.14万平方公里[2]，由此引起地面不均匀沉降等一系列地质灾害问题。

第二节　流域水污染管理的已有政策评价

一、政府管制手段评析

政府主导型的管制手段既发挥了特定时期的积极作用，又阻碍了市场导向型的经济手段长效机制的形成。

漳卫南运河流域在环境保护上呈现出“重管制手段，轻经济手段”的现象。主要表现在如下几个方面：

（一）面向政府，采取断面考核与奖惩机制

流域所在的各省市普遍建立了政府环境责任追究制度，各级政府层

① 《漳卫南运河水资源开发利用概况》，漳卫南运河网，http://www.zwnj.gov.cn，2008年10月17日。

② 漳卫南运河管理局：《漳卫南运河水生态环境恢复对策初探》，2002年3月27日，水信息网，http://www.hwcc.com.cn。

层签订环境目标责任书，大力推进水环境整治。特别值得一提的是，河北省于2008年在子牙河水系主要河流实行跨市断面水质目标责任考核、试行扣缴生态补偿金政策并取得显著成效。在此基础上，2009年将该制度推广到包括漳卫南运河在内的全省七大水系主要河流，全面实行跨界断面水质目标考核。[①] 这种机制不仅与地方政府官员的政绩挂钩，而且根据污染超标情况直接从财政扣钱作为生态补偿金。这种让污染区域“既丢官又丢钱”的做法，大大强化了地方政府的责任，在跨界污染管理方面属于全国首创。

（二）面向企业，采取关停手段促进产业升级

造纸业是流域所在区域的支柱产业，在巨大的环境保护压力面前，各地纷纷选择关停造纸厂的做法，例如，河南省新乡县2002年有29家造纸企业，自2003年以来共关闭造纸企业20家，关闭制浆规模104万吨，从根本上削减污染负荷。

（三）面向公众，大力建设污染治理设施和排污河道

河北省仅2008年就建成109座污水处理厂，2009年还有50座在建。目前，流域所在的大多数县（市）已经拥有污水处理厂。山东省德州市于新世纪之初与河北省沧州市发生严重的污染冲突，为此，经过专家论证，山东省在自己境内修建河道，让污水从山东境内直排入海。

管制手段的采用有其特定的时代背景：一是从20世纪70年代末期以来直到“十五”时期，漳卫南运河流域的环境污染总体处于不断恶化的状态，不采取管制手段难以遏制这种恶化的态势；二是从中国国情看，至今仍属于“强政府”体制，在这种体制下经济发展靠政府强力推动，环境保护也要靠政府强力推动；三是中国市场化改革的区域比较看，漳卫南运河流域属于市场化改革相对滞后地区，市场功能弱而政府功能强。

① 河北省人民政府办公厅：《关于实行跨界断面水质目标责任考核的通知（办字【2009】50号）》，2009年3月30日；河北省人民政府办公厅：《关于在子牙河水系主要河流实行跨市断面水质目标责任考核并试行扣缴生态补偿金政策的通知（办字【2008】20号）》，2008年3月6日。

正是在这些背景下，该流域的环境管理中，经济手段的功能十分微弱，仅仅局限于排污收费机制。而在跨界水污染管理中基本上没有采用经济手段。

从调研成果看，运用经济政策管理漳卫南运河跨界水污染防治的时机已经到来。原因是：第一，从环境保护的阶段看，实施最严格的环境保护政策以来，漳卫南运河污染减排政策已经初见成效，有可能转用保护成本更低的经济手段。第二，从政府角色的转换看，政府机构改革以来政府正在从“大政府、强政府”向“服务型政府、高效率政府”转变，这为市场手段替代管制手段创造了条件。第三，从市场机制的发育状况看，市场经济体制正在从初级市场经济向现代市场经济转型，完善的现代市场经济体制的形成为经济手段的运用营造了良好的市场基础。

二、浓度控制手段评析

近三十年的浓度控制机制在特定历史时期发挥了积极作用，但是在新的时期已经与总量控制机制、功能控制机制发生严重冲突。

漳卫南运河流域水污染权的使用模式有下列几种：一是“自由取用模式”，每个经济主体可以自由取用水污染权，以为水污染权可以无限供给而无需控制。20 世纪 80 年代以前基本上属于这种模式。二是“浓度控制模式”，废水排放企业排放污染物只要求“达标”，而不考虑其排放数量，“达标排放，排污收费，超标罚款”是这种模式的基本特征。近三十年来主要采取这种模式。三是“总量控制模式”，严格控制区域内污染物排放的总量，这主要从“十五”时期开始探索，逐渐被环境保护部门所接受。四是“功能控制模式”，以河流交界断面的水环境质量作为环境保护的考核目标，这主要从“十一五”时期开始探索。

“自由取用模式”早已成为历史，而目前的现状是“浓度控制模式”、“总量控制模式”和“功能控制模式”同时并存，出现了严重的“制度摩擦”。

首先，“浓度控制模式”与“总量控制模式”的冲突。浓度控制适用于排放总量有限的前提条件下，在排放总量很大的情况下，完全可能出现“浓度控制达标”而排放总量超过“环境容量极限”的现象。假如某个区域的化学需氧量（COD）的环境容量是M，企业达标排放COD的浓度是P，而排放废水的数量是X。那么，当$PX \leqslant M$时，浓度控制模式是有效的；而当$PX > M$时，浓度控制模式就失效了。可见，浓度控制模式的关键变量在于达标废水的排放数量X。

其次，浓度控制模式与功能控制模式的冲突。浓度控制模式只管“点源”控制，不管区域环境状况。由于环境污染具有累积效应，在环境容量有限的情况下，众多的达标“点源”排放的污水，完全可能导致水功能区不达标的结果。事实正是如此。

功能控制模式是一种理想的流域水环境管理模式。但是，目前，漳卫南运河水功能区75%以上均超标的情况下，以此作为水环境考核的标准，政策过于超前，可能严重阻碍区域经济的发展。实事求是的做法就是严格实施总量控制模式，逐步逼近水功能区环境保护目标。在条件成熟时再由“总量控制模式”转向“功能控制模式”。

三、“关小扶大”政策评析

产业结构升级中采取的“关小扶大”的措施在特定时期削减了污染排放，但是在环境容量极度稀缺的地区依然没有实现环境友好型产业结构的目标。

在晋冀鲁豫四省调研中发现，面对环境污染的严峻形势，流域内各个地区对污染型产业普遍采取了“关小扶大”的产业管制手段。如果仅仅从某个污染产业内部加以考察，这是合理的选择，因为大企业的单位产值的污染排放量小、单位污染的治理成本低。但是，如果对各大行业进行比较分析就发现，大规模的污染企业占据了区域的绝大多数环境容量，关停小企业并没有实现产业结构转型升级的目标。

《海河流域水污染防治规划（2006—2010）》指出："造纸及纸制品业、化学原料及化学制品制造业、食品加工业、医药制造业、纺织业等五个行业的COD排放量占全部重点工业企业的70%以上，是排污总量削减的重点行业。"① 作为海河流域组成部分的漳卫南运河流域的排污状况大致也是如此。通过关停"小造纸"后，"大造纸"企业的技术进步也十分迅速，例如新乡市所有制浆造纸企业，通过两轮技术创新和深度治理，COD浓度由400mg/l降至120mg/l，优于国家和省定污染物排放标准。而河南省政府对新乡市出境断面COD的要求分别是：2009年为80mg/l、2010年为65mg/l。对于卫河而言，基本没有天然径流。在这种情况下，出境水的水质要求远高于企业达标排放的标准，而要求企业排放的废水达到出境水的标准，其边际成本是极其昂贵的。这样，就面临着关闭"大造纸"与要求"大造纸"高成本治污的两难选择。

漳卫南运河流域极度稀缺的水环境容量的事实表明，造纸业等高污染产业只有两条路可以选择：一是按照循环经济的理念实施水资源的循环利用，力求"零排放"；二是关闭"大造纸"，将水环境容量让位于清洁型产业。

四、流域管理机构评析

中央政府和流域管理机构对于跨界水污染问题给以高度重视，但是尚未形成条块之间协同治理的长效机制。

针对漳卫南运河流域的特殊性，各方采取了一些措施。首先，中央政府高度关注。中央领导对漳卫南运河的水利和环保工作多次作出重要批示。其次，早在1958年国家水利部就成立了正局级的海河水利委员会漳卫南运河管理局，承担防汛抗旱、水利工程管理、水行政管理、水资源管理和保护、水土保持、处理水事纠纷、河滩等资源开发、流域规划

① 资料来源：《海河流域水污染防治规划（2006—2010）》，第四条"水环境质量状况"。

等职能。再次，在跨界污染纠纷产生后，加强了行政协调。

但是，至少存在条块之间的三对矛盾：第一，“条”与“条”的矛盾，集中表现在水利部门与环保部门的矛盾。五十年来，漳卫南运河管理局发挥了十分重要的作用，也关注水环境保护，但是，由于其主要功能是进行水资源管理工作，存在水资源管理和水环境保护“两张皮”的现象。环境保护部门并未采取流域管理机制，也缺乏足够的协调能力。水生态状况、水环境质量很大程度上取决于生态用水、环境用水的多少。而水环境的主管部门是环保部门，水资源的调配部门是水利部门，由此导致两个部门之间的协调困难。第二，“条”与“块”的矛盾。作为“条”的漳卫南运河管理局主要承担的是水利部门的职能，难以承担跨界水污染管理的主要责任。作为“块”的四省一市政府具有流域环境保护的职责，但是只能局限于本辖区范围之内。辖区之间的跨界水污染管理出现“真空”。第三，“块”与“块”的矛盾。流域内四省一市政府部门各自代表不同群体的利益，其目标函数和偏好存在不一致性。而流域上下游、左右岸之间的高度关联性使得区域之间的矛盾凸现。总体上看，漳卫南运河流域尚未形成条块之间协同治理的长效机制。

在中国的国情下，经济手段的运用要以法律手段和行政手段等强制性手段为前提。因此，漳卫南运河需要构建流域综合治理的协调机制。

第三节　流域跨界水污染管理的经济政策设计思路

一、经济政策设计的几个原则

漳卫南运河流域的基本实情是：人口众多，经济薄弱，污染严重，环境脆弱。因此，考虑跨界水污染管理的经济政策必须遵循下列几个原则：

（一）统筹环境保护与经济发展的原则

漳卫南运河流域属于经济发展水平不高、环境污染严重的区域，在经济社会发展的导向上必须统筹环境保护与经济发展，既要讲环境污染的“限制”，又要讲经济发展的“需要”，既不能只要经济增长不顾环境保护，又不能只讲环境保护不顾经济增长。

（二）统筹局部利益和全局利益的原则

漳卫南运河流域通过水系将四省一市紧密地联系在一起。由于水资源的流动性特征使得水资源的开发和水环境的保护具有极强的外部性。因此，既要反对为了局部地区的利益损害全局利益的做法，又要反对为了全局利益不顾局部利益的做法，而要统筹局部利益和全局利益。为此，在跨界水污染管理上应该采取相对统一的经济政策。

（三）统筹当前利益和长远利益的原则

漳卫南运河水资源的开发已经超过合理的限度，污水的排放已经超过水环境容量。长此以往，漳卫南运河可能成为“死河”。因此，必须放眼长远，加强环境保护；同时，又要立足现状，考虑政策的平稳过渡。这就要求漳卫南运河流域的环境经济政策不能过于超前，但要适度超前。

（四）统筹水环境与水资源的原则

漳卫南运河流域存在的问题不仅仅是水环境问题，同时也是水资源问题，而且两者密不可分，水资源的改善会促进水环境的保护，水环境的改善会促进水资源的优化。因此，必须统筹水污染治理与水资源管理，而要反对单打独斗的政策选择。

二、经济政策制定的战略目标

（一）经济生态化战略

经济生态化战略，就是要求人类经济活动既要遵循经济规律，又要遵循生态规律，使经济活动建立在不损害生态环境的基础之上或把经济活动对自然环境的负面影响降到最低程度。经济生态化的关键在于使经济发展速度与环境承载能力相适应，使经济发展建立在自然资源可承载的基础之上。经济生态化的基础在于大力发展循环经济、生态经济，建设资源节约型、环境友好型社会。经济生态化战略的实施旨在为流域保障必要的生态用水和环境用水，从而为流域可持续发展奠定必要的生态基础。

（二）生态经济化战略

生态经济化战略，就是自然界的所有物品不能仅仅考察其生态环境功能，还要考察其生态环境价值，不能将它们当作免费使用的自由物品，而要把它们视作宝贵的经济资源，要将生态环境作为稀缺资源，按照市场经济规律赋予生态资源价值，从而使得生态环境及自然资源的配置、流通和使用可以通过市场机制得以实现和运转。生态经济化战略的实施旨在通过生态环境资源的有偿使用，促进环境容量资源的优化配置。

（三）生态经济协调发展战略

生态与经济两个系统既相对独立，又相互依存。经济发展要以良好生态为基础，而生态保护又有赖于经济发展。两者具有良性互动的内在耦合性，也具有恶性循环的外在互斥性。生态经济协调发展战略就是要把生态与经济看作一个互促共进的系统，以生态文明观引领经济协调发展，以经济协调发展促进生态文明建设，实现生态系统协调、经济系统协调、生态系统与经济系统的相互协调的目标。

三、环境经济政策的可选菜单

环境保护政策总体上包括别无选择的强制性机制、权衡利弊的选择性机制和道德教化的引导性机制等三种类型。别无选择的强制性机制是指环境管理者对经济主体进行“命令—控制”式的刚性约束从而实现环境保护目的的政策手段。权衡利弊的选择性机制是指环境管理者向经济主体提供一套经济政策使之通过趋利避害和优化选择实现环境保护目标的政策手段。道德教化的引导性机制是指环境管理者通过对经济主体的道德教育并使之转化为内心信念从而实现环境保护目标的政策手段。

总体上看，参与环境保护的主体主要有作为环境管理者的政府、作为环境污染者的企业和作为环境使用者的公众。三种机制针对三个主体，可以形成表7－6所示的政策矩阵。

表7－6　　跨界水污染管理的政策矩阵

机制	政府	企业	公众
强制性机制	取水总量控制、排污总量控制、水功能区控制、环境责任追究、环境保护一票否决、环境污染损害赔偿、主体功能区域划分等	禁止发展产业目录、污染产业关停政策、企业用水总量控制、企业取水许可制度、企业排污总量核定、企业排污许可制度等	水源保护区的严格管制、自然保护区禁入、危险物品管制等
选择性机制	断面考核奖惩制度、区域环保奖惩制度、区域水权交易制度、区域水污染权交易制度等	水权有偿使用、水污染权有偿使用、水权交易、水污染权交易、生态保护补偿、环境税费等	用户环境收费、产品环境税费、押金—退款、水资源税费等
引导性机制	断面环境监测结果的信息公开、区域环境质量信息公开、政府官员的环境教育、政府绿色采购等	企业污染排放的信息公开、企业产品的环境标志、对企业员工的环境教育等	对公众的环境保护意识教育、鼓励绿色消费、非政府组织（NGO）的作用等

四、环境经济政策的总体构想

漳卫南运河流域地区总体上处于工业化的中期，还将继续推进工业化；处于环境污染的趋缓期，环境污染依然比较严重；处于市场机制的完善期，市场发育还有潜力。基于这样的判断，采取单一的权衡利弊的选择性机制是行不通的。选择性机制适用于环境恶化趋势得到遏制的时期，适用于市场机制比较健全、法律制度比较完善的国家和地区。因此，就漳卫南运河流域而言，别无选择的强制性机制是跨界水污染有效管理的前提，权衡利弊的选择性机制是跨界水污染有效管理的核心，道德教化的引导性机制是跨界水污染有效管理的补充。

根据漳卫南运河流域属于水资源极其短缺、水污染极其严重的双重问题聚焦区，该流域跨界水污染管理的总体构想是：统筹解决水资源和水环境问题，构建起“双总量控制、双有偿使用、双交易机制”的政策框架。“双总量控制”就是水权总量控制和排污权总量控制。“双有偿使用”就是水权有偿使用和排污权有偿使用。“双交易机制”就是水权交易机制和排污权交易机制。

第四节 流域跨界水污染管理的重点经济政策

一、水权制度改革的建议方案

水权是就是水资源产权，它是由所有权、使用权、用益权、决策权和让渡权等所组成的权利束。在水资源丰富、人口规模有限、经济发展缓慢的时代，即取即用的共有水权制度是不会危及水资源安全和水环境安全的。但是，在水资源日渐稀缺、人口规模膨胀、经济发展迅速的时代，继续采取即取即用的共有水权制度，会导致“公地悲剧”。因此，界定水权数量，有偿使用水权，允许水权交易，是水权制度改革的必然要求。

（一）水权供给

漳卫南运河流域水权总供给数量的四个组成部分是：水权总供给数量、流域地表水水权数量、流域地下水水权数量、引黄入漳水权数量、南水北调水权数量。

如果用 WRS 表示水权总供给数量，WRS_1 表示流域地表水水权数量，WRS_1 表示流域地下水水权数量，WRS_1 表示引黄入漳（从黄河引水到漳卫南运河流域）水权数量，WRS_1 表示南水北调水权数量，那么：

$$WRS = WRS_1 + WRS_2 + WRS_3 + WRS_4 \quad (1)$$

其中，流域地表水水权数量 WRS_1 由可用水权数量与生态水权数量两个部分组成，流域地下水水权数量 WRS_2 也由可用水权数量与生态水权数量两个部分组成。引黄入漳水权数量 WRS_3 和南水北调水权数量 WRS_4 均受到被引水区域的约束，加上引水成本极高的因素，一旦引水工程竣工后就趋于相对稳定的状态。

为了保障必需的生态水权数量，全流域必须推行取水总量控制及其对应的可用水权总量控制制度，坚决杜绝随意侵占生态水权的做法。据此，在制定流域取水许可总量的基础上，分解到四省一市并进一步逐级分解到各个行政区，建立覆盖流域和省、市、县（市、区）、乡（镇）各级行政区域的取水许可总量控制指标体系。

（二）水权需求

漳卫南运河的水权总需求与其他地区一样，由三个部分组成，即生态水权数量、生产水权数量、生活水权数量。

如果用 WRD 表示水权总需求数量，WRD_1 表示生态需水权数量，WRD_2 表示生产需水权数量，WRD_3 表示生活需水权数量，那么：

$$WRD = WRD_1 + WRD_2 + WRD_3 \quad (2)$$

可使用与交易的水权数量是指剔除生态水权数量以外的水权数量，也就是生产水权数量与生活水权数量之和，也就是水权总供给与生态水权数量之差，即：

可使用与交易水权数量 = 生产水权数量 + 生活水权数量 = 水权总供给数量 - 生态水权数量

用 WRT 表示可使用与交易水权数量，那么：

$$WRT = WRD_2 + WRD_3 = WRS - WRD_1 \quad (3)$$

式（3）表明，可使用与交易水权数量与水权总供给数量成正比，与生态水权数量成反比，它必须受到生态水权数量的约束。在水资源极度稀缺的情况，人们往往不顾生态水权需求，出现侵占生态水权数量的严重问题，导致大量河段的干涸和地下水超采。从中也说明，水污染防治，不能就环境论环境，必须与水资源问题结合起来予以考虑。

（三）水权交易

水权交易是一级水权交易、二级水权交易与三级水权交易的总称。一级水权交易就是政府主导下区域水权的初始配置，漳卫南运河的可使用和交易水权数量分配到流域所在的四省一市的相关区域就是一级水权交易，按照同样的逻辑某省（市）所获得的初始水权数量在各个市（地级）、县（市、区）、乡（镇）之间的配置也是一级水权交易。二级水权交易就是区域政府主导下水权在区域之间的交易，由于区域之间水资源的边际产出水平的差异性，有的地区可以将结余的水权数量卖给水权短缺的区域。三级水权交易就是用水户主导下用水户之间的水权交易。漳卫南运河流域的水权交易制度属于多层次水权交易模式。如图 7－1 所示。

一级水权交易。一级水权交易就是要把漳卫南运河流域可使用和交易水权数量 WRT 分配到各个省、市、县（市、区）、乡（镇）等各级区域政府。各个区域可以获得的初始水权数量取决于下列因素：

区域人口——区域人口越多，可获得的初始水权数量越多；

地区生产总值——区域生产总值越大，可获得的初始水权数量越多；

区域用水基数——区域用水基数越大，可获得的初始水权数量越多。

如果用 P 表示漳卫南运河流域基期年的总人口，P_{SX}、P_{HN}、P_{HB}、P_{SD}、P_{TJ}分别表示流域内山西省、河南省、河北省、山东省、天津市的基期年的人口，那么：

$$P = P_{SX} + P_{HN} + P_{HB} + P_{SD} + P_{TJ} \quad (4)$$

如果用 GDP 表示漳卫南运河流域基期年的地区生产总值，GDP_{SX}、GDP_{HN}、GDP_{HB}、GDP_{SD}、GDP_{TJ}分别表示流域内山西省、河南省、河北省、山东省、天津市的基期年地区生产总值，那么：

$$GDP = GDP_{SX} + GDP_{HN} + GDP_{HB} + GDP_{SD} + GDP_{TJ} \quad (5)$$

如果用 W 表示漳卫南运河流域基期年的用水总量，W_{SX}、W_{HN}、W_{HB}、W_{SD}、W_{TJ}分别表示流域内山西省、河南省、河北省、山东省、天津市的基期年的用水总量，那么：

$$W = W_{SX} + W_{HN} + W_{HB} + W_{SD} + W_{TJ} \quad (6)$$

对应于上述设定的人口、地区生产总值和初始用水总量，可以采用专家评价法确定各因素的权重，分别用 K_P、K_{GDP}、K_W 表示区域人口、地区生产总值和区域用水总量在初始水权分配中的权重，而且有：

$$K_P + K_{GDP} + K_W = 1 \quad (7)$$

如果用 WRT_{SX}、WRT_{HN}、WRT_{HB}、WRT_{SD}、WRT_{TJ}分别表示流域内山西省、河南省、河北省、山东省、天津市可获得的初始水权，那么：

$$WRT_{SX} = [K_P(P_{SX}/P) + K_{GDP}(GDP_{SX}/GDP) + K_W(W_{SX}/W)] \times WRT \quad (8)$$

（8）式表示山西省可获得的初始水权数量。WRT_{HN}、WRT_{HB}、WRT_{SD}、WR_{TJ}计算公式以此类推。各省获得的初始水权数量向市、县（市、区）、乡（镇）的分配也以此类推。初始水权向各级区域政府的分配实施无偿分配制度，各级政府向用水户的分配实施有偿分配制度，而且初始水权的价格要充分显示水资源的稀缺程度和用水户的可承受能力。

上述区域水权分配的计算公式主要基于人口、经济、用水现状。如果考虑水资源禀赋因素，可以首先计算各区域占流域的水资源禀赋比重，之后根据专家评价法确定其权重，通过公式（8）进行适当的修正后计算。

二级水权交易。二级水权交易就是根据区域用水需求、区域节水成本、区域水资源禀赋等状况决定买进还是卖出区域水权。区域水权交易可以是同级政府之间的交易，如河北省与山东省之间的交易，也可以是不同级政府之间的交易，如河北省政府与山西省某个市之间的交易。

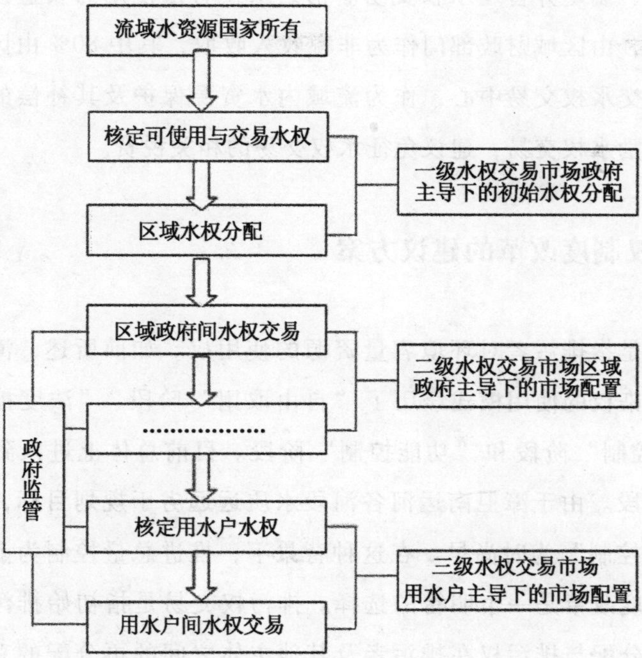

图7-1 漳卫南运河流域多层次水权交易模式

三级水权交易。当各级政府将水权有偿分配给各个用水户后，由于用水户的水资源利用效率的差异、节水技术及节水成本的差异等因素，可以导致用水户之间的水权调剂。

总之，通过三级水权交易制度的建立，可以大大提高水资源的配置效率和利用效率。

(四) 水权管理

随着水资源短缺状况的加剧，各国普遍认识到水资源管理重心必须从“供给侧管理”转向“需求侧管理”，也就是从“因需定供”原则转向“因供定需”原则。而水权制度改革是“需求侧管理”的核心，是节水型社会建设的核心。为了加强水权制度的改革，推进水权交易制度，建议在漳卫南运河流域管理局增设水权交易中心。该中心的主要职责是：核定流域可使用和交易水权数量、负责区域水权的初始分配、制订初始水权的价格、制定并管理水权交易。初始水权有偿使用的收益按照属地管理的原则，由区域财政部门作为非税收入收取，其中80%由区域政府支配，20%交水权交易中心，作为流域内水资源保护及其补偿的专项基金。为了鼓励水权交易，建议免征水权交易的相关税费。

二、排污权制度改革的建议方案

排污权是指排污者对环境容量资源的使用权。如前所述，漳卫南运河流域水污染权的使用模式经历了“自由取用”阶段、“浓度控制”阶段、“总量控制”阶段和“功能控制”阶段。目前总体上进入到了“总量控制”阶段。由于漳卫南运河各河段水质远远劣于规划目标，实现水环境“功能控制”为时尚早。在这种背景下，推进总量控制为前提的排污权交易制度改革是一个明智的选择。排污权交易是指初始排污权在排污者之间的分配与排污权在排污者及其他主体之间的再分配的总称。漳卫南运河流域排污权交易模式如图7-2所示。

（一）按照总量控制原则核定与分配流域排污总量

流域排污总量的核定有两种方法，即目标总量法和容量总量法。基于环境污染排放的现状及环境容量计算的难度，建议按照目标总量法来确定，以五年计划确定的主要污染物排放总量（或上级政府核定的排污总量）控制目标为流域排污总量。对于漳卫南运河流域而言，排污权制度改革的过程正好也是污染减排的过程，流域排污总量必然是一个由大到小的渐进过程直到理想结果（达到合意的环境容量），与此相对应，环境质量状况也是由不太满意到比较满意的渐进过程直到满意结果（达到合意的环境质量）。因此，漳卫南运河流域排污总量的确定要遵循下列原则：一是尊重现状原则，以现状排放总量为总量控制的基数；二是动态调整原则，按照污染减排要求逐年递减排污总量。

化学需氧量（COD）、磷、氮等流域排污总量核定后，就要将它分配给各个区域。流域排污总量的分配取决于下列因素：

区域人口——区域人口越多，可获得的排污权数量越多；

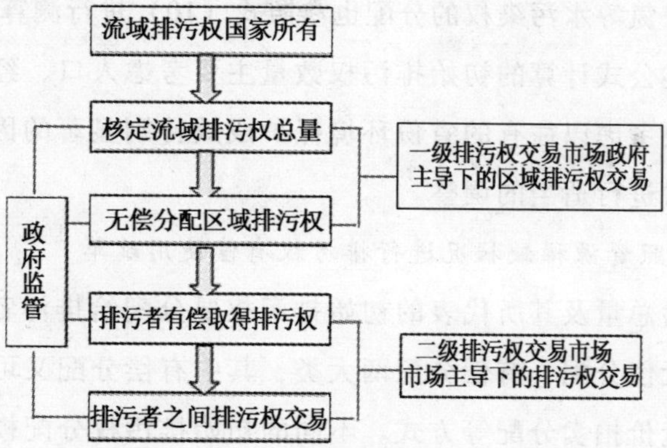

图 7－2　漳卫南运河流域排污权交易模式

地区生产总值——区域生产总值越大，可获得的排污权数量越多；

区域排污量基数——区域排污量基数越大，可获得的排污权数量越多。

以化学需氧量为例，如果该流域在基期年化学需氧量的排放量为 COD，COD_{SX}、COD_{HN}、COD_{HB}、COD_{SD}、COD_{TJ}分别表示流域内山西省、河南省、河北省、山东省、天津市的基期年的化学需氧量排放数量，那么：

$$COD = COD_{SX} + COD_{HN} + COD_{HB} + COD_{SD} + COD_{TJ} \tag{9}$$

如果核定该流域允许排放与交易的化学需氧量的排污权数量是 PRT，如果用 PRT_{SX}、PRT_{HN}、PRT_{HB}、PRT_{SD}、PRT_{TJ}分别表示流域内山西省、河南省、河北省、山东省、天津市可获得的初始排污权，那么：

$$PRT_{SX} = [K_P (P_{SX}/P) + K_{GDP} (GDP_{SX}/GDP) + K_{COD} (COD_{SX}/COD)] PRT \tag{10}$$

（10）式表示山西省可以获得的化学需氧量的初始排污权，PRT_{HN}、PRT_{HB}、PRT_{SD}、PRT_{TJ}计算公式以此类推。其中，K_P、K_{GDP}、K_{COD}表示区域人口、地区生产总值和区域化学需氧量在初始排污权分配中的权重，可以通过专家评价法得到各因素的权重系数，且满足：

$$K_P + K_{GDP} + K_{COD} = 1 \tag{11}$$

各省获得的初始排污权向市、县（市、区）、乡（镇）的分配也以此类推。磷、氮等水污染权的分配也参照式（10）进行测算。

按照上述公式计算的初始排污权数量主要考虑人口、经济和污染的基数。如果要考虑以往有的省份环境保护成效特别显著的因素，可以对上述计算公式进行适当的调整。

（二）按照资源稀缺状况进行排污权有偿使用改革

流域排污总量及其所代表的初始排污权要分配给排污者。初始排污权的分配有无偿分配、有偿分配两大类，其中有偿分配又可以分为政府定价分配、竞价拍卖分配等方式。不同的初始排污权分配模式不影响排污权均衡价格的形成。由于漳卫南运河流域环境容量资源的特殊稀缺性，建议实施有偿使用初始排污权制度。这是因为，环境容量是一种有限的资源，是稀缺的“经济物品”，它必然是有价的。因此，初始排污权有偿使用是排污权稀缺性的具体化，是排污权的经济价值的体现，是排污权的社会价值的体现，是排污权的生态价值的体现。实施初始排污权有偿使用制度，有利于加速排污权交易机制的建立，有利于环境容量资源的优化配置。

排污权的初始价格确定，近期可采用政府统一定价方式，依据各地区实际情况和市场发育成熟程度，逐步开展竞价拍卖等方式，完善排污权有偿取得的价格形成机制。

排污权初始价格的决定尚无统一的计算公式和标准。率先开展排污权交易试点的江苏省在实际操作中，向污水处理厂排放 COD 的企业，有偿使用收费标准为 2600 元/年吨；直接向环境排放水污染物的纺织染整、化工、造纸、钢铁、电镀、食品等 6 个主要行业化学需氧量排放指标有偿使用收费标准为 4500 元/年吨。

最早开展排污权有偿使用的浙江省嘉兴市确定造纸、印染、化工、医药等十大重污染行业暂时实行统一价格，每吨 COD 为 8 万元，使用期限为 20 年，不考虑贴现因素，相当于 4000 元/年吨的价格。浙江省诸暨市采取新老企业区别对待的方式，2006 年底前的老企业 COD 有偿使用价格 8000 元/吨；2007 年后的新增排放量 COD 有偿使用价格为 2 万元/吨，使用期限为 10 年。不考虑贴现因素，相当于老企业按照 800 元/年吨的价格，新企业按照 2000 元/年吨的价格。

初始排污权分配要实现从“无偿分配”到“有偿分配”的转变，必须想方设法减少制度创新的阻力。可以采取的措施是：近期（如“十一五”时期以内），原有排污单位无偿取得或优惠价格有偿取得排污权，而新增排污单位通过有偿取得排污权；远期（如“十一五”时期以后），所有排污单位均有偿取得排污权。基于漳卫南运河流域的经济发展水平低于江浙地区，而水环境容量又比江浙地区更加稀缺，建议漳卫南运河流域的初始排污权价格适当低于江浙等试点地区。

（三）按照行政许可要求核发排污许可证

排污许可证是排污权初始分配完成后，由政府环境保护行政主管部门颁发给排污单位的初始排污权使用许可证。排污许可证既是排污单位合法排放污染物的权利体现，也是其治理污染物的责任约束，既是政府环境管理的重要微观基础，又是排污单位进一步参与排污权二级市场交易的基本依据。排污许可证应当明确排污单位合法排放污染物的种类、数量，排污权的使用期限，污染治理和污染物排放的限值标准等。排污许可证的期限定为五年比较适宜。

（四）按照交易双赢原则鼓励开展排污权交易

排污者获得初始排污权后，有的企业由于边际污染治理成本低，出现排污权的“富余”，有的企业由于边际污染治理成本高，出现排污权的“缺口”，从而自然形成排污权交易市场。具有不同边际污染治理成本的企业，通过排污权交易可以实现交易双方的“双赢”，从而使整个流域以最低的污染治理成本达到环境保护的目标，实现环境容量资源配置的最优化。这就是排污权交易的精髓。

理论上讲，在流域初始排污权分配到各个区域后，可以开展区域之间的排污权交易。由于漳卫南运河流域水环境污染状况十分严重，流域内绝大多数地区的污染排放超过环境容量，可以买入排污权的地区几乎没有，因此，建议不允许区域之间开展水污染权交易。

（五）排污权管理

排污权交易涉及众多部门，为了加强漳卫南运河流域的跨界水环境管理，建议成立事业单位性质的“漳卫南运河流域排污权交易中心”，中心隶属于国家环境保护部，同时接受国家财政部等部门的指导。中心的职能是：核定流域排污权总量，负责省际之间的分配；确定流域排污权价格，落实排污权有偿使用；制订排污权交易规则，加强排污权交易管理。

排污权交易是一项全新的环境管理制度改革，中央政府要鼓励地方政府开展排污权交易。建议初始排污权有偿使用费由地方政府作为非税收入进行征收，其中80%按照属地管理原则由地方财政部门收取，专项用于水环境保护事业；20%由排污权交易中心统一管理，作为流域内区域之间环境保护的补偿和奖励基金。严格地说，有交易就有税费。为了鼓励排污权交易，建议各级政府免征排污权交易的税费。

第五节　流域跨界水污染管理经济政策的配套措施

一、加强监测监管体系建设

监测监管体系建设是水权交易和排污权交易的基础，其主要功能是，提供基础性监测数据，提供关键性监测结果，提高流域水权和排污权使用的准确性，更加准确测算企业的取水状况和排污状况。监测监管体系的建设要着力于：第一，按照取水许可的要求，加强取水监管，防治违法取水。第二，加强水文监测体系建设，完善地表水、地下水水资源监测数据库。第三，按照排污许可的要求，加强排污监测，防治偷排漏排。第四，统一监测技术，建立全流域统一的污染源排放及交界断面水质在线监测体系。

二、加强信息统计体系建设

信息统计体系建设是水权交易和排污权交易的前提，其主要功能是：通过信息统计体系，可以核算流域水资源总量及其可交易水权数量，可以核算流域环境容量并明确排污单位的排放数量，可以使得初始水权和初始排污权数量在企业之间进行有效分配，可以掌握水权流转和排污权流转的实时状况。信息统计平台的建设应着力于：第一，明确水资源、水环境统计主体。资源环境统计应纳入统计部门的工作职责，以提高资源环境统计数据的权威性和公信力。第二，细化水资源、水环境统计项目。以水环境统计为例，在现有十六类环境统计项目基础之上应增加重要资源环境信息，例如，主要污染物排放数据、河段水质监测数据等。第三，统一水资源、水环境统计口径。基于以往的环境统计口径不一的状况，建议以2008年环境普查数据作为环境统计的基础，建立权威的环境统计数据库。

三、加强法律法规体系建设

法律法规体系建设是水权交易和排污权交易的保障，其主要功能是：有利于明确水权交易和排污权交易制度的法律地位，有利于各个经济主体对水权收益和排污权收益做出理性预期，有利于明确水权交易和排污权交易各方的权利，有利于避免和解决水权交易和排污权交易可能带来的法律纠纷。法律法规体系建设应着力于：第一，建议国家相关部门在《取水许可管理条例》的基础上抓紧时间出台水权交易管理办法、排污许可证管理条例、排污权交易管理条例等，使流域或区域的水权交易与排污权交易制度具有更加权威的法规保障。第二，抓紧制定漳卫南运河流域水资源管理条例、漳卫南运河流域水环境管理条例等法规，确立流域内水权总量控制、水权有偿使用、水权交易机制和排污权总量控制、排污权有偿使用、排污权交易机制的法律地位。第三，敦促流域内四省一市出台相应的配套法规及其实施细则等规范性文件。

四、加强财政保障体系建设

财政保障体系是水权交易和排污权交易制度建立的激励和支持，其主要功能是：通过初始排污权有偿使用保证国有产权的价值实现，通过排污权有偿使用及交易政策增加财政收入，为排污权交易中心的建立和运行维护等环境保护事业提供资金支持，明确不同经济主体之间的利益关系，明确中央政府与地方政府、地方政府与环保部门、地方政府与排污企业等在排污权交易中的利益关系。财政保障体系建设应着力于：第一，构建水权交易和排污权交易财政收入政策平台。初始水权和排污权属于国有资产，其有偿使用费作为非税收入，统一纳入财政账户。水权交易和排污权交易的税费设置要科学合理，在起步阶段建议免税。第二，构建水权交易和排污权交易的财政支出政策平台。对于为推动水权交易和排污权交易而进行的软硬件建设等提供财政支持。第三，设立水资源与水环境保护专项基金。建议中央政府按照初始水权有偿使用费和初始排污权有偿使用费的20%的额度进行相应的配套，由流域水权交易中心和排污权交易中心掌控，用作面对流域内各区域开展水资源和水环境保护的补偿基金和奖励基金等。

参考文献

第一章

1. 沈满洪、高登奎等：《生态经济学》，中国环境科学出版社 2008 年版。

2. 沈满洪、陈庆能等：《水资源经济学》，中国环境科学出版社 2008 年版。

3. 沈满洪：《水权交易制度研究——中国的案例分析》，浙江大学出版社 2005 年版。

4. 沈满洪：《环境经济手段研究》，中国环境科学出版社 2001 年版。

5. 沈满洪、蒋国俊、陈凯旋等：《绿色制度创新论》，中国环境科学出版社 2005 年版。

6. 沈满洪、陈凯旋、魏楚等：《资源节约型社会的经济学分析》中国环境科学出版社 2007 年版。

7. 阮本清等：《流域水资源管理》，科学出版社 2001 年版。

8. 翁文斌等：《现代水资源规划——理论、方法与技术》，清华大学出版社 2004 年版。

9. 杨桂山等：《流域综合管理导论》，科学出版社 2004 年版。

10. 傅涛等：《中国城市水业改革实践与案例》，中国建筑工业出版社 2006 年版。

11. 联合国粮农组织：《水资源政策改革》，中国农业科技出版社 2000 年版。

12. 姬振海主编：《生态文明论》，人民出版社 2007 年版。

13. 李明华、李可等：《可持续发展和环境法学方法》，吉林人民出版社 2005 年版。

14. 马传栋：《工业生态经济学与循环经济》，中国社会科学出版社 2007 年版。

15. 万劲波、赖章胜：《生态文明时代的环境法治与伦理》，化学工业出版社 2007 年版。

16. 薛晓源、李慧彬：《生态文明研究前沿报告》，华东师范大学出版社 2007 年版。

17. 余谋昌：《生态哲学》，陕西人民教育出版社 2000 年版。

18. 张慕葏、贺庆棠、严耕：《中国生态文明建设的理论与实践》，清华大学出版社 2008 年版。

19. 诸大建：《生态文明与绿色发展》，上海人民出版社 2008 年版。

20. 中国现代化战略研究课题组：《中国现代化报告 2006——社会现代化研究》，北京大学出版社 2006 年版。

21. 中国现代化战略研究课题组：《中国现代化报告 2007——生态现代化研究》，北京大学出版社 2007 年版。

22. 联合课题组：《转型期中国水资源配置机制研究》，《经济研究参考》2002 年第 20 期。

23. 邢福俊：《加强水资源需求管理的研究》，《上海经济研究》2001 年第 3 期。

24. 王东祥：《海水淡化：解决浙江水资源短缺的战略选择》，《浙江经济》2004 年第 22 期。

25. 钟华平、耿雷华：《虚拟水与水安全》，《中国水利》2004 年第 5 期。

26. 张志强、程国栋：《虚拟水、虚拟水贸易与水资源安全新战略》，《科技导报》2004 年第 3 期。

27. 刘思华：《生态马克思主义经济学原理》，人民出版社 2006 年版。

第二章

1. Berle, Adolph A., Jr. and Gardiner C. Means. *The Mordern Corporation and Private property*. New York: Macmillan.

2. Sosnick, Stephen. A Critique of Concept of Workable Competition. *Quarterly Journal of Economics*. 1996.

3. Sastri T. An adaptive autoregressive model [J]. *Computer and Industry Engineering*, 1997, 91.

4. Goh bee hua. Residentical Construction Demand Forecasting Using Economic Indicators: A Comparative Study of Artificial Neural Networks and Multiple Regression. *Construction Management and Economics*, 1996, 14.

5. W. 阿瑟·刘易斯:《经济增长理论》,上海三联书店1994年版。

6. 罗伯特·M. 索洛:《经济增长因素分析》,商务印书馆1999年版。

7. 许树柏:《层次分析法理论》,天津大学出版社1988年版。

8. 刘燕华、李秀彬:《脆弱生态环境与可持续发展》,商务印书馆2001年版。

9. 简新华:《产业经济学》,武汉大学出版社2001年版。

10. 李子奈:《计量经济学》,高等教育出版社2000年版。

11. 张文彤:《SPSS统计分析高级教程》,高等教育出版社2004年版。

12. 沈满洪等:《绿色制度创新论》,中国环境科学出版社2005年版。

13. 魏后凯:《经济增长、制度变迁与地区差距》,经济管理出版社1997年版。

14. 卢现祥:《西方新制度经济学》,中国发展出版社2003年版。

15. 樊纲:《渐进式改革的政治经济学分析》,远东出版社1996年版。

16. 谢地：《论我国自然资源产权制度改革》，《河南社会科学》2006年第5期。

17. 石变珍：《建立有效的激励与约束机制的新思考》，《管理世界》2006年第3期。

18. 陈焕珍：《GIS支持下的山东大汶河流域生态脆弱性评价及对策》，《科技情报开发与经济》2005年第5期。

19. 黄黎等：《河南省生态环境脆弱性评价与分析》，《河南科学》2006年第8期。

20. 赵光华、丁艳萍：《基于AHP的区域经济差异评价方法研究》，《集团经济研究》2006年第12期。

21. 王敏：《影响区域经济发展的制度因素》，《经济问题探索》，2003年第9期。

22. 陈本良：《区域经济发展差异的制度经济分析》，《中国软科学》2000年第11期。

23. 李秀森：《自然灾害综合研究的新进展——脆弱性研究》，《地域研究与开发》2000年第2期。

24. 汪增洋：《安徽省区域经济差异评价》，《华东经济管理》2006年第11期。

25. 刘洋等：《四川省区域经济差异的定量化研究》，《财经科学》2006年第12期。

26. 周维俊：《再论成本差异计算方法的不足与完善》，《财贸研究》2002年第3期。

27. 林毅夫等：《中国经济转型时期的地区差距分析》，《经济研究》1998年第6期。

28. 邓翔：《中国地区经济差距的分解及其启示》，《四川大学学报（哲学社会科学版）》2002年第2期。

29. 陈秀山：《我国1978—2004年区域差距变动衡量指标》，《中国社会科学》2004年第5期。

30. 陈战波等：《自回归模型在西安市日用水量预测中的应用》，《江汉大学学报（自然科学版）》2006年第12期。

第三章

1. 沈满洪等：《绿色制度创新论》，中国环境科学出版社2005年版。

2. 中国生态补偿机制与政策研究课题组编著：《中国生态补偿机制与政策研究》，科学出版社2007年版。

3. 张郁：《我国跨流域调水工程中的生态补偿功能》，《东北师范大学学报》2008年第4期。

4. 周祖光：《大隆水利枢纽工程生态补偿机制研究》，《水利经济》2008年第7期。

5. 邵文砚：《试议水利工程的补偿和补偿机制》，《海河水利》2001年第4期。

6. 任勇、冯东方、俞海等著：《中国生态补偿理论与政策框架设计》，中国环境科学出版社2008年版。

7. 沈满洪、许云华：《一种新型的环境库兹涅兹曲线——浙江省工业化进程中经济增长与环境变迁的关系研究》，《浙江社会科学》2000年第4期。

8. 黄昌硕、耿雷华、王淑云：《水源区生态补偿的方式和政策研究》，《生态经济》2009年第3期。

9. 程颐：《饮用水源保护区生态补偿机制构建初探——厦门案例研究》，《环境科学与管理》2008年第7期。

10. 张建肖、安树伟：《国内外生态补偿研究综述》，《西安石油大学学报》2009年第1期。

11. 李国英：《关于建立流域生态补偿机制的建议》，《治黄科技信息》2008年第2期。

第四章

1. 沈满洪：《水权交易制度研究——中国的案例分析》，浙江大学出版社2006年版。

2. 沈满洪等：《生态经济学》，中国环境与科学出版社2008年版。

3. 沈满洪等：《资源与环境经济学》，中国环境与科学出版社2007年版。

4. 王嗣军、程玉申、沈满洪、杨建军：《杭州运河地带功能定位与综合开发》，浙江大学出版社2001年版。

5. 赵连阁、胡从枢：《东阳——义乌水权交易的经济影响分析》，《农业经济问题》2007年第4期。

6. 胡熠、李建建：《闽江流域上下游生态补偿标准与测算方法》，《发展研究》2006年第11期。

7. 刘玉龙等：《流域生态补偿标准计算模型研究》，《中国水利》2006年第22期。

8. 吴保刚：《小流域生态补偿机制实证研究——兼论水资源保护开发和污染治理》，西南大学硕士学位论文2006年。

9. 吴水荣：《水源涵养林环境效益经济补偿研究》，中国农业大学博士学位论文2003年。

10. 杨先和：《闽西水库渔业可持续发展的几点建议》，《福建水产》2004年第3期。

11. 张庆华：《论水资源生态效益补偿制度》，四川大学硕士学位论文2005年。

第五章

1. 科斯等：《财产权利与制度变迁》，上海三联书店1994年版。

2. 巴泽尔著．费方域，段毅才译：《产权的经济分析》上海三联书店2006年版。

3. 王亚华：《水权解释》，上海三联书店2005年版。

4. 沈满洪：《水权交易制度研究——中国的案例分析》，浙江大学出版社2006年版。

5. 高艳玲：《城市水务管理》，中国建材工业出版社2006年版。

6. 魏群：《城市节水工程》，中国建材工业出版社2006年版。

7. 刘俊良：《城市节制用水规划原理与技术》，化学工业出版社2003年版。

8. 武吉华：《自然资源评价基础》，北京师范大学出版社1999年版。

9. 董辅祥等：《城市与工业节约用水理论》，中国建筑工业出版社2000年版。

10. 沈振荣等：《节水新概念》，中国水利水电出版社2006年版。

11. 王华等：《环境信息公开》，中国环境科学出版社2002年版。

12. 樊贵盛：《县域节水型社会建设实践与关键技术研究》，中国水利水电出版社2006年版。

13. 汪丁丁：《制度创新的一般理论》，《经济研究》1992年第5期。

14. 林毅夫：《诱致性制度变迁与强制性制度变迁》，载于盛洪主编：《现代制度经济学》（下卷），北京大学出版社2007年版。

15. 盛洪：《新制度经济学家和他们的理论：现代制度经济学》，北京大学出版社2003年版。

16. 杜伟：《对企业技术创新的制度激励框架分析》，《经济经纬》2001年第3期。

17. 杜伟：《加强技术创新的制度激励研究》，《西北工业大学学报（社会科学版）》2003年第3期。

18. 韩青：《农业节水灌溉技术应用的经济分析》，中国农业大学博士学位论文2004年。

19. 顾丽梅：《新公共服务理论及其对我国公共服务改革之启示》，《南京社会科学》2005年第1期。

20. 苏时鹏、张春霞等：《农村社会公共服务体系建设与促进农民增收》，《福建农林大学学报（哲学社会科学）》2004年第7期。

21. 应若平：《参与式公共服务的制度分析——以农民参与灌溉管理为例》，《求索》2006 年第 7 期。

22. 程江等：《国外城市雨水资源利用管理体系的比较及启示》，《给水排水》2007 年第 6 期。

23. 万育生等：《我国水资源管理制度的研究》，《中国水利》2005 年第 7 期。

24. 孙书洪等：《天津市大港区节水潜力的分析研究》，《南水北调与水利科技》2007 年第 3 期。

25. 王佩璋：《火电厂节水减排的水务技术与考核指标》，《电力设备》2005 年第 3 期。

26. 张晓洁：《城市工业节水效率评价研究》，《安徽建筑工业学院学报》2002 年第 10 期。

27. 李胜芬等：《秦皇岛创建生态节水型城市的研究》，《统计与决策》2001 年第 3 期。

28. 吴传清：《甘肃张掖节水型社会试点建设模式的制度经济学分析》，《科技进步与对策》2006 年第 7 期。

29. 程晓冰：《推进水资源信息化建设提升水资源管理水平》，《水资源管理》2007 年第 1 期。

30. 杨娜：《地下水信息管理研究》，《新西部》2007 年第 10 期。

31. 朱星明等：《可持续发展水文资源信息共享探索与实践》，《水利学报》2006 年第 1 期。

32. 李湘娇、王先甲：《流域水资源利用冲突的不完全信息博弈分析》，《武汉理工大学学报》2007 年第 1 期。

33. 杨辉辉等：《几种水资源管理制度的比较分析》，《水电能源科学》2007 年第 6 期。

34. 刘占利：《太原市建设节水型社会的思考》，《山西水利》2006 年第 4 期。

35. 董国凤、何云雅、王晓东：《天津市创建节水型社会的总体目标及发展模式》，《中国给水排水》2006年第10期。

36. 杨耀年：《梨园河灌区建设节水型社会的实践与思考》，《甘肃水利电力技术》2005年第3期。

37. 张健：《绵阳市节水型社会建设的重点和特点》，《中国水利》2005年第13期。

37. 水利部发展研究中心调研组：《全国节水型社会建设试点的调研》，《中国水利》2005年第3期。

39. 水利部水资源司和水利部发展研究中心联合调研组：《全国节水型社会建设试点进展情况调研报告》，《水利发展研究》2006年第1期。

40. 陈庆秋、刘会远：《广东水资源统一管理机构改革方案的研究》，《人民长江》2006年第8期。

第六章

1. 沈满洪：《环境经济手段研究》，中国环境科学出版社2001年版。

2. 沈满洪等：《生态经济学》，中国环境科学出版社2008年版。

3. 沈满洪等：《流域协调发展研究——以杭州市东苕溪流域为例》，浙江大学出版社2007年版。

4. 王嗣均等：《杭州运河地带功能定位与综合开发》，浙江大学出版社2001年版。

5. 汪斌：《中国产业：国际分工地位和结构的战略性调整》，光明日报出版社2006年版。

6. 陈俐艳：《如何推进省级主体功能区建设》，《宏观经济管理》2008年第8期。

7. 杜平：《推进形成主体功能区的政策导向》，《经济纵横》2008年第8期。

8. 牛文元等：《国家主体功能区的核心设计：构筑三条国家基础安全保障线》，《中国软科学》2008年第7期。

9. 曹清华：《构建科学的空间规划体系》，《国土资源》2008年第7

期。

10．史育龙：《主体功能区规划与城乡规划、土地利用总体规划相互关系研究》，《宏观经济研究》2008年第8期。

11．王贵明、匡耀求：《基于资源承载力的主体功能区与产业生态经济》，《改革与战略》2008年第4期。

12．王胜今、吴昊、于潇：《推动区域协调发展的几个战略》，《求是》2008年第9期。

13．周杰、邓玲：《自然资源价格纠偏与优化开发区经济增长模式转变》，《科学管理研究》2008年第2期。

14．杜黎明：《主体功能区建设政策均衡研究》，《开发研究》2008年第1期。

15．张杏梅：《加强主体功能区建设促进区域协调发展》，《经济问题探索》2008年第4期。

16．郁鹏、安树伟：《主体功能区建设与西部特色优势产业发展研究》，《生态经济》2008年第1期。

17．赵来军：《我国流域跨界水污染纠纷协调机制研究——以淮河流域为例》，复旦大学出版社2007年版。

18．中国21世纪议程管理中心可持续发展战略研究组：《生态补偿：国际经验与中国实践》，社会科学文献出版社2007年版。

19．杨贵山等：《流域综合管理导论》，科学出版社2004年版。

20．中国生态补偿机制与政策研究课题组：《中国生态补偿机制与政策研究》，科学出版社2007年版。

21．金蓉、石培基、王雪平：《黑河流域生态补偿机制及效益评估研究》，《人民黄河》，2005年第7期。

22．刘峰江、期海明：《生态市场补偿制度研究》，《昆明理工大学学报（社会科学版）》，2005年第3期。

23．左停等：《支付流域生态环境服务：市场的作用》，载《生态保护与建设的补偿机制及政策国际研讨会投稿论文集》，中国环境科学出版社 2006 年版。

24. 葛颜祥、吴菲菲等：《流域生态补偿：政府补偿与市场补偿比较与选择》，《资源经济》2007 年第 4 期。

25. 刘观香：《江西东江源区生态补偿研究》，南昌大学博士学位论文 2007 年。

26. 任平、周介铭：《论和谐西部视角下的生态补偿与生态赔偿问题》，《调研世界》2007 年第 4 期。

27. 杨绍福：《产业转移须有产业梯度》，《西部大开发》2008 年第 8 期。

28. 华小全、马怀礼：《经济模块化理论对中部崛起的启示》，《生产力研究》2008 年第 8 期。

29. 徐忠爱：《广东产业转移工业园在产业梯度转移中的作用探讨》，《经济前沿》2008 年第 Z1 期。

30. 陆静波、但涛波：《产业的梯度转移与梯度提升——鄞州产业结构优化的两种途径与表现》，《浙江经济》2008 年第 8 期。

31. 陈有禄、罗秋兰：《“东桑西移”产业转移面临的问题及对策研究》，《改革与战略》2007 年第 11 期。

32. 袁晓莉：《日韩对华产业转移新动向及青岛的对策》，《生产力研究》2007 年第 21 期。

33. 李泽民：《基于中国国情的产业转移动力机制探究——兼论我国欠发达地区积极承接产业转移的基本对策》，《学术论坛》2007 年第 11 期。

34. 瞿忠琼、欧名豪、厉伟：《劳动力二元结构、产业国际转移障碍与中国对外政策选择》，《经济地理》2007 年第 5 期。

35. 戴宏伟：《中国制造业参与国际产业转移面临的新问题及对策分析》，《中央财经大学学报》2007 年第 7 期。

36. 张郁、丁四保等：《流域生态补偿中的协商机制研究》，《世界地理研究》2008 年第 2 期。

37. 王晓东、钟玉秀：《流域管理委员会制度——我国流域管理体制改革的选择》，《水利发展研究》2006 年第 5 期。

38. 陈兆开：《黄河流域水资源生态补偿问题研究》，《人民黄河》2008 年第 2 期。

39. 张月山等：《集群状态下的企业生态链建设浅议》，《当代经济》2006 年第 3 期（上）。

40. 窦立宝等：《黑河流域循环经济发展研究》，《安徽农业科学》2007 年第 6 期。

41. 段宁：《清洁生产、生态工业和循环经济》，《环境科学研究》2001 年第 6 期。

42. 陈仲金：《循环经济第一股》，载企业管理案例中心：《走进循环经济专题》2006 年（2）。

43. 宋言奇等：《环境 NGO 长三角环境保护中的第三级》，《南通大学学报社会科学版》2006 年第 5 期。

44. 陶丽红：《公众参与环境保护机制与途径的探讨》，《南宁职业技术学院学报》2005 年第 2 期。

45. 李环：《流域管理中公众参与问题探讨》，《油气田环境保护》2006 年第 6 期。

46. 任秀芬：《发挥环保民间组织作用 共同促进环保事业发展》，《海峡科学》2006 年第 6 期。

47. 孙静、阮本清、张春玲：《新安江流域上游地区水资源价值计算与分析》，《中国水利水电科学研究院学报》2007 年第 6 期。

48. 杨迪虎：《新安江流域安徽省地区水环境状况分析》，《水资源保护》2006 年第 9 期。

49. 邢丽：《关于建立中国生态补偿机制的财政对策研究》，《财政研究》2005 年第 1 期。

第七章

1. 沈满洪：《水权交易制度研究——中国的案例分析》，浙江大学出版社 2006 年版。

2. 沈满洪、钱水苗等：《排污权交易机制研究》，中国环境科学出版社 2009 年版。

3. 漳卫南运河管理局：《漳卫南运河水生态环境恢复对策初探》，水信息网，http：//www. hwcc. com. cn，2002 年 3 月 27 日。

4. 刘传武、刘晓光、程燕平：《漳卫南运河水污染问题及对策措施》，水信息网，http：//www. hwcc. com. cn，2002 年 2 月 25 日。

5. 徐林波：《漳卫南运河水污染治理的探讨》，海河水利网，http：//www. hwcc. com. cn，2003 年 11 月 17 日。

后　记

党的十七大报告明确提出“建设生态文明”的重大战略任务，并强调“基本形成节约能源资源和保护生态环境的产业结构、增长方式、消费模式。循环经济形成较大规模，可再生能源比重显著上升。主要污染物排放得到有效控制，生态环境质量明显改善。生态文明观念在全社会牢固树立。”从此，我国生态文明建设进入全新的历史阶段。

生态文明观是水资源配置的根本指针。本人长期从事资源与环境经济学、生态经济理论与政策等方面的研究，近几年，越来越聚焦于水资源经济学的研究。因此，在“十一五”国家重点图书规划项目《生态文明与绿色低碳经济发展论丛》主编刘思华教授向我约稿时，我欣然答应，随即将我承担的选题定名为《生态文明视角下的水资源配置论》。

本书是我于2006—2009年期间主持完成的并与本书选题密切相关的七个课题成果的基础上修改而成的。

本书共由七章构成，彼此之间既相对独立，又相互联系，形成一个整体。虽然本书由沈满洪、魏楚、高登奎等三人署名，实际上每章书稿都是合作研究的成果，凝聚了众多合作者的智慧。各章的作者分别是：

第一章：沈满洪、李明华、范柏乃、虞锡君、韩洪云、俞海山、魏楚、楼晓靖、刘晓红等。

第二章：沈满洪、高登奎、陆蕾、冯晓、李凤玲等。

第三章：沈满洪、魏楚、李启明、吴文博、冯婉蓉等。

第四章：沈满洪、魏楚、李植斌、战明华、彭熠、冯婉蓉、吴文博、李启明、王丽丽等。

第五章：沈满洪、高登奎、陈庆能、朱莉莉、丁毅诚等。

第六章：沈满洪、许云华、谢慧明、陈敏、王宝娟等。

第七章：沈满洪、魏楚等。

合作研究是通过“头脑风暴”生产思想产品的重要机制。正是依靠合作者的配合，我才能如期完成一个又一个的委托或招标项目。衷心感谢各位课题合作者的支持与贡献！

我长期在浙江大学工作，浙江大学的领导和浙江大学经济学院的老师们给以我极大的支持。2008 年 11 月我就任浙江理工大学副校长。浙江理工大学的领导和浙江理工大学经济管理学院的老师们同样给以我极大的支持和帮助。本书的部分内容是我在浙江大学工作期间完成的，但更多的内容是在浙江理工大学期间完成的。衷心感谢浙江理工大学和浙江大学对我科研工作的支持。

经过多年的积累，我的研究工作得到学术界和政府部门的认可。本研究项目被列入教育部新世纪优秀人才支持计划（编号：NCET—08—0497），是该计划大力支持的结果。衷心感谢上级授予我这一荣誉，我决不辜负这一荣誉。

在课题报告转变为著作的过程中，为了紧扣主题，控制篇幅，统一体例，我已经大刀阔斧地进行了删节和压缩，有时甚至是忍痛割爱。即便如此，本著作的课题报告痕迹依然十分明显。好在每个课题报告都有“实打实”的内容，均有可读、可圈之处。当然，对于著作中存在的错误或缺陷诚恳欢迎读者批评指正。

沈满洪

2009 年 12 月 26 日